# 2015—2021 科技创新发展报告

邹　慧 ◎ 主编

·北京·

## 图书在版编目（CIP）数据

2015—2021科技创新发展报告 / 邹慧主编. —北京：科学技术文献出版社，2022.8

ISBN 978-7-5189-9318-5

Ⅰ.①2… Ⅱ.①邹… Ⅲ.①科学研究事业—发展—研究报告—江西—2015-2021 Ⅳ.①G322.756

中国版本图书馆CIP数据核字（2022）第114465号

## 2015—2021科技创新发展报告

策划编辑：梅　玲　责任编辑：巨娟梅　张瑶瑶　责任校对：张　微　责任出版：张志平

| 出　版　者 | 科学技术文献出版社 |
|---|---|
| 地　　　址 | 北京市复兴路15号　邮编 100038 |
| 编　务　部 | （010）58882938，58882087（传真） |
| 发　行　部 | （010）58882868，58882870（传真） |
| 邮　购　部 | （010）58882873 |
| 官 方 网 址 | www.stdp.com.cn |
| 发　行　者 | 科学技术文献出版社发行　全国各地新华书店经销 |
| 印　刷　者 | 北京虎彩文化传播有限公司 |
| 版　　　次 | 2022年8月第1版　2022年8月第1次印刷 |
| 开　　　本 | 787×1092　1/16 |
| 字　　　数 | 378千 |
| 印　　　张 | 24 |
| 书　　　号 | ISBN 978-7-5189-9318-5 |
| 定　　　价 | 148.00元 |

版权所有　违法必究

购买本社图书，凡字迹不清、缺页、倒页、脱页者，本社发行部负责调换

# 前 言

党的十八大以来，习近平总书记就加强中国特色新型智库建设多次做出重要论述。中共中央办公厅、国务院办公厅印发实施《关于加强中国特色新型智库建设的意见》，为建设中国特色新型智库指明方向。江西省先后印发《关于加强江西特色新型智库建设的意见》《关于加快推进江西省新型智库建设的实施方案》，重点支持江西省社会科学院、江西省科学院等 17 家单位先行开展新型智库建设试点。经过 3 年试点建设，2021 年 8 月，江西省科学院被评为首批省级重点高端智库，并荣登榜首。

当今时代，科技创新是培育新动能、催生新业态、引领经济高质量发展的重要支撑，同时也是提升国家综合国力和核心竞争力的关键因素，深刻改变着世界发展格局。国家对科技支撑的需求比以往任何时期都更加迫切，《中华人民共和国国民经济和社会发展第十四个五年规划和 2035 年远景目标纲要》提出，"坚持创新在我国现代化建设全局中的核心地位，把科技自立自强作为国家发展的战略支撑"。江西省紧跟国家政策导向，在《江西省国民经济和社会发展第十四个五年规划和二〇三五年远景目标纲要》中提出，"加快迈入创新型省份行列并向更高水平迈进"。

作为江西省首批重点高端智库，江西省科学院聚焦科技创新发展，围绕创新驱动发展战略，紧跟创新驱动发展动态、科技创新前沿，开展战略与规划、科技政策、体制机制改革、区域创新与评价等研究，研制了一批发展急需、理论前瞻、操作可行的智库研究成果，为科技创新政策出台提供有力智力支撑。为推动科技发展研究成果应用转化，江西省科学院从众多优秀成果中精选数篇，整理成《2015—2021 科技创新发展报告》，供有关单位和广大专家学者参考。本书围绕科技发展核心要素，关注国家科技力量和创新主体能力强化，聚焦核心竞争力的提升和科技体

制机制的改革，注重开放合作，呼吁互利共赢，科学规划生态治理与社会治理。全书较直观地展示了江西省科学院紧跟中央和江西省委决策部署，担负起时代赋予的责任与使命，在科技创新发展领域提供客观的研究与分析。

今后，江西省科学院将进一步落实新型智库建设要求，发挥省级重点高端智库的作用，围绕"四个面向"，以前瞻务实的研究成果资政建言，破解创新之"困"，把握创新之"要"，服务经济社会发展。让我们一起向未来！

2022 年 4 月

# 目 录

加快科技企业孵化器发展　推动科技与经济深度融合 …………………………… 1

深化技术要素市场化配置改革　提升"十四五"时期江西省科技创新能力 ……… 16

"十四五"规划背景下江西省高新技术企业的发展建议 ………………………… 27

提升江西省国有企业核心竞争力对策研究 …………………………………………… 43

从新冠肺炎疫情反思加快科技体制改革 ……………………………………………… 60

依托大数据加快构建智能社会治理体系的建议 ……………………………………… 66

广州、合肥、青岛科技创新经验及对南昌的启示 …………………………………… 72

江西省在中部六省中的科技竞争力比较分析 ………………………………………… 82

科技创新与未来产业 ………………………………………………………………… 111

加快融入长三角 G60 科创走廊　深化科技创新共建共享 ……………………… 127

"一带一路"江西机遇 ……………………………………………………………… 136

打造内陆双向开放高地　提升江西经济国际化水平 ………………………………148

对接粤港澳大湾区　助推江西高质量发展 ………………………………………… 161

国际疫情蔓延下江西对外经贸合作的态势及应对策略 …………………………… 174

创新能力开放合作研究 ……………………………………………………………… 190

关于推进江西省新型研发机构建设的思考 ………………………………………… 230

关于推进江西新型智库建设的对策建议 …………………………………………… 241

鄱阳湖流域综合管理战略分析报告 ………………………………………………… 255

"污水共治"行动计划分析报告 …………………………………………………… 322

# 加快科技企业孵化器发展
# 推动科技与经济深度融合

杨兴峰

**摘要**：科技企业孵化器是孵育科技型中小企业、推动战略性新兴产业发展和培育经济发展新动能的重要载体。面对我国创新创业及科技创新向高质量阶段加快发展的新形势，以及江西省打造全国传统产业转型升级高地和新兴产业培育发展高地的任务要求，亟须加快科技企业孵化器发展步伐，推动新技术、新产业、新业态、新模式不断涌现。本报告重点研究江西省科技企业孵化器发展现状与问题，结合发达省份实践经验，提出推动江西省科技企业孵化器高质量发展的几点建议。

2021年2月，江西省人民政府印发的《江西省国民经济和社会发展第十四个五年规划和二〇三五年远景目标纲要》中明确指出，深入推进工业强省战略，大力实施"2+6+N"产业高质量跨越式发展行动，坚决打好产业基础高级化、产业链现代化攻坚战，打造全国传统产业转型升级高地和新兴产业培育发展高地。科技企业孵化器（含众创空间、大学科技园）（以下简称"孵化器"）作为孵育科技型中小企业、推动战略性新兴产业发展和培育经济发展新动能的重要载体，能有效推动知识技术的创造、转移和转化，促进创新经济的发展。当前，我国创新创业及科技创新都面临向高质量阶段加快发展的新要求，科技创新创业迎来大提升大发展的历史机遇。在这一历史背景下，加快江西省孵化器转型发展步伐，尽快形成与科技创新创业大发展相匹配乃至适当超前的服务能力，对于补齐江西省产业链条短板，培育发展新技术、新产业、新业态、新模式具有重要意义。

## 一、江西省孵化器发展的阶段特点

### （一）开启阶段

1988年8月，国务院正式批准"中国高新技术产业发展计划——火炬计划"启动实施，主要内容包括营造适合我国高新技术产业发展的环境、建设高新技术产业开发区和创业服务中心（孵化器）等5个方面，标志着中国孵化器建设被纳入了国家科技创新总体规划与发展布局。1991年，邓小平为火炬计划发展提出"发展高科技，实现产业化"的目标，开启了孵化器规模化发展的兴盛时期。为响应党和国家的号召，支持和培育科技企业，培养创新创业人才，促进产学研融合、成果转化和科技创新，推动区域经济发展，1991年江西省第一家孵化器——高新技术创业服务中心诞生，由此开启江西省创业孵化的新时代。

### （二）稳步发展阶段

1991—2010年，是江西省孵化器稳步发展的阶段。1991年，江西省第一个孵化器伴随着第一个国家级高新技术产业开发区（南昌高新区）的诞生而成立。进入21世纪后，为了给海外留学人员回国创业提供良好的环境，充分发挥留学人员在科技开发能力和管理经验等方面的优势，2000年省政府批准在南昌高新区建立江西省留学人员创业园，为留学人员回国创业铺平道路。同时，省内外重点高校纷纷响应党和国家的号召，紧紧抓住时代机遇，开始了在赣大学科技园的建设。江西省早期的孵化器经历了由政府主导转向政府部门、高校等主导的发展历程，而面向社会开展创新创业孵化服务略显不足，且全省的孵化器高度集中于省城南昌，对全省科技创新创业活动所产生的带动效应不明显。

### （三）加速发展阶段

2010年以来，江西省委省政府与相关厅局相继出台了一系列孵化器认定与管理的相关政策，如《江西省科技企业孵化器（高新技术创业服务中心）认定和管理办法》《关于鼓励省属独立科研院所科技人员创新创业的试点办法》《关于加快发展新经济培育新动能的意见》《江西省新经济企业孵化器认定管理办法（试行）》等，极大地激发了全省创新创业的热情，有效降低了科技企业孵化的门槛和成本，加快了科技企业的成长和壮大，带动了江西省科技孵化事业蓬勃发展。截至2020年4月，江西省共有省级及以上孵化器257家，较2016年增加了176家，除政府部门、高校、科研院所等建设主体外，企业主导的孵化器已成为重要组成部分，孵化模式的多元化正逐步形成（表1），极大地推动了大众创业万众创新事业的发展。

表1 江西省孵化器情况表（截至2020年4月）

单位：家

| 孵化器数量 | 专业孵化器数量 | 企业性质孵化器数量 | 其中 | | 公益事业单位孵化器数量 |
| --- | --- | --- | --- | --- | --- |
| | | | 民营企业性质 | 国有企业性质 | |
| 257 | 15 | 232 | 184 | 48 | 25 |

注：专业孵化器是指聚焦专业细分领域，为在孵对象提供精准孵化服务的重要载体。

## 二、江西省孵化器发展现状与问题分析

"众创时代"的大背景下，得益于国家相关部门的重视和省政府的大力支持，江西省创业孵化事业已经有了显著的发展和进步，孵化器逐步发挥出对促进企业发展、增加规模就业岗位等方面的显著效果。但与发达省份相比，江西省孵化器存在的孵化器数量规模偏小、地域发展不平衡、孵化能力不强、发展承载基础薄弱等问题不断凸显，亟须引起关注。

### （一）孵化器数量规模偏小

2016—2019年，江西省孵化器数量分别为116家、156家、165家、236家，虽然数量规模体量不断提高，但与中部地区的其他五省、东北地区的辽宁省、东部地区的江苏与广东等省、西部地区的四川省与陕西省相比，差距仍然明显，特别是与东部地区的广东与江苏两省相比，江西省孵化器数量规模仅达到其数量规模的14%左右（图1）。

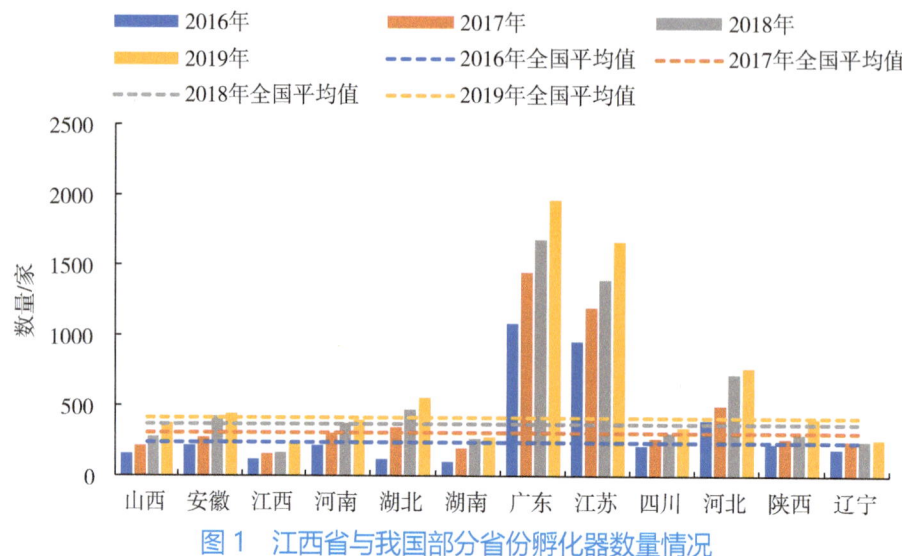

图 1　江西省与我国部分省份孵化器数量情况

注：数据来源于《中国火炬统计年鉴》（2017—2020）。

## （二）地域发展不平衡

目前，江西省孵化器发展处于不平衡状态，经济社会发展水平相对较好、各类社会资源要素集中的区域明显强于发展相对滞后的区域。从各市省级及以上孵化器数量看，截至 2020 年 4 月，南昌市 82 家，占全省省级及以上孵化器总数的 32%，排名全省第一；赣州市排名全省第二，有 35 家，占比 14%；九江市与上饶市排名第三，占比均为 11%；其余地市占比均未超过 10%；新余市占比最低，仅为 1%（图 2）。

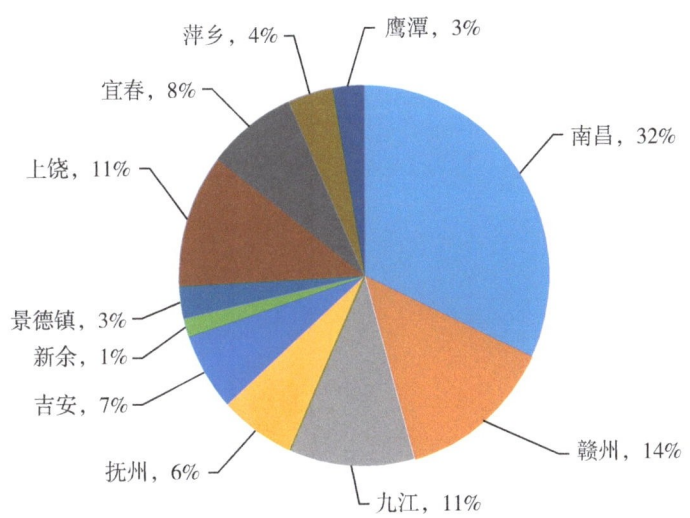

图 2　江西省省级及以上孵化器地域分布情况

注：数据来源于江西省科技厅。

## （三）孵化能力不强

目前，江西省孵化器整体孵化能力仍然不强，专业化孵化程度偏低、孵化服务水平不高、可持续发展能力不足等问题仍然凸显，导致孵化器在孵企业与毕业企业发展成型与壮大仍然困难重重。

一是专业化孵化程度偏低。2016—2019 年，江西省专业孵化器数量分别为 13 家、13 家、14 家、15 家，远远低于全国平均水平的 32 家、38 家、45 家、46 家；与中部其他五省相比，体量规模仅强于山西、湖南两省，与安徽、河南、湖北三省的差距明显；与西部地区的四川与陕西两省、东北地区的辽宁省、东部地区的河北省相比，专业孵化器数量相差 15～30 家；与远远超过全国平均水平的广东、江苏两省相比，专业孵化器规模仅为其的 4%～10%（图 3）。另外，江西省孵化器的构建多为综合孵化器，专业孵化器数量规模仅占整体规模的 6%～11%，专业化孵化程度仍然偏低。

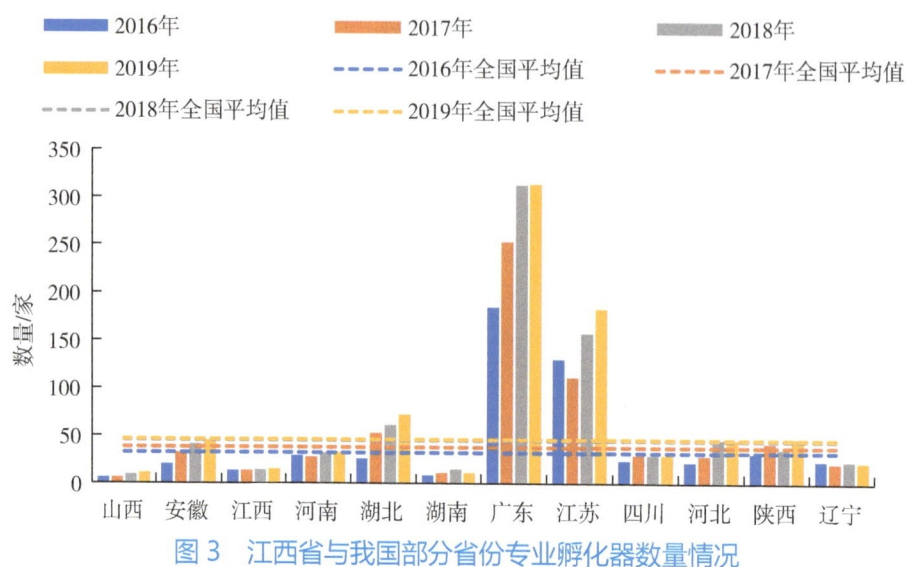

图 3 江西省与我国部分省份专业孵化器数量情况

注：数据来源于《中国创业孵化发展报告》（2017—2020）。

二是孵化服务水平不高。当前，江西省大部分孵化器除提供物理空间外，仍以提供综合基础服务为主，即工商注册、法务咨询、财务咨询、政策解读、政策申请、培训辅导、人力资源等，在市场竞争激烈的当下，具有很强的可替代性。2016—2019年，江西省孵化器在孵企业数分别为1837家、2994家、2987家、3507家，在孵企业总收入分别为61.32亿元、139.09亿元、131.79亿元、140.09亿元，收入达5千万元的孵化器毕业企业分别有59家、76家、66家、90家；与国内发达省份相比，特别是与东部地区的广东、江苏等省比较，差距明显（图4至图6）。孵化服务水平不高，影响了在孵企业、毕业企业的发展。

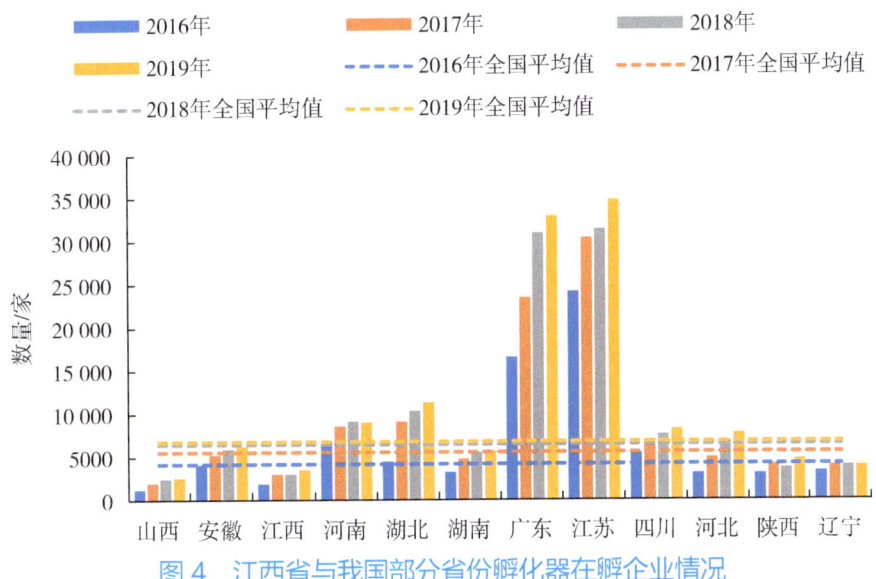

图4 江西省与我国部分省份孵化器在孵企业情况

注：数据来源于《中国火炬统计年鉴》（2017—2020）。

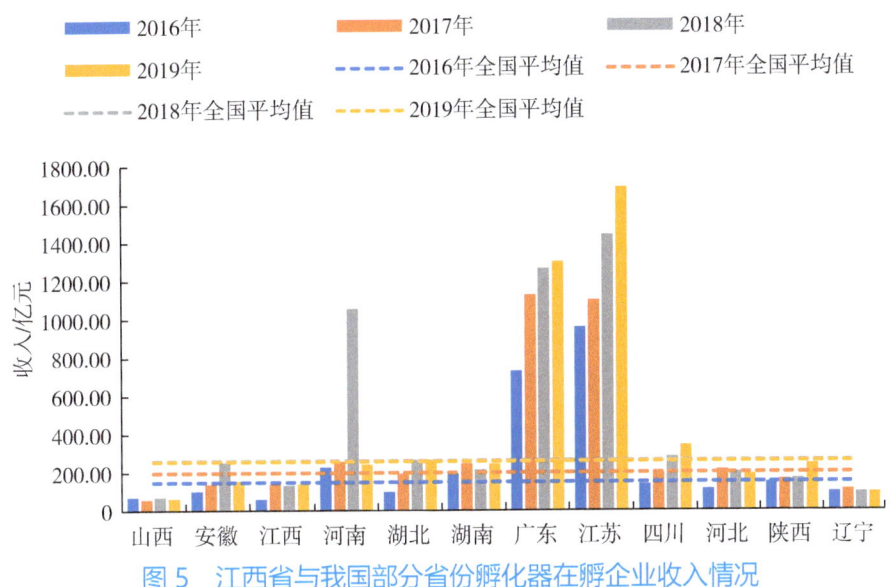

图5 江西省与我国部分省份孵化器在孵企业收入情况

注：数据来源于《中国火炬统计年鉴》（2017—2020）。

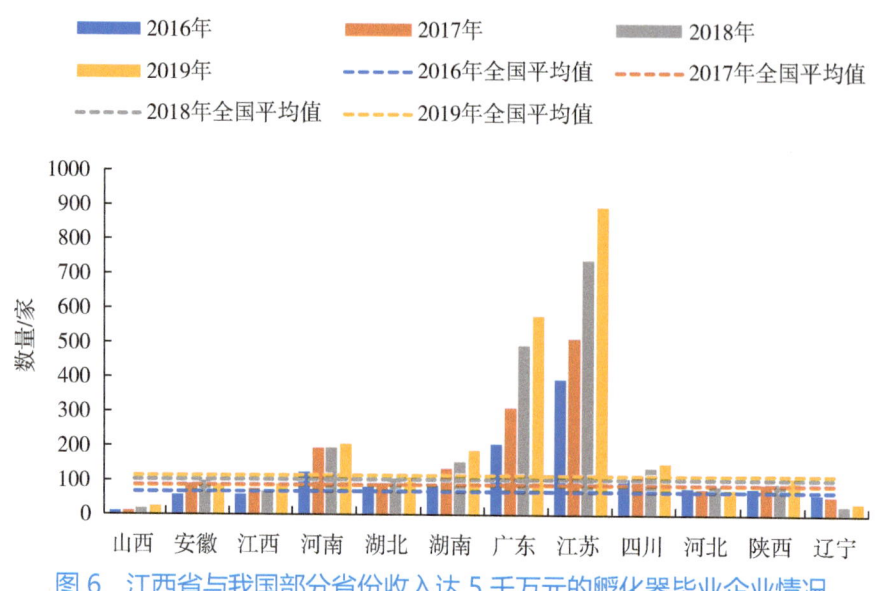

**图 6　江西省与我国部分省份收入达 5 千万元的孵化器毕业企业情况**

注：数据来源于《中国火炬统计年鉴》（2017—2020）。

三是可持续发展能力不足。当前，江西省孵化器盈利模式仍处于不断探索阶段，收入来源主要包括政府资助和工位租金、创新创业和配套服务费、股权投资等，其中，政府资助和工位租金仍为主要收入来源，大多数孵化器处于入不敷出状态，在政策扶持期勉强维持生存，资金链断裂风险巨大。以井冈山大学科技园为例，根据园区与井冈山国家经济技术开发区合作协议，2020 年 9 月起，园区需向金庐陵公司支付租金，以每平方米每月 6 元计，月租金高达 12 万元，年租金 144 万元，加上每年 24 万元的物业管理费用，每年的开支在 200 万元左右，而目前井冈山大学科技园无力独自承担这笔费用，且目前江西省内的大学科技园大多数在成立 3 年时难以实现年盈利额 200 万元。

### （四）发展承载基础薄弱

目前，助力江西省孵化器健康快速发展的承载基础仍然薄弱，孵化场地规模偏小、投融资环境不优、专业化人才缺乏等问题依然存在，夯实孵化器发展的软硬服务基础势在必行。

一是孵化场地规模偏小。2016—2019 年，江西省孵化器孵化场地面积分别为

1.93百万平方米、2.42百万平方米、2.90百万平方米、3.60百万平方米。与中部地区其他五省相比,江西省孵化场地面积明显少于安徽、河南、湖北、湖南等省,仅略强于山西省;而与远远超过全国平均水平的东部地区广东、江苏两省相比,差距巨大(图7)。

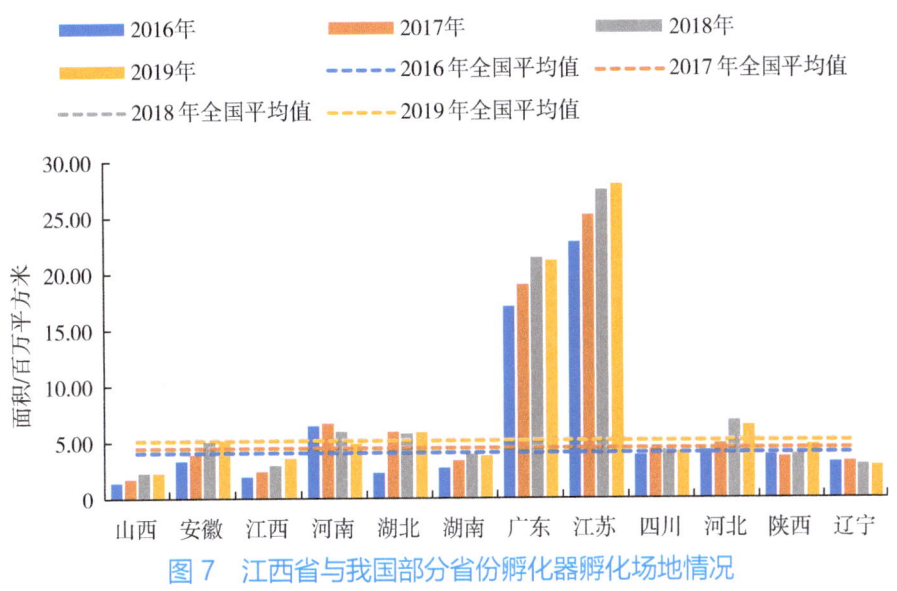

图7 江西省与我国部分省份孵化器孵化场地情况

注:数据来源于《中国创业孵化发展报告》(2017—2020)。

二是投融资环境不优。2016—2019年,江西省获得投融资的孵化企业数量分别为579家、856家、666家、1229家。2019年,虽然江西省获得投融资的孵化企业数量与中部地区其他五省相比排名前列,但与东部地区的广东、江苏两省相比,差距仍然较大,数量规模仅为广东、江苏两省的30%左右(图8)。

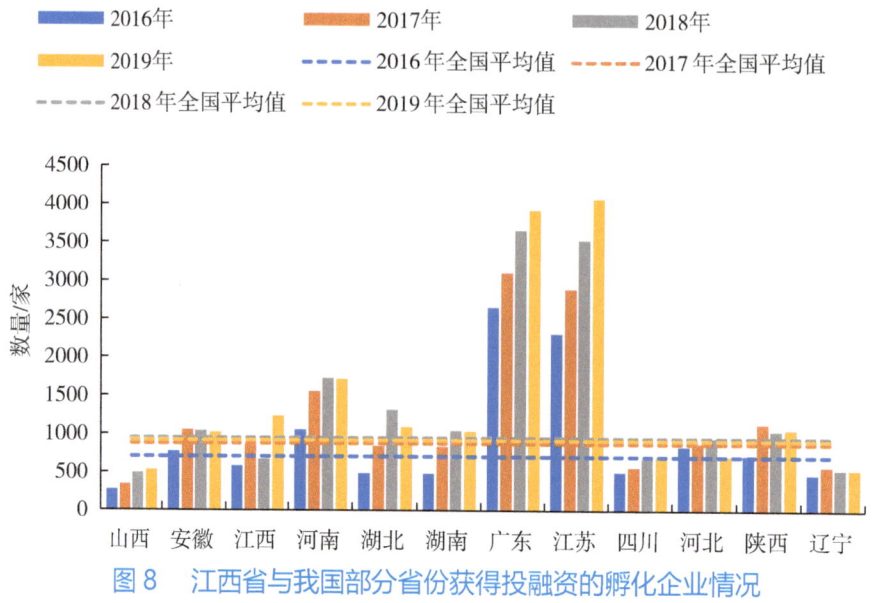

图8　江西省与我国部分省份获得投融资的孵化企业情况

注：数据来源于《中国火炬统计年鉴》(2017—2020)。

三是专业化人才缺乏。目前，江西省孵化器缺乏与科技企业创业辅导、投融资服务等高端服务相适应的专业人才，大部分孵化器从业管理人员学历不高、专业不精、缺少创业经验。2016—2019年，江西省孵化器创业导师分别有3259人、4464人、4765人、6688人。与中部地区的其他五省、西部地区的四川与陕西两省、东北地区的辽宁省相比，江西省创业导师人数在2019年仅多于山西、安徽、湖南三省；而与东部地区的河北、广东、江苏三省的孵化器创业导师人数相比，差距仍较为巨大（图9）。

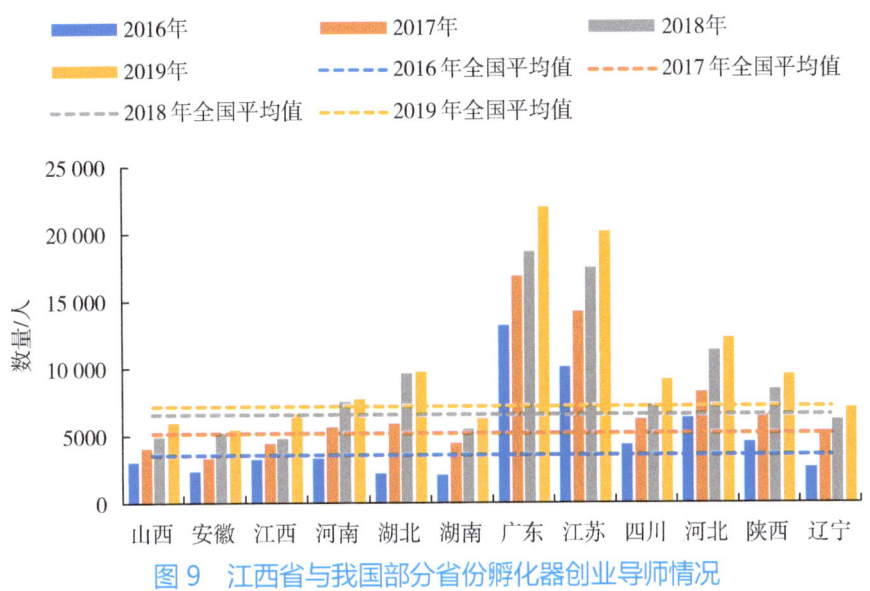

图 9　江西省与我国部分省份孵化器创业导师情况

注：数据来源于《中国火炬统计年鉴》（2017—2020）。

## 三、"十四五"时期江西省孵化器高质量发展的实施路径

### （一）完善链条建设，构建孵化器多元化发展新体系

一是完善科技创业孵化链条建设。围绕新一代信息技术、生物医药、新型光电、航空制造、新能源、新材料等江西省特色产业和战略性新兴产业领域，完善"众创空间+孵化器+加速器"科技创业孵化育成链条建设，实现从团队孵化到企业孵化再到产业孵化的全链条、一体化服务。引导众创空间强化开放式、全要素、便利化等功能，通过市场化机制，构建特色服务和商业模式，不断提升服务质量和运行效率，形成一批高水平众创空间示范品牌；创新孵化器运行机制与服务链管理机制，在促进孵化器可持续发展的同时，建立健全服务接力促进机制；秉承高起点、高标准、高要求的理念，围绕高成长型企业的发展需求，不断完善技术研发、资本运作、市场开拓、知识产权等加速服务，加快构建多种类型的科技企业加速器。

二是加大专业孵化器布局力度。在依托江西省国家自主创新示范区、国家高

新区和特色产业基地布局专业孵化器的同时，鼓励江铜集团、江西洪都航空工业、江铃集团、济民可信、联创光电等龙头企业围绕航空、高端铜材料、新能源汽车、数字视听、中医药等行业领域建设专业型孵化器，利用其优势的产业资源与创新资源，围绕产业链条设计和打造自身孵化服务能力，助力在孵企业快速成长，助推龙头企业转型升级；引导南昌大学、中国科学院赣江创新研究院、江西省科学院、江西省产业技术研究院等高校、科研院所与新型研发机构等围绕优势专业领域建设专业孵化器，促进产学研用深度融合，加快科技成果转移转化；鼓励各类新建孵化器围绕各市区的产业特色与技术优势，通过股份制改造等方式，引导银行、基金和风投机构共建专业化的高新技术孵化器。

三是推动众创集聚区建设。加快推动众创集聚区建设试点，在南昌、赣州等中心城市都市核心功能区内，充分结合产业布局、已有基础和孵化条件及辖区内的高校、科研院所等创新创业资源，根据建设主体资源条件和独特定位，加快培育一批特色化和差异化的品牌众创空间，并推动其在区域内聚集，打造标志性的集聚区域；以集聚区为核心，聚集一批科技创业型项目或企业、科技咨询与科技金融等创新创业服务机构、创业团队、创业投资人，开展丰富的创业活动，通过集群优势，营造开放共享的创新创业氛围与系统性的培育孵化成长环境。

### （二）加强模式创新，塑造孵化服务精益发展新能力

一是探索孵化发展新模式。借鉴广州开发区科技企业孵化器集群创新发展经验，打造江西省企业孵化"三新"模式。即：鼓励江铜集团、江西洪都航空工业、济民可信、联创光电等行业龙头企业通过设立创业孵化基金等方式，促进企业员工内部创新创业，打造内生孵化新模式；鼓励高新技术企业通过天使投资等方式围绕产业链上下游孵化新项目，打造外延孵化新模式；鼓励创新型中小微企业开放自身技术和市场平台，通过为进驻企业提供孵化器载体等方式，实现集群发展和产学研协同创新，打造协同孵化新模式。同时利用"互联网+"，积极发展众包、众筹、众创、众扶等孵化新模式，促进新企业、新业态、新模式不断涌现。

二是强化孵化器增值服务能力。引导孵化器围绕创业企业实际需求，提供定制化的高附加值服务。支持各类孵化器在提供场地和设施供给、商务、项目申报等

基本服务的基础上，不断加强项目包装、项目诊断、创业咨询、技术成果评估、市场推广、产品改进、教育培训、财务顾问、科技情报等增值服务；提升孵化器融资服务能力，建立健全由孵化器、创业企业、担保机构、投融资机构、政府机构等组成的多元投资风险分担机制，发挥政府财政资金的杠杆效应，引导孵化器以联合授信、内部担保等方式，有效整合社会资源为企业提供融资服务；鼓励孵化器建立第三方服务平台或与知识产权、法律、会计、咨询等第三方专业服务机构合作，做强做优孵化器在某一细分领域的服务能力，满足江西特色、支柱产业向价值链高端发展的新需求。

三是优化创业金融服务环境。支持江西省各设区市建立创新创业金融服务平台，整合企业信用信息、政府配套政策，以及各类金融机构、第三方服务机构等资源，畅通信息查询、政策传导机制，实现企业融资需求信息、金融机构产品服务信息、企业信用信息和政府政策信息的交互对接，助力解决企业"融资难"问题；加强与江西省股权交易中心等金融服务网络的无缝对接，加强与科创板、创业板等对接，建立孵化企业产权和股权交易平台，推动在孵企业上市挂牌；建立健全江西省孵化器毕业企业数据库，加强企业跟踪服务；支持各类孵化器与专业投融资机构、相关中介服务机构成立创业金融服务联盟，助力江西省创业金融服务环境不断优化。

### （三）坚持人才驱动，打造高素质服务型人才新队伍

一是加强创业导师队伍建设。支持九江恒盛科技园科技企业孵化器、江西省科学院科技园、南昌大学科技园等各类孵化器聘请成功创业企业家、行业管理专家及投资、金融、法律、市场咨询等专业机构人员等担任创业导师，引导创业导师围绕创业者的实际需求，为创业者提供专业性、实践性的辅导与指导；加快创业辅导师队伍建设，支持孵化器选拔优秀人才成为专职创业辅导师，强化创业辅导师培养，通过举办创业培训班，培育一批服务能力强、业务素质高的创业辅导师；建立江西省创业导师和创业辅导师数据库，完善创业导师和辅导师评价与激励机制，促进创业导师与辅导师队伍不断壮大。

二是加快推动管理服务队伍职业化。加快搭建面向江西省孵化器管理人员和孵化服务人员的多层次创业培训体系，加强对全省孵化器从业人员孵化服务能力的培

养，不断扩大形成一支为在孵企业提供高水平专业化服务和为毕业企业提供延伸跟踪服务的服务队伍，不断增强服务能力；推动江西省孵化器培训机构将人才培养工作常态化，持续开展"创新创业孵化体系发展及产业金融研修班培训"等相关活动，不断提升管理服务人员的从业水平；支持引导各类孵化器与高校、龙头企业、创投机构、新型研发机构等密切合作，开展孵化服务人才联合与委托培养；加快制定孵化服务队伍的职业标准，开拓孵化器管理人才的资格考评及资格认证渠道，完善孵化器内部人才的考核、评价、激励机制。

### （四）促进区域合作，构筑孵化器协调式发展新格局

一是完善孵化器区域协作网络。加大对江西省欠发达地区孵化器发展的政策、资金帮扶力度，引导有条件的市县（区）集中优质资源建设孵化器；借鉴孵化器发展的"深圳经验"，完善孵化器行业组织（联盟、协会）建设，充分发挥政府与孵化器行业协会等中介组织的平台效应，对江西省各孵化器间的交流合作进行协调指导，促进省内孵化器间各类信息与资源共享，打造江西省孵化器区域协调和高质量发展的新格局。

二是引导跨区域孵化器合作。抓住江西省打造内陆双向开放新高地的发展契机，探索"异地孵化"模式，借鉴常德异地孵化经验，克服不同地区在区域发展、体制机制、市场化程度等方面的差异与障碍，鼓励江西省国家级高新区内的孵化器在长三角、珠三角等创新资源密集区设立异地孵化器，以"孵化+基金+园区"为总体思路开展运营，促进发达地区资本、技术、人才等要素的跨区域流动和精准链接；探索"联合共建"模式，支持鼓励江西省各类双创载体与沿海发达地区各企业主体、双创平台联合共建孵化器，依托发达地区的市场与科技资源优势，为江西省各创业企业及创业者提供一站式、全方位的创新创业服务。

三是充分发挥中心城市辐射作用。支持南昌、赣州等中心城市围绕地区产业特色，进一步加快创业街区、特色小镇、众创集聚区等双创基地建设，实现创业资源的有效汇聚；通过简化办理流程、建设后奖励等方式，支持江西省县域孵化器建设，补齐县区孵化事业短板；发挥南昌、赣州等中心城市和南昌高新区、赣州高新区、赣江新区等园区对周边区域的辐射带动作用，健全双创服务资源共享机制，实

现中心城市密集创新创业资源与周边区域的双向交流互动，带动区域孵化事业协调高效发展。

### （五）推动对外开放，迈出孵化器国际化发展新步伐

一是加快孵化器国际化步伐。鼓励江西省内科研院所、高校、新型研发机构、大型龙头企业等各类主体，围绕江西省"2+6+N"产业发展需求，探索"国内注册、海内外经营"的离岸模式，打造具有引才引智、创业孵化、专业服务保障等多功能的国际化综合性创新创业平台；营造国际化的营商环境，吸引国外孵化机构在江西省设立分支机构或合作共建孵化器，加速海外人才、技术、资本等双创要素集聚，实现"全球项目 + 国际孵化 + 江西转化"的双创孵化新模式。

二是推动孵化器行业国际化发展。借鉴江西省成功举办"世界VR产业大会""国家级大院大所产业技术进江西活动"的经验，积极举办国际创新发展论坛、会展和学术研讨等相关活动，搭建江西省与海内外孵化行业的信息交流、科研交流、项目合作平台；鼓励江西省各类孵化器在孵企业参与国际孵化行业的各项活动与创业大赛，促进创新创业人才的国家化交流与合作；发挥江西省孵化器行业协会的桥梁纽带作用，积极寻求与海外科研院所、高校、技术转移机构、国际性孵化行业协会的交流合作，学习借鉴海外创业孵化的先进理念与模式，拓宽江西省孵化器管理者的国际视野。

三是开展"一带一路"孵化器国际合作。深入开展引才引智创业创新基地建设试点，探索建立海外人才工作站等重大引才引智平台，吸引"一带一路"沿线国家人才来赣创业；围绕江西省战略性新兴产业、传统优势产业领域，充分发挥江西省海外孵化机构的平台作用，推动江西省与"一带一路"沿线国家的合作交流与技术转移，把握海外市场的创业机遇，帮助在孵企业拓展国际市场，扩大国际市场份额，提升企业综合竞争力。

**作者：**
　　杨兴峰　江西省科学院科技战略研究所博士

# 深化技术要素市场化配置改革 提升"十四五"时期江西省科技创新能力

冯雪娇　梁成　邹慧　章东亮

> **摘要**：技术是从传统要素驱动转向创新驱动的关键，是长期经济增长的动力所在。江西省技术要素市场化配置改革取得了一定成效，但依然面临着科技成果产权归属不明晰导致"不敢转"、科技成果市场竞争力不强导致"转不出"、科技成果转化平台不够导致"转不好"、科技成果专业运营能力弱导致"不会转"等瓶颈，为进一步推进技术市场发展，提升江西省科技创新能力，建议以成果确权为先、科技人才为核、市场生态为要、成果评价为基，在技术要素市场化配置改革上求突破。具体政策建议为：深化科技成果权属改革，健全科技成果转化政策；加大科技体制机制改革力度，激发科研人员创新活力；强化技术"供"与"需"有效对接，建立合理科技成果评价体系；加强技术转移平台建设，打造高效率转移转化生态。

2020年4月，中共中央、国务院印发《关于构建更加完善的要素市场化配置体制机制的意见》，强调要加快发展技术要素市场。党的十九届五中全会提出，坚持创新在我国现代化建设全局中的核心地位，把科技自立自强作为国家发展的战略支撑。技术要素是长期经济增长的动力所在，技术要素市场化配置改革是提升科技创新能力的关键所在。面对"十四五"时期新形势新任务新要求，江西省迫切需要以技术要素市场化配置改革为先导，激发技术的供给活力，提升科技创新能力和水平，助推江西省高质量跨越式发展。

## 一、江西省技术要素市场化配置改革面临瓶颈

2019 年，江西省印发的《江西省技术转移体系建设实施方案》强调，进一步谋划加快技术市场发展、健全技术转移机制的政策举措，不断推动科技成果加快转化为经济社会发展的现实动力。近年来，江西省技术转移体系建设取得了显著成效，技术合同成交额从 2009 年的 9.91 亿元增加到 2019 年的 148.61 亿元，而且 2019 年技术交易额首次突破百亿元。但是，在科技成果产权归属、科技成果市场竞争力、科技成果转化平台、科技成果专业运营能力等方面面临着一些瓶颈。

### （一）科技成果产权归属不明晰导致"不敢转"

一是产权归属内在矛盾隐性存在。2015 年以来，江西省相继出台"赣八条"、"赣十条"、《关于进一步促进高等学校科技成果落地江西的实施意见》等文件，明确了单位对科技成果的使用、处置和收益分配权。但涉及实际操作时，大部分高校和科研院所创新成果产权归单位所有，降低科技成果转化活力。

二是收益分配执行问题依旧存在。2019 年，江西省印发的《关于进一步促进高等学校科技成果落地江西的实施意见》指出，在研究开发和科技成果转移转化中获得的净收入、股份或出资比例可提取 60% 至 95% 奖励给研究开发和科技成果转移转化的团队。省内很多高校结合自身情况，及时地制定了相应的执行细则，但仍有部分单位没有贯彻文件精神，科技成果转移转化收益的分配方案仍延续老原则、老办法，未能充分调动科技人员进行成果转移转化的积极性。

三是人事等制度配套跟不上。当前，高校和科研院所大多以论文、项目、奖励数量来进行绩效考核和职称评定，而没有有效健全的成果转移转化激励机制，形成了科研人员"重数量轻转化"的现象，不利于调动科研人员的积极性及科技成果转化与技术转移。

### （二）科技成果市场竞争力不强导致"转不出"

一是重技术前沿轻二次开发。2016—2019 年，江西省地方财政科技支出共 534.59 亿元，省本级地方财政科技经费支出共 60.99 亿元。2015—2019 年，成果登

记总数为 3707 个。科技投入力度的不断加大，进一步提升了江西省科技成果转移转化能力。但是，科研管理体制机制还停留在传统的运作模式，高校和科研机构主要以项目形式从国家获得科研经费，对项目立项的要求一般侧重于技术前沿，使得科技人员在项目申请中缺乏实践调研，对于科研成果的二次开发、推广应用和转化关注度不够，最终形成科研成果缺乏市场需求。

二是技术转移服务人员缺乏。目前，江西省科技中介服务机构多为政府部门运营，缺乏规范化、市场化、规模大的民营科技中介服务机构，还未有效地建立技术供给方和企业需求方之间常态化联系，难以发挥市场调节资源配置的重要作用。此外，科技中介服务行业内缺乏高水平的专业人才。2017 年，江西省国家级孵化器管理机构从业人员数列全国第 16 位，火炬计划特色产业基地企业从业人员数列全国第 16 位；相比之下，广东省国家级孵化器管理机构从业人员数列全国第 2 位，火炬计划特色产业基地企业从业人员数列全国第 2 位。主要原因可能是缺乏对技术转移人才的专项职称认定、评审等激励政策，导致专业技术转移人员从业愿望不高，熟悉技术转移业务的跨学科、高素质的复合型服务人才严重缺乏。

### （三）科技成果转化平台不够导致"转不好"

一是技术转移服务机构规模小，发展不平衡。截至 2019 年，江西省有国家自主创新示范区 1 家，国家级技术转移示范机构 5 家，国家级创新驿站 4 家，建有各类省级技术转移服务机构 230 家。但与兄弟省份还有较大差距，湖北省建有国家级技术转移示范机构 20 家，位居中部第一，近 50% 的技术成果在省内转移转化。与发达省份差距更是明显，江苏省和广东省国家级技术转移示范机构分别高达 45 家、31 家（图 1）。同时，江西省技术转移服务机构在地市间发展不平衡。截至 2020 年 4 月，南昌市省级以上科技企业孵化器有 26 家，占全省省级以上科技企业孵化器总数的 31%，南昌、赣州、九江等排名前三的地市占全省省级以上科技企业孵化器总数的 69%，鹰潭占比最低，仅为 1%。

二是新型研发机构起步晚，发展慢。以新型研发机构、公共技术服务平台等为主要形式的科技创新服务平台，是贯连产学研的有效桥梁、推动科技和经济紧密结合的重要抓手。江西省新型研发机构建设起步较晚，2018 年 6 月省人民政府办公厅

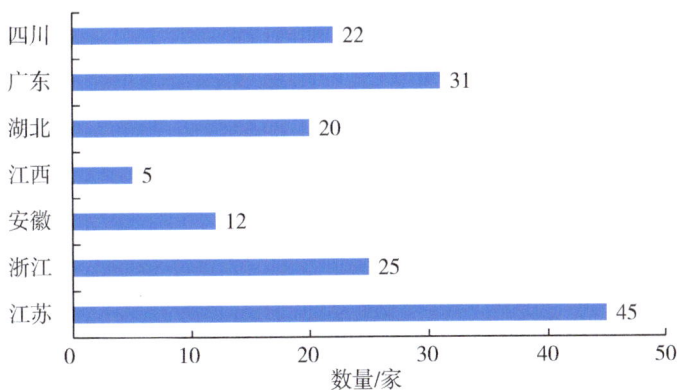

图 1　江西省与典型省份国家级技术转移示范机构数量情况

注：数据来源于中华人民共和国科学技术部。

才印发《加快新型研发机构发展办法》，2020年1月认定第一批20家新型研发机构，而且现建有新型研发机构"自我造血功能"不够，大多数依靠政府资金支持运营，未充分发挥市场在资源配置中的决定性作用。相比之下，早在1996年，深圳市人民政府就与清华大学联手组建了深圳清华大学研究院。2015年，广东省科学技术厅等十部门在全国率先发布《关于支持新型研发机构发展的试行办法》，为新型研发机构的蓬勃发展保驾护航，新型研发机构有近300家。

### （四）科技成果专业运营能力弱导致"不会转"

一是科技金融与技术创新融合发展不够。为缓解科技型中小微企业"融资难融资贵"的问题，2015年江西省启动"科贷通"。截至2019年，科贷通累计贷款额达到10.39亿元，为366家科技型中小企业提供信贷支持，参与科贷通推广的市县（区）达到42个，覆盖率为42%。相比之下，江西省为科技型企业提供贷款的覆盖率还不高。江苏省的"苏科贷"，2019年发放贷款76.57亿元，累计为6294家科技型中小企业发放贷款553.31亿元，已覆盖81个市县（区）和国家级高新区，覆盖率高达76%。

二是知识产权金融服务不健全。2019年，江西省出台《关于加快提升专利质量推动知识产权高质量发展的若干意见》《进一步加强江西省知识产权质押融资等金融工作的意见》，知识产权事业高质量发展取得丰硕成果，实现"量质齐升"。中行

江西省分行、交行江西省分行、九江银行等机构创新推出"知识产权通宝""知融通""智享贷"等知识产权质押融资产品。截至2019年11月，全省实现专利权质押融资11.29亿元，同比增长25%，商标权质押贷款超3亿元。相比之下，2019年江苏省1118家中小企业通过专利、商标等知识产权质押融资共88.60亿元。四川省2019年知识产权质押融资金额达到94.50亿元，其中专利权质押融资金额达60亿元。

三是成果评价体系不完善。目前江西省科技成果评价主要是以政府部门主导、行政运作的方式进行的，缺乏以社会咨询评估等外部第三方为主的市场化评价机构，政府既是成果评价的管理者，又是监督者，这种评价模式缺乏市场导向，难以建立市场化科技评价体系。同时，专利运营模式落后，专利保护意识不强，难以使优秀的科研成果落地转化，实现可观的经济效益。

## 二、"十四五"时期江西技术要素市场化配置改革的总体思路

技术要素市场化配置改革重在探索科技成果产权激励制度改革。江西省乃至全国均存在原始创新能力不强、科技人员创新潜力尚未充分释放等问题，其关键是产权激励不到位。因此，"十四五"时期，江西省要以科技项目研发与科技人员受益直接挂钩为突破口，激发科技人员的积极性、主动性、创造性，提高科技供给质量和效率。

### （一）以成果确权为先，在科技成果产权归属上求突破

目前技术要素市场化最大障碍就是高校院所职务科技成果产权归属问题，即国有资产的界定，需要从顶层制度上进行更大更系统化的突破，让科技研发人员愿意转化、自由转化。下一步改革突破口：

一是明晰产权，让科技成果不再"躺着睡觉"。下放科技成果的使用权、处置权、收益权，让相关科技人员能够自主决定成果的实施、转让、许可和作价投资等事项。

二是建立以知识为导向的分配制度。以科技成果权益初始分配制度，健全科技人员分配政策，并对其进行约束，保障政策法规中规定的对科技人员的奖励得到有效落实。

三是加快科技市场建设。建立科技要素由市场评价价值、按市场价值决定报酬的机制，着重解决科技成果的产权归属问题，通过"去行政化"改革，建立有利于创新的知识产权激励制度。

### （二）以科技人才为核，在技术创新激励机制上求突破

科技人才是创新驱动与核心技术突破的关键。只有完善技术创新激励机制，发挥市场激励和政府激励的不同作用，使科技人才创新热情进一步得到激发，才能充分繁荣科技成果市场，提升科技成果市场竞争力。下一步改革突破口：

一是避免唯"论文化"和"重硬轻软"。在科技创新资源配置中，政府在项目设置、目标、考核、验收等环节，要注意市场化导向，注重成果的实际应用及对社会经济发展的实际贡献，避免唯"论文化"。同时，科研经费的使用，要坚持人才为先，科技创新核心是人才，不是完全靠设备，需要政府作用与市场作用相结合，适应市场化要求。

二是"真金白银"激励科技人才。给予科研人员足够的物质激励：对从事应用技术研发的科研人员，加大科技成果转化收益的分配力度；对从事科技服务的专业技术人员，引入市场评价的分配方式；对高层次人才，探索建立协议工资制、项目工资制等多种收入分配制度。

### （三）以市场生态为要，在技术转化平台建设上求突破

江西省研发投入主要流向高校科研机构，要想将其产生的成果更多地应用到市场，就必须打通科技成果转化"最后一公里"，构建良好的技术市场生态。下一步改革突破口：

一是聚焦"中段"，启动科技成果转化"加速器"。跨越从基础研发到企业产品的"死亡之谷"，破解区域科技与经济发展"两张皮"现象。围绕"2+6+N"领域重点产业技术需求，积极引入国家级大院大所在江西省建立新型研发机构或启动"概念验证中心"建设，推动科技成果高效转移转化。

二是健全科技成果转化"催化剂"——技术转化机构。技术转化机构最重要的能力是技术市场中要素的集成与配置。社会化的技术转化机构应该点面集合，完善

面上的整合，要努力在区域内构建技术转移生态。支持地市和有关机构通过自建或引进的方式建立完善区域性、行业性技术市场，形成不同层级、不同产业技术交易有机衔接的新格局。重点围绕电子信息、有色金属、中医药、新材料、装备制造等江西省"2+6+N"产业，建立一批专业化、规范化的技术转化机构，提升技术转化机构服务能力，培育一批具有示范、引导和带动作用的骨干型技术转化示范机构。

### （四）以成果评价为基，在技术"供""需"对接上求突破

供需矛盾问题是影响和制约科技成果转化的根本问题。只有提高要素供给的质量和能力，使其重大科技成果和核心知识产权满足企业需求，技术要素市场活力才能得以延续。而解决供需矛盾的核心是科技成果评价机构和技术与市场中介人——技术经纪人。下一步改革突破口：

一是建立"火眼金睛"的科技成果评价机构。积极探索面向市场的科技成果评价新机制，促进技术要素有序流动和价格合理形成，推进江西省科技成果评价专业化、规范化和社会化。探索适应不同用户需求的科技成果评价方法，提高科技成果转化成功率。

二是重视培育科技战略人才和技术经纪人。我国科技战略人才缺乏，亟须培育具备"整合专利—形成专利包或专利池—转化好产品"等战略眼光、挖掘能力的科技战略人才。同时，技术成功转化成产品需要科研单位、科技人才、技术、企业、金融等多个环节要素的融合，亟须培育既精通技术、熟悉商业运作，又熟练掌握法律和财会知识的技术经纪人，打通各个环节。

## 三、"十四五"时期江西省以技术要素市场化配置改革为先导提升科技创新能力的政策建议

### （一）深化科技成果权属改革，健全科技成果转化政策

一是健全职务科技成果产权制度。探索科技成果混合制改革，即"先转化、后确权"改变为"先确权、后转化"。加快推进高校、科研院所与发明人对知识产权分割确权和共同申请制度试点。对利用财政资金形成的职务科技成果，由单位

按照权利与责任对等、贡献与回报匹配的原则，分类改革：涉及国家安全、国家利益及重大社会公共利益的科技成果，知识产权仍归相关单位，属性为国有；一般性科技成果，若单位与科研人员共同实施转化，可按照一定比例约定分成，属于共有；其他成果知识产权可由科研人员个人所有。探索建立赋权成果的负面清单制度。

二是开展科技成果转移转化区域试点。建议科技、教育、财政、人社、市场监督、税务、省委组织部等部门共同制定省属高等学校、科研院所科技成果转化综合试点实施方案。支持南昌大学、江西师范大学、江西省科学院等有条件的高校、科研机构建设科技成果转移转化试点，开展体制机制创新与政策先行先试，探索一批可复制、可推广的经验与模式。试点高校、科研机构要进一步增强科技成果转移转化的意识，完善制度设计，建立有效的科技成果转移转化管理一揽子工作体系，实施科技成果收益奖励补助制度，试点高校、科研机构可将科技成果转移转化所获得收益全部用于对科技成果完成人和为科技成果转移转化做出贡献人员的奖励，高校或科研机构留成部分由省科技创新发展专项资金给予补助。

### （二）加大科技体制机制改革力度，激发科研人员创新活力

一是建立以科技创新质量、贡献、绩效为导向的分类评价体系。贯彻落实《关于进一步促进高等学校科技成果落地江西的实施意见》，相关部门有序推进科研机构、高等院校和科研人员分类评价改革，出台分类考核评价实施方案，破除唯"论文化"导向，考虑在高校院所设立科技成果转化类高级专业技术岗，在专业技术职务评聘、岗位等级晋升、年度考核等方面，加大科技开发、技术应用、成果转化等评价指标权重。建议高校院所的主管部门及科技、财政等主管部门将技术合同成交额、技术推广等科技成果转化业绩纳入高校院所工作绩效考核评估，并对科技成果转移转化绩效突出的相关单位给予经费支持，适当提高高级专业技术岗位结构比例。

二是从源头引导科研方向市场转变。改革科技项目的形成机制，引入"市场思维"，给予一些高新技术企业的技术负责人部分权限，共同形成科技项目选题。在项目立项评审中，让相关领域有代表性的企业负责人拥有更多的发言权，减少"学术思维"主导带来的立项误区。对于具有应用前景的项目，鼓励支持金融机构立项

期介入，以市场机制，加快成果转化进程。

三是落实完善科技资源配置政策。贯彻落实《关于深化科技体制机制改革加快高质量发展的实施意见》，并对赋予科研单位科研经费更大管理权进行细化。在此基础上，探索绩效支出不单设比例限制，绩效支出纳入单位奖励性绩效单列管理，不计入单位绩效工资总量调控基数。对各级应用类科技项目结束后的绩效跟踪评价，重点关注项目成果转移转化、应用推广及产生的经济社会效益，评价结果作为科研人员和科研项目承担单位绩效评价的重要依据，与职称评定、科技奖励及后续配置科技资源挂钩。

### （三）强化技术"供"与"需"有效对接，建立合理科技成果评价体系

一是培育发展技术转化机构和技术经纪人。建议人社、教育等相关部门研究建立完善技术经纪人培养体系，培育技术供需方经纪人和技术交易中介方经纪人。鼓励高技术人才从事技术供需方经纪人工作。在高校试点开设科技成果转化和技术转移的相关专业和课程，编写课程教材，同时建立起完善的职业经纪人从业资格考试制度。学习江苏省经验，建立技术经纪人事务所，着力配合技术市场开展经纪人培育、管理和培训咨询工作，并依托省网上常设技术市场及江西省企业资源，提供精选的供需项目，组织技术经纪人进行项目对接。

二是开展科技成果评价机构试点。建议科技厅遴选具备科技成果评价能力的专业评价机构作为试点。围绕有色金属、电子信息、航空、中医药、装备制造、新材料、半导体照明等"2+6+N"产业，政府牵头联合技术专家、产业技术创新联盟及行业协会等共同制定行业内科技成果转化评价标准。支持试点机构积极探索科技成果评价与应用转化相结合的有效模式，主动为知识产权质押融资提供重要参考依据，降低银行贷款风险，缓解科技型中小微企业融资难、融资贵的问题。支持高等院校建立专利申请前评估制度，对拟申请专利的技术进行评估，强化需求导向。

三是推进新技术应用场景建设。新技术、新产品更需要的是市场和机会，而不是资金支持等。建议实施新技术机会清单制度，深度了解和收集企业产品技术研发和需求情况，定期发布新技术应用场景机会清单，借助"国家级大院大所产业技术进江西活动"等重大活动对新技术机会清单进行集中发布，同时在江西省网上常设

技术市场发布，引导全球新技术、新产品在江西省首发首秀，为全球投资者、企业及人才在江西省发展提供市场和计划，将新技术应用场景具象为可感知、可视化、可参与的机会，实现从"给优惠"到"给机会"的深刻转变。

### （四）加强技术转移平台建设，打造高效率转移转化生态

一是持续加大新型研发机构建设力度。落实好《江西省引进共建高端研发机构专项行动方案（2020—2025）》，以点带面，围绕电子信息、有色金属、中医药、新材料、装备制造等江西省"2+6+N"产业，出台支持江西省与国家级大院大所科技合作的专项政策，大力引进大院大所设立研发总部或分支机构，联合建立工程技术研究中心和重点实验室，共建一批高端新型研发机构，培育一批科技战略人才，推进更多技术走向市场。

二是启动建设概念验证中心。概念验证中心在技术创新的第二个阶段——概念验证阶段就开始对技术转化进行扶持，是新技术转化的"最初一公里"。建议制定《江西省概念验证中心建设实施方案》，结合江西省高校基础研究的优势、特色和双一流高校建设，优先选择建有创新创业载体及科技成果转化公司/平台的高校作为支持主体，建设由社会力量主导的若干专业化概念验证中心，为高校技术概念验证提供种子资金、商业顾问、创业教育等个性化支持服务，打造科技成果转化的全链条服务支持体系。实施江西省"概念验证支持计划"，设立概念验证中心专项支持资金，每年面向全省征集若干个概念验证项目，对每个项目予以财政资金支持。

三是构建技术转移转化服务体系。针对各设区市首位产业和优势产业，推进大院大所与中科院江西中心在地方联合成立一批具备综合服务能力的区域性分中心，形成覆盖全省的科技服务网络，在江西省科技成果转移转化体系建设中，发挥引领示范作用，促进更多国家级大院大所技术在赣转移转化。支持省内高校院所普遍建立技术转移中心，健全省市县三级技术转移工作网络，构建全省技术转移信息服务"一张网"。

四是做强做大江西省网上常设技术市场。修订《江西省网上常设技术市场技术交易专项补助办法（试行）》中"实际技术交易额低于50万元的，暂不予补助"标准，扩大补贴对象范围。整合南昌科技广场、赣州科技广场、"技术江西"等各类平台

技术要素资源，做大做强江西省网上常设技术市场。建立省市县协同推进机制，加大宣传力度，扩大平台影响力。

**课题组成员：**

　　冯雪娇　　江西省科学院科技战略研究所副所长、副研究员
　　梁　成　　江西省科学院科技战略研究所博士
　　邹　慧　　江西省科学院科技战略研究所所长、研究员
　　章东亮　　江西省科学院科技战略研究所博士

说明：此成果已发表在《科技中国》2021年，第3期。

# "十四五"规划背景下江西省高新技术企业的发展建议

陈春林　邹慧　陈耀飞

> **摘要**：高新技术企业是技术创新的源头和科技成果转化的直接载体。习近平总书记反复强调，"创新要以企业为主体""核心技术是企业'命门'所在"。刘奇同志曾强调，把培育高新技术企业作为实施创新驱动发展战略的重要抓手，抓住高新技术企业就是抓住创新的牛鼻子。相比发达省市，江西省高新技术企业发展存在政策支持力度弱、企业价值链较低、企业间缺乏协作、企业根植性不足、企业衍生度不够等问题。本报告探寻了江西省高新技术企业的发展现状及存在的问题，对比了国内高新技术企业发展典型经验，提出了江西省"十四五"期间高新技术企业培育建议。

高新技术企业作为技术创新和科技成果转化的直接载体，是高新技术产业化的重要主体，它对区域经济的发展具有不可忽视的推动作用。习近平总书记反复强调，"创新要以企业为主体""核心技术是企业'命门'所在"。刘奇同志曾强调，把培育高新技术企业作为实施创新驱动发展战略的重要抓手，抓住高新技术企业就是抓住创新的牛鼻子。"十四五"期间，江西省要抢抓机遇，谋划好高新技术企业发展，更好推动江西省高质量跨越式发展。

## 一、江西省高新技术企业发展概况

江西省关于高新技术企业的研究并不多，对高新技术企业总体发展水平、产业集聚、区域布局、科技投入、创新产出等方面的研究几乎为零。为全面掌握高新技术企业发展情况，实现科技管理与决策的科学化，本报告通过微观的企业调研、《中国火炬统计年鉴》、天眼大数据查询平台等，分析了江西省通过认定的高新技术企业发展特征。

### （一）高新技术企业总数不断增长

江西省高新技术企业蓬勃发展，截至2020年年初，高新技术企业突破5000家。2014—2018年，企业数量的增速平均为43.54%（图1）。其中，2018年高新技术企业达3483家，企业总数居全国第15位，增速高达64.5%，快于中部其他兄弟省份。2018年，湖南省、山西省、河南省、安徽省和湖北省的高新技术企业数量增速分别为46.6%、45.8%、45.4%、25.1%和22.4%。

图1　2014—2018年江西省高新技术企业总数和增速

注：数据来源于《中国火炬统计年鉴》（2015—2019）。

### （二）高新技术企业主要经济指标中部居中

2018年，江西省纳入统计的高新技术企业实现工业总产值8898亿元、净利润533亿元、上缴税费380亿元、出口总额867亿元、营业收入10 247亿元，分别占全国的比重为3.08%、2.03%、2.11%、1.92%及2.63%。规模分别居全国第10位、第13位、第11位、第10位、第11位。与中部其他五省相比，排位落后于湖北省、湖南省和安徽省，处于全国中上、中部居中的位置（表1）。

表1 2018年江西省与中部兄弟省份高新技术企业主要经济指标对比

单位：亿元、位

| 指标 | | 江西 | 河南 | 山西 | 安徽 | 湖南 | 湖北 |
|---|---|---|---|---|---|---|---|
| 工业总产值 | 产值 | 8898 | 7147 | 3298 | 10 105 | 10 725 | 11 830 |
| | 全国排位 | 10 | 13 | 20 | 9 | 8 | 7 |
| 净利润 | 利润 | 533 | 489 | 255 | 638 | 796 | 1205 |
| | 全国排位 | 13 | 14 | 20 | 10 | 9 | 7 |
| 上缴税费 | 税费 | 380 | 375 | 203 | 500 | 601 | 791 |
| | 全国排位 | 11 | 12 | 18 | 9 | 8 | 6 |
| 出口总额 | 总额 | 867 | 709 | 302 | 1079 | 765 | 1067 |
| | 全国排位 | 10 | 14 | 19 | 8 | 13 | 9 |
| 营业收入 | 收入 | 10 247 | 8780 | 4719 | 11 472 | 14 152 | 17 876 |
| | 全国排位 | 11 | 13 | 19 | 10 | 9 | 7 |

注：数据来源于《中国火炬统计年鉴》(2019)。

### （三）高新技术企业分布呈集聚格局

江西省高新技术企业的空间分布格局与江西省铁路轨道交通脉络基本契合，大部分高新技术企业都分布在沪昆、京九沿线。南昌高新技术企业数量最多，约占全省总量的30%，其次是赣州，占全省15%左右。高新技术企业数量在200家以上的县（市、区）有1个，100～200家的县（市、区）有3个，50～100家的县（市、区）有15个，20～50家的县（市、区）有33个，小于20家的县（市、区）有50个。大部分高新技术企业集聚在国家级高新区或经开区，全省一半的县（市、区）高新技术企业数量严重匮乏。

### （四）高新技术企业科创投入与产出有喜有忧

江西省科技人才队伍不断壮大。全省高新技术企业科技活动人员规模从2014年的6.54万人增至2018年16.25万人，约占全国的2.15%，年均增长25.77%。其中，

R&D人员12.03万人，占全省高新技术企业科技活动人员总量的74.03%。与兄弟省份相比，江西省高新技术企业科技活动人员和R&D人员规模在中部六省分别排倒数第2位和倒数第3位（图2）。

科技经费支持持续加大。江西省高新技术企业科技活动经费内部支出从2015年的132.89亿元增至2018年的407.26亿元，约占全国的2.06%。其中，R&D经费支出也不断升高。与兄弟省份相比，江西省高新技术企业科技活动经费内部支出及R&D经费支出规模在中部六省排倒数第3位，距湖北省还有很大差距（图3）。

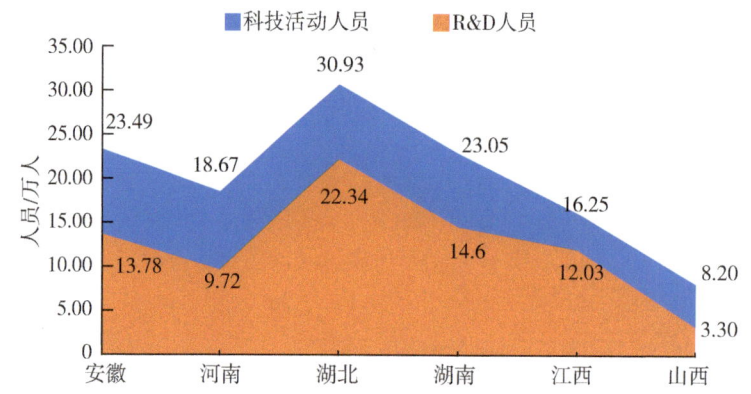

图2　2018年江西省与中部兄弟省份高新技术企业科技活动人员对比

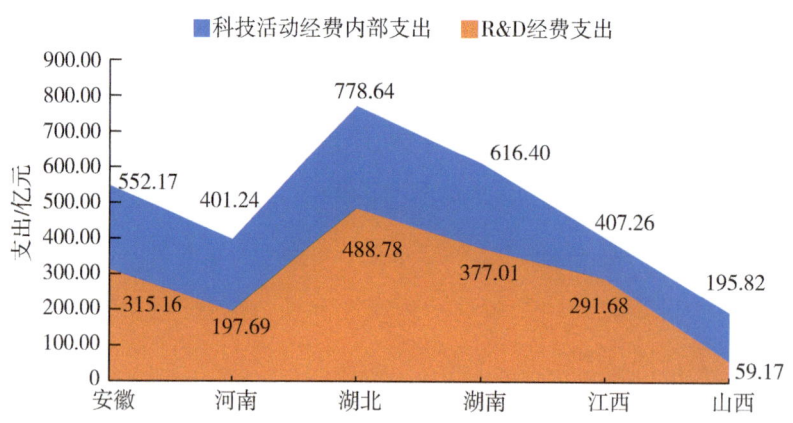

图3　2018年江西省与中部兄弟省份高新技术企业经费支出对比

注：数据来源于《中国火炬统计年鉴》（2019）。

江西省高新技术企业专利申请态势良好，但发明专利数量相对较少。2018年，江西省专利申请数达6001件，在中部六省排第3位，仅低于安徽省和湖北省，增速高达 29.47%。但是发明专利申请数在中部六省排第 4 位，有效发明专利数在中部六省排第 5 位（图 4）。2018 年，江西省高新技术企业 R&D 项目数为 3269 项，领先于中部兄弟省份，居全国第 7 位。全省高新技术企业承担的新产品开发项目数为 3910 项，在中部六省排第 2 位，居全国第 10 位。全省高新技术企业新产品销售收入为 1014.76 亿元，新产品产值占工业总产值的比重从 8.37% 增至 11.40%（图 5）。

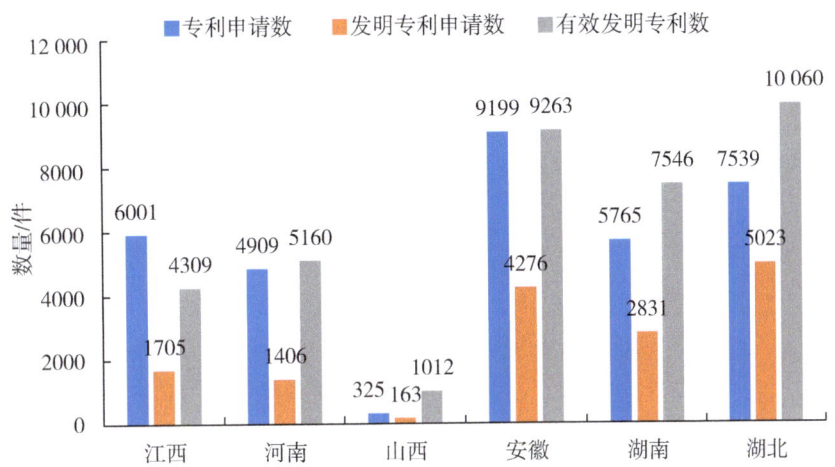

图 4  2018 年江西省与中部兄弟省份高新技术企业专利产出情况对比

注：数据来源于《中国火炬统计年鉴》(2019)。

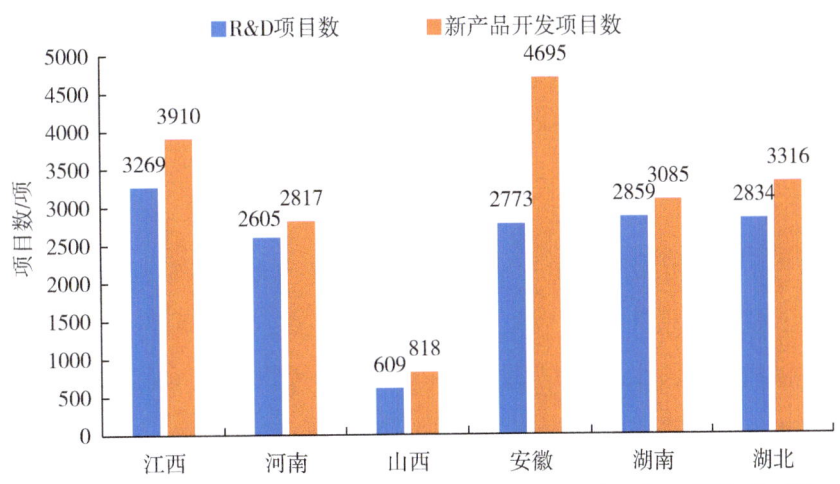

图 5  2018 年江西省与中部兄弟省份高新技术企业研发项目情况对比

注：数据来源于《中国火炬统计年鉴》(2019)。

## （五）拥有国家级企业技术中心的龙头企业屈指可数

江西省电子信息产业、生物医药产业的高新技术企业均没有国家级企业技术中心。新能源产业的高新技术企业有1个国家级企业技术中心。航空产业的高新技术企业有2个国家级企业技术中心。新材料产业的高新技术企业拥有的国家级企业技术中心最多，有6个（表2）。高新技术企业拥有的省级企业技术中心数量排名前三的依次是新材料产业、生物医药产业和电子信息产业。

表2　江西省具有国家级企业技术中心的高新技术龙头企业

| 重点产业 | 具有国家级企业技术中心的高新技术企业 |
| --- | --- |
| 电子信息产业 | 无 |
| 生物医药产业 | 无 |
| 新材料产业 | 江西稀有金属钨业控股集团有限公司、江西铜业集团公司、蓝星化工新材料股份有限公司江西星火有机硅厂、钢铁集团有限责任公司、崇义章源钨业股份有限公司、江西钨业集团公司 |
| 新能源产业 | 晶科能源有限公司 |
| 航空产业 | 江西洪都航空工业集团有限责任公司、江西昌河航空工业有限公司 |

## 二、重点产业高新技术企业及专利格局

### （一）电子信息产业

江西省电子信息产业的高新技术企业具有很好的地市集聚度和园区集群度。该类产业的企业整体偏硬件生产，硬件生产基地主要在吉安、赣州和南昌，软件开发大都集中在南昌高新技术产业开发区。高新技术企业数量在100家以上的县（市、区）有1个，21～100家的县（市、区）有2个，11～20家的县（市、区）有8个，5～10家的县（市、区）有15个，小于5家的县（市、区）有76个。高新技术企业专利数总量在500件以上的县（市、区）仅1个，301～500件的县（市、区）有9个，101～300件的县（市、区）有13个，20～100件的县（市、区）有32个，小于

20件的县（市、区）有47个。

### （二）有色金属产业

江西省有色金属产业的高新技术企业主要分布在赣州、鹰潭等。基础最好的铜、稀土、钨和其他有色金属，企业区域集聚度都很高。江西省有色金属产业仍以基础性自然资源开发及简单生产加工为主，新材料领域的高精尖企业占比仍较低。高新技术企业数量在20家以上的县（市、区）仅3个，16～20家的县（市、区）有3个，11～15家的县（市、区）有11个，5～10家的县（市、区）有25个，小于5家的县（市、区）有60个。高新技术企业专利数加总在600件以上的县（市、区）仅5个，301～600件的县（市、区）有12个，151～300件的县（市、区）有17个，50～150件的县（市、区）有27个，小于50件的县（市、区）有41个。

### （三）中医药产业

江西省中医药产业的高新技术企业主要分布在南昌、宜春、吉安和抚州。江西省中医药产业以传统生产加工为主，新医药领域的高新技术企业少，其中生物技术开发、细胞工程技术研究企业占整个中医药企业的比例极低。高新技术企业数量在30家以上的县（市、区）仅1个，16～30家的县（市、区）有4个，11～15家的县（市、区）有7个，5～10家的县（市、区）有25个，小于5家的县（市、区）有65个。高新技术企业专利数加总在600件以上的县（市、区）仅5个，301～600件的县（市、区）有10个，131～300件的县（市、区）有14个，50～150件的县（市、区）有25个，小于50件的县（市、区）有48个。

### （四）航空产业

江西省航空产业的高新技术企业有20多家，主要分布在南昌和景德镇。从事整机生产的企业有3家：洪都航空工业股份有限公司主要是基础教练机、通用飞机设计和研制；昌河航空工业有限公司主要是直升机生产和销售；中轻智能设备有限公司主要是无人机研发和制造。其他企业的主营业务是配件设计生产、各类航空服务等。高新技术企业数量在6家以上的县（市、区）仅1个，3～6家的县（市、

区）有 2 个，2 家的县（市、区）有 3 个，1 家的县（市、区）有 5 个，没有的县（市、区）有 91 个。高新技术企业专利数加总在 2000 件以上的县（市、区）仅 1 个，501～2000 件的县（市、区）有 1 个，101～500 件的县（市、区）有 2 个，1～100 件的县（市、区）有 6 个，没有的县（市、区）有 92 个。

### 三、江西省高新技术企业发展存在的问题探讨

江西省的高新技术企业所占比重偏低，缺乏大型龙头企业。高新技术企业自主创新能力较差，以引进消化吸收为主要模式，原始创新所占比重较小。高新技术企业没有呈现高水平的企业集聚态势。高新技术企业在发展过程中存在自己的不足，也受区域创新环境的不利因素影响。

#### （一）政策支持力度弱，需构建立体化培育政策

江西省对高新技术企业的政策支持力度偏弱，主要表现在支持措施更新稍滞后、资金支持力度总体不大、政策的立体化创新不足。在支持政策方面，江西省思路还不够开阔，国内很多省市走在前列。例如，山东省大力支持科技企业孵化器和众创空间培育高新技术企业，厦门市首创"三高"企业内部孵化高新技术企业等。支持措施更新较为滞后，国家 2016 年印发了修订后的《高新技术企业认定管理办法》，江西省的 12 条支持措施仍停留在 2014 年的版本，而兄弟省份在 2018 年、2019 年大多已经完成了政策更新。在资金支持方面，除了研发费用、税收加计扣除等措施外，江西省其他资金配套力度较小。不少省份比江西省资金支持力度大。例如，安徽省对认定高新技术企业奖励 20 万元，河南省配套奖励最高 30 万元。此外，省市县（区）多级立体化培育体系不够健全，一些地区高新技术企业培育库不够完善。"一企一策"精准帮扶落实尚不到位，甚至有龙头企业流失现象。例如，福建省国资委入主江西省合力泰，造成企业易主流失。

#### （二）企业价值链较低，自主研发受到颇多掣肘

江西省大部分高新技术企业集中于生产产值高、利润低且技术含量不高的产

品，企业所处价值链较低，产业创新链有待进一步提升。以电子信息产业为例，在标准制定—设备开发—终端产品的技术层次中，省内电子信息企业在芯片技术等技术核心领域鲜有涉猎，大都聚集在组件、装配、整机组装等技术含量较低的劳动密集型环节。龙头骨干企业也大多缺乏企业研发总部，没有类似华为、比亚迪之类的大型高新技术企业研发院。江西省有国家级企业技术中心的高新技术企业仅几家，甚至存在不少高新技术企业研发外迁的现象。一些龙头企业盲目追求规模，重视产量，重心并没有在技术研发和开发新产品上。对于生命周期越来越短的高新技术产业来说，这些大型龙头企业将面临转产困难，不利于应对突发事件。

此外，中小企业数量众多但创新能力弱。江西省大部分的高新技术企业是中小企业，这些企业大部分是在给大企业做 OEM（贴牌生产），没有自己的研发能力。它们即使想研发，也会受到相关领域大企业的钳制，最终可能连代工厂的地位都不保。此外，这些中小高新技术企业大都缺少与外部环境进行交流协作的平台，还面临融资、人才、技术、市场等难题，创新能力及活力很难跟上时代。

### （三）企业间缺少协作，地方化网络有机联系弱

目前，江西省企业集群的层次偏低，企业间缺乏沟通和协作，集群内企业专业化分工和生产链合作都存在着很多问题。江西省高新技术企业集聚区大多未能形成区域经济综合体（即以公司间或工厂间越来越精确的交易关系而组织起来的高技术集聚体或高技术综合体，包括面对面的接触、战略信息的详细交流、长期或短期的转包合同、原料的投入产出联系等）。龙头企业在集群中并没有扮演好主角，塑造好品牌；中小企业在产业链中也没有扮演好配角，做专做精。产业同构现象突出，集群内部生产经营同类产品的企业竞争激烈，企业间生产要素重复建设。这就造成集群的规模优势凸显不够，制约了产品升级创新和产业规模扩大。"十四五"期间，地方化网络的有机联系急需挖掘提升。

### （四）企业根植性不足，扎根意愿和效果不明显

江西省企业根植性不足，企业核心业务呈现"飞地"现象。目前，省内不少企业纷纷到外地（主要是珠三角、长三角，甚至长沙、武汉等）设立分支机构或寻

求合作伙伴。主要原因是本地高技术人才用工条件不佳、地理位置上远离开放的前哨、缺乏与高新技术策源地联系的迅达性等。此外，一些企业长期停留在加工、组装的阶段，对外依存度高，导致企业根植性弱。一些企业扎根意愿强，但教育、医疗等城市配套和服务较弱影响了企业扎根，高管们工作圈、人际交往圈无法融入当地。高新技术企业地域根植性的强弱直接影响着企业集群的竞争力，如果不重视高新技术企业在省内扎根的重要意义，将会影响高新技术企业辐射源带来的持续创新后劲。

### （五）企业衍生度不够，企业集聚发展未成气候

江西省高新技术企业的衍生发展尚未成气候，相关企业集聚往往是出于交通便利、工厂相互接近可减少物流成本的考虑。企业衍生是高新技术企业集群的活力所在，衍生型高新技术企业集群的发展更具有韧性：产业集群内部不断孕育出新的企业，这类集群衍生的高新技术企业数目甚至可能超过初创和迁入的企业数目；这类集群不断有新的生产技术和新的产品出现，持续维持集群的创新力和竞争力。例如，北京中关村最初的企业是从科研院所和大学衍生出来的，大批新技术小企业应运而生，联想集团、希望集团、振中集团等都是科研机构衍生企业。当前江西省科研基础相对薄弱，依托科研院所和大学衍生出的高新技术企业数量有限，未来急需围绕科学园或高新技术开发区，在相同产业链环节的衍生、产业链上下游环节的衍生、产业链专业服务的衍生方面着力，衍生出更多高新技术企业，形成企业集聚发展的良好生态。

## 四、省外高新技术企业发展典型经验做法

### （一）厦门首创鼓励企业"内部创业"

2019年，厦门出台了《关于实施高技术高成长高附加值企业倍增计划的意见》，出台了21条具有实质性支持内容的措施。其中，孵化培育高新技术企业奖励政策，在全国首创以企业为孵化主体的资助方式。通过政策引导，鼓励企业"内部创业"，让"三高"企业孵化出更多具有创新活力的国家级高新技术企业。该政策为具备孵

化能力的企业量身打造，从母公司实力、孵化培育过程和新公司发展水平3个方面进行评判。一方面，鼓励成熟的企业为新孵化企业带来人才、资金、技术和市场渠道等资源，提高孵化的成功率。另一方面，鼓励企业通过员工持股、绩效分成、期权池等方式让新孵化企业员工分享企业高成长收益，激发员工的创新活力。在政策激励下，不乏大型国有企业、重点工业企业、重点现代服务业企业、上市企业等开展"内部创业"，拥有国家级众创空间的企业还制定了一整套完善的孵化体系。有的企业引入员工持股平台，推出员工持股激励、孵化成功奖励等措施，目前这种内部孵化机制，相继成功孵化出了服云、淘金互动、易惠等快速发展的新公司。

### （二）南京打造高新技术企业培育"三驾马车"

2018年，南京栖霞区出台了《栖霞区高新技术企业培育行动计划》，精心打造高新技术企业申报代办员、高新技术企业培育专家团队、高新技术企业培育诊断室"三驾马车"，为高新技术企业申报认定之路保驾护航。一是组建高企申报代办员队伍。建立企业科技专员、科技副总、高校院所科技联络员、技术经理人及技术转移志愿者等5支科技服务中介队伍，推行专人全流程代办，编写《高新技术企业认定政策汇编》等指南手册，为辖区内科技企业申报高企提供一条龙管家式申报代办服务，并建立首席代办、分级代办、四查倒逼问责及服务质量评价等制度。二是选聘高企培育专家团队。以省生产力促进中心原专家组主任为核心组建高企专家团队，开展精准辅导和政策培训。面向区内中小科技企业、往年到期未申报或未通过的老高企、今年到期复审的高企及双软非高企等4类企业开展深入动员和靶向辅导，为企业开出补缺菜单，扫清高企申报之路上的"拦路虎"。三是开设高企培育诊断室。在区技术转移市场内开设高企培育诊断室，拓展区技术转移市场的服务功能。高企培育诊断室由高企培育专家每周定期坐诊，找准创建高新技术企业的薄弱环节，为高企培育开展个性辅导。尤其是对知识产权保护、研发费用归集、成果转化等方面的"疑难杂症"精准把脉，送上"回春良药"，它已成为栖霞区高企培育的"加油站"。

### （三）合肥启动"深科技"企业培育计划

2020年10月，合肥高新区发布"深科技"企业培育计划。"深科技"将是下一轮工业与信息革命的中心，也是下一轮全球科技竞争的战略焦点。合肥未来将培育一批具有行业引领性的"深科技"企业，提前谋划培育未来新动能和爆发增长点。高新材料、人工智能、生物科技、区块链、无人机和机器人学、光子学和电子学及量子计算等7个领域，是目前最为活跃和具有发展前景的"深科技"领域。作为综合性国家科学中心核心区，合肥高新区在信息、能源、环境、健康四大领域，依托中科大、中科院合肥物质院等大院大所，涌现了智能语音、量子信息等一批具有全球引领性的原创技术，并不断培育出行业领军企业。进入合肥高新区"深科技"企业库后，将结合企业不同成长阶段和发展诉求，给予精准化、差异化的支持措施，力求在关键核心技术领域实现突破。包括：争取国家、省、市科技项目支持，对"深科技"企业进行分类管理，定期形成产业分析报告；加强企业战略升级支持，对"深科技"企业实行跟踪服务；提供全方位政策支持，针对"深科技"企业在发展过程中遇到的投融资、人才引进、技术研发等问题，结合实际情况给予专项支持政策。

## （四）昆明"四个计划"构建高企成长梯队

目前，昆明正探索实施高新技术企业苗圃培育计划、稳增提质计划、领军企业计划、高企人才培养成长计划，构建高新技术企业成长梯队。其中，遵循企业成长规律，构建完善"初创期科技型企业—高新技术入库培育企业—高新技术企业"的科技企业培育链，形成"发现一批、服务一批、培育一批、推出一批、认定一批、成长一批"的培育机制。对进入高企行列的企业按照产业、技术领域分类，通过高企大数据平台的数据分析，完善高企评价体系，建立对高企发展全过程的实时跟踪管理和精细化的服务机制。整合各级、各部门创新政策，形成全市创新产业政策的互动、叠加态势，推动高新技术领军企业开展核心关键技术攻关，提升高新技术领军企业的创新能力和核心竞争力，推动全市高新技术企业向规模以上高企、上市高企、瞪羚企业和独角兽企业发展。面向高新技术企业发展需求，各类科技创业人才计划向高新技术企业倾斜，为符合条件的高新技术企业高层次人才申报职称提供绿色通道，推动创新人才向高新技术企业集聚。

## 五、江西省高新技术企业发展对策建议

"十四五"期间，江西省要加强顶层设计，以提升高新技术企业自主创新能力为核心，以支持和引导创新要素向高新技术企业集聚为重点，发挥高新技术企业政策的导向作用，加快完善覆盖高新技术企业初创到成熟各个发展阶段的培育支撑体系。通过优化高新技术企业增量和调整高新技术企业存量促进产业向中高端发展，为江西省"十四五"期间科技创新开好局、起好步。

### （一）完善政策机制，构建立体化的培育机制与政策

高新技术企业培育和发展是一个庞杂的工程。"十四五"期间，有关部门要更明确自身在高新技术企业培育和发展中处于怎样的地位？要提供怎样的培育和发展政策？

一是做强培育机制。可借鉴已有经验构建企业梯度培育链；形成省市县三级联动培育机制；打造高新技术企业申报代办员、高新技术企业培育专家团队、高新技术企业培育诊断室"三驾马车"式帮扶模式；强化高新技术动态监督管理机制等。

二是做优培育政策。引导地方财政加大投入，力争形成省、市、县、园区多级高新技术企业培育专项资金的配套奖励，缓解目前江西省对高新技术企业激励力度相对弱的问题；在原有的奖补措施基础上，紧跟经济社会发展最新形势，创新奖励格局或方式，例如，设立高新技术企业经济贡献奖，按孵化高企数量奖励省级以上科技企业孵化器和众创空间，按所服务企业数量分类分档奖励咨询服务机构，以及直接奖励企业研发团队等；继续加强人才保障，强化平台建设，优化投融资环境，加大知识产权保护力度，打造更优的高新技术企业发展立体化政策环境。

### （二）保存量促增量，建成独具特色的企业衍生体系

针对江西省高新技术企业集群的企业衍生不活跃问题，"十四五"期间的一个工作重心是推进重点企业集群衍生更多的高新技术企业，带动企业增量。重点鼓励3个方面的企业衍生：一是依托已有龙头企业的独特需求催生新兴企业；二是支

持从母企业或者支柱型企业中脱离而出成立新企业；三是满足已有企业在技术、市场、产品销售、咨询服务等方面需求，诞生更多服务型企业。通过探索专项支持政策，让更多高新技术企业"从新芽长成大树"或者是"老树开出新花"，让已有的企业集群生态体系更繁荣和更可持续发展。借鉴引入一些省市在这方面已有的成功探索，如一些城市推行的新兴企业集群注册登记"一址多照"模式、鼓励企业"内部创业"模式等，促进集群内的科技型微小企业的衍生和成长。此外，凭借密切的衍生关系，进一步加强集群内企业彼此之间的互利合作，降低交易成本，实现更多的知识外溢。

### （三）深耕企业发展，提升企业根植性扩大辐射效应

企业根植性是区域创新环境的形成、地方化经济发展的关键所在。"十四五"期间，深化高新技术企业根植性是江西省产业转型发展的重要发力方向。增强产业链关键环节优质高新技术企业根植性，培育一批产业控制力强的"链主企业"，既可提高稳链补链强链控链力度，也可通过企业在本地扎根和结网形成更优的地方集聚，构筑立体化企业交流和合作系统。提升企业根植性重点做以下几个方面的工作。

一是在思想认识上求突破。提高各地市、产业园区对企业根植性的认识。尤其是针对当地主导产业的高新技术企业，在"十四五"产业发展规划中要充分重视根植性。相关部门要追求高新技术企业的科技先进性，也要追求高新技术企业与地方特色结合的网络联通，构筑高新技术企业在地方的内生动力，实现与地方的共生和可持续发展。同时，要将高新技术企业的根植性与地方主导产业发展相衔接，帮助实现主导产业的长期、健康、稳定发展。

二是在三大支撑上使狠劲。明确提升高新技术企业根植性的抓手。围绕企业根植性的三大支撑（自然禀赋基因、社会资本基础和市场需求偏好），认真落实备选高新技术企业的根植性和适应性。

三是在拓展外延上下功夫。与时俱进调整、拓展、延伸企业根植性。一些高新技术企业随着经济发展，原有的根植性可能会萎缩失去引领能力。因此要紧跟时代发展，利用互联网技术和大数据信息处理技术，在更广泛的范围拓展企业根植性。

同时要抓住人脉、文脉、新兴市场脉，挖掘新一轮企业根植性内涵。

### （四）实现共创共生，培育最优的企业集群生态体系

企业集群是高新技术企业发展的理想归宿，高新技术企业的可持续发展得益于良好的企业集群生态体系。梳理现有企业集群现状，不难发现江西省不同类型企业集群的生态体系短板差异明显，如缺少龙头企业，缺少高新技术企业，缺少零部件企业，缺少原材料企业，缺少新业态、新模式等平台服务型企业。各种类型企业生态体系都有自己的最佳架构。"十四五"期间，要根据各企业集群生态体系给出具体判断，实施差异化的政策引导方案。

一是培育金字塔型企业生态体系。针对技术门槛较高、龙头企业地位凸显的企业集群，最佳的企业集群状态是金字塔型。例如，航空产业、新能源汽车产业、先进装备制造产业以一个或几个大型整机企业为核心龙头，关联的中小企业以不同形式围绕大企业开展生产服务，实现大中小企业融通发展。"十四五"期间，这种企业集群生态体系的发展要着重解决整机龙头企业的规模和竞争力问题，以及加强辅助企业和龙头企业的业务衔接和分工合作。

二是培育多核型企业生态体系。针对有多个核心企业的企业集群，核心企业的规模、引力和影响范围相当，最佳的企业集群状态是多核型企业生态。例如，江西省的新材料产业有铜材料、钨材料、稀土材料、锂电材料等多个核心，这些核心间的关系比较松散，相互之间没有严格的依从关系，类似的还有中医药产业。"十四五"期间，江西省这种企业集群生态体系的发展要着重解决核心企业主营业务中传统产业的比例太高，核心企业的带动辐射作用甚微问题。

三是培育网络型企业生态体系。针对企业规模和辐射相近、相互间没有明显的依附从属关系的企业集群，最佳的企业集群状态是网络型企业生态，如新一代信息技术产业、节能环保产业、新能源产业、文化创意产业等。"十四五"期间，这种企业集群生态体系的发展要着重解决企业各自为战，相互倾轧竞争，企业满足现状而向前沿技术靠近动力不足的问题。

### （五）实施跟图作业，精准靶向服务促进高质量发展

"十四五"期间，建议建成涵盖全省5000多家高新技术企业的企业科技创新管理服务咨询系统（即企业科技创新地图），实现跟图精准作业。企业科技创新地图要整合科技系统内外部的数据信息，涵盖企业、项目、载体、人才、金融、知识产权等创新全要素。以高新技术企业为核心载体，摸清全省科技家底，研判创新态势。

一是构建企业科技创新地图，致力打通信息壁垒。突破地域、部门、等级的限制，促进各部门间相互协调与合作，实现资源共享，对内串联各产业间高新技术企业、人才、成果、专利等信息，对外实现科技系统与国内外科技创新平台信息资源的对接交换。

二是绘制企业科技画像，实施精准靶向服务。企业科技画像要能清晰展现出企业和孵化器、研发机构、高校院所、金融机构等的合作情况，企业科技画像要全面，创新路线要清晰。

三是科技部门着力量身定制，制定企业个性之路。绘制创新热力图，有效投放科技政策。根据各市县（区）创新企业、创新载体、创新园区等创新资源的集聚程度绘制颜色深浅不一的热力图，在资源配置过程中精准定位，把优质的科技资源、政策直接配置到重点企业、重点产业、重点领域，真正把资源、政策用到创新的刀刃上。

四是以图集聚创新资源，促进企业高质量发展。充分发挥科技创新地图的资源集聚与共享功能，主动融入鄱阳湖国家自创区、江西内陆开放型经济试验区建设，促进人才、项目、资金、载体、知识产权、服务机构等要素在省内的自由流动和合理配置，扩大科技创新地图对区域和企业的影响力，全面推动高质量发展。

**课题组成员：**

陈春林　江西省科学院科技战略研究所副研究员

邹　慧　江西省科学院科技战略研究所所长、研究员

陈耀飞　江西省科学院科技战略研究所博士

说明：此成果已发表在《江西科学》2020年，第6期。

# 提升江西省国有企业核心竞争力对策研究

魏昌婷 冯雪娇 叶楠 陈春林 邹慧 王小红

**摘要：** 国有企业是我国重大科技创新的主力军，也是国有经济的核心载体、推动经济发展的重要力量。本报告分析了江西省国有企业当前所处环境，从纵向、横向两个维度，"做大""做优""做强"3个方面来分析江西省国有企业竞争力概况，并对江西省两大龙头企业——江西铜业集团、江铃汽车集团开展案例分析，剖析当前存在的问题，并总结发展经验，从完善中国特色现代企业制度、调优国有经济布局、抓好科技创新、进一步扩大开放等方面提出提升江西省国有企业竞争力的对策建议，供相关部门决策参考。

党的十九届五中全会提出，坚持创新在我国现代化建设全局中的核心地位，把科技自立自强作为国家发展的战略支撑。国有企业是我国重大科技创新的主力军，也是国有经济的核心载体、推动经济发展的重要力量。党的十九届四中全会提出，增强国有经济竞争力、创新力、控制力、影响力、抗风险能力，做强做优做大国有资本，对国有企业新一轮的发展提出更高要求。

江西省地处长三角、珠三角和闽东南腹地，区位优势明显，生态环境优渥，自然资源丰富。近年来，在省委省政府的坚强领导下，江西省经济增速连续4年位居全国第一方阵，但整体经济水平仍处全国中等位置，相较毗邻的华东各省尤显落后。发展壮大国有企业，发挥国有企业对全省经济的带动、引领作用显得尤为迫切。本报告分析了江西省国有企业现状，并结合案例分析，剖析了发展中存在的问题，总结值得推广的发展经验，提出提升江西省国有企业竞争力的对策建议。

# 一、江西省国有企业为地区持续健康发展做出重要贡献

## （一）国有企业是江西省高质量跨越式发展的"先锋队"

党的十九大指出，我国经济已由高速增长阶段转向高质量发展阶段。推动经济实现高质量发展，是适应我国发展新变化的必然要求。江西省作为一个在经济发展中先天优势并不突出的中部省份，将高质量、跨越式发展作为首要战略是江西省紧跟新时代步伐、全面建成小康社会的必然选择。2019年，江西省GDP达24 757.5亿元，同比增长8.0%，增速居全国第4位、中部第1位。其中全省国有企业表现更加突出，全年实现营业收入7417.3亿元，同比增长8.6%，高出全省GDP增速0.6个百分点，对江西省经济发展起到了引领带动作用。与此同时，近年来江西省属企业研发投入不断提升，各类创新不断聚集，为未来高质量发展所需的高创新做足准备。

## （二）国有企业是江西省改革开放走深走实的"主力军"

党的十八大以来，以习近平同志为核心的党中央做出了全面深化改革、不断扩大开放的重大战略部署。2019年5月，习近平总书记在江西省视察时指出，要推进改革开放走深走实，统筹推进各项改革任务，确保干一件成一件。江西省委省政府深入学习贯彻习近平总书记重要讲话精神，紧密结合省内实际，将深化国资国企改革、推进更高水平开放摆在全省工作的重要位置。目前，全省上下遵循制度先行原则，构建"1+N"国资国企改革发展文件体系，推动国资监管体制逐渐完善、国有资本布局逐步调整、混合所有制改革实现新突破。截至2019年年底，江西省属竞争类国企混改率已提高至77.2%，位居全国前列，3篇改革案例入选国务院国资委编写的《国资国企改革试点案例集》。

## （三）国有企业是急难重险的"定心丸"

2020年以来，面对新冠肺炎疫情和洪涝灾害带来的严峻考验，前三季度江西省GDP达18 387.8亿元，同比增长2.5%，高出全国平均水平，实现逆风翻盘。而江西省国有企业一手抓抗疫抗洪，一手抓复工复产，实现营业收入同比增长 17 个百分点，展现出极强的经济韧性。面对疫情防控常态化，江西省国资委按照国务院国资委《关于地方国资委和国有企业切实履行职责使命坚决打赢疫情防控阻击战有关工作的通知》及省委省政府要求，出台 17 条措施支持国有企业参与疫情防控。各单位积极响应，在疫情排查、防疫物资生产、保障民生供给、复工复产等方面认真履职。例如，江西铜业集团调配资源，扩大防尘口罩产能，全力支持抗击疫情，水投集团春节期间正常提供供水服务，无停工、减产，全力保障用水需求，充分彰显出国企责任担当。

当前，站在"十三五"规划收官和"十四五"规划开局的新起点，面对复杂多变的国内外环境，国有企业仍然是江西省稳增长、促发展、保稳定不可或缺的重要力量。仍需不断提升国有企业核心竞争力，只有这样才能不断提升经济韧性，才能落实习总书记对江西省"作示范""勇争先"的目标定位，才能加快建设成为富裕美丽幸福现代化江西。

## 二、江西省国资国企改革进展

目前，全省上下遵循制度先行原则，构建"1+N"国资国企改革制度体系，推动国企改革工作不断取得新进展。一是国资监管体制逐渐完善。搭建集中统一监管"大屋顶"，实现省属企业国有资产统一监管制度、统一统计评价、统一领导人员管理，探索"三转三管"模式，改革国有资本授权经营体制。二是市场化战略重组迈出重要步伐。推进中医药、军工、民爆、能源、环保、文化传媒等产业集团重组，组建倬云数字产业集团、江西长天集团等企业集团，推动国有资本布局大调整。三是混合所有制改革纵深推进。省属竞争类国企混改率达 77.2%，走在全国前列。四是现代企业制度建设成效显著。探索董事会、监事会规范化建设，扎实推进职业经理人制度改革试点等。

## 三、江西省国有企业竞争力现状

为科学分析江西省国有企业竞争力现状，本报告从"做大""做优""做强" 3

个方面来分析国有企业竞争力。"做大"方面，通过企业的经营收入规模和资产规模来评价企业的规模竞争力；"做优"方面，通过总资产贡献率、成本费用利润率、资产负债率等指标来分析企业的经营情况，评价企业的效益竞争力；"做强"方面，通过研发投入、创新资源、科研产出等来衡量企业的科技研发能力和资源配置能力，分析企业的创新成长性和持续发展能力。

## （一）发展成效

### 1. 体量规模逐步壮大

据江西省财政厅信息，江西省现有国有企业 3153 家，其中省国资委监管集团 16 家。全省国有资产近年来连续跨越 1 万亿元、2 万亿元、3 万亿元大关，到 2019 年年底，增长至 36 884 亿元。营业收入亦于 2019 年年底迈上 7 千亿元台阶，达 7417.3 亿元（表1）。同时涌现许多千亿级、百亿级的龙头型、旗舰型企业。其中，江铜集团连续 8 年跻身世界 500 强，2019 年营业收入达 2403.6 亿元；新余钢铁集团营业收入达 650 亿元。

表1 2016—2019 年江西省国有企业经营规模概览

| 年份 | 国有资产总额/亿元 | 增幅 | 营业总收入/亿元 | 增幅 | 利润总额/亿元 | 增幅 |
|---|---|---|---|---|---|---|
| 2019 | 36 884 | 16.1% | 7417.3 | 8.6% | — | — |
| 2018 | 30 448.4 | 16.0% | 6884.7 | 14.4% | 365.8 | 20.3% |
| 2017 | 24 739.8 | 17.5% | 6011.1 | 14.2% | 301.7 | 43.6% |
| 2016 | 20 740.8 | 17.7% | 5195.2 | 8.8% | 143.65 | 16.7% |

注：数量来源于公开资料整理。

### 2. 运营效益不断优化

据《江西统计年鉴》(2019)，江西省 2016—2018 年连续 3 年规上国有控股工业企业总资产贡献率、成本费用利润率、产品销售率等多项企业效益指标持续改善。到 2018 年年底，江西省规上国有控股工业企业利润总额达 330.79 亿元，利润增长率为 18.85%，成本费用利润率增长至 4.78%，较上一年增长 0.44 个百分点，全员劳动生产率达 43.05 万元 / 人（表 2）。

表 2　2016—2018 年江西省规上国有控股工业企业经营效益概览

| 年份 | 利润总额 / 亿元 | 总资产贡献率 | 成本费用利润率 | 全员劳动生产率 / （万元 / 人） | 资产负债率 |
| --- | --- | --- | --- | --- | --- |
| 2018 | 330.79 | 12.44% | 4.78% | 43.05 | 61.40% |
| 2017 | 278.32 | 12.26% | 4.34% | 39.31 | 60.68% |
| 2016 | 206.82 | 11.67% | 3.62% | 31.66 | 60.88% |

注：数据来源于《江西统计年鉴》(2019)。

### 3. 创新发展备受关注

近年来，江西省在创新能力建设方面开展的一系列探索与实践取得不俗成绩。一是创新投入逐步提升。2017—2019 年省出资监管企业 R&D 投入分别为 32.39 亿元、43.5 亿元、59.92 亿元，保持较大增幅。二是载体建设不断强化。同年新增国家级创新平台 1 个，省级创新平台 3 个，高新技术企业 31 家。截至目前，省属国有企业拥有国家级创新平台 11 个、省级创新平台 41 个，博士后工作站 7 个，院士工作站 2 个，高新技术企业 71 家。三是创新研究与应用成果丰硕。省出资监管企业累计拥有专利总数 3000 余件，其中发明专利 700 多件。2019 年，省出资监管企业获省科技进步奖 8 项，其中一等奖 2 项。

## （二）存在问题

### 1. 对全省经济的引领带动作用尚需提升

江西省作为一个民营经济不够发达的省份，壮大国有企业、发挥其对全省经济带动作用的需求更为紧迫。一方面，相对华东地区其他省份，江西省国有企业并未在体量规模上表现出明显优势。国有资产方面，江西省国有企业尽管近年来增势喜人，但排名依然处在全国中游位置，在华东地区排在末位。营业收入方面亦不及华东地区其他省份，省属企业方面较全省国有企业总体水平相对突出。全省国有企业营收对全省 GDP 的贡献多年保持在 30%。另一方面，从发展的龙头企业看，江西省近年来上榜世界 500 强的国有企业仅有江西铜业集团 1 家，上榜中国 500 强的国企有 5 家，而华东地区山东、福建、安徽等省上榜企业数量均超过江西省。缺乏龙头企业带动也是江西省国有企业整体实力较为单薄的原因（表 3）。

表 3　2019 年华东地区各省份国有企业规模与龙头企业

| 省份 | 全省国有企业资产总额/亿元 | 全省国有企业营业收入/亿元 | 省属企业资产总额/亿元 | 省属营业收入/亿元 | 世界 500 强上榜国企数量/家 | 中国 500 强上榜国企数量/家 |
|---|---|---|---|---|---|---|
| 江苏 | 62 147.46 | 9821.10 | 15 572.00 | 3239.29 | — | 7（江苏悦达集团、南京钢铁、无锡产业发展集团等） |
| 安徽 | — | — | 16 001.50 | 8252.70 | 2 | 8（海螺集团、铜陵有色金属集团、马鞍山钢铁集团等） |
| 山东 | — | — | 34 081.00 | 14 329.72 | 2 | 12（山东能源集团有限公司、兖矿集团、潍柴控股等） |
| 浙江 | 47 006.00 | 14 543.00 | 13 401.00 | 9775.00 | 1 | 8（物产中大集团、杭州钢铁集团等） |
| 福建 | 41 881.50 | 15 247.55 | 18 789.29 | 3383.57 | 3 | 6（厦门建发集团、厦门国贸控股集团、象屿集团等） |
| 江西 | 36 884.00 | 7417.30 | 14 250.10 | 5097.70 | 1 | 5（江西铜业集团、江铃汽车集团、新余钢铁集团等） |

注：数量来源于公开资料整理。

**2. 抗风险能力还需提升**

横向来看，江西省规上国有控股工业企业总资产贡献率及流动资产周转次数两项指标在整个华东地区排名较为靠前，体现出较强的盈利水平，但整体抗风险能力还需加强。一方面，江西省规上国有控股工业企业成本费用利润率依然显著落后于华东地区大部分省份。尽管该指标在 2016—2018 年涨幅超过 10%，但企业成本依旧相对较高。另一方面，负债水平相对较高，资产流动性还需加强。截至 2019 年 4 月 10 日，江西省国有企业中仅有 15 家 A 股上市企业，在全国 31 省（区、市）中排名第18位,而华东地区其他省份上市企业均超30家,相比之下,江西省资本证券化水平较低,同时距离《江西省省属国有企业高质量发展行动方案》中提出的"使省属国有资本证券化率达到70%"目标尚有较大差距(表4)。

表4 2018年华东地区各省份规上国有控股工业企业效益概览及国有企业上市情况

| 省份 | 总资产贡献率 | 资产负债率 | 成本费用利润率 | 流动资产周转次数/(次/年) | A股上市国企数量/家 | A股上市国企市值/亿元 |
|---|---|---|---|---|---|---|
| 江苏 | 13.69% | 55.80% | 8.07% | 2.01 | 46 | 8782.85 |
| 安徽 | 3.95% | 59.15% | 2.58% | 3.43 | 35 | 6241.85 |
| 山东 | — | 63.10% | 6.15% | — | 46 | 8977.72 |
| 浙江 | — | 56.14% | 7.84% | — | 36 | 5414.24 |
| 福建 | 10.12% | 60.97% | 7.14% | 2.04 | 30 | 4587.83 |
| 江西 | 12.44% | 61.40% | 4.78% | 2.23 | 15 | 1532.35 |

注:数据来源于各地区统计年鉴及公开资料整理。

### 3. 创新能力亟待提升

近年来,江西省全省上下高度重视科技创新工作,但江西省基础弱、底子薄、起步晚,区域创新水平依然相对较低。据《2019中国硬科技发展白皮书》,江西省省会南昌产业创新综合能力在36个国内主要城市中仅排第18位。而国有企业尽管拥有较多资源和政策优势,但当前并未扛起技术创新的大旗。据《2019江西省上规模民营企业调研分析报告》,2018年江西省民营企业拥有专利总计11 243件,远超江西省省管企业累计拥有的专利总数。横向来看,研发投入方面,山东省省属企业2017年研发费用就达到94.0亿元,两年来依然加大投入,2019年增长到152.7亿元,福建省2018年仅8家省属工业企业研发投入就达到53.1亿元。创新资源方面,截至2018年年底,山东省省属企业拥有院士工作站11个,签约院士34名,福建省8家国有控股工业企业拥有院士工作站6个,重点实验室、工程研究院、企业技术中心等各类国家级、省级创新平台81个,江西省国有企业拥有的创新资源暂难以与华东各省份匹敌。研发产出方面,安徽省仅奇瑞集团一家就拥有授权专利超10 000件。相形之下,江西省国有企业创新能力亟待增强。

## 四、江铜、江铃提升企业竞争力举措与存在问题

目前江西省国有企业涵盖了国民经济 20 个门类中除国际组织外的 19 个，从具体产业分布来看，相当比例的国有资本集中在传统资源能源产业板块及基础设施产业板块，如稀有金属、钢铁、盐业、建材、煤电气、铁路、高速公路、桥梁等领域。现分别选取江西省传统优势领域的两家龙头企业——江西铜业集团有限公司及江铃汽车集团有限公司作为案例分析江西省国有企业发展经验及发展中存在的问题。

### （一）江铜集团

江西铜业集团有限公司（简称江铜或江铜集团）成立于 1979 年，是我国有色金属行业集采、选、冶、加工序和科、工、贸体系为一体的特大型集团公司。公司拥有 8 家矿山（含权益），5 家冶炼厂，6 家铜加工企业，3 家稀散金属生产单位，1 家稀土公司，以及财务公司、金瑞期货公司、国际贸易公司、物流公司等增值服务体系，形成了铜、铅锌、稀贵稀散金属、金融、贸易、物流等业务板块，主要产品涵盖阴极铜、黄金、白银、铜箔、铜管、板带、线缆、稀土精矿等 100 多个品种。

**1. 发展经验**

（1）股改上市，壮大国有资本

1996 年，江铜通过资产重组、引进战投发起设立江西铜业股份有限公司。江铜集团总资产由 1979 年的 3.35 亿元增长到 100 亿元，国有净资产达 40 亿元，企业实力大增。1997 年 6 月、2002 年 1 月，江铜股份相继在香港、伦敦交易所，上海交易所挂牌上市，成功开辟了国际国内两条融资渠道。2005 年、2008 年，通过旺市增发、发行可转债等方式，江铜集团实现整体上市。通过股权融资解决了企业迅速发展期的资金问题。2017 年 12 月，江铜集团完成公司制改制，为今后加快形成有效制衡的公司法人治理结构和灵活高效的市场化经营机制创造有利条件。

（2）多元并进，打造规模优势

纵向构建全产业链。江铜建立了涵盖铜矿勘探、采选、冶炼及加工的一体化产业链。目前实现铜采选能力和自产矿量全国第一，铜冶炼能力跻身世界第三，铜加工综合生产能力位居全国首位。横向产贸融协同发展。通过并购、重组、合资、新设等方式，完成全国沿江、沿海T字形产业布局。以上海、北京、深圳、成都等地为立足点，建立覆盖全国、辐射海外的贸易营销网络。引入期货运作机制，同时发展以财务公司、金瑞期货公司、北京投资公司等为代表的金融板块。通过实业+资本、现货+期货的良性结合，实业、金融、贸易业务均得到长足发展。2013年，江铜成为中国铜行业和江西省第一家上榜世界500强的企业，至今连续上榜7年。2019年，江铜以2403.6亿元的营业收入继续领跑中国铜工业。

（3）聚焦科创，向绿色化、智能化转型

双轮驱动促创新发展。在40年发展历程中，江铜紧盯世界前沿技术。一方面，走引进、吸收、再创新技术发展之路，形成世界领先的冶炼技术和矿山开发技术；另一方面，充分发挥企业自主创新的主体作用，积极抢占科技创新的制高点。目前，江铜拥有以技术研究院有限公司为主体、国家铜冶炼及加工工程技术研究中心为龙头、国家级企业技术中心为核心、院士工作站和博士后科研工作站为支撑的科技创新体系，为公司转变经济增长方式提供了有力的技术支撑。截至2018年，共获得国家授权专利1112件，其中发明专利85件；获省部级以上科学技术奖励229项，其中国家科学技术奖励14项。"两化"改造助优化升级。江铜一直视绿色环保为企业发展的生命线，每年投入超16亿元用于环保设施的运行，对矿山、冶炼、加工等环节进行全流程技术升级改造，多项环保指标处于国际领先水平。发展"三废"循环产业链，每年新增销售收入达60多亿元。同时，结合我国智能制造2025，江铜加速布局智能矿山、智慧工厂，成功研发我国首个可应用于5G通信领域的高频高速线路板铜箔，全国首个矿用车联网"中国版"也已落户城门山铜矿。

**2. 发展中存在的问题**

（1）资源依赖性强，转型升级压力大

资源优势渐失。资源是矿业企业的立身之本。江铜拥有铜产量超10万吨的德兴铜矿，以及城门山铜矿和武山铜矿等万吨级铜矿，铜资源储量915.4万吨，一度是国内铜资源霸主。然而，据江铜现有矿山的资源储备及生产规模，数十年后将陆续步入矿山末期。虽然江铜也积极参与阿富汗艾娜克铜矿、北秘鲁铜矿等海外资源项目，但目前还未收益。同时，随着近年来紫金矿业、中国五矿等矿业公司加快资源扩张并购步伐，江铜资源霸主地位已被动摇。产品附加值低。据公司年

报，2019年公司营业收入2403.6亿元，净利润24.7亿元。其中，阴极铜贡献了公司56.82%的营业收入，铜杆线占18.77%，黄金、稀散金属及其他铜加工产品等共占24.41%。不难发现，公司的主营业务仍然集中在对资源依赖较强的产业链的中上游，面向高新技术领域的具有高附加值的精深加工产品少。生产成本高。江铜贵溪厂铜冶炼成本约2200元/吨，仅达国内铜冶炼行业冶炼成本平均水平。而铜陵有色金隆冶炼厂铜冶炼成本仅1800元/吨，云南铜业凭借艾萨炉工艺铜冶炼成本约2000元/吨。技术工艺落后、生产设备老旧、生产成本高成为江铜发展的制约。

（2）全员创新创业活力有待进一步释放

随着社会主义市场经济体制的逐步建立，要求国有企业积极建立与市场相适应的灵活高效的管理运营机制。目前，江铜正在探索建立完善的现代企业制度。但管理人仍然是由政府直接任命，尚未实现市场化。职工层面，江铜开展工资总额负面清单管理试点，下级子公司开展了员工持股试点以激发员工干事创业活力，出台了科研成果转化办法以激发科研人员创造性，但干部能上能下、员工能进能出、收入能增能减的局面尚未真正形成。

### （二）江铃集团

江铃汽车集团有限公司（简称江铃或江铃集团）始创于1947年，是中国汽车行业重点骨干企业，是我国汽车整车出口基地和轻型柴油商用车最大的出口商之一。江铃集团拥有39家一级子公司，业务涵盖整车和零部件制造，同时广泛涉足汽车进出口、汽车金融、汽车回收拆解、汽车发动机再制造、物流、房地产等领域。整车产品涵盖商用车、乘用车、专用车及新能源汽车，拥有多个汽车品牌，设有12座海外运营中心，产品覆盖全球115个国家和地区。

**1. 发展经验**

（1）开放合作，助力企业做大做强

丰富产品线。改革开放初期，江铃通过技贸合作引进日本五十铃汽车公司双排座轻型卡车的全套驾驶室模具、焊装夹具、测试线技术和关键设备，开始生产五十铃轻卡产品，开创了国内高端轻卡的先河。20世纪90年代，江铃集团先后与日本五十铃汽车公司、美国福特汽车公司成立合资公司，开启技术、资本、管理等方面的全面合作，面向市场推出五十铃皮卡、全顺轻客等汽车产品。经过发展，江铃集团旗下轻客、皮卡、轻卡产品，市场占有率分别位居全国第1位、第2位和第5位，奠定了江铃国内商用车龙头地位。得益于合作伙伴的帮助，江铃汽车规模与财力日益壮大，2000—2003年初步形成自主研发能力，自主完成了宝典皮卡等多种车型的开发。打造产业链。除了整车合作外，江铃集团还在关键零部件领域跟世界500强企业建立了合资合作关系，如美国李尔、加拿大麦格纳、法国佛吉亚等。目前江铃具备汽车发动机、变速箱、车身、车架、前桥、后桥等关键零部件自主研发制造能力。江铃零部件产业配合整车规划布局迅速扩张做大做强，发动机、变速器等远销海外。

（2）因时而动，赋能企业创新发展

进军新能源。随着全球对环境保护和能源安全重视程度的加深，2015年，江铃集团抢抓机遇成立了专业从事新能源汽车研发、生产、销售和服务的江铃集团新能源汽车公司。同时江铃率先建立三电实验室，掌握了国内外领先的三电核心技术及研发能力，于2016年成为国内第7家拿到新能源造车资质的企业。2018年，江铃新能源汽车销量近5万辆，行业排名第8位。布局智能网联。随着汽车行业电动化、智能化、网联化、共享化浪潮袭来，江铃抢抓机遇，致力于"成为移动出行和智慧物流方案的最佳合作伙伴"。江铃改装车公司自主研发，利用物联网技术、智能传感技术推出了江铃物联网智能救护车，实现了救护车的"四化一体"，即结构一体化、电气自动化、系统网络化、信息智能化。江铃股份也紧跟未来汽车行业大趋势，与联通智网科技、钛马车联网、恒润科技展开全面战略合作，建立专属的"互联网+"云平台，公司正从汽车生产销售商向新一代出行服务综合运营商升级。

### 2. 发展中存在的问题

（1）自主研发能力亟待强化

产品质量水平有待提升。在江铃多年的发展中，通过与国内外优秀企业开展合作，为自身积累了一定的行业地位优势，但自主研发设计新型汽车是车企成长发展的必经之路。江铃自1997年成立陆风研发中心，开始谋划陆风乘用车的发展。与长安联合推出的陆风X7曾凭借出色的外观，上市两周即销量破万。然而，产品在消费者的使用反馈中暴露出汽车发动机、变速箱及空调系统在不同程度存在问题，最终导致产品上市一年后销量暴跌。不难看出，江铃在发展的过程中较为依赖合资公司的技术实力，而国内自主研发水平较国际水准仍存在不小差距。经济规模对研发支撑不足。汽车及汽车零部件产业作为资金密集型产业，产品研发需要以企业的规模效应作支撑，才不至于在激烈的市场竞争中，在强者愈强、弱者愈弱的马太效应作用下被淘汰出局。尽管近几年江铃集团的规模化生产程度有所提高，但相比一流车企，如东风、北汽福田，仍然差距明显。近年来江铃集团研发投入大约占到销售收入的4%，但产品研发本身回报周期长，为谋求长远发展还需拓展渠道保证产品研发长期投入。

（2）经营管理水平有待进一步提升

市场定位不足。在江铃长期耕耘的商用车领域，江铃已经具备了不俗的产品力，成为我国商用车领域最大的企业之一。尤其是在全顺、特顺等产品领域，可谓一家独大。但不论是货车还是客车，江铃仅聚焦中高档产品，这在一定程度上限制了产品销量与市场占有率。当前，江铃以商用车为核心竞争力，积极拓展乘用车领域，实施商用车和乘用车并举、柴油动力和汽油动力并举、传统能源汽车和新能源汽车并举"三个并举"战略，以期吸引并留住新的消费者，从而提升市场覆盖度。但江铃布局乘用车的多年实践已经证明进入新的领域成本是高昂的。并且，不同产品在建设属于本品牌独有的优势与特色的过程中，在创新资源投入、协调发展、营销等各个方面，对企业会提出更高的要求。资源配置尚需优化。江铃于2010年正式推出驭胜乘用车品牌，但长期以来在销售渠道上一直与商用车共用销售渠道，于普通消费者而言很难建立起清晰的品牌形象，因而产品销量也并没有达到预期。此外，集团内部部分工厂业务相近，存在不良竞争，难以发挥资产效能，阻碍了企业跨越式发展。如何配置资源使企业效益最大化是企业发展进程中一直要面对的问题。

## 五、提升江西省国有企业竞争力对策建议

### （一）完善中国特色现代企业制度，筑牢迈向一流企业之魂

一是持续推进国有企业混合所有制改革。以江西省国资国企改革创新3年行动为契机，进一步积极推动竞争类国有企业有序开展混改。将企业上市作为发展混合

所有制经济的重要方式，积极推动具备条件的企业在资本市场挂牌上市，提升资本证券化率，加强国有资本流动性。加大员工持股试点力度，积极探索，总结经验，完善员工入股与退出机制，提升企业风险管控能力。

二是完善国有企业法人治理，提升企业管理专业化水平。明晰企业架构与管控模式，理顺集团与上市公司、集团与子公司关系，夯实法人治理基础。细化董事会、监事会、股东会、经理层等责任主体权责，构建科学决策机制。加快建立外部董事、职业经理人资源库，推进干部选聘市场化。探索建立董事、监事任职资格标准，打造专业化管理队伍。探索建立基于个人贡献的经理层薪酬体系，建立公平、透明的晋升机制、约束机制及退出机制，充分激发管理层主观能动性。

### （二）调优国有经济布局，畅通产业转型升级之经脉

一是围绕经济社会发展大局，调优国资布局。发挥国有资本投资运营公司作为市场化出资人的作用，抢抓国家"新基建"机遇，积极布局5G、智能制造、移动物联网、医疗健康等战略新兴产业。紧抓新一轮信息技术发展机遇，加快传统产业转型升级，持续推进江铜、新钢、江钨等企业开展传统业务领域数字化改造升级。

二是加强内部整合，培育优质高效大集团大企业。要将培育壮大企业作为区域发展的核心要务来抓。应加强对集团内部业务相近、产业相关、资源相同的企业整合，不断做强主业，提高企业内部的业务集中度，提升企业影响力，从而以企业发展引领产业发展。

三是探索多元合作方式，建立共同发展局面。以优势产业为依托，发挥国有大型集团企业的辐射带动力，向民营企业延伸产业链和资本链。鼓励、支持、引导民营经济参与全省经济战略布局，提升国有经济的引导力和控制力，实现优势互补、互利共赢。

### （三）抓好科技创新，培育高质量发展强劲心脏

一是做好技术创新前瞻性谋划。企业要建立研产销技术创新体系，围绕主营业务，充分做好市场调研，对标国内外先进水平，着眼世界科技前沿，找准自身定位。坚持以技术创新为手段，在制约自身发展瓶颈处寻求突破，做出能够迎合甚至

引领市场需求的高质量产品，从而提升企业效益。

二是推动各类要素向企业聚集。人才是第一资源，是创新驱动的根基。江西省要用好中央促中部地区发展的历史性机遇，大力加强引才政策优惠力度，做好政策宣传，同时将不断提升公共服务作为地方长期任务，不断提升城市魅力，促进人才向江西省流动。围绕关键技术，抓好创新人才、团队引培，搭建创新平台、载体，用好人才，留住人才。同时，企业要积极探索构建符合企业实际的"研发飞地"新模式，为企业人才引育、技术创新、成果转化助力加码。要依据本地重点产业调整高等院校学科设置，建立企业创新与人才培养联动机制，为本地企业创新提供后备力量。要进一步加强财政对企业技术研发的支持力度，切实提高创新投入。

三是构建国有企业自主创新的激励性制度。要求企业高度重视以自主创新为核心的文化建设，发挥企业文化对员工的熏陶作用，激发员工潜在创新意识，充分发挥个体创新能力。把研发人员薪酬、长远利益与对企业自主创新的贡献挂钩，进一步激发研发人员创新热情。

### （四）进一步扩大开放，在全球竞争中练就真功

一是抢抓江西省高铁时代重大机遇，发挥区位优势，构建开放合作新格局。围绕江西省现有产业基础，利用区位优势，充分参与构建国内经济大循环，服务好国内市场。把握设立江西内陆开放型经济试验区、支持赣南等原中央苏区振兴发展等战略机遇，利用高铁时代时空压缩效应，深化区域内部企业在人才培养、技术交流等方面的合作，加速资源要素向江西省聚集，为江西省所用。加强江西省国有企业与不同类型企业的合作与分工，着眼长珠闽地区优质本土与境外企业，以共建产业园区、产业链嫁接等方式积极承接产业转移，壮大江西省产业集群，在不断提升整体功能过程中提升企业竞争力。

二是积极参与"一带一路"建设，构筑高质量供给，提升全球服务能力。充分发挥江西省在农业、矿产、新能源、中医药等领域的特色优势，支持企业以对外直接投资、境外经贸合作等方式，谋划实施一批国际产能合作、重大基础设施和产业园区项目，实现江西制造、产品、技术和品牌"走出去"，并带动配套企业、上下游企业抱团出海。支持企业以跨境并购的方式引进先进技术与管理方式，提升企业

国际化运营水平，拓展国际市场，高水平参与国际分工，提升企业在全球价值链中的地位，服务江西省经济转型升级。

附表  江西省国资国企改革重要政策文件概览

| 类别 | 时间 | 相关政策文件 | 重点任务与目标 |
| --- | --- | --- | --- |
| 主文件 | 2014年6月 | 《中共江西省委 江西省人民政府关于进一步深化国资国企改革的意见》赣发〔2014〕14号 | 大力发展混合所有制经济、调整优化国有资产布局、积极推进开放性市场化战略重组、完善国资监管体制等，力争5年使70%左右的国企发展成为混合所有制经济，形成3～4家营收过千亿元的大集团企业 |
| 配套文件 | 2015年4月 | 《江西省设区市国有资产监管工作监督检查办法（试行）》 | 强化监督，防止国有资产流失 |
| 配套文件 | 2015年12月 | 《江西省属国资国企改革实施方案》赣办发〔2015〕31号 | 分类推进国有企业改革、积极稳妥推进混合所有制改革、改组组建国有资本投资运营公司、推进开放性市场化战略重组、完善国资管理体制机制、健全现代企业制度和剥离国企办社会职能等 |
| 配套文件 | 2016年4月 | 《关于全面推进省出资监管企业内部劳动人事分配三项制度改革的实施意见》赣国资考核字〔2016〕78号 | 建立员工择优录用、能进能出的用工制度，建立管理人员竞聘上岗、能上能下的人事制度，建立收入能增能减、有效激励的分配制度 |
| 配套文件 | 2016年7月 | 《全省加快剥离国有企业办社会职能工作实施方案》赣府厅字〔2016〕96号 | 2016年年底前，基本完成省属国有企业尚未移交社区的移交工作。2018年年底前，基本完成驻赣央企办社会职能的分离移交工作。2019年起，国有企业原则上不再承担社区有关费用 |
| 配套文件 | 2016年12月 | 《江西省国资委关于全面推进法治国企建设的意见》赣国资法规字〔2016〕400号 | 建设治理完善、经营合规、管理规范、守法诚信的法治国企 |
| 配套文件 | 2017年1月 | 《关于在深化国有企业改革中坚持党的领导加强党的建设的实施意见》赣办发〔2017〕6号 | 加强党的领导 |

续表

| 类别 | 时间 | 相关政策文件 | 重点任务与目标 |
|---|---|---|---|
| 配套文件 | 2017年8月 | 《江西省国资委出资监管企业投资监督管理办法》赣国资规划字〔2017〕253号 | 强化监督，防止国有资产流失 |
| | 2017年10月 | 《打造国企改革"江西样板"攻坚计划》赣国企改革字〔2017〕4号 | 积极稳妥发展混合所有制经济、建立健全现代企业制度、完善国资监管体制、深化供给侧结构性改革、全面从严加强国企党建等 |
| | 2017年10月 | 《关于进一步完善省属国有企业法人治理结构的实施意见》赣府厅发〔2017〕91号 | 理顺权责关系、明确党组织在企业法人治理结构中的法定地位、提升董事会规范运作能力水平、发挥经理层作用等 |
| | 2018年1月 | 《省国资委以管资本为主推进职能转变方案》赣府厅字〔2018〕4号 | 完善国有资产管理体制 |
| | 2018年8月 | 《江西省省属国有企业高质量发展行动方案（2018—2020年）》赣府厅字〔2018〕80号 | 到2020年年末，科技创新能力显著增强，国有企业改革全面深化，绿色产业体系基本建立，开放发展格局基本形成，转型升级取得明显成效，整体效益进一步提升 |
| | 2018年8月 | 《江西省人民政府关于改革国有企业工资决定机制的实施意见》赣府发〔2018〕24号 | 改革工资总额决定机制、改革工资总额管理方式、完善企业内部工资分配管理、健全工资分配监管体制机制 |
| | 2019年8月 | 《江西省国资委出资监管企业外部董事薪酬管理暂行办法》赣国资考核字〔2019〕78号 | 完善现代企业制度 |
| | 2019年9月 | 《江西省国有资本投资运营公司改革实施方案》赣府字〔2019〕47号 | 以管资本为主加强国有资产监管、改革国有资本授权经营体制、建立健全中国特色现代国有企业制度、构建国有资产协同监督体系，加快推进国有资本所有权与企业经营权分离，实现国有资本市场化运作 |
| | 2019年11月 | 《江西省百户国企混改攻坚行动方案》 | 周密部署，建立沟通机制，强化跟踪调度，坚守法定定位，及时总结经验，固化改革成果，到2021年年底前，基本完成"百户企业"混合所有制改革，打造一批"混改新样本"，省属国企混改率达到80% |

续表

| 类别 | 时间 | 相关政策文件 | 重点任务与目标 |
|---|---|---|---|
| 配套文件 | 2020年5月 | 《关于加强江西省国资委出资监管企业内部控制体系建设与监督工作的实施意见》赣国资监督字〔2020〕43号 | 健全优化内控体系，强化内控体系执行，加强信息化管控，加大企业监督评价力度，加强出资人监督，为提升企业资源配置效率和防范化解重大风险提供保障 |

**课题组成员：**

  魏昌婷 江西省科学院科技战略研究所博士

  冯雪娇 江西省科学院科技战略研究所副所长、副研究员

  叶 楠 江西省科学院科技战略研究所副研究员

  陈春林 江西省科学院科技战略研究所副研究员

  邹 慧 江西省科学院科技战略研究所所长、研究员

  王小红 江西省科学院科技战略研究所副所长、研究员

# 从新冠肺炎疫情反思加快科技体制改革

叶楠　邹慧　熊绍员　冯雪娇

> **摘要：**习近平总书记指出："人类同疾病较量最有力的武器就是科学技术。"疫情暴发以来，全国科技战线积极响应党中央号召，争分夺秒地开展科技攻关，为战胜疫情提供了强有力的科技支撑。但同时，医药科技领域也出现了较多的负面舆情，暴露出科技体制中存在的一些突出问题。为了加快推动科技体制改革，本报告从建立客观公正的同行评议机制、完善科技评价体系，完善科研诚信制度、加强对学术不端行为的约束惩罚，加强关键领域科研力量布局、强化科技战略储备，完善科技咨询决策机制、提高政府循证管理决策水平，坚持科研管理去行政化改革、营造公平透明的学术生态等方面提出了几点思考和建议，供领导和相关部门决策参考。

习近平总书记在 2020 年 3 月 2 日考察新冠肺炎防控科研攻关和诊疗救治工作时指出，"人类同疾病较量最有力的武器就是科学技术，人类战胜大灾大疫离不开科学发展和技术创新""最终战胜疫情，关键要靠科技"。疫情发生以来，全国科技战线积极响应总书记和党中央号召，争分夺秒开展科技攻关，快速分离出病毒毒株，开发出检测试剂，提出中西医结合诊治手段，在疫苗研制上也取得重要阶段性成果，为战胜疫情提供了强有力的科技支撑。但是，疫情发生后，医药科技领域出现了一些负面舆情，将部分科研人员和科研单位推上了风口浪尖，也一定程度影响了社会公众对科学精神的信仰。排除许多不负责任的造谣生事，少数科研工作者的不当言行和长期以来科技体制中存在的问题，也是部分科研机构公信力下降的重要原因。本次疫情暴露出科技体制中存在的以下几点突出问题。

一是功利化评价体系让科研人员背离学术初心。科技部2020年1月29日发布通知，呼吁在疫情防控任务完成之前不应将精力放在论文发表上。在灾难面前，少数科研人员热衷抢先发表文章，除了暴露出部分科研队伍使命感缺乏外，根源还是"唯论文、唯职称、唯学历、唯奖项"式的功利化学术评价体系导致的急功近利问题。以SCI论文指标为基础的量化管理体系，虽然相对客观公正，但是形成了"SCI至上"的功利主义。过度追求SCI论文指标让科研工作背离了初衷，扭曲了科技创新价值追求，导致学风浮夸浮躁。"灌水"、抄袭、造假等行为，成为科研投机者谋取私利的手段。真正好的科研是研究工作本身而不是发表论文，Alpha Go、LIGO探测引力波、黑洞照片等重大科技事件都是因为"人类首次"而吸引全世界关注，而不是因为发表了几篇 *Nature*、*Science* 等顶级期刊论文。

"SCI至上"实际上反映的是我国科技体制对西方国家科技评价体系的过度依赖。在顶级SCI期刊上发表论文，成为人才的硬标准，一定程度上帮助中国筛选出了优秀的科技人才，确定了正确的技术方向。如今，我国的科技体量已经度过了唯数量论的原始积累阶段，面对科技脱钩的挑战，中国要迈向科技强国，就必须有自己的一整套科学有效的评价体系。

二是科研诚信制度不完善引发道德滑坡风险。与17年前SARS期间一样，药物炒作问题再次引起了舆论的强烈反应。利用科研机构的权威为药物炒作行为背书，既损害了单位本身的公信力，也打击了公众的科学信仰。而相同行为再三出现，则反映的是制约和惩罚机制的缺失。学术浮夸、学术不端、学术腐败等行为在学术界屡见不鲜，这些行为得不到惩治，容易导致劣币驱逐良币现象，败坏学术风气。

实验室病毒泄露的谣言也对公众的科学信仰产生了重大伤害。其根源在于抓住了一些不规范管理和违背科研伦理事件产生的不良影响，以及公众对病毒基因编辑研究的害怕与担忧。坚定公众的科学信仰既需要加强对相关研究的监管，又需要依赖学术共同体通力合作，加强自我约束，把握好科学研究的边界。

三是科技决策机制不完善影响政府循证管理水平。武汉有全国一流的病毒学、临床学和公共卫生学专业，但是在早期疫情判断和应对决策中，专业团队的作用并未得到充分发挥。干部循证决策能力欠缺甚至外行领导内行是这种情况出现的重要原因。2003年SARS病毒虽然很晚才被分离出来，但是并没有影响临床和公共卫生专家对病毒传染性的判断。而本次疫情中，虽然科研人员很快就分离了病毒，并测定了病毒全基因组序列，但是专家组未能及时获取完整病例信息，导致了对病毒人传人问题响应迟缓。疫情暴发后，科研人员短时间内在《柳叶刀》等顶尖杂志发表了众多文章。这些文章中的很多重要数据本应该在疫情暴发初期就用来指导疫情控制，但是并未能及时得到有效应用。

在事业单位改革中，疾控中心由于职能弱化、待遇下降、职称晋升被编制锁死等原因，高素质人才流失严重，导致疾控中心专业水平下降。而且，随着公共卫生健康水平的提高，医学研究有重慢性病、轻传染病的倾向，导致公共卫生专业人才储备欠缺。平时科研力量布局不完整、关键领域存在研究短板，导致危机出现时应对能力不足。

四是学术生态官场化破坏公平透明的科研竞争环境。目前，大学和科研院所仍然是大部分科研人员就业首选，由行政主导评审的项目、职称、奖励、头衔等是影响大部分科研人员收入水平和上升通道的决定性因素。在行政权力主导的科研管理体制下，学术生态逐渐官场化，导致"项目多、帽子多、牌子多"等现象。政府设置的人才帽子、科技奖励等各类荣誉超脱了其本身的激励意义，成为争取更多利益的筹码，导致严重的马太效应。行政职位优先于科研能力，成为项目、成果、头衔等竞争的关键所在，破坏了公平透明的竞争环境，滋生出学术腐败等问题。而通过行政职位获取的项目、成果和荣誉，又成为行政职位提升的业绩，进一步加剧不平等竞争问题。

此外，行政权力过多涉入、干预学术管理，违背科研规律，制约创新体系整体效能。一方面，科研项目的设置跟随行政管理部门意志变动，热门领域项目扎堆造成资源浪费，而冷门领域经费紧缺，基础研究领域由于成果产出慢、经济效益不显著而出现投入不足问题。另一方面，科研人员为了更好地生存，疲于奔命地申请项目和头衔，不能将更多的时间和精力用来思考科学问题。

新冠肺炎疫情暴露出了破解科技体制中各类痼疾的紧迫性。2020年2月14日，科技部、教育部、中国科协、中科院、工程院、自然科学基金委共同提出"五倡导"。2020年2月18日，教育部、科技部联合出台《关于规范高等学校SCI论文相关指标使用 树立正确评价导向的若干意见》。我国科技体制的去功利化改革方向在新冠肺炎疫情的推动下进一步明确，改革的进度也将进一步加快。针对新冠肺炎疫情暴露出的问题，结合江西省科技体制现状，我们从以下几个方面为江西省科技体制改革提出一些思考和建议。

## 一、建立客观公正的同行评议机制，完善科技评价体系

扭转学术功利化倾向，不宜简单地将论文、专利等量化指标与资源配置、职称评定、绩效奖励等直接脱钩，而需以科技创新质量、贡献、绩效为导向，针对不同类型的科研工作建立各有侧重的分类评价制度，将包括同行评议在内的多维度学术评价结果作为优秀人才和成果的认定基础。

降低 SCI 论文量化指标要求，必须警惕学术评价中的裙带关系、论资排辈、打压异己倾向。SCI 指标的客观和公正是建立在国际学术共同体的客观评价之上的。破除"唯 SCI 论"的最大障碍在于国内缺少这样客观公正的同行评议环境，这也是长久以来中文期刊质量难以上去的根源所在。因此，完善科技评价体系，长远来看需要加强发挥学术共同体作用，在实践中逐步建立客观公平的同行评议环境和公开透明的社会监督机制。

## 二、完善科研诚信制度，加强对学术不端行为的约束惩罚

需要从制度层面加强对学术不端行为的约束和惩罚。一是完善受理举报、核查事实和惩罚处理工作机制，落实各环节责任主体，明确调查处理规则，让科研诚信建设从口头落到实地。二是在项目立项管理、职称评审等工作中，加强科研失信黑名单的建设和利用。三是加快推进科研诚信信息化建设，推动与全国诚信系统互联互通，促进科研诚信信息的跨部门、跨区域共享共用。

除了对科研人员个体的约束，也不应忽略对科研单位的约束。一是建立学术不端行为独立调查机制，避免科研单位内部利益捆绑、相互包庇、大事化小倾向。二是对组织化的学术不端行为，建议从削减财政拨款、限制项目申报等方面对科研单位加强处罚。三是加强学会、协会、研究会等学术团体诚信建设，发挥学术团体自律自净功能。

## 三、加强关键领域科研力量布局，强化科技战略储备

针对关键的公益性研究和前瞻性基础研究等成果见效慢、经济效益不突出的领域，需要加强长远战略布局，提高经费支持的连续性，让科研人员坐得起冷板凳。建议制定江西省科研白名单制度，从生命科学、生物技术、医药卫生、生态环境等关乎生命安全和生物安全的公益性研究及其他重点基础研究领域中，筛选一批战略意义重大的研究方向，整合相关科研体系，围绕"首席科学家"打造稳定的研究团队，长期稳定支持在一个领域深入耕耘，将其打造成能为政府关键决策提供稳定可靠支撑的权威团队。

## 四、完善科技咨询决策机制，提高政府循证管理决策水平

需要构建多层次、多方位、高水准的决策咨询体系，支撑政府循证管理决策。一是加强政府循证决策制度化建设，促进信息共通共享，提高政府决策民主性、科学性和时效性。二是加强专家决策系统建设，构建专业全面、信息丰富、水平高超的专家系统。三是加强高校、科研机构科技智库建设，提升科研人员服务政府决策的意识和水平。四是加大决策咨询和定向委托课题投入，形成公开透明的政府采购科技咨询服务机制。

## 五、坚持科研管理去行政化改革，营造公平透明的学术生态

科研管理去行政化关键要弱化行政力量对科研人员事业发展的决定性作用，加强利用企业、社会组织的力量，共同营造公平透明、开放合作的学术生态。一是在福利待遇、职称评审、绩效管理等方面给予科研单位更多自主权，放宽特聘教授、特聘研究员等人才绿色通道引进优秀青年人才。二是为企业引进博士等高层次人才提供专项补贴，引导人才向企业流动，加大支持高校、科研院所与企业联合引进人才，促进企业与科研单位人才共用共享。三是精简各类行政主导的奖励、人才称号等，并积极组织企业技术专家参与竞争，推动各类荣誉回归本身意义。四是促进学术组织规范化、国际化发展，帮助提升学术共同体主导的人才、成果评价工作的影

响力。五是加强省内学术期刊、学术出版社质量管理，打造一系列高质量精品学术期刊和学术出版社，以学术著作同行评议环境建设带动整体学术生态建设。

**课题组成员：**

  叶　楠　江西省科学院科技战略研究所副研究员

  邹　慧　江西省科学院科技战略研究所所长、研究员

  熊绍员　江西省科学院原院长、研究员

  冯雪娇　江西省科学院科技战略研究所副所长、副研究员

# 依托大数据加快构建智能社会治理体系的建议

叶楠

**摘要：** 大数据技术正在成为推进社会治理改革、创新社会治理体制、改进社会治理方式、实现社会治理能力现代化的核心驱动力。大数据技术提升了政府对民情民意感知、研判和响应能力，提高了社会治理的科学性、精准性和有效性，推动了社会治理从静态化管理走向流动性治理，促进了协同治理、跨界合作和共治共享。本报告从大数据意识培养与数据人才战略、政府数据开放和数据共享战略、大数据开发应用和治理能力提升战略、互联网和大数据安全监管战略等方面提出了依托大数据加快构建智能社会治理体系的对策建议，供领导和相关部门决策参考。

党的十九届四中全会对坚持和完善中国特色社会主义制度、推进国家治理体系和治理能力现代化做出了重大战略部署。全会指出，社会治理是国家治理的重要方面，要坚持和完善共建共治共享的社会治理制度，保持社会稳定、维护国家安全。

随着大数据和云计算的普遍盛行和深入发展，基于大数据的"大事实"已经成为一种时代特征，成为社会事实判断的一个重要根据，推动社会治理体制、治理模式和治理方式发生重大转变。对数据的全面感知、搜集、分析和共享能力使社会治理智能化成为可能。大数据技术正在成为推进社会治理改革、创新社会治理体制、改进社会治理方式、实现社会治理能力现代化的核心驱动力。

## 一、大数据驱动社会治理智能化的路径

### （一）大数据技术提升了政府对民情民意感知、研判和响应能力

政府通过对海量数据的挖掘整合、统计关联和预测分析，可以洞察此前难以精准把握的民情民意动态，发现和评估社会治理风险，并基于知识库智能化探究回应措施。通过挖掘技术和可视化技术，对社会治理问题、治理程度等实现即时分析和关联性分析，弥补了传统经验分析的不足，更便于查找社会问题的源头，为源头治理提供客观依据，同时可以清晰反映部门利益冲突等问题，为监督和协调部门利益问题提供畅通的渠道。

### （二）大数据技术提高了社会治理的科学性、精准性和有效性

传统人海战术、运动式执法、被动式执法的社会治理模式已经不适应时代要求。各级各类政府部门在社会治理中积累了数以亿计的公共服务大数据，对这些数据进行有效的处理分析，可以提高社会治理的精确度和靶向性，从而不断促进社会治理精细化的实现，全面提升社会治理的科学化水平。

利用大数据强大的数据采集和分析能力，结合社会治理理论和互联网技术，将复杂的社会运行体系映射在多维、动态的数据体系之中，从而实现对社会运行规律、社会偏好（诉求）变化趋势及规律、政府回应机制及效果差异等实时、数量化、可视化的观测，不断积累社会运行的数据特征以应对各类社会风险、提升社会治理有效性。

### （三）大数据技术推动了社会治理从静态化管理走向流动性治理

随着信息传播速度的提升、信息分享渠道的扩展和信息来源的多样化，社会治理环境的异质性和不确定性不断增大，社会治理变得高度复杂和高度不确定。大数据社会治理可以基于即时捕获的丰富数据做出决策，而无须再依赖陈旧的历史数据。利用大数据的各种工具，搜集与分析各类信息数据，获取具有实时性、真实性的数据资料，准确把握社会形势，使公共政策的制定和执行更加具有针对性、可行性和操作性。

## （四）大数据技术促进了协同治理、跨界合作和共治共享

由政府专业部门所精准、全面获取的数据信息，可以依托大数据及网络手段发挥跨部门、扁平化的管理优势，帮助建立政府部门垂直与水平双向管理体系，一旦公共需求或公共舆情出现，政府内部可以保持密切沟通，建立信息共享与联动应对机制，协同配合，从而降低社会治理成本，提高公共服务供给效率。

政府、市场、社会等多元化主体参与数据应用和公共服务提供，不断拓展公共服务的层次和内涵，有利于缓解公共服务供给能力"短缺"问题。通过大数据平台，政府可以就公共事务与社会公众进行交流和互动，有利于获得更广泛的支持，改善政府治理的外部环境。畅通自查自纠、责令查处、群众举报等渠道，有助于提高不同主体参与社会治理的积极性，维护民众合法权益。

## 二、大数据智能社会治理的应用案例

大数据已经在市政管理、公共安全、交通管理、市场监管、公共卫生、精准扶贫等社会治理的方方面面得到了应用。

### （一）市政管理

利用大数据辅助市政管理可以降低城市运行成本，预测潜在风险和灾害。西雅图市与微软、埃森哲合作了一个试验项目，利用大数据预测分析哪里可以减少能源使用或者根本不需要使用能源，目标是要将城市电力消耗减少25%。芝加哥市针对市政热线中名列前十的鼠患问题，通过分析管道漏水、垃圾投诉增多等相关数据，可以提前7天预测鼠患爆发，让环卫工人提前采取治理行动，降低鼠患危害。纽约市消防部门利用大数据技术对33万栋建筑的火灾风险进行了评估，在消防员巡检时，电脑按火灾风险分值对建筑进行排序，让消防员优先检查。

### （二）公共安全

大数据在追捕罪犯、犯罪预防等方面展现了强大的实力。在2013年"波士顿马拉松爆炸事件"中，美国中情局通过采集移动基站的电话通信记录，附近商店、

加油站、报摊的监控录像及志愿者提供的图片和影像资料等各种数据，迅速锁定嫌疑犯并找到炸弹源。纽约市将犯罪数据制成犯罪率地图 APP，提示公众避免进入犯罪高发区域和提高警惕。在我国，公安部门大数据平台通过轨迹分析、社会关系分析、生物特征识别、音视频识别等手段，为警情分析、指挥决策提供支持，做到快速精确定位、及时全面掌握信息、科学智慧调度警力。

### （三）交通管理

目前，交通领域大数据社会化应用最为普遍，已经广泛应用于交通管理、交通规划、信息服务、公共交通、出租汽车、物流运输等行业。百度、高德等导航软件都已能精确定位拥堵路段并预测拥堵时长，帮助用户优化出行路线。交通管理部门普遍利用大数据技术改进智能交通系统，大大提高交通管理能力。例如，在治理交通拥堵方面，根据整体交通流量规划公共交通线路，根据实时交通流量智能调整交通信号灯；在治理套牌车方面，利用大数据技术监控重复牌照的车辆，套牌车立马显形。

### （四）市场监管

大数据改变了市场监管的被动地位，并实现源头追溯。纽约市环境部门通过分析餐饮企业处理废弃油脂所支付的服务费数据，定向排查非法倾倒食用油导致下水道堵塞的餐馆，准确率高达95%。广东省食品药品安全监管部门建成了全国首个覆盖生产、流通和销售全环节的婴幼儿配方乳粉电子追溯系统，为企业、公众和监管部门三方提供相关大数据服务，有力提高了政府的食品安全监管水平。重庆市工商局运用大数据、云计算等技术手段在全国工商系统率先建立工商情报信息工作平台，市场监管执法由"等举报""靠巡查"的传统模式向智能化模式转变，主动查处虚假广告、非法金融、不正当竞争等行为。

### （五）公共卫生

大数据技术在公共卫生领域可以应用于大尺度传染病实时统计和预测、传染病聚集性预警、公共卫生服务绩效评价等。2008年谷歌利用大数据成功预测了美国大西洋沿岸中部地区的流感疫情。中国疾控中心利用大数据技术建立了传染病动态监

测大数据分析平台，可动态监测患者发病分布及流动情况，探测传染病聚集性发病的变化情况，对传染病的发生及时预警。美国卫生与公众服务部建立了一套公共健康绩效评估系统来评测每家医院的绩效，可以分析特定医疗问题的变化趋势、聚焦关键需求、跟踪项目目标完成度，从而改善医疗卫生服务质量。

### （六）精准扶贫

运用大数据可以对贫困户和贫困村进行精准识别、精准帮扶、精准管理和精准考核，引导各类扶贫资源优化配置，真正实现扶贫到村到户，构建精准扶贫减贫脱贫的长效机制。2015年贵州省启动大数据精准扶贫运营管理云平台建设，用大数据甄别贫困人口、管理扶贫项目和资金、开展贫困监测和评估，将大数据应用贯穿于"识别—决策—匹配—帮扶—管控—服务—退出"的精准扶贫全过程。类似还有高校通过大数据技术比对学生在食堂刷饭卡的数据，"偷偷"给困难学生饭卡发放补贴，被广大网友们盛赞暖心。

大数据社会治理的应用领域远不止这些，随着社会的全方位信息化和不断的实践探索，新的应用场景还将不断出现。

## 三、依托大数据加快构建智能社会治理体系的建议

### （一）实施大数据意识培养与数据人才战略

全面树立大数据意识，养成大数据思维，构建让数据发声、用数据说话的数据治理文化。一方面，面对社会大众，加大宣传大数据在提供公共信息服务和监督政府管理方面的作用，增加大众的大数据素养。另一方面，加强对政府官员开展系统化的大数据专业培训，将大数据的最新理论前沿知识、国内外大数据治理社会实践融入公务员培训教育等教材中，让广大政府官员思维跟上大数据社会治理潮流。

建设一支既精通公共管理知识又熟悉大数据分析业务的人才队伍，为提升政府治理能力提供人才保障和智力支持。积极借鉴高新技术企业的大数据技术应用经验，探索政校合作或政企合作大数据人才培养模式。积极推进大数据应用发展人才、技术的国际交流合作。

### （二）实施政府数据开放和数据共享战略

消解数据壁垒和数据孤岛，促进社会治理大数据完全共享。从制度上硬性约束政府部门数据化工程建设，并定期进行披露和更新。尤其是公共服务相关的数据资源，更应当降低内部获取与流通的门槛，从碎片化的部门办公模式转向整体性的跨部门协作模式。

在保障国家安全、商业机密和个人隐私的前提下，加大数据向社会免费开放的力度和进度，发挥数据价值。为科研机构、大数据企业、公益组织等提供整合和利用数据的机会，促进公共服务的共建共享和跨界合作，进而提升整个社会的数据化、智能化治理水平。

### （三）实施大数据开发应用和治理能力提升战略

对文化教育、卫生医疗、公共安全（治安、消防、食品安全）、社会保障、交通治理等公共服务领域的大量数据，采取以政府内部为主或与互联网数据企业、社会组织等进行合作的方式，进行深度分析、开发、利用，为提高治理绩效、降低治理成本提供可靠依据。

在大数据开发应用实践基础上，依靠专业人才的力量，不断增强政府部门对各自领域大数据的动态采集能力，切实提高政府对各类大数据的开发应用能力，增强对社会发展趋势的预判，进而促进对社会的有效引导和治理。

### （四）实施互联网和大数据安全监管战略

完善大数据管理制度，加强对社会治理重点领域的敏感数据的监管。明确社会治理大数据采集和使用的原则，制定统一的管理标准和运营使用规范。通过立法立规、核心安全技术升级、政策协同、网络舆情分析等综合手段的应用，确保国家信息及普通民众电话记录、邮件往来、经济消费、交通出行、医疗档案等个人信息的安全，有效规避社会治理大数据的使用风险。

**作者：**

叶　楠　江西省科学院科技战略研究所副研究员

# 广州、合肥、青岛科技创新经验及对南昌的启示

叶楠　饶德明　胡紫祎　冯雪娇

> **摘要：**广州、合肥、青岛在科技创新平台、体制机制、人才等科技创新核心要素方面的实践与探索取得了卓越的成效，为南昌加快科技创新、建设创新名城提供了许多可供参考借鉴的宝贵经验。借鉴广州、合肥、青岛经验，南昌应当以重大科技基础设施建设、高端科技创新机构布局、科技体制改革为路径，以人才引育为基础，以高新技术企业规模培育和能力提升为重点，抓重点、补短板、强弱项，不断加快发展战略性新兴产业，推动高质量发展，扛起"省会责任"，展现"省会担当"。

习近平总书记指出，创新是一个民族进步的灵魂，是一个国家兴旺发达的不竭动力。要坚持科学技术是第一生产力，发挥科技创新在全面创新中的引领作用。广州、合肥、青岛多年来一直致力于科技创新平台、体制机制、人才等科技创新核心要素方面的实践与探索，并取得了卓越的成效。南昌市委市政府对科技创新工作高度重视，提出了包括"大抓科技创新"在内的"十个大抓"战略部署，不断深化科技体制改革、完善科技政策体系、加大财政科技投入，科技创新工作取得明显成效。面对新产业、新业态、新模式、新基建的蓬勃发展，南昌作为省会城市，应当聚焦"做示范、勇争先"目标定位和"五个推进"更高要求，坚持新发展理念，增强"首位意识"，扛起"省会责任"，展现"省会担当"，充分发挥大南昌都市圈的核心引领作用，在贯彻落实省委"创新引领"工作方针中勇立潮头敢争先，为建设富裕美丽幸福现代化江西、描绘好新时代江西改革发展新画卷贡献省会力量。

基于此，学习借鉴广州、合肥、青岛的创新发展经验，意义重大。

## 一、广州：发挥经济发达优势，大手笔投入建设科技创新强市

### （一）优化科技创新体系，"一册读懂"科技创新政策与措施

广州自 2014 年以来，先后制定出台了科技创新"1+9"政策文件："1"为《中共广州市委、广州市人民政府关于加快实施创新驱动发展战略的决定》；"9"为细化落实纲领性文件的 9 份配套政策文件。在科技创新政策框架下，陆续出台系列细化的配套落实措施。通过取消、合并、整合部分科技计划、专题类别，调整优化专项设置，广州形成了现行的、相对成熟完善的科技计划体系。

2019 年 5 月，广州市科学技术局对现有市级科技创新政策文件进行梳理、汇总，对应国家和广东省科技计划体系，从重点研发、基础研究、企业创新、创新环境、创新人才等五大方面，对政策意图、资助条件、资助方式和申请渠道等内容进行整理，汇编成《广州市科技创新与人才政策简明手册》，便于企业及各界人士直观、全面了解广州科技创新政策与措施，做到了"一册读懂"科技创新政策。

### （二）完善科技金融服务，为科技创新企业插上腾飞的翅膀

在发展科技金融的工作中，广州形成了"政府引导，市场决策"的科技资源配置模式，让科技金融创新精准服务实体经济。成立以市政府主要领导为组长的广州市科技金融工作领导小组，出台《广州市促进科技金融发展行动方案（2018—2020 年）》，从"投、融、贷"3 个方面推动科技金融工作，服务科技型中小企业，打造科技金融生态圈。出台《广州市鼓励创业投资促进创新创业发展的若干政策规定》，给予符合条件的在穗创业投资管理机构最高达 800 万元的奖励支持，吸引风投创投落户广州。

设立科技成果产业化引导基金，引导天使投资、创业投资、跨境风投进入广州科技创新领域。2019 年设立 5 支子基金，带动社会资本超过 50 亿元，其中设立 10 亿元规模的港澳青年创新创业基金，主要投资港澳青年创业项目。

设立科技型中小企业信贷风险补偿资金池，对合作银行为科技型中小企业提供

信贷所产生的本金损失进行 50% 风险补偿，合作银行按照科技贷款专营政策，提供不低于 10 倍科技贷款风险补偿金合作额度贷款，着力帮助科技型中小企业解决"融资难、融资贵"的问题。截至 2019 年 9 月，科技型中小企业风险补偿资金池共为全市 1417 家企业提供贷款授信累计达 195.85 亿元，合作银行累计发放贷款 130.00 亿元。其中，99% 贷款资金支持了民营企业创新发展，初步形成了"政府推动 + 社会参与 + 市场化运作"科技信贷的"广州模式"。

### （三）聚焦重大战略目标，重金打造重大创新平台和科技基础设施

2017 年，广东省启动省实验室建设，聚焦国家战略目标和全省重大需求，以建设成为国家实验室或国家实验室网络成员为目标，打造具有全球影响力的突破型、引领型、平台型三位一体的大型综合性研究基地和原始创新策源地。

广东省实验室由省政府统筹规划、顶层设计，地市政府主导建设、运营与管理。截至 2019 年 8 月，前两批共 7 家省实验室总投入接近 60 亿元，自主设立科研项目超 200 亿元。目前，全部启动建设的 10 家省实验室中，广州承建了南方海洋科学与工程、再生医学与健康、人工智能与数字经济、岭南现代农业科学与技术等 4 家。

此外，广州瞄准国际科学前沿和战略必争领域，系统性布局重大科技基础设施，市区两级计划投入资金约 150 亿元，建设冷泉生态系统、动态宽域飞行器试验装置、人类细胞谱系、极端海洋环境综合科考系统等重大科技基础设施，力争为前沿科学技术和经济社会重大需求问题研究提供长期、关键的科学技术支撑。

### （四）瞄准科技创新强市，实施"三步走"科技创新发展战略

2019 年 10 月，广州市科学技术局发布《广州市建设科技创新强市三年行动计划（2019—2021 年）》（简称《三年行动计划》），其中提出：到 2021 年，在国际科技创新枢纽初步建成国际科技产业创新中心的基础上，初步建成科技创新强市；2025 年，基本建成科技创新强市；2035 年，全面建成科技创新强市。

《三年行动计划》提出了八大重点行动：重大科技基础创新平台提升行动、源头核心技术突破行动、科技成果转移转化行动、创新企业主体培育提升行动、产

技术支撑引领行动、创新产业格局优化提升行动、开放创新合作共赢行动、高水平创新人才集聚行动。

## 二、合肥：发挥基础科学优势，构建科学和产业创新中心

### （一）依托大院大所集聚优势，打造国家大科学装置集群

合肥不是国家中心城市，却是国家三大综合性科学中心之一，也是全国首个科技创新型试点市。依托中科大、中科院合肥物质科学研究院等大院大所，打造国家大科学装置集群，是合肥能够成为国家三大综合性科学中心之一的关键。合肥已建成同步辐射装置、全超导托卡马克核聚变实验装置、稳态强磁场实验装置等3个大科学装置。此外，合肥还在谋划建设4个新的大科学装置：聚变堆主机关键系统综合研究设施、大气环境立体探测实验研究设施、先进光源、强磁光综合实验装置，以期形成大科学装置集群，吸引全球优秀科学家合作开展原始创新，推进合肥综合性国家科学中心迈入国际一流行列。

### （二）强化布局重大创新平台，构建国家重大创新中心

2016年，合肥启动建设超导核聚变中心、中国量子中心、天地一体化信息网络中心、联合微电子中心、离子医学中心、大基因中心、智慧能源集成创新平台等7个重大创新平台，在七大领域构建国家重大创新中心。

合肥还在加快推进滨湖科学城、合芜蚌国家自主创新示范区和全面创新改革试验区共"四个一"创新主平台及安徽省实验室、安徽省技术创新中心"一室一中心"分平台建设，推动基础研究、应用基础研究和技术创新融通发展，为长三角建设国际创新高地提供科技基础支撑。

### （三）构建全链条竞争优势，打造综合性产业创新中心

合肥依托强大基础科学创新资源，提出构建"源头创新—技术开发—成果转化—企业孵化—新兴产业"全链条竞争优势，打造产学研用深度融合的创新型产业体系，建设长三角综合性产业创新中心。近年来，合肥以全新思路开启产、学、研

三者立体互动的新模式，打造产学研无缝对接的高端创新研发平台、共性技术研发平台、创新公共服务平台、科技企业孵化平台等四大平台。合肥从"紧缺型"高端产业入手，依托丰富创新资源，通过挖存量、拓增量，推进创新平台建设。通过"领军企业—大项目—产业链—产业集群—产业基地""核心技术—产品开发—试验平台—龙头项目—产业链条—产业集群—产业基地"等发展思路，"无中生有"培育新型显示、智能语音及人工智能等战略性新兴产业，抢占发展先机，构筑"智慧+""绿色+"的产业生态体系。"小题大做"促进家用电器、汽车等优势产业智能升级，实现产品换代、产业升级。"从低到高"建设产业创新中心，攻坚"卡脖子"技术，构建自主可控的知识产权体系。

### （四）政府突出"雪中送炭"，支持产业自主创新

建立完善"1+3+5+N"政策体系："1"为1个扶持产业发展政策的若干规定，"3"为政府投资引导基金、天使投资基金、财政资金"借转补"3个管理办法，"5"为促进新型工业化、自主创新、现代服务业、现代农业和文化产业等发展的5个具体政策。通过基金、"借转补"、财政金融产品和事后奖补等多种投入方式，吸引金融和社会资本跟进，发挥财政资金放大效应。该产业政策体系的合理分层与分类，避免政策制定过程中"一刀切"，既突出自主创新和重大项目，又使那些处于幼稚期的创新型企业能及时得到政策惠及，同时也明确，政府支持是"雪中送炭"，不是"锦上添花"。

## 三、青岛：发挥海洋资源优势，打造国际海洋科技创新高地

### （一）着眼改革创新，破除制约创新的体制机制障碍

一是建立高层议事协调机制，统筹协调推进科技创新工作。2015年，青岛组建市科技创新委员会，统筹领导、协调全市科技创新工作，研究审议有关发展规划、行动纲要、政策措施、重点项目布局等的重大问题。委员会主任由市政府主要领导担任，常务副市长、分管市领导任常务副主任，相关部门、区市政府、重点功能区管理机构、驻青高校、科研机构、部分创新企业代表等为成员单位。委员会办公室

设在市科技局，办公室主任由市科技局局长兼任。

二是构建科技创新决策咨询体系，提高决策科学化、民主化水平。2017年8月，青岛制定出台《青岛市科技创新决策咨询体系建设方案》，提出以"两会一盟一平台"为核心架构，搭建层次鲜明、功能互补、运转高效的科技创新决策咨询体系，发挥高水平专家和智库支撑作用，努力为全市科技创新发展提供智力支撑。"两会"即科技创新咨询委员会和评估委员会，负责为科技创新顶层设计提供高层次专家智力支撑；"一盟"即科技创新智库联盟，负责为科技创新路径实施提供研究成果和决策参考；"一平台"即科技创新智库服务平台，负责为"两会一盟"提供信息服务和技术支撑。"两会一盟一平台"三位一体有机融合，覆盖科技创新决策的形成、实施、评估全链条。

三是打造科技信贷融资体系，完善科技成果产业化链条。青岛坚持市场配置科技资源，开展科技孵化服务、技术转移服务、科技金融服务。市科技局下设高创资本运营公司，包括投资管理公司、担保公司和小额贷款公司等，综合运用拨、投、贷、补、奖、买等多种方式，充分发挥财政资金"四两拨千斤"的杠杆作用，引导各类资金共同支持科技创新。成立青岛技术交易市场，政府搭台、中介唱戏，按照"一厅一网一校一基金"的模式运作。主要工作为"建体系、出政策、搭平台、组队伍、促改革"，其体系构建和运作机制为政府、行业协会、社会化服务机构、技术经纪人四位一体的服务体系。

### （二）聚焦产业发展，布局建设十大科技创新中心

青岛在"十三五"规划中，提出国家东部沿海重要创新中心的定位。在认真分析全市科技创新资源分布、特色优势与产业发展潜力的基础上，选择了在海洋科技、高速列车技术、橡胶材料与装备、智能制造、虚拟现实、科学仪器设备、新材料、生命健康、新一代信息技术、新能源汽车等10个领域建设科技创新中心，争取若干面向世界、服务全国的重大科技基础设施落户青岛，建成若干国际化、高水平的创新机构，引进一批顶尖人才团队，打造一批国家级创新平台，建成具有国际影响力的科技创新中心。

此外，青岛着眼未来产业，提出超前布局十大科技创新中心：脑科学、量子信

息、纳米技术与材料、深空深海探测、氢能与燃料电池、再生医学、无人技术、人工智能、合成生物学、超高速管道交通等。

### （三）围绕4条主线，引进集聚高端研发机构

青岛围绕"中科系、高校系、企业系、国际系"4条主线加快引进建设高端研发机构。中科院创新资源在青岛已形成"两所八基地一中心一园一城"发展格局，实现驻青机构"破十"的目标，青岛成为中科院创新资源集聚度较高的地区。北京航空航天大学、天津大学等16家"985""211"高校在青岛设立研发机构和科技园区。中船重工集团、中电科集团、机械研究总院、中海油、华大基因先后在青岛设立研究机构。日东电工青岛研究院、美国TSC青岛海工装备研究院等落地运行。

### （四）发起"海洋攻势"，打造世界蓝色硅谷

青岛蓝色硅谷是山东省和青岛市发起"海洋攻势"的主战场，被赋予建设国际一流的海洋科技研发中心、打造国际海洋科技创新高地的重任。2019年11月，国务院通报表扬了第六次大督查发现的32项典型经验做法，"青岛蓝谷打造开放创新合作平台提升科技支撑能力"被作为推进创新驱动发展方面的典型点名表扬。

青岛蓝谷用平台思维做发展乘法，用生态思维优发展环境，初步形成了从海洋研发到成果孵化，再到技术交易的海洋科技创新生态圈，海洋产业优势不断凸显。青岛蓝谷已经汇集了20余家"国字号"科研平台、20余家全国著名大学校区和研究院、5800余名高端人才，以及海洋科技试点国家实验室、"蛟龙"号母港国家深海基地、国家海洋设备质检中心、"可燃冰"开采试验基地等国之重器。

瞄准建设世界蓝谷的目标，青岛蓝谷大力加强海洋科技交流与开发合作，聚焦透明海洋、智慧海洋、海洋物联网、深海资源科考勘探等领域抢占制高点，在陆海统筹、海洋科研、产业发展等方面建设"桥头堡"，推动我国海洋科技由跟跑向领跑跨越。

## 四、对南昌建设创新名城的启示及思考

广州、合肥、青岛在科技创新方面的先行探索和成功经验，为南昌加快科技创新、建设创新名城提供了许多可供参考借鉴的宝贵经验。南昌科技创新事业应坚持以习近平新时代中国特色社会主义思想为指导，深入贯彻习近平总书记视察江西重要讲话精神，按照省委、省政府部署要求，牢牢把握"省会担当"这一根本定位，拓宽视野、放大格局、提高标准，在全国发展格局中找定位、谋发展，特别是要紧紧围绕市委提出的"一核两重""主攻产业、决战工业"和"人才强市"的战略部署，牢牢抓住新基建、创建鄱阳湖国家自主创新示范区等重大机遇，围绕培育壮大航空、电子信息、VR、LED、中医药等主导产业，以重大科技基础设施建设、高端科技创新机构布局、科技体制改革为路径，以人才引育为基础，以高新技术企业规模培育和能力提升为重点，抓重点、补短板、强弱项，不断加快发展战略性新兴产业，推动高质量发展，发挥重要的引领、辐射、带动作用。

### （一）抢抓机遇，聚集优势资源，着力打造重大科技创新基础设施

南昌目前尚无国家重大科技基础设施及国家技术创新中心等平台，成为南昌创新驱动发展的突出短板。面向"十四五"期间的补短板、强弱项，南昌要大胆探索和创新，积极谋划布局建设一批重大科技创新基地。南昌汽车和新能源汽车、电子信息、生物医药、航空装备等领域已经形成了较为完整的产业集群，具有较强的科技实力和旺盛的科技需求。因此，应聚焦全市最具优势、具有重大需求的学科领域，如航天航空、电子信息、节能环保（LED）等领域，启动重大科技创新基地建设。

特别是紧跟新形势，抢抓新基建发展机遇。一是加快加强以5G、物联网、工业互联网、云计算中心为代表的信息基础设施建设；二是加快加强以智慧城管、智慧管网、智慧照明等为代表的融合基础设施建设；三是加快加强以共享交换平台、大数据管理平台、网络安全平台为代表的创新基础设施建设。通过实施新基建重大项目，"无中生有"大力支持未来型人工智能等重大创新平台和创新机构建设，构筑"智慧+""绿色+"的产业生态体系，充分发挥新基建的乘数效应，为高质量发展增添新动能。

## （二）集中资源，重金吸引人才，加快汇聚培育顶尖科研机构和一流研究团队

2018年以来，南昌大力引进大院大所名校，聚焦人工智能、生物医药、新材料、汽车及零配件、电子信息等领域，依托中科院、中山大学、同济大学、哈尔滨工业大学、天津大学、北京航空航天大学、宁波智能制造研究院等国内顶尖大学或科研院所，以及国内VR/AR产业领军企业联想新视界建设了10余家新型研发机构，中科院江西产业技术创新与育成中心、中药国家大科学装置预研中心也落户南昌。下一步，要有效整合、撬动科研机构、高校、央企、国企的科技资源增量化投入，吸引海内外科研机构、高校和知名企业来昌设立全球领先的用户实验装置、科学实验室，共建国家实验室、省实验室、国家技术创新中心。学习合肥引进"哈佛八剑客"，以全球视野和三顾茅庐的诚意，成团成队引进世界一流科学家和科学家团队。

## （三）强化落实，借鉴发达地区经验，扎实实施"创新强市"行动工程

自2009年以来，南昌先后出台了《关于建设创新型城市增强自主创新能力的意见》《关于深入推进科技协同创新的实施意见》等一系列科技政策，基本形成了"1+N"科技创新政策体系。在此基础上，可以进一步学习借鉴广州，制定建设科技创新强市的行动计划，落实江西省创新型省份建设的任务要求，围绕打造南昌大都市圈建设发展核心引擎目标，在重大科技基础创新平台提升、源头核心技术突破、数字经济发展、科技成果转移转化、创新企业主体培育提升、产业技术支撑引领、创新产业格局优化提升、开放创新合作共赢、高水平创新人才集聚等方面布局重点行动计划。

具体到创新举措上，应在减轻高层次人才税负、向粤港澳和长三角等地区开放科技计划、提升服务科技企业能力和加强科研用地保障等方面出台相关政策，推进科技创新领域简政放权，探索建立既符合科技创新规律又适合市场规律的科技创新政策体系，激发创新活力。学习广州经验，出台《南昌市合作共建新型研发机构经费使用"负面清单"》和《南昌市服务科研院所建设发展的若干措施》，赋予科研

院所更大自主权，减少科技经费使用障碍，鼓励科研院所加大基础研究和应用基础研究力度。

### （四）支撑产业，打通最后一公里，打造国内领先的科技成果转化服务平台

科技创新工作的最终目的就是要促进成果转移转化，南昌目前还没有建立区域性的科技成果转移转化中心，极大地影响了科技成果在南昌的转移转化。南昌需要下大力气加强成果转移转化平台和科技金融服务平台建设。一是加快建立科技成果转移转化中心。依托南昌科技广场，与省科技部门共同建立科技成果转移转化中心，通过"互联网+"的技术应用，实现科技资源统筹转化，有效地保证技术市场各要素的全方位聚集，打造出区域内一流的产学研合作促进平台，实现科技成果线上线下交易，促进更多科技创新成果在昌转移转化。二是健全科技金融服务机构。由财政引导成立科技金融服务平台，包括投资管理公司、担保公司和小额贷款公司等，设立专项基金，帮助科技型中小企业融资，引导各类资金共同支持科技创新。三是紧盯主导产业创新发展。加快完善产业链、创新链、资本链、人才链、政策链的有效融合，积极培育实体化新型研发机构，形成一批全省乃至全国"首位产业"。

**课题组成员：**

| 叶　楠 | 江西省科学院科技战略研究所副研究员 |
| 饶德明 | 江西省科学院科技战略研究所博士 |
| 胡紫祎 | 江西省科学院科技战略研究所硕士研究生 |
| 冯雪娇 | 江西省科学院科技战略研究所副所长、副研究员 |

# 江西省在中部六省中的科技竞争力比较分析

饶德明　杨兴峰

> **摘要：** 科技创新能力是影响区域经济、社会协调发展的决定性因素。为贯彻落实习总书记视察江西重要讲话精神，提升江西省科技竞争力，推动江西省经济社会高质量跨越式发展，本报告对江西省在中部省份中的科技竞争力进行深入比较分析，找出江西省科技创新能力存在的优势和不足，提出提升江西省科技竞争力的对策建议。

2019年5月，习近平总书记在江西省视察，主持召开推动中部地区崛起工作座谈会时强调，推动中部地区崛起是党中央做出的重要决策。做好中部地区崛起工作，对实现全面建成小康社会奋斗目标、开启我国社会主义现代化建设新征程具有十分重要的意义。习总书记明确提出江西省要"在加快革命老区高质量发展上作示范、在推动中部地区崛起上勇争先"。我国经济社会发展要突破瓶颈、解决深层次矛盾和问题，根本出路在于创新，关键是要靠科技力量。

科技创新能力是影响区域经济、社会协调发展的决定性因素。为贯彻落实习总书记视察江西重要讲话精神，提升江西省科技竞争力，推动江西省经济社会高质量跨越式发展，本报告对江西省在中部省份中的科技竞争力进行深入比较分析，找出江西省科技创新能力存在的优势和不足，提出提升江西省科技竞争力的对策建议。

## 一、江西省在中部六省中的科技竞争力分析

科技竞争力是一个综合性指标，其组成要素多样。本报告主要从中部六省科技实力、投入、产出、贡献与优势领域等方面分析了江西省的科技竞争力水平，具体

研究指标如表 1 所示。

表 1 科技竞争力具体研究指标

| 方面 | 指标 |
| --- | --- |
| 科技实力 | 高等学校 |
| | 研究与开发机构 |
| | 国家级创新平台 |
| | 规模以上工业企业 |
| | 高技术产业企业 |
| 科技投入 | 人员投入 |
| | 资金投入 |
| 科技产出 | 各地区获国家级奖项情况 |
| | 各地区专利申请 |
| | 各地区科技论文 |
| 科技贡献 | 规模以上工业企业新产品情况 |
| | 技术市场成交情况 |
| | 高技术产品出口贸易情况 |
| 科技优势领域 | SCI 学科统计 |
| | 国内发明专利的 IPC 统计分析 |
| | PCT 专利统计 |

数据主要来源于《中国科技统计年鉴》(2014—2018)、《中国统计年鉴》(2014—2018)。

## （一）科技体量小，高端创新载体少

### 1. 高等学校

2017 年，全国高等学校共 2631 所，省平均接近 85 所，江西省为 100 所，略高于全国平均水平。中部六省中湖北省、湖南省、河南省和安徽省都在 120 所左右，江西省仅多于山西省的 80 所（图 1）。

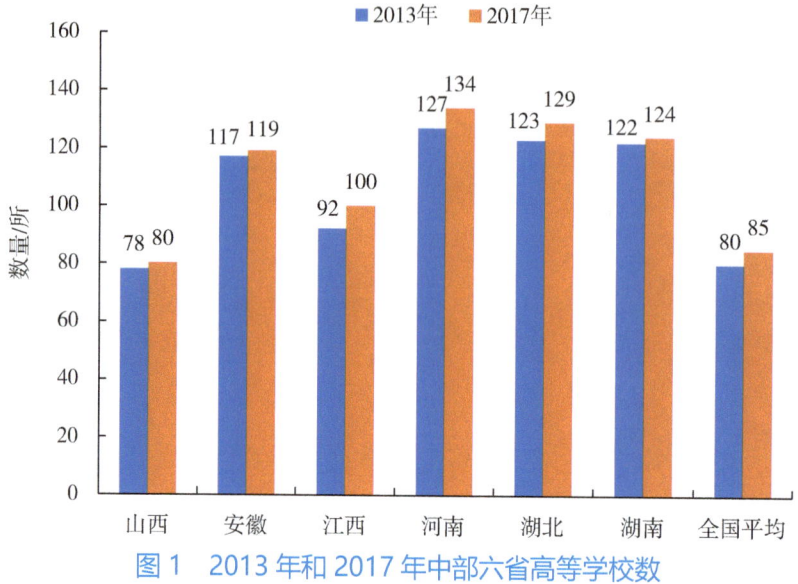

图 1　2013 年和 2017 年中部六省高等学校数

此外，江西省只有 1 所"双一流"高校，中部六省中仅山西省与江西省境况相同，少于湖北省（7 所）、湖南省（4 所）、安徽省（3 所）和河南省（2 所）（表 2）。

表 2　"双一流"高校名单

| 省份 | 高校名单 | 合计/所 |
| --- | --- | --- |
| 山西 | 太原理工大学 | 1 |
| 安徽 | 中国科学技术大学、安徽大学、合肥工业大学 | 3 |
| 江西 | 南昌大学 | 1 |
| 河南 | 郑州大学、河南大学 | 2 |
| 湖北 | 武汉大学、华中科技大学、中国地质大学（武汉）、武汉理工大学、华中农业大学、华中师范大学、中南财经政法大学 | 7 |
| 湖南 | 中南大学、国防科技大学、湖南大学、湖南师范大学 | 4 |

全国高等学校 2017 年各省专任教师平均数为 52 685 人，江西省只略高于全国平均水平，为 56 519 人。2013—2017 年，江西省专任教师数量少的现状没有发生变化，历年排名均列中部倒数第 2 位，专任教师数量只到河南省的一半（图 2）。

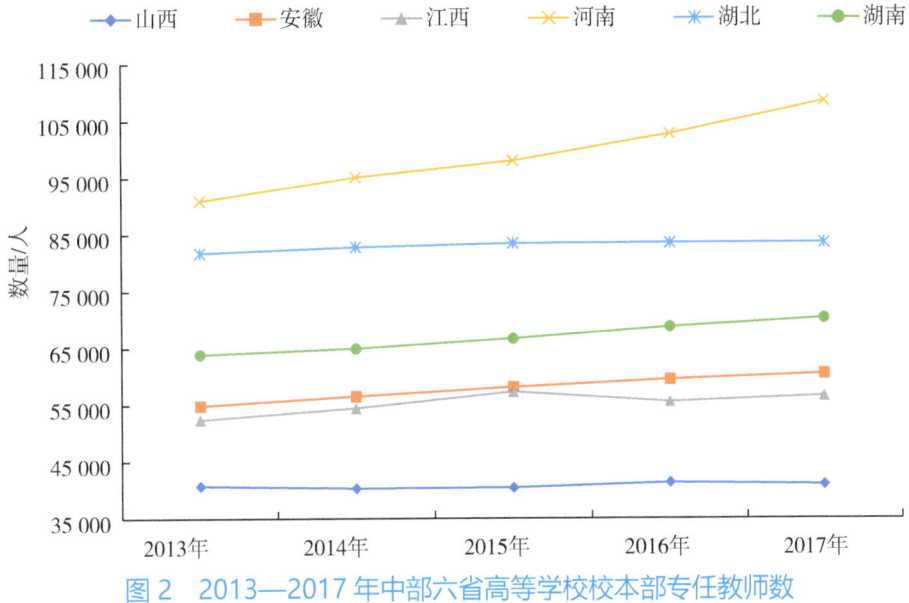

图 2　2013—2017 年中部六省高等学校校本部专任教师数

2013—2017 年，江西省每 10 万人口高等学校平均在校生数增速最快，并于 2014 年超过 2500 人，高于全国平均水平，在中部六省中仅次于湖北省，列中部第 2 位（图 3）。总体上，江西省每 10 万人口高等学校平均在校生数与湖北省的差距在逐渐缩小，但差距仍然较大，且大有被河南省和湖南省赶超之势。

图 3　2013—2017 年中部六省每 10 万人口高等学校平均在校生数

## 2. 研究与开发机构

2013—2017 年,江西省省属研究与开发机构数虽然已接近全国平均水平,但与中部最多的山西省仍有巨大的差距,而且自 2015 年后逐年减少,数量上在中部六省中仅好于安徽省(图 4)。但是安徽省依托中国科学院合肥物质科学研究院,在当地拥有大批国家级研发机构。江西省是无中科院直属研究院所的 4 个省之一,其他中央部门属研究机构也只有 1 家。

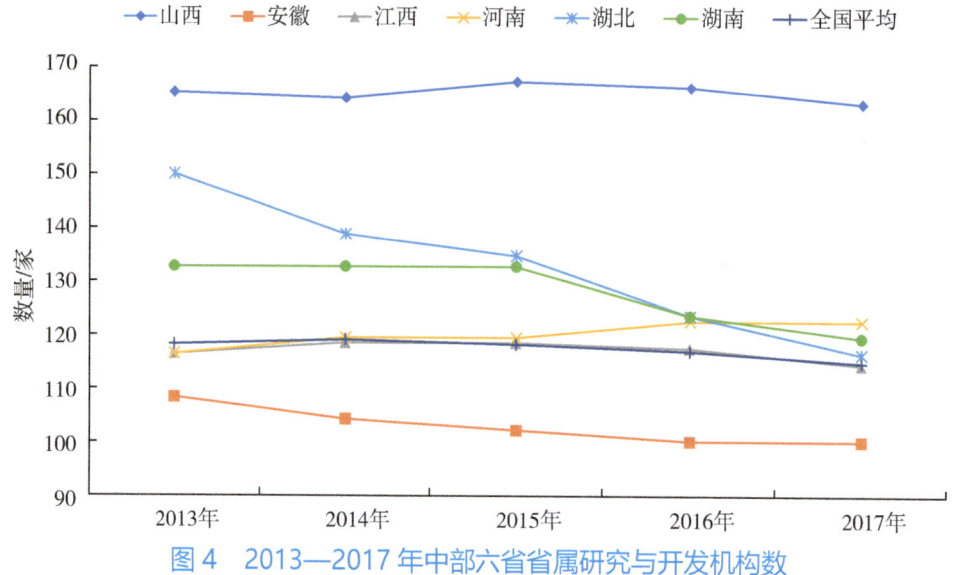

图 4　2013—2017 年中部六省省属研究与开发机构数

## 3. 国家级创新平台

由于缺少大院名校支撑,江西省在国家大科学装置、国家重点实验室等国家级平台建设方面落后很多。

2019 年,从国家重点实验室来看,江西省只有 5 个国家重点实验室,除南昌大学与江南大学共建的食品科学与技术国家重点实验室外,2 个为省部共建实验室,2 个为企业国家重点实验室,在中部六省中最少,远少于湖北(27 个)和湖南(18 个)两省,与山西、安徽和河南三省也有不小的差距;从国家工程技术研究中心来看,江西省只有 8 个国家工程技术研究中心,在中部六省中仅多于山西省(1 个)(图 5)。江西省国家级创新平台总数(13 个)仅约为湖北省(46 个)的 1/4。

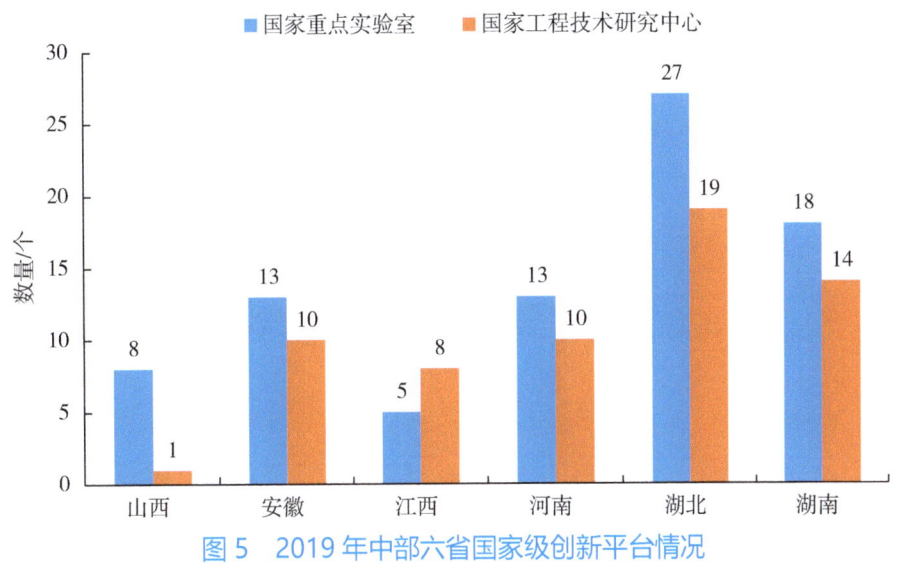

图 5　2019 年中部六省国家级创新平台情况

**4. 规模以上工业企业**

2013—2017 年中部六省规模以上工业企业数如图 6 所示。江西省规模以上工业企业数有较快增长，与全国平均水平的差距在逐渐缩小，但是在中部一直处于倒数第 2 位。2017 年，江西省规模以上工业企业数不到河南省的一半，与安徽省、湖北省和湖南省也有不小的差距。

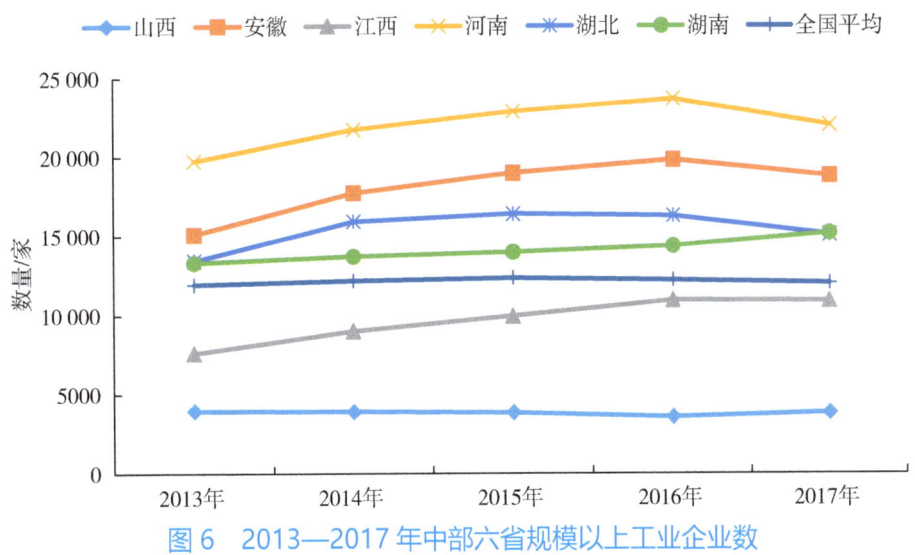

图 6　2013—2017 年中部六省规模以上工业企业数

江西省规模以上工业企业中有研发机构的企业占比相对较高。2017年，江西省有15.59%的规模以上工业企业有研发机构，接近全国平均水平（18.95%），在中部六省中仅低于安徽省（21.09%），列第2位，高于山西省（9.49%）、河南省（8.12%）、湖北省（6.89%）和湖南省（11.19%）（图7）。可见，江西省企业在科技创新中的主体地位较为突出。

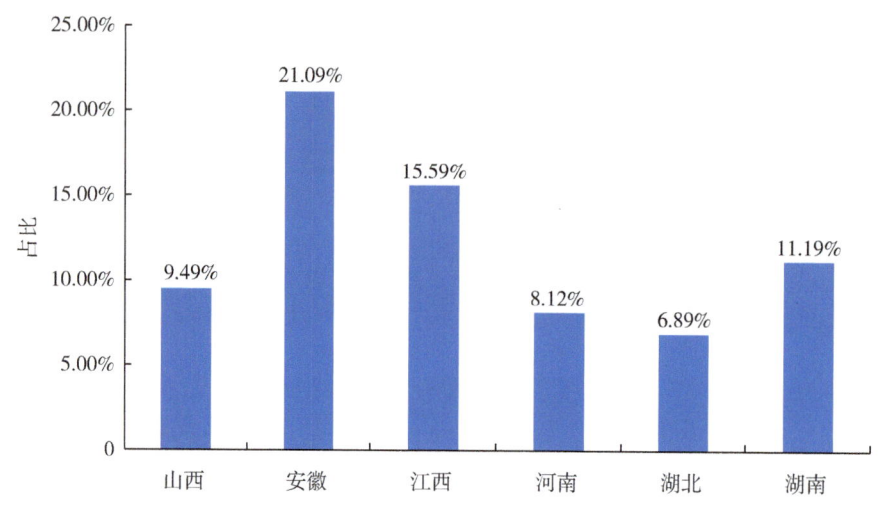

图7　2017年中部六省有研发机构的企业占比

### 5. 高技术产业企业

2013—2016年，江西省高技术产业企业数量增长较快，在2016年超过全国平均水平，并且超过湖北省和湖南省，但与安徽和河南两省仍有较大差距（图8）。因此，江西省高技术产业企业无论数量还是增速在中部六省中都有一定的优势，且仍有巨大的提升空间。

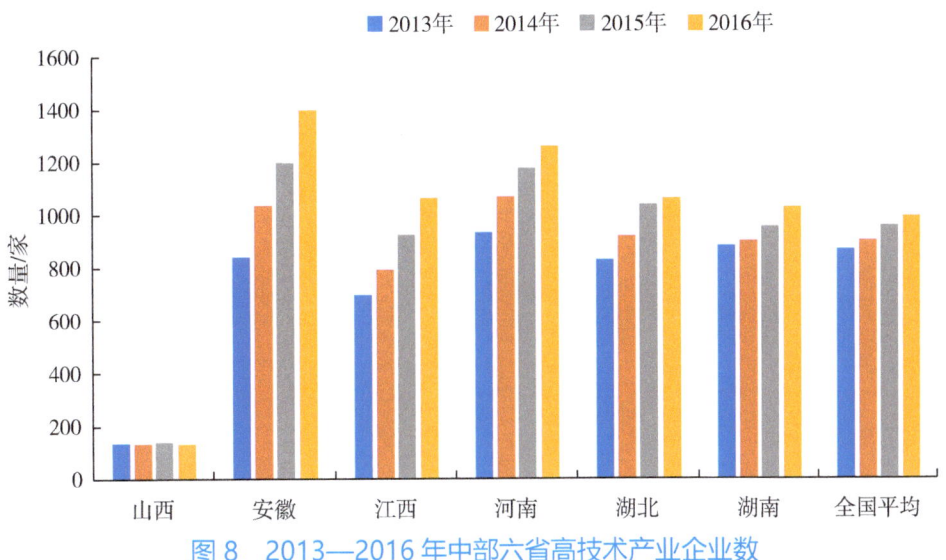

图 8  2013—2016 年中部六省高技术产业企业数

注：《中国统计年鉴》（2018）和《中国科技统计年鉴》（2018）均未统计 2017 年该类数据。

## （二）科技投入低，研发人员和经费少

### 1. 人员投入

2013—2017 年，中部六省除山西省外，R&D 人员全时当量总体上都有一定程度的升高，江西省增长缓慢，远低于全国平均水平，人员投入大体上仅到河南省的 1/4，与安徽、湖北、湖南三省也有明显差距（图 9）。因此，江西省在科技研发人员投入方面亟待提高。

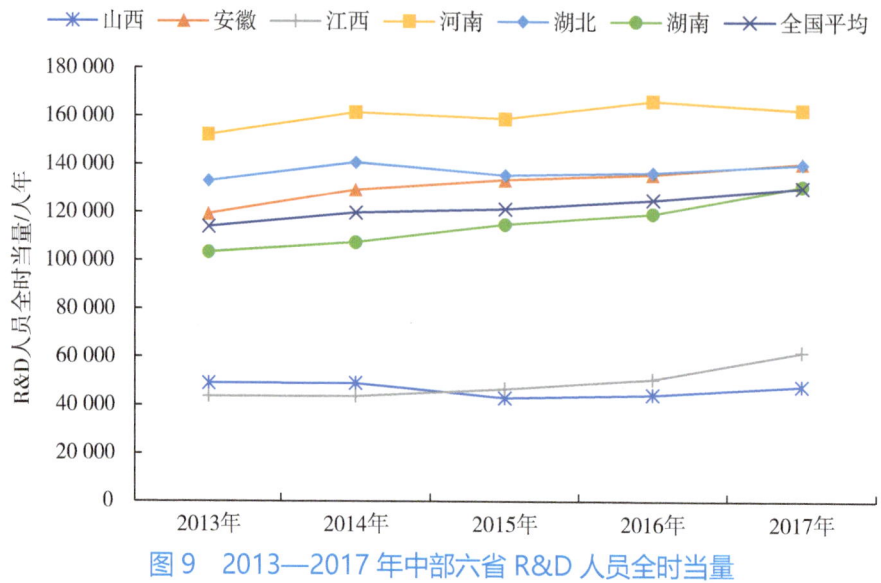

图9 2013—2017年中部六省R&D人员全时当量

## 2. 资金投入

2013—2017年，江西省的R&D经费内部支出自2014年超过山西省，但仍不到安徽、河南、湖北和湖南四省R&D经费内部支出的一半（图10）。可见，虽然江西省近年来不断加大科技研发资金投入力度，但是体量仍然偏小。

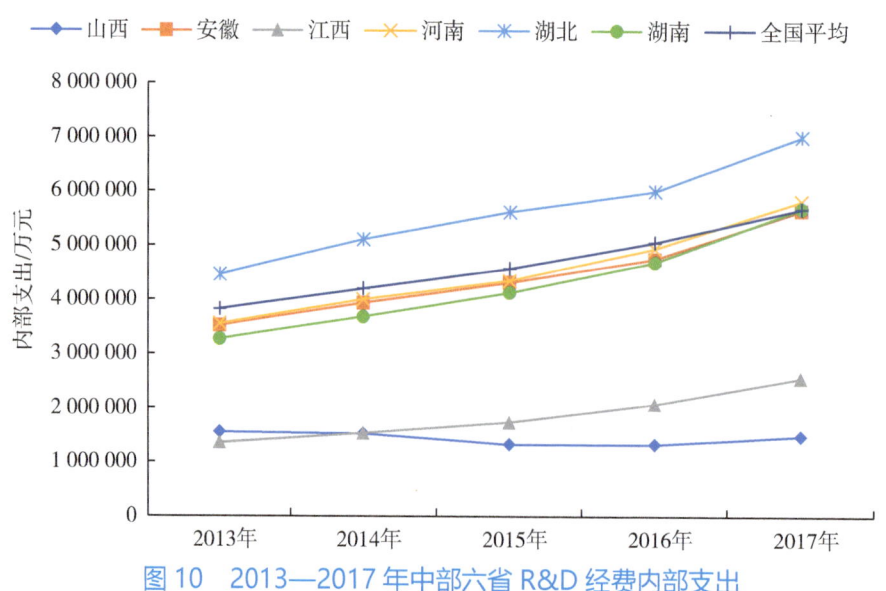

图10 2013—2017年中部六省R&D经费内部支出

## 江西省在中部六省中的科技竞争力比较分析

从 R&D 经费投入强度（R&D 经费占 GDP 比重）看，2013—2017 年中部六省 R&D 经费投入强度均未达到全国平均水平。中部除山西省以外的五省 R&D 经费投入强度均整体上呈上升趋势，江西省从 2013 年的 0.94% 增长至 2017 年的 1.23%，与河南省的差距也在逐渐缩小，但仍排在倒数第 2 位（图 11）。

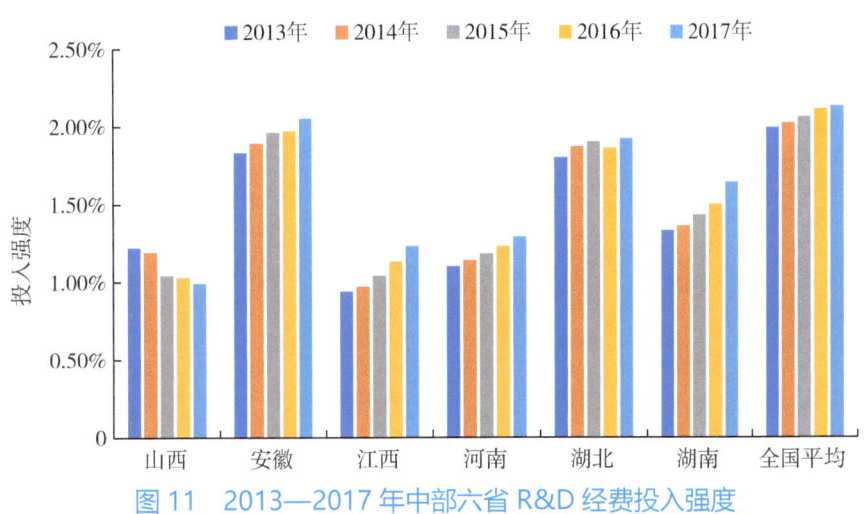

图 11　2013—2017 年中部六省 R&D 经费投入强度

从 R&D 经费来源看，2017 年中部六省企业资金均占 70% 以上。江西省企业资金比例较高，超过 80%，高于全国平均水平，仅次于河南省，列中部第 2 位（图 12）。

从高等学校、研究与开发机构和规模以上工业企业的 R&D 经费内部支出看，中部六省规模以上工业企业占比均达到 65% 以上。江西省规模以上工业企业的 R&D 经费内部支出占比最高，达到 90% 左右；而高等学校和研究与开发机构占比均列中部后 2 位，与科教大省的湖北省具有较大的差距（图 13）。可见，江西省企业在中部各省创新体系中的主体作用最为突出。

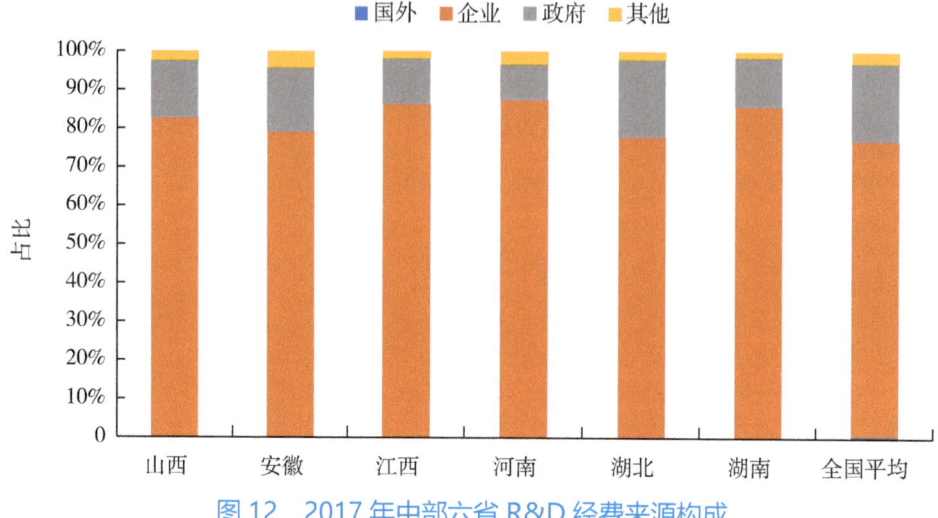

图 12　2017 年中部六省 R&D 经费来源构成

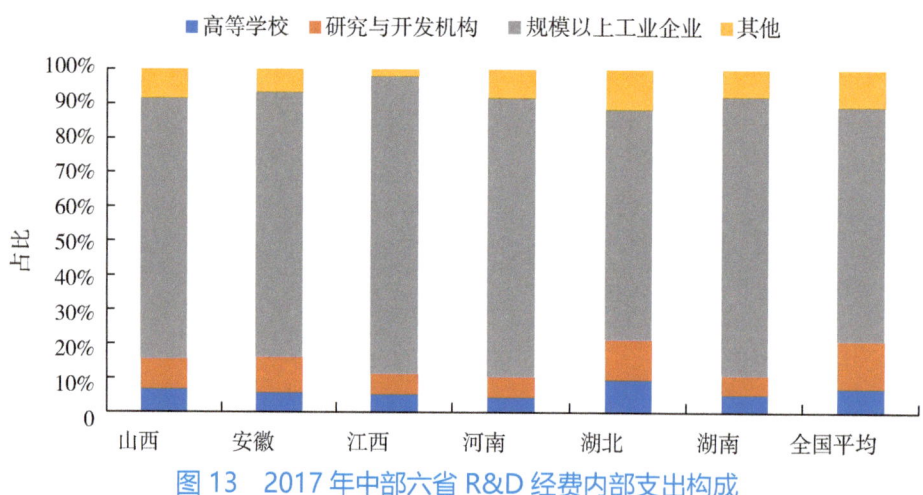

图 13　2017 年中部六省 R&D 经费内部支出构成

江西省企业 R&D 经费占比虽然较高，但是总量较小。2013—2017 年，江西省高技术产业 R&D 经费内部支出在中部六省中排倒数第 2 位，2017 年 R&D 经费内部支出约为中部最多的湖北省的 1/3，约为安徽省、湖南省和河南省的 1/2（图 14）。

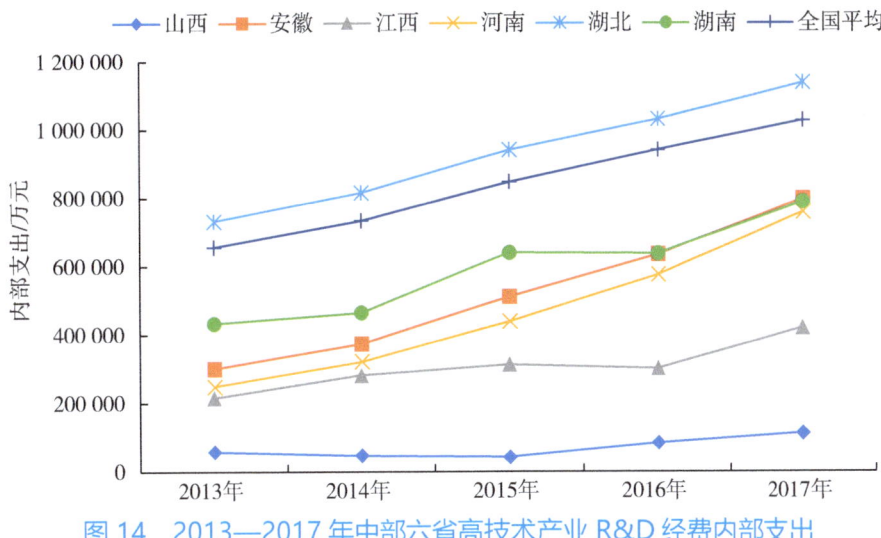

图 14　2013—2017 年中部六省高技术产业 R&D 经费内部支出

## （三）科技产出低，奖项专利和论文少

### 1. 国家级奖项

中部六省 2013—2017 年获国家自然科学奖、国家技术发明奖、国家科学技术进步奖 3 项国家级奖项情况如表 3 所示。江西省获得一等奖 2 项，获得二等奖 16 项，列中部倒数第 2 位，获奖总数不到中部获奖数最多的湖北省（共 111 项）的 1/6，与安徽（35 项）、河南（65 项）、湖南（50 项）三省也有巨大的差距。

表 3　2013—2017 年中部六省获国家级奖项情况

单位：项

| 奖项 | 山西 | 安徽 | 江西 | 河南 | 湖北 | 湖南 |
| --- | --- | --- | --- | --- | --- | --- |
| 特等奖 | 0 | 0 | 0 | 0 | 1 | 1 |
| 一等奖 | 1 | 4 | 2 | 5 | 6 | 3 |
| 二等奖 | 13 | 31 | 16 | 60 | 104 | 46 |

### 2. 专利产出

（1）专利产出数量

2013—2017 年中部六省国内专利申请受理数如图 15 所示。5 年间，江西省国内专利申请受理数有大幅度增长，但专利申请受理数仅高于山西省，低于全国平均水平。2017年江西省国内专利申请受理数比中部最多的安徽省少了10万多件，与河南省和湖北省也有巨大的差距。

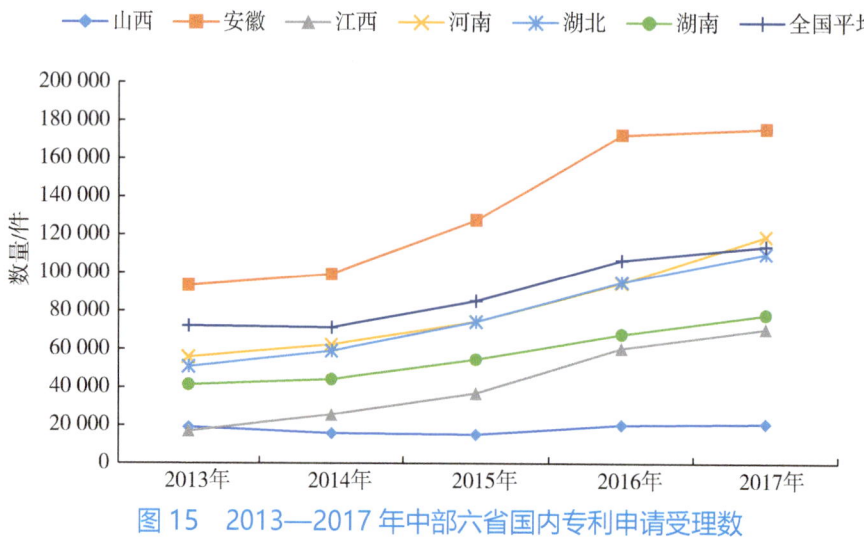

图15　2013—2017年中部六省国内专利申请受理数

2017年中部六省发明专利、实用新型、外观设计3种专利申请受理数占比如图16所示。江西省发明专利申请受理数占比在中部地区最低，说明江西省的原始创新能力极其不足。

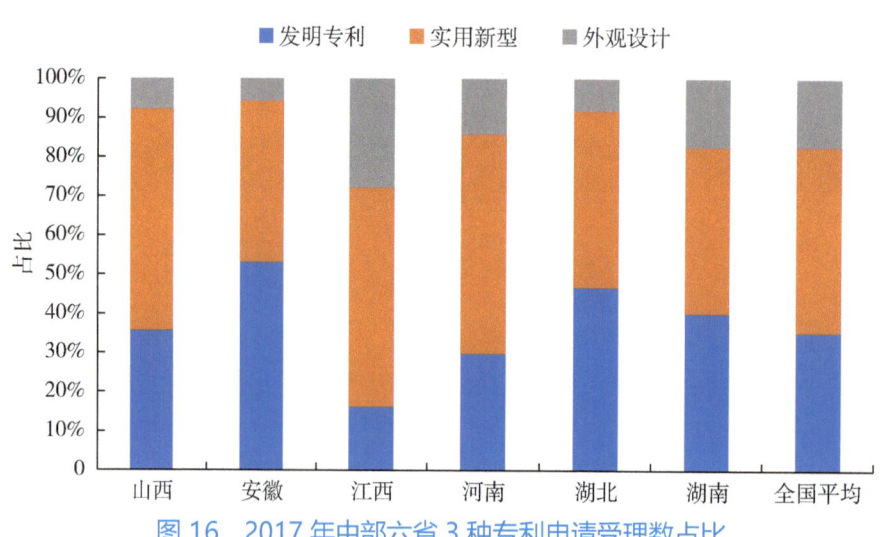

图16　2017年中部六省3种专利申请受理数占比

2013—2017年，江西省高技术产业国内专利申请数逐年增加，但仍远低于全国平均水平，与安徽省和湖北省的差距仍然较大（图17）。

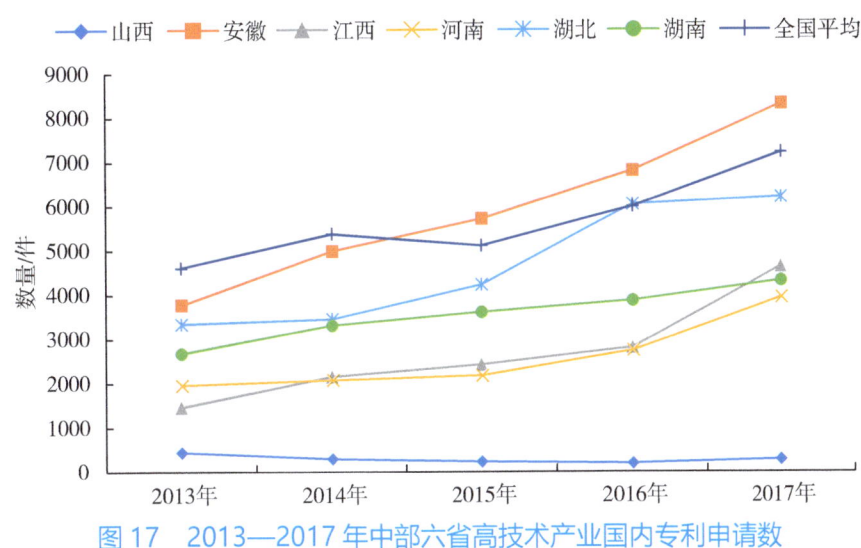

图17　2013—2017年中部六省高技术产业国内专利申请数

（2）专利产出效率

从专利申请数折合的每万人年全时当量和每亿元研发经费专利申请数来看，2013—2017年，江西省每万人年全时当量及每亿元研发经费专利申请数均增长较快，在2014年接近全国平均水平，2015—2017年稳居中部第2位（图18、图19）。

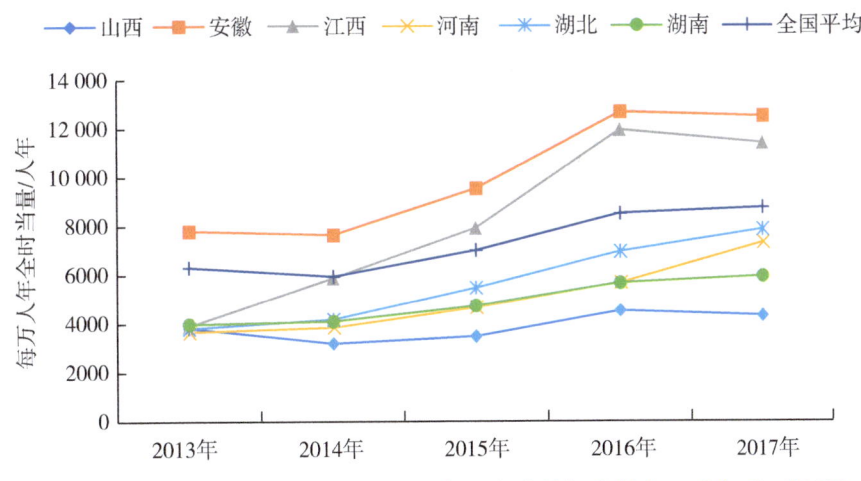

图18　2013—2017年中部六省专利申请数折合的每万人年全时当量

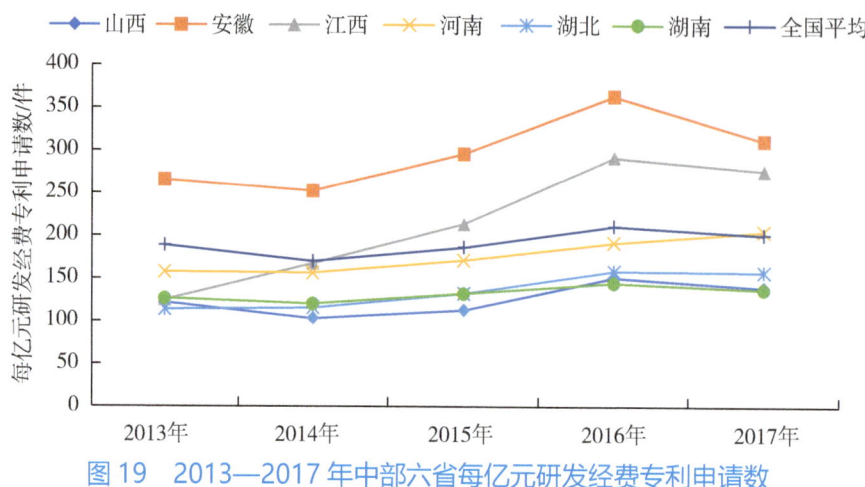

图 19　2013—2017 年中部六省每亿元研发经费专利申请数

专利综合分析表明，江西省的专利总量较少，其中发明专利占比为中部最低，说明江西省原始创新能力极其不足。但是江西省的每万人年全时当量和每亿元研发经费专利申请数均为中部第 2 位，说明江西省专利产出少的主要原因仍然在于科技人员和研发资金投入的不足。

### 3. 科技论文产出

（1）科技论文产出数量

2013—2017 年，江西省研究与开发机构发表的科技论文数量一直都是中部六省最少的，总数不到全国平均水平的一半，与中部最多的湖北省存在巨大的差距，与河南省和安徽省也有较大的差距（图 20）。中部六省高等学校发表科技论文的数量远多于研究与开发机构，是发表科技论文的主力（图 21）。2013—2017 年，江西省高等学校发表科技论文的数量列中部倒数第 2 位，远低于全国平均水平，不到湖北省和湖南省的一半，与安徽省的差距仍然明显。因此，江西省科技论文产出严重不足，应提高研发机构和高校的科研水平，促进科技论文产出。

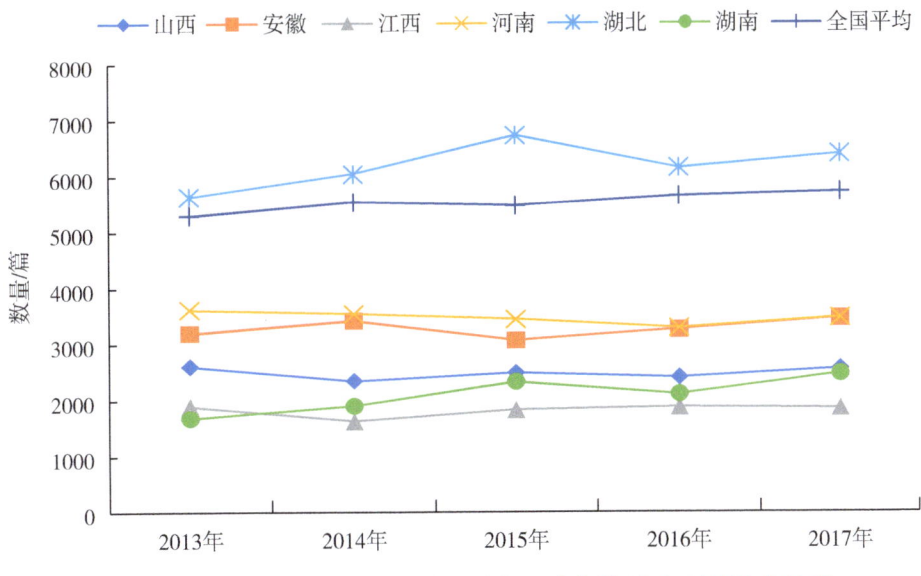

图20　2013—2017年中部六省研究与开发机构发表科技论文情况

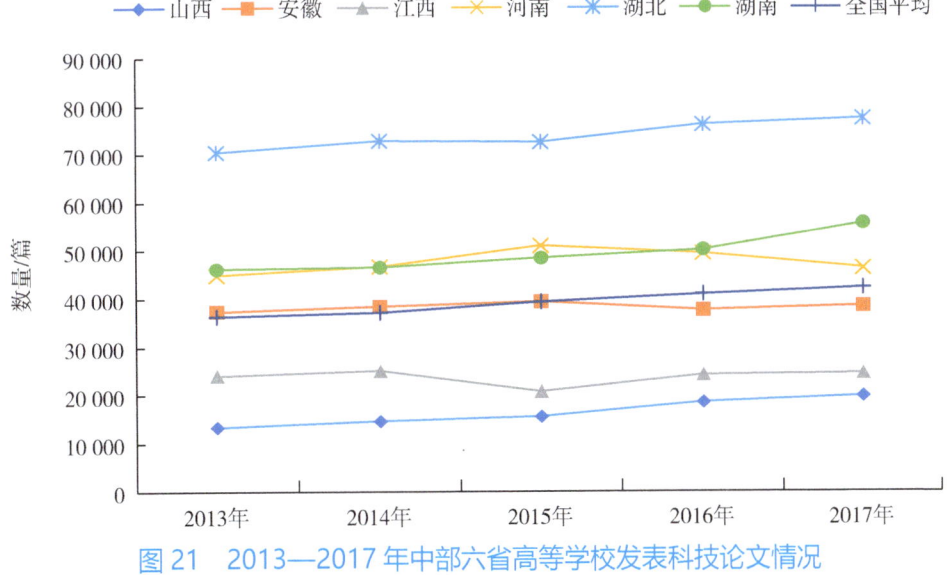

图21　2013—2017年中部六省高等学校发表科技论文情况

从2016年中部六省科技论文情况看[①]（图22），江西省SCI科技论文数量排中部倒数第2位，不到湖北省的1/5，也不到全国平均水平的1/3；EI科技论文数量中部垫底，与山西省的数量接近，仅约为湖北省的1/5；CPCI-S（ISTP）科技论文数

---

[①] 《中国科技统计年鉴》（2018）中SCI、EI、CPCI-S收录的各地区科技论文数据更新到2016年。

量列中部倒数第 2 位，仅约为湖北省的 1/4。

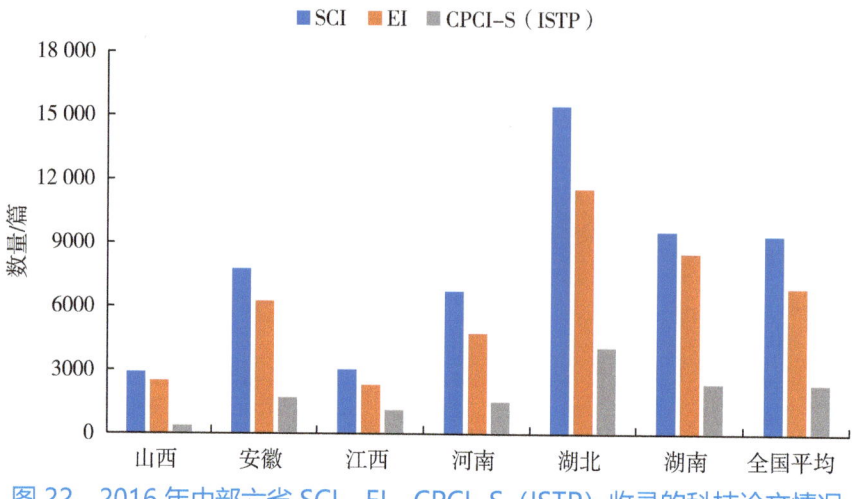

图 22　2016 年中部六省 SCI、EI、CPCI-S（ISTP）收录的科技论文情况

（2）科技论文产出效率

从科技论文产出数量折合的每万人年全时当量和每亿元研发经费科技论文产出数量来看，2016 年江西省 SCI 和 EI 科技论文产出效率仍然居中部靠后位置，仅 CPCI-S（ISTP）科技论文产出效率列中部第 2 位。可见江西省科技论文产出不仅总量少，而且每万人年全时当量或每亿元研发经费科技论文产出数量也较低（图 23、图 24）。

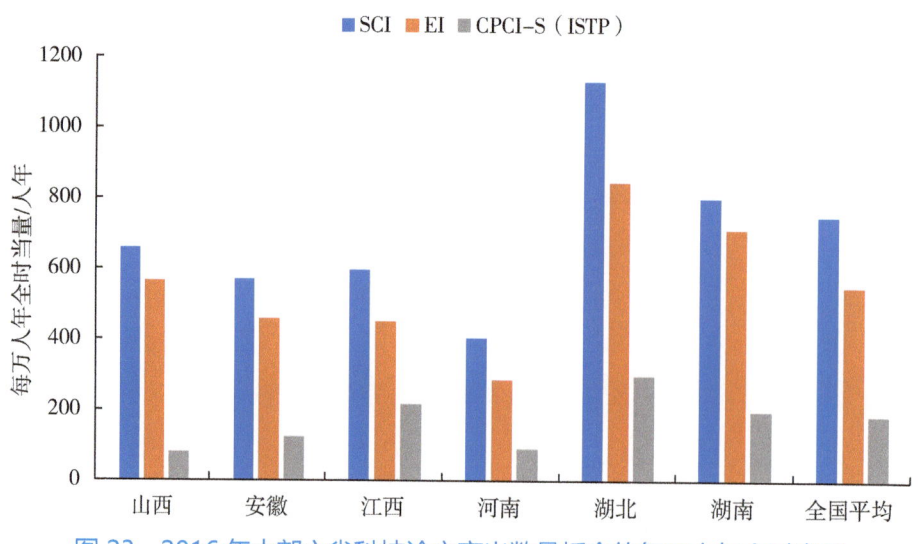

图 23　2016 年中部六省科技论文产出数量折合的每万人年全时当量

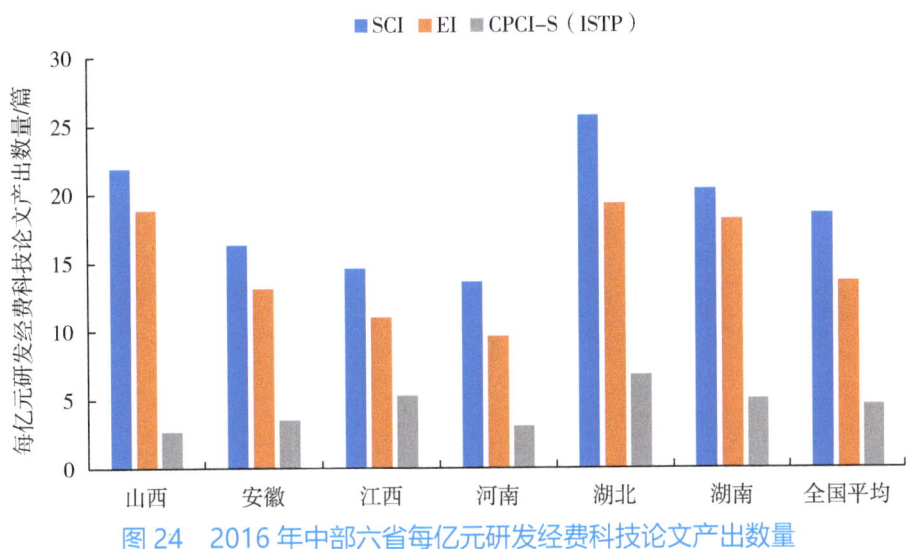

图 24  2016 年中部六省每亿元研发经费科技论文产出数量

## （四）科技贡献低，产品市场占有少

### 1. 规模以上工业企业新产品效率

根据 2017 年中部六省规模以上工业企业新产品情况分析可知，新产品开发经费支出，安徽省、湖南省、湖北省位列第一方阵，河南省、江西省位列第二方阵，山西省经费支出最低。但从销售收入与开发经费的比值来看，江西省最低为 13.08%，低于全国平均水平，与其他五省 17% 左右的比值仍有较大差距。从新产品销售收入占主营业务收入的比重来看，江西省略高于河南、山西两省，达到 11.43%，排在中部第 4 位（表 4）。可见，江西省企业新产品研发效率在中部六省中排名靠后，且新产品占企业产品的比重较低，产业转型升级的成效还有待提升。

表 4  2017 年中部六省规模以上工业企业新产品情况

| 省份 | 新产品开发经费支出 / 万元 | 新产品销售收入 / 万元 | 新产品销售收入 / 开发经费 | 主营业务收入 / 万元 | 新产品销售收入 / 主营业务收入 |
| --- | --- | --- | --- | --- | --- |
| 山西 | 895 493 | 15 434 765 | 17.24% | 178 524 000 | 8.65% |
| 安徽 | 5 117 102 | 88 430 765 | 17.28% | 431 103 700 | 20.51% |
| 江西 | 2 949 584 | 38 571 746 | 13.08% | 337 516 500 | 11.43% |

续表

| 省份 | 新产品开发经费支出/万元 | 新产品销售收入/万元 | 新产品销售收入/开发经费 | 主营业务收入/万元 | 新产品销售收入/主营业务收入 |
|---|---|---|---|---|---|
| 河南 | 3 982 301 | 70 958 863 | 17.82% | 799 091 200 | 8.88% |
| 湖北 | 4 640 613 | 75 234 883 | 16.21% | 432 105 200 | 17.41% |
| 湖南 | 4 857 534 | 85 857 213 | 17.68% | 389 342 300 | 22.05% |
| 全国 | 134 978 371 | 1 915 686 889 | 14.19% | 11 331 607 600 | 16.91% |

### 2. 技术交易市场

2013—2017 年，江西省与河南、山西两省技术市场成交合同金额基本处于同一水平，江西省排在中部第 4 位，与技术市场成交合同金额最高且增长最快的湖北省差距巨大（图 25）。可见，江西省缺乏高水平的科研成果，在促进技术转移与高新技术产业化等方面还缺乏完善的机制。

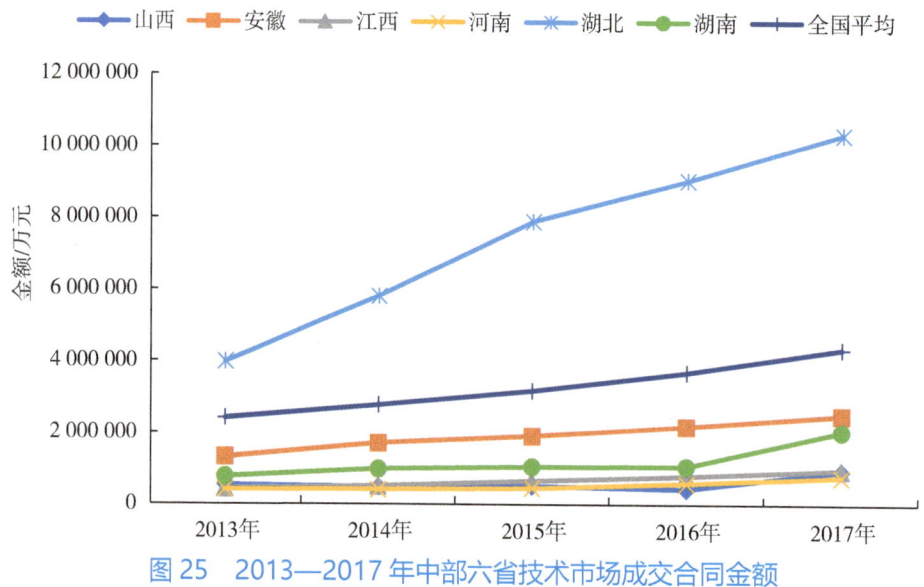

图 25　2013—2017 年中部六省技术市场成交合同金额

2013—2017 年江西省国外技术引进合同金额整体上有所下降，2017 年排在中部第 4 位，与中部第一的湖北省差距巨大。湖南省 2014 年开始，国外技术引进合同金额呈现快速增长，相对江西省的优势越来越大（图 26）。

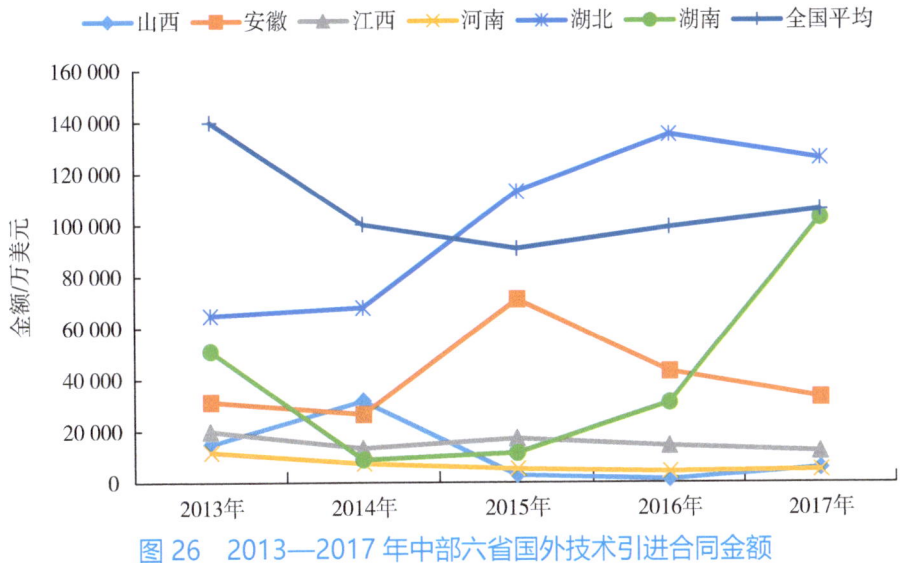

图 26　2013—2017 年中部六省国外技术引进合同金额

### 3. 高技术产品出口贸易

中部六省中，除河南省高技术产品出口贸易总额远超全国平均水平外，其他五省均在全国平均水平以下。江西省在 2014 年以后高技术产品出口贸易总额有较大下滑，到 2017 年降至 41.77 亿美元，仅高于湖南省的 33.73 亿美元，排在中部倒数第 2 位，与河南省和全国平均水平存在巨大的差距。山西、安徽和湖北三省高技术产品出口贸易总额基本呈逐年增长的趋势，江西省与之差距也在逐渐增大（图27）。综合表明，江西省高技术产品的整体竞争力在中部六省中仍处倒数位置，应加快产业技术的优化升级，提升产品核心竞争力。

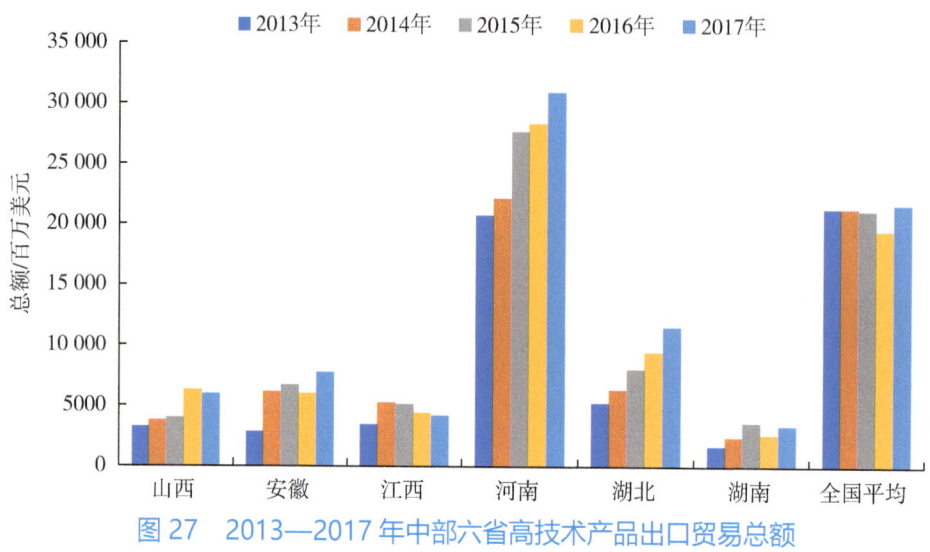

图 27　2013—2017 年中部六省高技术产品出口贸易总额

### （五）学科竞争力弱，专利科技水平低

**1. 优势学科领域**

2013—2017 年中部六省 SCI 论文研究方向 TOP 20（按 Web of Science 类别）如表 5 所示。江西省的 SCI 论文主要集中在化学、生物化学分子生物学、工程及物理学等学科领域，中部六省总体上在化学及相关交叉科学、材料及相关交叉科学、物理及相关交叉科学、工程、生物化学分子生物学、数学等学科领域发表的 SCI 论文数量较多。按学科领域发文数排名，江西省基本列中部后 2 位，学科竞争力弱，学科优势不明显。

表 5　2013—2017 年中部六省 SCI 论文研究方向 TOP 20

| 序号 | 山西 | 安徽 | 江西 | 河南 | 湖北 | 湖南 |
|---|---|---|---|---|---|---|
| 1 | 化学（5） | 化学（1） | 化学（6） | 化学（3） | 工程（1） | 工程（3） |
| 2 | 工程（5） | 物理学（1） | 生物化学分子生物学（5） | 工程（4） | 生物化学分子生物学（1） | 化学（6） |
| 3 | 物理学（5） | 工程（2） | 工程（6） | 生物化学分子生物学（3） | 化学（2） | 物理学（3） |

续表

| 序号 | 山西 | 安徽 | 江西 | 河南 | 湖北 | 湖南 |
|---|---|---|---|---|---|---|
| 4 | 材料科学（5） | 材料科学（1） | 物理学（6） | 物理学（4） | 物理学（2） | 材料科学（3） |
| 5 | 科学技术及相关方向（6） | 科学技术及相关方向（2） | 科学技术及相关方向（5） | 科学技术及相关方向（4） | 材料科学（2） | 生物化学分子生物学（4） |
| 6 | 生物化学分子生物学（6） | 生物化学分子生物学（2） | 材料科学（6） | 材料科学（4） | 科学技术及相关方向（1） | 数学（2） |
| 7 | 数学（6） | 数学（3） | 数学（5） | 数学（4） | 基因遗传学（1） | 科学技术及相关方向（3） |
| 8 | 基因遗传学（6） | 基因遗传学（2） | 基因遗传学（5） | 基因遗传学（3） | 数学（1） | 基因遗传学（4） |
| 9 | 药理学（6） | 药理学（2） | 药理学（5） | 药理学（3） | 细胞生物学（1） | 计算机科学（2） |
| 10 | 生态环境科学（6） | 细胞生物学（2） | 生态环境科学（5） | 细胞生物学（4） | 药理学（1） | 药理学（4） |
| 11 | 光谱学 | 计算机科学（3） | 细胞生物学（5） | 肿瘤学 | 生态环境科学（1） | 细胞生物学（3） |
| 12 | 细胞生物学（6） | 肿瘤学 | 农业 | 计算机科学（4） | 计算机科学（1） | 肿瘤学 |
| 13 | 能源燃料 | 光谱学 | 计算机科学（5） | 生态环境科学（4） | 农业 | 仪器仪表学 |
| 14 | 仪器仪表学 | 免疫学 | 肿瘤学 | 农业 | 肿瘤学 | 生态环境科学（3） |
| 15 | 农业 | 能源燃料 | 植物科学 | 植物科学 | 能源燃料 | 机械学 |
| 16 | 机械学 | 生态环境科学（2） | 光谱学 | 免疫学 | 仪器仪表学 | 免疫学 |
| 17 | 光学 | 晶体学 | 仪器仪表学 | 生理学 | 免疫学 | 能源燃料 |
| 18 | 晶体学 | 仪器仪表学 | 聚合物科学 | 光谱学 | 植物科学 | 光谱学 |
| 19 | 计算机科学（6） | 聚合物科学 | 晶体学 | 晶体学 | 生理学 | 冶金工程 |
| 20 | 植物科学 | 光学 | 免疫学 | 仪器仪表学 | 微生物学 | 商业经济学 |

## 2. 国内发明专利布局

通过 incopat 专利数据库进行检索，2013—2017 年中部六省国内发明专利 IPC 分布（按小类）如表 6 所示。中部六省国内发明专利 IPC 主要分布在：

G01N 借助于测定材料的化学或物理性质来测试或分析材料；

G06F 电数字数据处理领域；

A61K 医用、牙科用或梳妆用的配制品；

A61P 化合物或药物制剂的特定治疗活性；

A23L 食品、食料或非酒精饮料及其制备或处理，如烹调、营养品质的改进、物理处理，食品或食料的一般保存。

表 6　2013—2017 年中部六省国内发明专利 IPC 分布（按小类）

| 山西 | 安徽 | 江西 | 河南 | 湖北 | 湖南 |
|---|---|---|---|---|---|
| IPC 分类号 | IPC 分类号 | IPC 分类号 | IPC 分类号 | IPC 分类号 | IPC 分类号 |
| G01N | C08L | G06F | G06F | G06F | A61K |
| B01J | C08K | A61K | A61K | G01N | G06F |
| A61K | A23L | G01N | A61P | A61K | A61P |
| A61P | C09D | A61P | G01N | A61P | G06Q |
| C07C | A61K | A23L | H04L | H04L | G01N |
| C04B | C05G | C04B | A23L | C04B | C02F |
| C01B | H01B | H01L | C04B | G06Q | A23L |
| B01D | A61P | G06K | C02F | H01L | A01G |
| G01R | A01G | B01J | B01D | C02F | H01M |
| A23L | C04B | B01D | B01J | A23L | A23K |

江西省的国内发明专利主要集中在食品、日用品加工和无机材料方面，对于高端装备、电子信息技术、生物科技等科技含量高的专利布局较少。

## 3. 国外专利科技含量

利用德温特专利数据库（Derwent Innovations Index）对中部六省的国外专利进

行检索，得到 2013—2017 年中部六省 PCT 专利申请趋势及国外专利申请 IPC 分布情况（图 28、表 7）。

2013—2017 年，江西省的 PCT 专利申请量保持缓慢增长趋势，于 2015 年超越山西省，但仍处于中部倒数第 2 位，与安徽和湖北两省之间存在巨大的差距。此外，江西省 PCT 专利申请量增长缓慢，与安徽、湖北和湖南三省之间的差距逐渐扩大。

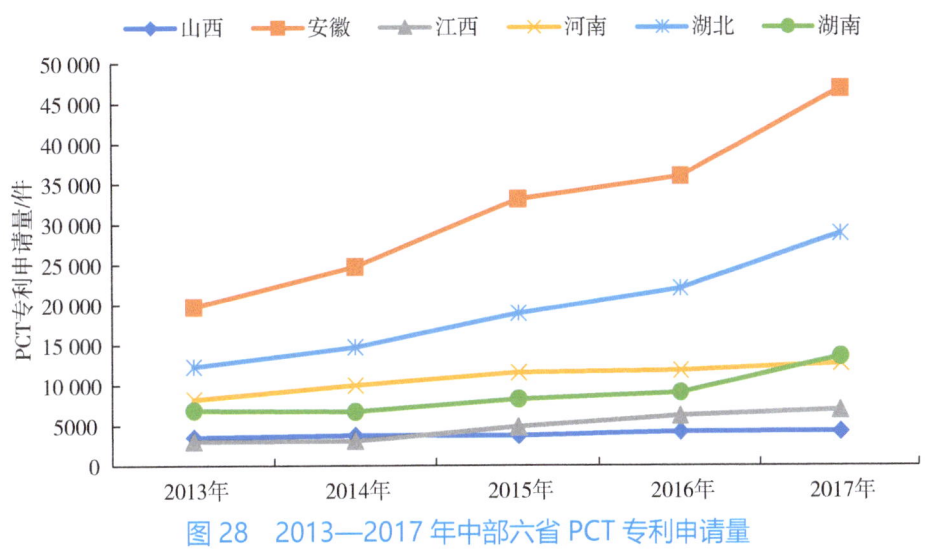

图 28　2013—2017 年中部六省 PCT 专利申请量

2013—2017 年，中部六省国外专利申请的 IPC 分布情况如下所示。

山西省前 3 位的 IPC 主要集中在 H02G 001/02、E21F 007/00、H02J 013/00。

H02G 001/02 用于架空线路或电缆的。

E21F 007/00 用于或不用于其他目的的瓦斯排放方法或装置。

H02J 013/00 对网络情况提供远距离指示的电路装置。

安徽省前 3 位的 IPC 主要集中在 C09D 007/12、C08K 003/22、C08K 003/34。

C09D 007/12　C09D 5/00（以其物理性质或所产生的效果为特征的涂料组合物）中不包括的涂料成分特征的其他添加剂。

C08K 003/22 金属的无机配料。

C08K 003/34 含硅化合物无机配料。

江西省前 3 位的 IPC 主要集中在 G06F 003/041、G06K 009/00、G06F 003/044。

G06F 003/041 以转换方式为特点的数字转换器。

G06K 009/00 用于阅读或识别印刷或书写字符或者用于识别图形。

G06F 003/044 通过用电容性方式。

河南省前3位的IPC主要集中在B07B 001/46、B07B 001/28、H02G 001/02。

B07B 001/46 一般筛的结构零件；筛的清理或加热。

B07B 001/28 其他类目中不包含的运动式筛子。

H02G 001/02 用于架空线路或电缆的。

湖北省前3位的IPC主要集中在G06F 017/30、H04L 029/08、H04L 029/06。

G06F 017/30 信息检索；及其数据库结构。

H04L 029/08 传输控制规程。

H04L 029/06 以协议为特征的。

湖南省前3位的IPC主要集中在A61K 008/9789、A61K 008/9794、A23K 010/30。

A61K 008/9789 源自木兰纲（双子叶植物）的化妆品或类似的梳妆用配制品。

A61K 008/9794 源自百合纲（单子叶植物）的化妆品或类似的梳妆用配制品。

A23K 010/30 来源于植物来源的材料。

表7  2013—2017年中部六省国外专利申请IPC分布（按小组）

| 山西 | 安徽 | 江西 | 河南 | 湖北 | 湖南 |
| --- | --- | --- | --- | --- | --- |
| H02G 001/02 | C09D 007/12 | G06F 003/041 | B07B 001/46 | G06F 017/30 | A61K 008/9789 |
| E21F 007/00 | C08K 003/22 | G06K 009/00 | B07B 001/28 | H04L 029/08 | A61K 008/9794 |
| H02J 013/00 | C08K 003/34 | G06F 003/044 | H02G 001/02 | H04L 029/06 | A23K 010/30 |
| G08C 017/02 | C08K 013/06 | H04N 005/225 | H02J 013/00 | G06F 017/50 | A61K 008/67 |
| B23K 037/04 | C05G 003/00 | C22B 059/00 | H02J 007/00 | G09G 003/36 | A61Q 019/00 |
| G01R 031/02 | C08K 013/02 | H01B 005/14 | F16C 033/58 | F24F 001/00 | A61K 008/49 |
| F16H 055/17 | F25D 029/00 | B01F 015/00 | H02B 003/00 | G02F 001/1333 | A61K 008/99 |
| B82Y 030/00 | C08K 003/04 | G02B 005/20 | H01M 010/0525 | G02F 001/1335 | A61K 008/66 |
| C05G 003/00 | A23L 001/30 | B01F 015/02 | G06F 001/20 | G01R 031/00 | A61K 008/60 |
| G06F 017/50 | C08L 023/06 | G02F 001/1335 | B07B 001/42 | G06K 009/00 | A61Q 019/08 |

对比江西省与湖北省的技术研究领域可知，湖北省主要技术研究领域集中在电子信息的检索、传输等高端领域，江西省技术研究领域主要集中在电子设备的生物识别领域，属于产业链中低端的技术创新，科技含量较低，技术创新水平还有待提高。

## 二、提升江西省科技竞争力的建议

### （一）完善科技投入机制

一是打造市场机制主导的科技投入体系。改善以往政府主导的单一科技投入方式，引入市场机制，引导企业加大创新投入，全面落实研发费用税前加计扣除、高新技术企业所得税优惠等普惠政策，从不同渠道筹措资金，搭建以政府投入为引导的政府、企业、游资、外资等多渠道、多元化的科技投入体系。

二是拓展投融资与科技发展的沟通渠道。搭建以银行、投行、投资公司等为主体的金融平台，提供相应的优惠政策，引导金融机构与企业等科技创新主体紧密联系，拓宽企业科技创新的直接融资渠道。

三是改革研发资源投入方式。明确以政府相关机构为引导的企业管理模式，加强政府监管与自律监管，提高科技资源投入的适当性、及时性、充足性、效率性。改革科技资源配置的粗放式模式，规划有效的评估投入比例，通过将企业基本指标分析、发展现状分析、信誉度情况等企业基本信息与整合行业可进步性、分布区域等宏观因素结合，来决定企业是否可以获得科技资源倾斜及份额多少。保证对科技实力强、设备与人员完善企业的科技资源倾斜，推动产业链龙头企业的带头引导作用，从而达到产业技术快速突破的目标。

### （二）优化产业技术创新体系

一是突出企业创新主体地位。立足产业，加强企业技术创新能力建设，健全完善产业技术创新生态系统，鼓励和支持有能力的企业设立研发机构，促进中小企业通过产学研合作与大学和科研机构进行协同创新，大力提升江西省创新资源集聚能力，弥补省内大院名校欠缺的短板。

二是推动科技创新载体建设。引导技术、人才等创新要素向地方产业园区和企业集聚，推动政产学研用共建模式发展，促进新型研发机构、产业创新中心、成果转移转化平台等创新载体的建设。依托中科院江西产业技术创新与育成中心，搭建中科院创新资源与江西省产业发展的桥梁，开放整合全球创新资源，统筹省内产业技术创新力量，建立全省产业技术创新联盟，瞄准产业前沿性、关键性、共性技术领域，布局建设一批区域科技创新载体，推动重大科研专项精准聚焦产业发展技术瓶颈。

三是完善政产学研用一体化机制。强化科技成果转化与产业化激励，建立和完善科技成果转化项目库。依托洪都航空、欧菲光、江中集团等行业龙头企业，牵头打造航空、电子信息、中医药等10个产业技术创新联盟，鼓励并科学引导产业技术创新联盟发展，围绕重点领域构建产业技术创新链，明晰产业技术创新联盟法律地位，创新实体化运作模式，实现自主创新与制造业转型紧密结合。提升政府科技部门服务意识，建立企业帮扶渠道，帮企业寻找合适的产学研合作对象。

### （三）加强科技创新平台建设

一是推动国家级创新平台建设。结合江西省稀土发展战略，积极争取稀土科技与新材料国家实验室等国家级平台布局，加快推动中药国家大科学装置建设，加强对高校、科研院所、企业申报国家重点实验室、工程技术研究中心、企业技术中心等国家级平台的支持。

二是加强各级各类科技创新平台建设。大力支持重点行业骨干企业技术研发平台建设，提升研发能力，完善全省科技创新平台体系。鼓励南昌大学等高校将所属重点实验室等创新平台向市场和企业开放，完善有关开放共享的管理制度，积极吸纳校外科研人员进入创新平台开展创新研究。

三是建立创新平台之间的联结性和协同性。加强重点实验室、重大科技平台之间的联系，使创新要素根据需求流动，达到资源高效配置效果，同时根据各自所在领域优先发展。

### （四）大力优化人才栖居环境

一是强化人才引进机制。尖端人才可遇而不可求，江西省应当降低人才引入门槛，简化人才落地程序。引才工作要宁"滥"毋"缺"，对于引进在原始创新方面具有突出成就的人才及团队更要有"万里挑一"的决心。在提升人才引进实际待遇的基础上，加强人才引进待遇的兑现落实力度，提高人才引进工作信誉度。保障人才引得进，更能留得住。

二是提高人才管理服务质量。优化科研管理，提升科研绩效。简化科研项目申报和过程管理，完善分级责任担当机制，强化科研项目绩效评价。推行省重大科技专项和领军型创新创业团队项目首席专家负责制，赋予科研人员更大的人财物自主支配权和技术路线决策权。提升人才管理工作人员主动服务意识，营造和善友好的人才服务氛围，减少反复填写、递交材料的流程。改善公共服务水平，提升城市魅力，增强人才对城市的认同感。

三是营造人才交流合作环境。企业博士人才集中度低，缺少氛围，一定程度上导致留人难。需要打通单位之间人才交流壁垒，建立高校、科研院所、企业人才交流合作机制，解决企业人才孤岛问题，同时促进高校和科研院所科技创新工作贴近企业实际需求、服务产业发展。

### （五）扩大高水平开放合作

一是借助外部创新动力。鼓励和支持高校和科研机构以项目研究、人才派出和引进、平台基地建设为载体，深度参与国际科研交流与合作，有效集聚国际创新资源。完善访问学者制度，允许在不涉密的高校创新平台和重大科研项目中引进国（境）外优秀科研人员担任首席科学家。吸引国际知名科研机构来赣与高校联合组建国际科技研发中心，引导外资研发中心在赣开展高附加值原创性研发活动。利用外部创新资源弥补科技创新内生动力的不足，在交流合作中有效提升省内现有科研人员创新能力。

二是提升科技创新交流活力。精简科研人员差旅审批程序，鼓励科研人员之间开展科技创新交流活动。鼓励支持在赣举办智库峰会、世界VR产业大会等高端论

坛，提升省内研究机构与科研人员学术知名度和影响力。加大对引进或共建高水平创新研发平台和重大科技成果引进转化工作的支持力度。

三是开辟多元化科技合作渠道。发挥科技创新在江西省参与"一带一路"建设中的引领和支撑作用，全面提升科技创新合作的层次和水平。鼓励有条件的机构和有实力的龙头企业建设海外研发中心、海外创新孵化中心。积极引导和鼓励农业企业通过开展农作物种植、农产品加工等投资业务，以贸易带动及联合省内工程企业合作等多种形式，加快"走出去"，重点开拓中亚、中东欧、东盟和非洲国家市场。

**课题组成员：**

饶德明　江西省科学院科技战略研究所博士

杨兴峰　江西省科学院科技战略研究所博士

# 科技创新与未来产业

叶楠

**摘要：** 当前，新一轮科技革命和产业革命如火如荼，正呈现多领域、跨学科、群体性突破新态势。新技术呈现出突出的颠覆性特点，将催生产业重大变革，成为社会生产力新飞跃的突破口。新技术突破加速带动产业变革，新业态、新模式、新产业以前所未有的力度爆发式涌现，未来产业迎来了快速发展的战略机遇期，成为国际竞争新焦点。找准未来科技创新和产业变革的新路径和新范式是后发展地区追赶发达地区的必然需要。以美国为代表的发达国家正在抢占下一代信息技术、人工智能、智能制造、智慧城市、精准医疗、新材料、新能源等领域的制高点。我国9个创新型试点省份也正在全面布局当前科技革命的突破口，争取在未来产业领域取得先机。江西省科技创新基础较为薄弱，社会经济发展相对弱后，正处于加速追赶发达地区的阶段。本报告分析了江西省创新资源现状和特点，以及产业发展的基础和潜在突破口，从顶层设计、发展规划、政策扶持、高端人才团队、公共服务平台和科技创新生态等角度为江西省布局未来产业提出了相关对策建议。

## 一、科技创新与未来产业：机遇与挑战

### （一）科技创新是迎接未来产业变革的前提

当今世界，全球新一轮科技革命和产业变革方兴未艾，科技创新正加速推进，并深度融合、广泛渗透到人类社会的各个方面，成为重塑世界格局、创造人类未来

的主导力量。当前的科技创新呈现多领域、跨学科、群体性突破新态势，云计算、大数据、物联网、人工智能、3D打印等技术广泛渗透于经济社会各领域，量子科学、基因编辑、航空航天、新材料、新能源等领域技术不断取得重大突破。新技术呈现出突出的颠覆性特点，将催生产业重大变革，成为社会生产力新飞跃的突破口。例如，物联网将重构生产要素和市场的关联方式；区块链"去中心化"的核心理念和技术架构对传统银行等典型的"中心型"组织机构造成冲击；量子通信有望彻底解决信息传输的安全问题。

新技术突破加速带动产业变革，新业态、新模式、新产业以前所未有的力度爆发式涌现，未来产业迎来了快速发展的战略机遇期，成为国际竞争新焦点。发达国家纷纷加强对未来产业领域的布局，国际竞争空前激烈。

中国正处于转型升级阶段，过去依靠要素成本优势驱动的大量投入资源和消耗环境的经济发展方式已经难以为继，科技创新正在成为经济提质增效的新动力、新引擎。在科技创新和未来产业上实现对发达国家的超越，是我国国家发展的必然要求，也必然是一个充满矛盾的过程。

### （二）科技创新驱动下未来产业的发展趋势

一般认为，未来产业主要是前景十分广阔，但正处于商业化突破前的技术领域。从不同层面看，未来产业有不同的发展方式。

从技术层面看，一类是线性发展的，技术→产品→市场，持续性技术创新所形成的未来产业，不断进行技术更新迭代，从1.0到2.0再到3.0；另一类是发散多向突破，技术、产品和市场之间，任意一点颠覆性创新所形成的未来产业，代表时代前沿的新技术。

从与现有产业的关系看，未来产业既有通过传统产业"+互联网""+大数据""+人工智能""+新模式"等方式实现升级的发展，如家电智能化、汽车网联化、制造数据化等，也有通过技术突破形成一个全新产业的发展，如云计算、物联网、新能源等，其突破发展往往是通过开发或依赖于特定的集成应用场景，如网联汽车道路、智能楼宇、智能家居系统、智能工厂等。

在当前科技发展趋势下，未来产业表现出以下特点：一是突破性，未来产业能大大拓展、深化人类的认知和行为的疆界与方式，如深空深海探测技术，包括脑科学、死亡、发育和疾病诊治等在内的生命健康技术等。二是未来产业对传统产业具有极强的替代性和颠覆性。例如，量子通信是信息技术的革命，靶向技术等精准医疗技术替代传统医药。三是集群性，未来产业需要多领域技术集群的支持。四是融合性，表现出产业链长、应用领域广、带动性强的特点，未来产业一旦突破，将在研发、应用、制造、服务等多个方面生成多类的产业集群和广泛的商业机遇。

### （三）未来产业变革对科技创新的新挑战

虽然中国在部分新兴领域与发达国家齐头并进，甚至处于领跑地位，但要找准未来科技创新和产业变革的新路径和新范式却面临着一些新的挑战。

其一是吸收先进技术的机会空间逐渐缩小，技术和创新壁垒加厚。过去30多年，中国产业利用市场和劳动成本等后发优势，通过引进、模仿和消化吸收先进技术，实现了对发达国家的追赶。但是这种模式在未来产业竞争中正在逐渐"失灵"。一方面，随着成熟产业向技术前沿逼近，不仅技术引进难度剧增，后发优势也在不断弱化。另一方面，科技发达国家进一步强化知识产权战略，构筑技术和创新壁垒，力图在全球创新网络中保持主导地位。未来产业的技术策源地将形成区域"锁定效应"，进入"赢者通吃"的市场格局。

其二是路径依赖成为科技创新和未来产业变革的瓶颈。一方面，我国以往的创新大部分只是"从1到N的拓展创新"，缺少"从0到1的元创新"，在创新的源头上失去先机。另一方面，产业技术发展在消化吸收基础上的再创新不够，未能及时攻克超前一步的关键核心技术并形成自主知识产权的产业技术体系。此外，本土企业在技术路线、市场定位、战略导向等方面形成了低端路径依赖，巨大的沉淀资产使得转型成本高企，不利于产业转型升级和全球竞争力提升。

其三是"数字鸿沟"加剧全球科技创新的不平衡。随着大数据技术应用日益广泛，大数据正逐渐成为新的科研范式。大数据时代，谁掌握了优质的数据资产，谁就更有可能成为全球价值链的主导者。与发达国家和地区积极布局战略高科技形成巨大反差的是，后发展国家和地区在未来产业变革中面临新的"数字鸿沟"，这将进一步挤压后者参与全球价值链分工的空间，加剧全球科技创新的不平衡。

其四是落后的科技创新体系成为制约科技进步的短板。一方面，新科技革命对科技创新的基础设施和高端人才供给提出了更高的要求，而这恰恰是后发展地区普遍存在的短板。另一方面，由于科技创新政策与经济政策的协同性不足，所以未能充分发挥市场导向作用。此外，现有科技创新体系还存在一些根本性、广泛性的环境问题亟待解决，如知识产权保护、投融资体制、公平市场环境等。

## 二、抢占未来产业先机的全球热点透视

### （一）新兴技术发展趋势

2017年8月，Gartner发布了年度新兴技术成熟度曲线报告，总结了新兴技术的三大趋势。

一是无处不在的人工智能。得益于卓越的计算能力、近乎无穷的数据量，以及深度神经网络领域取得的空前进展，未来10年，人工智能将成为最具颠覆性的技术。借助AI，人类可以解决大量超乎想象的问题。该领域应重点关注的技术包括：深度学习、深度强化学习、通用人工智能、自动驾驶、认知计算、商用无人机、对话式用户界面、企业分类与本体管理、机器学习、智能微尘、智能机器人、智能工作空间等。

二是透明化沉浸式体验。技术发展将更加以人为本，人、企业与事物之间的关系会更加透明化。技术的演进将更加适应工作场所、家庭及与企业和他人互动的需求，使各方联系更加紧密、流畅，并相互交织。该领域中需要重点关注的技术包括：4D打印、增强现实、脑机接口、互联家庭、人体增强（Human Augmentation）、纳米管电子、虚拟现实、立体显示。

三是数字化平台。新兴技术对基础支持环境提出了革命性要求，即大数据、先进的计算能力和无处不在的技术生态。分立的技术结构向生态化数字平台的转变将为新的商业模式——搭建人与技术之间的桥梁奠定基础。该领域需要跟踪的关键技术包括：5G、数字孪生、边缘计算、区块链、物联网平台、神经形态硬件（Neuromorphic Hardware）、量子计算、无服务器PaaS、软件定义安全。

Gartner对新兴技术能够带来的收益进行了分级，并预测了进入主流应用所需要

的时间（表1）。大部分新兴技术将对未来生产生活产生颠覆性影响，预计大部分新兴技术进入主流应用的时间超过5年。

表1　2017年新兴技术的优先矩阵

| 新兴技术影响力 | 进入主流应用需要的时间 | | | |
|---|---|---|---|---|
| | 少于2年 | 2～5年 | 5～10年 | 超过10年 |
| 颠覆性 | | 增强数据挖掘<br>认知专家顾问<br>深度学习<br>边缘计算<br>物联网平台<br>机器学习<br>软件定义安全 | 深度强化学习<br>数字孪生<br>区块链<br>认知计算<br>对话用户界面<br>碳纳米管电子<br>智能工作空间<br>虚拟助理 | 4D打印<br>通用人工智能<br>自动驾驶<br>脑机接口<br>人类技能增进<br>智能微尘 |
| 形成显著高效的新路径 | | 商业无人机 | 5G<br>增强现实<br>互联家庭<br>神经形态硬件<br>智能机器人 | 量子计算 |
| 节约成本提高效益 | | 无服务器PaaS<br>虚拟现实 | 企业分类和本体管理 | 立体显示 |

来源于Gartner 2017年7月。

## （二）国外科技创新与未来产业发展方向

### 1. 美国

美国作为世界科技创新中心，引领全球科技创新的走向。美国白宫科技政策办公室等机构对颠覆性技术领域进行了评选（表2），重点集中在机器人、精准医疗、大脑计划、自动驾驶、人工智能、3D打印、纳米材料、合成生物技术、移动互联网、先进制造等领域，代表了美国未来科技创新和产业发展的主要方向。

表 2　美国主要机构评选的颠覆性技术领域

| 白宫科技政策办公室 | 国防部高级研究计划局 | 战略与国际研究中心 | 麦肯锡研究院 | 麻省理工科技评论 2016—2018 |
|---|---|---|---|---|
| 先进制造 | 太空机器人 | 量子计算机 | 移动互联网 | 3D 金属打印 |
| 精准医疗 | 自主人工智能 | 人工智能 | 知识工作自动化 | 细胞与基因疗法 |
| 大脑计划 | 地外生命 | 3D 打印 | 物联网 | 人机交互 |
| 先进汽车 | 神经科学 | 合成生物技术 | 云计算 | 人工智能 |
| 智慧城市 | 航天 | 机器人技术 | 先进机器人 | 物联网 |
| 节能技术 | 医药与健康 | 纳米材料 | 自动驾驶汽车 | 量子计算机 |
| 教育技术 | 材料与机器人 |  | 下一代基因组学 | 廉价高效太阳能 |
| 太空探索 | 网络与大数据 |  | 储能技术 | 自动驾驶 |
| 计算机领域 |  |  | 3D 打印 | 网络隐私加密 |

### 2. 英国

英国从 2010 年开始陆续建设了一批世界级技术创新中心（Catapult Centres）（表 3），旨在促进科技成果向产业转移转化，为英国经济发展注入持续驱动力。未来英国还将在绿色经济、气候变化适应、智能基础设施、食品安全等重点领域建设技术创新中心。

表 3　英国技术创新中心与重点领域

| 技术创新中心 | 重点领域 |
|---|---|
| 细胞与基因疗法中心 | 干细胞研究、基因疗法、临床肿瘤研究 |
| 数字化中心 | 未来互联网技术、物联网、5G、数字媒体 |
| 未来城市中心 | 智慧城市、城市综合解决方案 |
| 高附加值制造中心 | 3D 打印、机器人与自动化系统 |
| 近海可再生能源中心 | 近海风能、海洋能源技术 |
| 卫星应用中心 | 卫星通信技术、卫星精准定位与定时 |
| 交通系统中心 | 无人驾驶系统、虚拟现实系统、情绪地图 |

续表

| 技术创新中心 | 重点领域 |
| --- | --- |
| 精准医疗中心 | 精准医疗、个性化医疗 |
| 复合半导体应用中心 | 新兴半导体材料与半导体设备、复合半导体 |
| 能源系统中心 | 智能电网、智慧能源系统 |
| 药物研发中心 | 合成生物、药物预测分析、生物医药研发 |

### 3. 日本

日本产业技术综合研究所基于对2030年产业和社会发展趋势的预测，发布了《2030研究战略》，提出了日本产业与科技创新的重点发展方向，如表4所示。

表4 日本产业与科技创新重点发展方向

| 产业领域 | 科技创新重点发展方向 |
| --- | --- |
| 超智能产业发展 | 人类知觉、控制扩展技术，人工智能软硬件创新，数据流通保密技术，高效信息传输设备与网络，新一代制造系统，针对数字制造业的测量新技术 |
| 社会可持续发展 | 普及再生能源与智能电网，地热与海洋等新能源开发，低成本燃料电池等节能储能技术，氢能源储存、运输和利用，环保资源开发与循环利用，新型环保催化剂、化学合成技术 |
| 物质与生命构造 | 超显微测量技术，高技能材料与制造，自学习、自变形、纳米碳等高附加值材料，超低耗传感器等新原理、新机能设备，生物合成技术，基于生理构造解析的医药合成和个性化医疗技术，生物芯片与健康可视化技术 |
| 社会安全性保障 | 自然灾害风险预测与灾后快速恢复技术，食品、环境污染物先进监测技术，国土和地下地质信息可视化，保障稳定供水供粮的新系统 |

### 4. 德国

德国是工业4.0的策源地，《德国高科技战略2020》涵盖了数字经济与社会、可持续经济与能源、创新工作环境、生命健康、智慧出行、公共安全六大领域发展战略（表5）。

表 5  德国科技创新重点领域与方向

| 重点领域 | 科技创新方向 |
|---|---|
| 数字经济与社会 | 工业 4.0、智慧服务、大数据、云计算、数字网络、数字科学、数字教育、数字生活环境 |
| 可持续经济与能源 | 能源储存系统、智慧电网、高效能城市、绿色经济、生态经济、可持续农业生产、原材料供应保障、未来城市、未来建筑、可持续消费 |
| 创新工作环境 | 数字办公空间、新型服务、员工能力建设 |
| 生命健康 | 对抗重大疾病、个性化医疗、疾病预防与营养、护理行业创新、药物研究、医疗技术创新 |
| 智慧移动 | 智能交通基础设施、新型移动方式与网络、电子移动、车辆、航空、航海 |
| 公共安全 | 自然灾害、恐怖袭击、犯罪等公共安全研究,网络空间安全,数字设备与服务安全,安全验证 |

### （三）我国创新型试点省份未来产业布局

我国从 2013 年开始陆续设立了 9 个国家创新型试点省份,分别为江苏省、安徽省、陕西省、浙江省、湖北省、广东省、福建省、四川省、山东省。这 9 个国家创新型试点省份的未来产业发展方向如表 6 所示。目前各创新型试点省份基本都瞄准了新一代信息技术、新材料、智能制造、生物医药等领域,传统产业通过"互联网+""大数据+"改造实现转型升级成为关注的焦点。

表 6  我国创新型试点省份未来产业发展方向

| 创新型试点省份 | 未来产业发展方向 |
|---|---|
| 江苏 | 新一代信息技术、现代能源、智慧城市、纳米技术、石墨烯、高性能碳纤维、5G 移动通信、量子通信及未来网络、工业机器人及智能制造、可穿戴设备、智能驾驶、新型健康 |
| 安徽 | 智能制造、智能芯片、智能终端、集成电路、新型显示、智能语音、工业机器人、大数据、人工智能、云计算、现代医疗医药、高性能新材料 |
| 陕西 | 电子信息产业、航空、航天、半导体、生物医药、碳纤维材料、合金材料、大数据、云计算 |

续表

| 创新型试点省份 | 未来产业发展方向 |
|---|---|
| 浙江 | 人工智能、柔性电子、量子通信、集成电路、生物医药、新材料、清洁能源、机器人、智能装备、海洋开发、新能源汽车 |
| 湖北 | 大功率光纤激光器、新一代光通信技术、智能制造、工业机器人、移动互联网、新型功能材料、3D打印、生命科学与脑科学、空间科学、纳米科技、人工智能、海洋装备、航空航天、生物医药、高端装备制造 |
| 广东 | 第三代半导体材料和器件、云计算、大数据、新型印刷显示技术、可见光通信技术、智能机器人、干细胞与组织工程、3D打印、超高速无线局域网、卫星应用、精准医疗、再生生物学、发光显示材料、超级计算、粒子科学、基因组库、智能制造 |
| 福建 | 下一代信息技术、高端装备制造、新能源、人工智能、机器人、基因工程、石墨烯、稀土材料、3D打印、高效储能、定位导航、智能可穿戴设备、VR、海洋装备制造、生物医药 |
| 四川 | 云计算、大数据、航空及燃气轮机、新能源汽车及智能网联汽车、高档数控机床及机器人、新型功能材料、生物技术与医药、核电与核技术应用、重大科学仪器设备、空天、网络空间安全、深地科学、信息安全与集成电路 |
| 山东 | 云计算、高端装备制造、智能制造、机器人、纳米技术、基因编辑、生物4D打印、新一代信息技术、新材料、新能源、生物技术、海洋技术、先进制造 |

## 三、江西省未来产业发展现状和基础

### （一）江西省创新资源现状和特点

#### 1. 高校创新资源

高校情况：江西省共拥有本科高校43所，专科高校57所，其中省部共建高校11所，省校合作高校7所，只有南昌大学1所"211工程"高校，没有"985工程"高校，而且只有南昌大学的材料科学与工程1个学科进入一流学科建设名单。江西省高校教育资源在全国处于十分落后的一档，对社会经济发展支撑力度十分薄弱。

人才情况：根据《江西统计年鉴》（2017），2016年江西省高校人才总数为2.7

万余人，拥有研究生学历的人才接近一半。按学科分，工程与技术学科人才最多，其次为医药科学和自然科学学科（表7）。

表7　2016年江西省高等学校人才情况

单位：人

| 按学历分 | 人才数 | 按学科分 | 人才数 |
| --- | --- | --- | --- |
| 博士研究生 | 4079 | 自然科学 | 4718 |
| 硕士研究生 | 8948 | 工程与技术 | 11 110 |
| 大学本科 | 10 861 | 医药科学 | 9069 |
| 大学专科 | 2608 | 农业科学 | 738 |
| 中专 | 442 | 其他 | 1406 |
| 高中及以下 | 103 | | |
| 合计 | | | 27 041 |

人才培养情况：2016年江西省普通高等学校研究生招生约1.1万人，毕业9000余人；本科生招生约13.7万人，毕业生约12.1万人；专科生招生约18.6万人，毕业生约13.5万人。本科生中，工学最多，约占1/3，其次为管理学，约占19%，艺术学约占12%，文学约占10%。专科生中，医药卫生大类学生最多，约占18%，其次为艺术设计传媒大类，约占16%，财经和轻纺食品大类都约占12%，土建大类约占10%，材料与能源、制造、电子信息等大类的学生很少。

**2. 科研机构创新资源**

2016年江西省政府部门属科研机构共114个，其中中央部门属机构只有1个，省级部门属和地市级部门属机构分别有58个和55个，说明江西省国家重大重点科研机构极为稀缺，科研实力极为薄弱。2016年在职科技人员总计5957人。按国民经济行业分，农林牧渔业在职科技人员约占37%，科学研究和技术服务业约占32%。按学科领域分，工程科学与技术领域在职科技人员最多，有2438人，其次为农业科学领域，有2385人，自然科学领域、医学科学领域，以及社会、人文科学领域的在职科技人员较少（表8）。

表 8  2016年江西省政府部门属科研机构情况

| 类别 | | 机构数/个 | 在职科技人员/人 |
|---|---|---|---|
| 总计 | | 114 | 5957 |
| 按国民经济行业分 | 农林牧渔业 | 44 | 2232 |
| | 采矿业 | 1 | 40 |
| | 制造业 | 18 | 791 |
| | 建筑业 | 2 | 84 |
| | 交通运输、仓储和邮政业 | 1 | 147 |
| | 信息传输、软件和信息技术服务业 | 1 | 73 |
| | 科学研究和技术服务业 | 37 | 1892 |
| | 水利、环境和公共设施管理业 | 5 | 400 |
| | 卫生、社会工作 | 4 | 285 |
| | 文化、体育和娱乐业 | 1 | 13 |
| 按学科领域分 | 自然科学领域 | 5 | 219 |
| | 农业科学领域 | 47 | 2385 |
| | 医学科学领域 | 8 | 506 |
| | 工程科学与技术领域 | 39 | 2438 |
| | 社会、人文科学领域 | 15 | 409 |

## （二）江西省已经具备的产业基础

### 1. 产业结构

根据《江西省2017年国民经济和社会发展统计公报》，2017年江西省地区生产总值为20 818.5亿元，三次产业结构为9.4∶47.9∶42.7。全部工业增加值为8119.2亿元，其中高新技术产业占比30.9%，战略性新兴产业占比15.1%，装备制造业占比25.6%，六大高耗能行业占比36.3%。

### 2. 就业结构

根据《江西统计年鉴》（2017），2016年江西省劳动力资源总数3606.8万人，社会就业人数2637.58万人，外出农民工813.3万人，三次产业就业结构为29.3∶32.4∶38.3。2016年江西省规模以上工业内部就业结构如图1所示。其中，设备、装备制造业就业人口占比最高，占28%；其次为纺织、服装等制造业，占18%；接着为石油、化工、橡胶制造业，占15%；非金属矿物、金属冶炼加工制品业占10%。前4个行业就业人口占比达到71%。

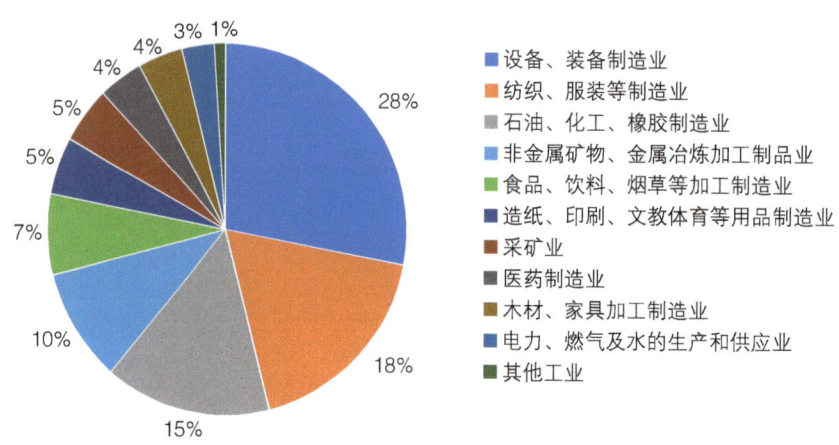

图1 2016年江西省规模以上工业内部就业结构

2016年江西省第三产业就业结构如图2所示。其中，批发和零售业就业人口占比高达40%，其次为居民、公共服务和保障业，占16%，金融业，信息传输、软件和信息技术服务业等高端服务业就业人口占比很低。

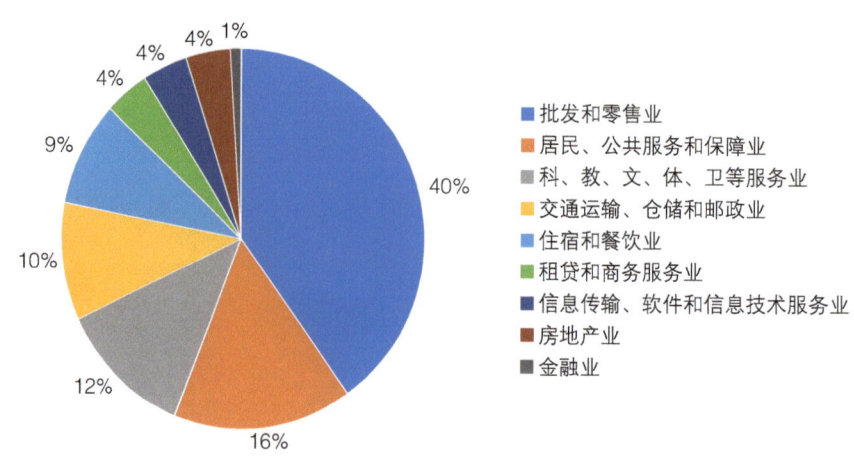

图2 2016年江西省第三产业就业结构

**3. 投资结构**

2017年，江西省固定资产投资完成额突破2万亿元大关，达21 770.43亿元。产业内部逐渐形成新格局，第二产业中以高附加值和先进技术为导向的装备制造业投资3547.05亿元，增长22.9%，占全部工业投资的30.1%。第三产业中以现代化服务为标准的科学研究和技术服务业、信息和软件服务业及健康服务业共完成投资946.91亿元，增长16.3%。高新技术产业快速发展，产业投资3228.83亿元，增长22.8%。全省民间投资15 631.83亿元，增长13.0%，为产业发展注入了新活力。

**4. 重点产业发展情况**

江西省重点发展的特色优势产业有电子信息、汽车及零部件、智能装备（机器人）、航空、新材料、生物医药、新能源等产业。

电子信息产业：以半导体照明（LED）、手机等智能终端、数字视听及医疗电子产品为主，主要集中在吉安、南昌和共青城等地，拥有晶能光电、联创电子等一批龙头企业，形成了十二大产业集群。近年来，江西省依托国家技术发明一等奖硅衬底LED技术优势，在LED科研和产业化方面发展迅速，产业链不断完善和延伸，建立了外延片、芯片、封装和应用产品较完整的产业。

汽车及零部件产业：汽车产业已成为江西省国民经济的支柱产业，整个产业具备了从整车到底盘、发动机、变速器等关键零部件较完整的产业链，形成了以江铃集团、昌河汽车等整车企业为龙头，以南昌小蓝经开区、南昌经开区、抚州高新区等汽车零部件产业基地为配套的产业发展格局。近年来，新能源汽车产业发展迅速。

智能装备（机器人）产业：江西省智能装备（机器人）产业已初具规模，现有企业80余家，2017年主营业务收入达到275亿元左右，产业主要集中在南昌、赣州、吉安等地，主导产品有工业与服务机器人、智能电网、中高档数控机床、自动化生产线等。在汽车、军工、石化、光伏、光学、采矿、食品、医药、轻工业等领域，已不同程度应用工业机器人与智能装备。

航空产业：江西省航空制造具备较强的产品总体设计、试验验证、先进制造和总装总成能力，是我国教练机、无人机、通用飞机和直升机研制重要基地，产业规模居全国第4位。现拥有洪都集团、昌飞公司等8家整机制造企业和34家配套企业，2017年航空产业主营业务收入达到740亿元。

新材料产业：江西省依托储量丰富的铜、钨、稀土金属等资源禀赋，在有色金属产业建立了优势，涌现了江铜集团、江钨控股公司、中国南方稀土集团等一大批骨干企业。钢铁产业也是江西省传统优势产业，产业集中度位居全国前列。在化工和复合材料方面，江西省形成了精细化工、有机硅、玻纤及新型复合材料等多个产业集群。

生物医药产业：在江西省生物医药产业形成了 5 个主要生物医药产业集群和多个次规模特色产业集群，产业优势突出，子行业门类齐全，中药和医疗设备占据主导位置，具备较好的产业基础，形成了医药产品、医疗器械及医疗保健品研发、生产、物流配送和营销的完整产业链。

新能源产业：在光伏新能源方面，产业配套较为完善，产能规模和工艺技术水平处于全国前列，形成了从硅料、硅片到太阳能电池组件的完整产业链。在锂电新能源方面，形成了赣西、赣南两大锂电产业聚集区，建成了锂矿原料→碳酸锂→锂电池材料→锂电池→应用环节的完整产业链，赣锋锂业、孚能科技等一批企业在全国乃至全球具有很强的竞争力。

此外，江西省在节能环保、现代服务、现代物流、全域旅游、绿色生态农业、大健康、电子商务等产业领域也进行了布局，紧跟大数据、云计算、物联网、移动互联网、虚拟现实等新兴技术热点，努力打造新的增长点，推动互联网、大数据和实体经济融合，支持传统产业转型升级。

### （三）江西省未来产业发展可能出现的亮点

从江西省产业发展现状来看，具备较好发展基础的未来产业领域有智能制造、生物医药、新材料、新能源等。但现有产业中，只有 LED、有色金属、锂电等一小部分细分领域凭借技术或资源的优势目前具备较强的国内和国际竞争力，可能成为江西省未来产业发展的亮点。设备和装备制造业凭借现有产业基础和快速增长的资本投入，能够跟上智能制造的未来发展趋势。全域旅游、绿色生态农业、大健康等产业凭借地理和生态环境的优势，将成为江西省未来产业的特色领域。其他大部分细分领域则面临着激烈的竞争压力。

发达国家和国内创新型省份未来产业的布局基本覆盖了江西省所有的产业领域，但江西省在人工智能等下一代信息技术、生命科学、航天科技、量子科学等前沿科技领域则严重欠缺。随着技术的更新迭代，在现有产业向未来产业升级转型过程中，江西省面临着前沿科技领域高端人才极度欠缺、新兴技术供给严重不足的问题，这将成为制约未来产业发展的短板。

## 四、江西省布局未来产业的对策建议

一是加强顶层设计布局。积极向国家争取，寻求国家实验室、大科学装置方面的突破，做大做强国家重点实验室和工程技术研究中心。加大力度向国务院、国家部委争取重点共建高水平大学，持续加大对高校和科研机构建设的扶持力度，提升省内高校和科研机构的层次和对人才的吸引力。对标国家重大研发计划部署科技创新力量，按照"少、精、准、实"的原则，从重点领域（主要的技术和产业领域）和关键环节（成套装置、配套器件、技术研发、检验测试等）两个方面找准江西省发展未来产业的切入点，明确主攻方向。

二是制定产业发展规划。围绕重点领域和关键环节，研究江西省未来产业发展的目标、思路、主要任务、空间布局、细分领域和具体措施，制定未来产业总体发展规划，统筹做好未来产业相关科技基础设施、产业平台、重大项目总体布局。根据未来产业各领域不同的发展特点及所处的不同发展阶段，有重点、有针对性地分类、分步制定出台产业专项发展规划、政策，形成"1+X"产业发展规划和政策体系。

三是加大政策扶持力度。贯彻落实国家和省重大改革举措，在未来产业领域创新产品招投标、科技成果转移转化等方面率先突破一批制度障碍。围绕领军人才、研发团队、高端机构3个方面，通过设立发展专项资金、优化政策等途径，打造未来产业发展的政策高地。加快政府产业基金的投资运作，加大政府产业基金对未来产业的支持。鼓励和引导各类金融机构和社会资本优先向未来产业领域企业提供融资支持，进一步强化对未来产业领域初创企业的培育和支持力度。

四是引进高端人才团队。高端人才是未来产业竞争的核心。围绕江西省未来产业发展重点，以国内外高层次人才和创新团队为准心，着力引进和培育国内外领军型人才和团队。对未来产业领域顶尖人才和团队的重大项目实施一事一议。按照未来产业人才特点，优化扶持方式、加大扶持力度、提升引才精准度。加强战略合作，结合重点发展领域，精选处于行业前沿的国内外大院、大所、大企，引进或合作设立高端研发机构为江西省未来产业的发展提供服务。

五是构建公共服务平台。产业发展要依靠基础能力支撑，技术服务能力是基础能力的重要构成部分，而科技创新公共服务平台则是技术服务能力的重要来源。针对江西省产业发展公共技术服务供给不足的问题，需要围绕未来产业重点发展领域，布局科技创新公共服务平台建设，完善公共技术服务供给和使用机制，提升公共技术服务的深度和广度。鼓励大型企业参与公共技术服务供给，小企业付费应用，营造良好的科技创新公共服务平台发展环境。

六是打造科技创新生态。完善财政科技投入稳定增长支持机制，持续加大对科技创新的支持力度。提升产业技术创新能力，围绕未来产业重点发展领域，组织实施一批重大科技专项，支持产业核心技术攻关、创新能力提升、产业链关键环节培育和引进、重点企业发展及产业化项目建设。支持企业创新能力提升，支持高新技术企业建立企业研究院，探索建设科技企业孵化器、创新合作园等，加速融入全球创新。积极构建具有区域影响力的创新资源集聚高地、科技成果转化基地和未来产业增长极。完善科技人员离岗创业、分类考核、科研奖励、人才计划选拔等政策和制度，提升优秀科研人员待遇，激发人才活力。

**作者：**

叶　楠　江西省科学院科技战略研究所副研究员

# 加快融入长三角 G60 科创走廊
# 深化科技创新共建共享

叶楠　梁成

**摘要：** 全面对接长三角区域一体化发展国家战略是江西抢抓发展机遇的重要决策。在长三角区域一体化发展当中，借鉴加州 101 公路等世界知名科创走廊发展经验，沿 G60 沪昆高速发起建设的 G60 科创走廊备受瞩目，正逐渐成为引领长三角率先迈向高质量一体化发展的重要引擎。G60 沪昆高速贯穿江西，将对接融入 G60 科创走廊作为强化国家战略协同、融入长三角区域一体化发展的先手棋，既是形势所向，也是发展所需。本报告对 G60 科创走廊建设发展历程、顶层设计和建设经验进行了梳理总结，分析了江西融入 G60 科创走廊的形势，并对江西加快融入 G60 科创走廊提出了几点思考和建议。

2021 年 4 月 12 日—13 日，刘奇同志率江西党政代表团到上海、安徽进行学习考察，在上海的合作交流会上，刘奇同志提出了强化国家战略协同、产业发展协作、科技创新共建共享、旅游和农产品产销对接等合作内容。全面对接长三角区域一体化发展国家战略是江西抢抓发展机遇的重要决策。在长三角区域一体化发展当中，借鉴加州 101 公路（硅谷）等世界知名科创走廊发展经验，沿 G60 沪昆高速公路发起建设的长三角 G60 科创走廊备受瞩目，正逐渐成为引领长三角率先迈向高质量一体化发展的重要引擎。G60 沪昆高速贯穿江西，把融入长三角 G60 科创走廊作为强化赣沪战略协同、融入长三角区域一体化发展的先手棋，既是形势所向，也是发展所需。

## 一、G60 科创走廊从基层实践到国家战略的蜕变

G60 科创走廊发起于 2016 年，历经 5 年建设发展，已成为信息、人才、技术、资本等创新要素自由流通、重组和优化配置的产业集聚带，G60 科创走廊逐步从秉持新发展理念的基层生动实践上升为国家顶层设计。

### （一）G60 科创走廊不断扩容的发展历程

以"走廊"为空间组织方式，集聚整合创新要素，拓展更大市场，是一种在全球比较通行的寻求经济发展的新路径。松江区是上海制造业发展的主战场之一，经济发展进入新常态以后，松江区面临突出的产业整体转型升级压力。2016 年 5 月，松江区提出沿松江境内 G60 沪昆高速公路两侧构建产城融合的科创走廊，以此来助推"松江创造"突破性发展。G60 科创走廊提出后，受到周边城市的追捧。2017 年 7 月，浙江杭州、嘉兴加入，"G60 上海松江科创走廊"升级为"沪嘉杭 G60 科创走廊"。2018 年 6 月，金华、苏州、湖州、宣城、芜湖、合肥等 6 个城市加入，走廊从 G60 沪昆高速公路拓展到沪苏湖、商合杭高铁线，"长三角 G60 科创走廊"正式成型，总面积达 7.62 万平方千米。

G60 科创走廊沿线是中国经济最具活力、城镇化水平最高的区域之一。G60 科创走廊不断扩容升级的背后，正是长三角区域科创驱动、融合发展、区域一体化共识不断深化的过程。G60 科创走廊将充分发挥区域科创资源密集和产业基础深厚等优势，通过强化战略协同、产业链协同、创新协同、体系协同，促进区域创新要素高度集聚、自由流动与高效配置，不断提升长三角区域整体创新能力，以科创驱动中国制造迈向中国创造。

### （二）G60 科创走廊 5 个"一体化"路径

根据九城市共同发布的《G60 科创走廊松江宣言》，九城市致力于将 G60 科创走廊打造成长三角贯彻新发展理念、引领示范区的重要引擎。G60 科创走廊聚焦 5 个着力点，推动长三角区域 5 个"一体化"。一是聚焦规划对接，加快推动长三角区域产业链、创新链、价值链布局一体化；二是聚焦战略协同，全力推动科技创新、制度创新、资源配置一体化；三是聚焦专题合作，协同推动长三角创新攻关实现高质量发展一体化；四是聚焦市场统一，高效推动科创要素按市场配置要求自由流动一体化；五是聚焦机制完善，务实推动长三角区域制度供给一体化。

### （三）G60科创走廊顶层设计

2019年12月，G60科创走廊被纳入《长江三角洲区域一体化发展规划纲要》，标志着G60科创走廊建设上升为国家战略的重要组成部分；2020年12月，中央六部委联合印发《长三角G60科创走廊建设方案》，明确了推进G60科创走廊建设的时间表、路线图、任务书；2021年3月，G60科创走廊被纳入《中华人民共和国国民经济和社会发展第十四个五年规划和2035年远景目标纲要》，赋予G60科创走廊更高的战略定位。

以市场化、法治化为导向，有序推进一体化发展。《长江三角洲区域一体化发展规划纲要》提出，"依托交通大通道，以市场化、法治化方式加强合作，持续有序推进G60科创走廊建设，打造科技和制度创新双轮驱动、产业和城市一体化发展的先行先试走廊"。

以"科创+产业"为抓手，打造"三先"走廊。《长三角G60科创走廊建设方案》明确了G60科创走廊的"三先"战略定位——中国制造迈向中国创造的先进走廊、科技和制度创新双轮驱动的先试走廊、产城融合发展的先行走廊。

提升配置全球资源能力，辐射带动全国发展。《中华人民共和国国民经济和社会发展第十四个五年规划和2035年远景目标纲要》提出，"瞄准国际先进科创能力和产业体系，加快建设长三角G60科创走廊和沿沪宁产业创新带，提高长三角区域配置全球资源能力和辐射带动全国发展能力"。

### （四）G60科创走廊带动区域加快发展

2016—2021年，G60科创走廊建设5年来实现了一系列从"0"到"1"的突破，经济实力、科技实力、综合实力不断实现新跨越。

从全国发展大局看，G60科创走廊贡献度不断提高。九城市GDP总量从占全国1/16上升到1/15；地方财政收入占全国的比重从1/15上升到1/12；市场主体数量占全国的比重从 1/18 上升到 1/16；高新技术企业数量占全国的比重从 1/12 上升到 1/10。

从长三角发展格局看，G60 科创走廊逐步成为推动长三角区域一体化发展的重要引擎。九城市区域面积、常住人口、GDP 总量分别占长三角总量的近 1/4。但九城市地方财政收入占长三角的比重已经从 1/4 上升到 1/3，市场主体数量占比超过 1/4，高新技术企业数量占比接近 1/3。

松江区作为 G60 科创走廊发起地，跨越式发展势头强劲。松江区地方财政收入连续 60 个月保持正增长，"十三五"以来，GDP、地方财政收入均呈现两位数增长；各类市场主体已超 20 万户，相较于 5 年前增长了 54.47%；上市企业包括挂牌在内的超过 350 家，跃居上海第 2 位；高新技术企业数量 1755 家，实现 5 年里翻两番。

## 二、G60 科创走廊"科创 + 产业"一体化发展模式

### （一）围绕构建新发展格局，加快建设自主安全可控产业链和供应链

G60 科创走廊聚焦科技创新提升产业层次，夯实先进制造业基础，加快增强产业链、供应链自主可控能力。九城市联合发布《长三角 G60 科创走廊产业集群高质量一体化发展行动纲要》，聚焦人工智能、集成电路、生物医药、高端装备、新能源、新材料、新能源汽车等领域，共同打造一批具有世界影响力的先进制造业集群。G60 科创走廊联席办通过组建联合工作组、牵头成立产业联盟等方式，积极推动九城市供应链对接，相互补链、固链、强链。例如，中国商飞通过与 G60 科创走廊共建大飞机产业链，将 G60 科创走廊 1000 多家企业纳入大飞机供应商储备库。截至 2021 年 3 月，在大飞机装机设备领域，G60 科创走廊为中国商飞输送潜在及合格供应商 21 家，半年内增幅 30%，在大飞机特殊工艺材料领域，更是实现了九城市从"0"到"1"的突破，16 家企业 23 种产品完成供应链对接。

### （二）大力推动产融结合，为制造业高质量发展构建多层次金融支撑

2020 年 12 月，《金融支持长三角 G60 科创走廊先进制造业高质量发展综合服务方案》发布，为进一步推进 G60 科创走廊产融结合新高地建设提供了强有力的金

融政策支持。G60 科创走廊积极搭建产融对接平台，集聚股权、债权、融资租赁等全产业链、品牌化、专业化金融资源，为企业提供多样化的融资工具和快捷的融资渠道。截至 2021 年 3 月，九城市合计注册发行"双创债"15 单，融资总额 102.8 亿元，拟发行企业 8 家；科创板共受理九城市企业 106 家、发行上市 55 家，数量均占全国的 1/5；长三角 G60 科创走廊综合金融服务平台已注册金融机构 448 家，发布金融产品 1798 款，解决企业融资需求 1.7 万余项，授信融资总额 1.26 万亿元。

### （三）聚集建设"科创飞地"，加快跨区域科创与产业要素联动升级

G60 科创走廊产业协同创新中心是推动产业链、创新链深度融合、跨区域协同发展的重要载体。产业协同创新中心与各地企业将研发中心建到上海有所不同，而是由地方政府出面在上海建设"科创飞地"，作为各地在沪的研发中心、孵化器和人才窗口，利用上海的人才、创新资源为本地产业创新升级服务，达到"借鸡孵蛋"目的。产业协同创新中心集产业孵化、科技创新、招商引资和招才引智于一身，各地挑选地方头部企业入驻，建设异地研发中心和孵化器，形成研发孵化在上海、制造生产在当地的一体化发展新模式，从而让要素在更大范围畅通流动，变单向流动为循环流通。上海临港松江科技城聚集了金华、宣城、湖州等地市产业协同创新中心，是 G60 科创走廊重点打造的产业技术创新策源区和重大科技成果转化承载区。此外，浙江从省级政府层面统一协调推进，购置了松江区洞泾镇约 500 亩存量工业用地，分期建设长三角 G60 浙江科创基地，打造产业集聚、配套齐全、沪浙深度融合的科创示范区。

## 三、融入 G60 科创走廊的必要性和紧迫性

### （一）融入 G60 科创走廊有利于加快构建江西东向的新发展格局

G60 科创走廊是贯彻落实长三角区域一体化发展国家战略的重要平台，融入 G60 科创走廊将更加有利于江西加快构建东向的新发展格局。在招商引资方面，可以享受 G60 科创走廊产业抱团发展和包容开放的政策环境优势，与长三角区域共享产业链，有助于吸引优质企业落户江西。在吸引人才方面，可以通过在上海等地布

局"科创飞地",建设跨区域产业协同创新中心,实现异地"筑巢引凤",共享长三角区域丰富的人才资源。在科技合作方面,通过关键技术联合攻关、产学研协同创新、引进成果孵化等合作方式,更加便捷地与长三角区域高校院所合作,更大力度吸引科技成果到江西落地转化,达到"借鸡孵蛋"的效果。在制度创新方面,融入G60科创走廊这个充满生机与活力的大家庭,将直接为江西带来长三角区域先进的发展理念,推动江西科技、金融、产业等领域一系列政策制度创新,打破制约江西科技和产业发展的制度瓶颈。

### (二)融入G60科创走廊有利于加快提升江西创新效率、打造创新高地

G60科创走廊是长三角区域创新资源的集聚带,融入G60科创走廊对于江西在建设创新型省份上求突破的战略部署具有至关重要的意义。G60科创走廊集中了上海临港松江科技城、苏州工业园区、杭州国家自主创新示范区、合肥综合性国家科学中心等42个全国乃至世界知名的科技产业园区,集聚头部企业近1700家、高新技术企业2.1万余家、国家级人才超1000人、院士专家工作站547个、博士后工作站771个、高校176所。G60科创走廊推动长三角区域要素自由流动和资源优化配置的效应正在加快显现。根据《长三角区域协同创新指数2020》,长三角区域创新合作、资源共享、成果共用等呈现良好态势,区域协同创新水平稳步提升。融入G60科创走廊,有助于江西深化与长三角区域尤其是与上海的科技创新共建共享,促进江西创新主体与长三角区域创新主体高效协同,引导长三角区域创新要素加速向江西流动,提升江西创新体系整体效能。

### (三)融入G60科创走廊有利于加快上饶、鹰潭等城市高质量发展

江西各地市与G60科创走廊在科技创新和产业发展方面还有一定的差距,融入G60科创走廊能够加快带动省内地市高质量发展。作为G60沪昆高速进入江西的第一站,上饶2019年研发投入强度只有1.04%,省会南昌也不到2%,而G60科创走廊九城市只有金华和宣城研发投入强度不到2%,有6个城市超过3%。江西研发投入强度最高的地市——鹰潭,研发投入强度超过了G60科创走廊平均水平,但是经济和产业规模较小。根据《长三角G60科创走廊建设方案》目标要求,G60科创

走廊研发投入强度2022年将达到3%，2025年将达到3.2%以上。未来两年G60科创走廊高新技术企业将年均新增3000家左右，上市（挂牌）企业数量年均新增100家以上。跨区域协同创新需要一定的承接基础，在G60科创走廊抱团加快发展的情况下，江西地市融入G60科创走廊的需求十分紧迫（表1）。

目前，南京、绍兴、蚌埠、铜陵、常州、马鞍山等20多个城市也积极想加入G60科创走廊。但是按照"持续有序推进"的要求，G60科创走廊近几年将不调增、不扩容。上饶积极对接科技部和G60科创走廊联席办，争取到对革命老区发展的支持，获得同意以观察员身份参与G60科创走廊活动，入场券来之不易。

表1 江西地市与G60科创走廊九城市经济与科技创新对比

| 地区 | 2020年GDP/亿元 | 2019年研发投入强度 | 2020年高新技术企业/家 |
| --- | --- | --- | --- |
| 南昌 | 5745.51 | 1.81% | 2052 |
| 上饶 | 2624.30 | 1.04% | 669 |
| 鹰潭 | 982.66 | 3.81% | 218 |
| 松江 | 1637.11 | 4.66% | 1755 |
| 嘉兴 | 5509.52 | 3.07% | 2414 |
| 杭州 | 16 106.00 | 3.45% | 5528 |
| 金华 | 4704.00 | 1.85% | 1370 |
| 苏州 | 20 170.50 | 3.25% | 9772 |
| 湖州 | 3201.40 | 2.79% | 1144 |
| 宣城 | 1607.50 | 1.89% | 464 |
| 芜湖 | 3753.02 | 3.08% | 1038 |
| 合肥 | 10 045.72 | 3.10% | 3328 |

## 四、关于江西融入G60科创走廊的几点建议

### （一）把融入G60科创走廊纳入江西创新驱动发展战略重要内容

G60科创走廊被纳入国家"十四五"规划，与沪苏浙皖三省一市省级层面的高度重视和支持密不可分。例如，浙江省八部门联合印发了《G60科创走廊（浙江段）

规划》。江西融入 G60 科创走廊也需要省委、省政府的更大关注和支持，加强对融入 G60 科创走廊建设工作的领导和部署，从省级层面加强与三省一市在规划对接、战略协同、专题合作、市场统一、制度完善等方面的协调合作。

### （二）大力支持上饶率先融入 G60 科创走廊

上饶是 G60 沪昆高速进入江西的第一站，是江西面向长三角、承接大开放的门户。在 G60 科创走廊暂不调增、不扩容的背景下，上饶获得同意以观察员身份参与 G60 科创走廊活动十分关键。大力支持上饶率先融入 G60 科创走廊是打造江西对接长三角区域一体化发展的先行区的应有之义。

### （三）探索在上海集中建设江西科创中心

浙江金华和湖州、安徽宣城和芜湖等城市在"科创飞地"建设模式方面进行了有效的探索。江西有些企业也将研发中心建到了北京、上海等城市，在异地"筑巢引凤"。从省级层面推动"科创飞地"集中建设可以达到更好的科创资源集聚效应，浙江的长三角 G60 浙江科创基地一期 7 栋大楼已经竣工，并开始了企业入驻对接。江西也可以探索在上海设立江西科创中心，支持各地市集中建设产业协同创新中心，借助上海的科技、产业、金融、人才优势，加快产业孵化、科技研发和科技成果产业化，达到"借鸡孵蛋"目的。

### （四）研究布局建设 G60 科创走廊产业合作区

合肥、苏州等城市已相继设立 G60 科创走廊科技成果转移转化示范基地和产业合作示范园区。要融入 G60 科创走廊首先要在产业链、创新链、价值链融入方面做好文章，在产业合作方面找到具体抓手。可以研究在 G60 沪昆高速沿线高新区、经开区等布局建设 G60 科创走廊产业合作区和科技成果转移转化示范基地，作为承接 G60 科创走廊产业转移、协同创新、成果转化的载体，推动实质性的合作项目落地。

### （五）积极与 G60 科创走廊开展金融对接

《金融支持长三角 G60 科创走廊先进制造业高质量发展综合服务方案》为产融

结合提供了一揽子综合创新，对完善江西科技金融服务具有重要借鉴意义。G60科创走廊还搭建了优秀的产融对接平台，为企业提供多样化的融资工具和快捷的融资渠道。推动省、市相关部门与G60科创走廊加强金融对接合作，既能为江西企业在多层次资本市场尤其是科创板上市等融资拓宽渠道，也有助于引进更多长三角创投资本在江西投资。

**课题组成员：**

叶楠　江西省科学院科技战略研究所副研究员

梁成　江西省科学院科技战略研究所博士

# "一带一路"江西机遇

陈春林　林浩　胡紫祎

> **摘要**：近年来，江西省积极主动融入共建"一带一路"，取得了阶段性重大成效，"一带一路"逐渐成为江西省加快产品、技术、品牌"走出去"的核心区域和快速增长区。但机遇和挑战并存，江西省仍面临不少问题。随着"一带一路"建设进入"工笔画"阶段，江西省要精准了解"一带一路"沿线国家情况，积极引导省内富余产能、优势和特色产业"走出去"。本报告在深入调查研究的基础上，提出针对性操作性实效性强的对策建议：抓准经贸投资"3个重点"（经贸合作供求互补、"母子工厂"战略、整合出口导向型产业链），抓牢互联互通"6个关键"（交通基础设施、大通关体系、经贸合作平台、信息服务、文旅交流、人力资源），抓严风险管控这一手段，抓细财税金融这一保障，抓实赣商抱团这一途径，实现江西省"一带一路"工作往深处往高处走。

习近平总书记在推动中部地区崛起工作座谈会上强调，要扩大高水平开放，把握机遇，积极参与"一带一路"国际合作，推动优质产能和装备走向世界大舞台和国际大市场，把品牌和技术打出去。近5年来，江西省积极主动融入共建"一带一路"，取得了阶段性重大成效，"一带一路"逐渐成为江西省加快产品、技术、品牌"走出去"的核心区域和快速增长区。但机遇和挑战并存，江西省仍面临不少问题。随着"一带一路"建设进入"工笔画"阶段，江西省要精准了解"一带一路"沿线国家情况，积极引导省内富余产能、优势和特色产业"走出去"。本报告在深入调查研究的基础上，提出针对性操作性实效性强的对策建议：抓准经贸投资"3个重点"（经贸供求互补、"母子工厂"战略、整合出口导向型产业链），抓牢互联互通"6

个关键"（交通基础设施、大通关体系、经贸合作平台、信息服务、文旅交流、人力资源），抓严风险管控这一手段，抓细财税金融这一保障，抓实赣商抱团这一途径，实现江西省参与"一带一路"往深处往高处走。

## 一、"一带一路"的时代背景和发展趋势

一是面临世界百年未有之大变局时代。习近平总书记多次指出，当今世界正处于百年未有之大变局。要把"一带一路"所倡导的理念和举措，放在当今世界当中来认知。二是"逆全球化"和贸易保护主义膨胀。特别是美国特朗普上台后，把"美国第一"作为制定对外政策的基本准则，对国际关系和全球治理构成严峻挑战。三是"一带一路"从"大写意"进入"工笔画"阶段。"一带一路"源于中国，为全球治理提供了中国方案和智慧。但机遇和成果属于世界，它致力于建设共同发展和更包容的全球化，将中国的脱贫致富、现代化、工业化和治理经验等分享给世界。进入"工笔画"阶段的最大看点，就是实现"一带一路"的高质量发展，这也是中国经济从高速增长向高质量发展的内在要求。

## 二、江西省参与"一带一路"的现状

### （一）进出口总额不容乐观

江西省对"一带一路"沿线主要国家的出口约占全国的1.5%，进口所占比例更低。2018年，江西省对"一带一路"沿线主要国家出口121.6亿美元，占全省出口总额的35.8%。2017年，江西省外贸进出口3020.0亿元，其中与"一带一路"沿线相关国家和地区的出口占江西省总量的40%以上；中国与"一带一路"国家的进出口总额达到14 403.2亿美元，占中国进出口贸易总额的36.2%；从"一带一路"国家进口达6660.5亿美元，占全国总进口额的39.0%。江西省进出口总额及占GDP比重远落后于发达地区。

## （二）工程承包总体前景喜人

目前，江西省对外承包工程总体情况较好，正不断刷新纪录。2018 年，江西省完成对外承包工程营业额 44.8 亿美元，约占全国的 5%。江西国际、江西中煤、中鼎国际连续入选全球最大国际承包商 250 强，分别居第 90 位、第 95 位、第 127 位。

## （三）投资金额差距明显

目前，江西省对外直接投资额较少，不足全国的 0.05%。2018 年，江西省对外直接投资 8.40 亿美元。2013—2018 年江西省累计实现对外直接投资 50.66 亿美元，68 家有世界 500 强背景的企业在赣投资。从全国范围来看，2017 年年末，中国对"一带一路"沿线国家的直接投资存量为 1543.98 亿美元，占中国对外直接投资存量的 8.5%。

## （四）交通设施日益便利

一是铁路方面，目前已开行近 100 趟中欧班列，开行列数约占全国的 3%，已经成为江西省提升经贸合作水平的重要载体。二是港口方面，2016 年，赣州港正式开通，目前其发货出境与在盐田港发货出境已基本实现同价。三是航空方面，2018 年，江西省已开通"一带一路"沿线国家和地区 15 条定期航线。

## （五）双向交流喜中带忧

一是地区友好关系方面，江西省与世界 35 个国家建立了友好城市关系，友好省州 20 对，友好城市 70 对。二是旅游交流方面，江西省 2018 年入境旅游人数超过 200 万人次，旅游外汇收入 7.5 亿美元，与国内游客数 6.86 亿人次（总收入 8000 多亿元）相比，入境游已明显成短板。三是文化交流方面，江西省组织了景德镇陶瓷文化国际巡回展，参与了中国–东盟文化交流年等重大文化交流活动。四是科技合作工程方面，江西省实施了中国–南亚科技合作、热敏灸海外发展计划等活动。五是对外劳务合作方面，江西省劳务合作派选的工种正从传统行业逐步向技术劳务和高端劳务拓展。

## 三、江西省参与"一带一路"的机遇与挑战

### (一)江西省参与"一带一路"面临的主要挑战

江西省参与"一带一路"总体看依托的社会经济底子仍相对薄弱,区域上既不沿海也不沿边,存在一定的劣势。

一是外贸对国民经济的贡献度偏低,参与经济全球化的程度低。2017年,江西省外贸依存度14.5%,虽在中部相对较高,但远低于沿海90%以上的外贸依存度,也低于全国50%的平均水平。

二是产业竞争力弱,产品结构层次低。江西省出口产品多为技术含量低且产品附加值低的劳动密集型产品,主要包括机电产品、服装、家具、陶瓷等,货值和利润都偏低。

三是"走出去"的企业实力总体不强。与国内其他企业相比,特别是央企,在境外合作项目运作和资金筹集等方面能力都很弱。当前,国际工程承包市场竞争越来越激烈,对于江西省大部分地方中小型企业来说,资金、技术、人才等方面竞争力都不足。

四是面临兄弟省市的同质竞争。江西省参与"一带一路"面临国内同质化竞争,特别是中部省份,如湖南省的装备制造业、新能源和新材料等,安徽省和河南省的农副产品和劳务供应。

五是对外合作交流各类载体少。综合保税区布点太少,江西省目前只有南昌、九江、赣州拥有综合保税区。省内国际物流配送网络体系水平低,缺少龙头企业,物流辐射空间小。国际交流平台少、层级不高,急需更多立体化平台。

六是研究机构少,人才缺口大。专门的研究人员少,经费不足,政策扶持弱,研究成果偏少。江西省所处地理区位不利于企业揽获这类人才。

七是金融国际化水平较弱,财税支持不稳且力度不够。江西省尚未成立地方版丝路基金,出口专项基金匮乏。例如,埃塞华坚项目1亿多美元的投资,均为公司自有资金,在埃塞俄比亚的固定资产不能用于抵押。有企业反映,中欧(亚)班列货物进出口财政补贴政策缺乏延续性和及时性。

### （二）江西省参与"一带一路"要秉承的几个理念

随着各省市对融入"一带一路"越来越重视，江西省要转变理念，做好顶层设计和规划，实现高质量参与、弯道超车。

一是摸实情，重在提升供需契合度。彻底摸清掌握"一带一路"沿线国家国内技术、资金、基础设施需求现状。彻底摸清掌握江西省自身有哪些富余产能、优势产业、特色产业能支援相关国家建设。

二是走捷径，重在借鉴典型经验。目前，河南省、山东省、上海市等政策支持力度增强最显著；广东省、辽宁省、浙江省等设施配套最完善；山东省、天津市、浙江省等经贸合作效果最好；西部地区人文交流方面表现突出。江西省可有针对性借鉴上述省市的具体经验做法。

三是树品牌，重在挖掘江西特色。特色不会仅局限于破解当前高质量参与的难题，还在于培育未来优势。江西省不是简单地服务"一带一路"，还要借助"一带一路"发展自己特色。

### （三）江西省要重点进军的国家和城市

#### 1. 对"一带一路"国家和城市进行科学评估

根据《世界贸易促进报告》，在"一带一路"沿线的60多个国家和地区中，只有意大利、新加坡、印度尼西亚、卡塔尔、格鲁吉亚和阿尔巴尼亚等少数几个国家的开放程度较高，其他国家都存在不同程度的市场准入限制。根据《"一带一路"大数据报告2018》，新加坡、新西兰、韩国、阿联酋、俄罗斯列"一带一路"投资环境指数前5名。其中，"政治环境"排名靠前的国家有爱沙尼亚、拉脱维亚、斯洛文尼亚等。"经济环境"排名靠前的国家有越南、印度、孟加拉国等。"对华关系"排名靠前的国家有泰国、俄罗斯、巴基斯坦、新西兰和埃塞俄比亚。根据《国际城市发展报告（2018）》，"一带一路"人口集聚度较高的252个主要城市中，重要节点城市14个，次要节点城市11个，一般节点城市21个，潜在节点城市130个。

#### 2. 知悉"一带一路"国家和城市的主要风险

"一带一路"不少国家都存在不同风险，表现在：一是政局不稳定，恐怖主义形势严峻。例如，埃塞俄比亚政治动荡造成华坚集团损失达500多万美元。二是政治风险较大，产权保护不完善。三是经济风险，如债务国违约风险、项目泡沫化风险、经济转型迟缓风险和信用风险等。四是法律风险，例如，"一带一路"沿线的某些国家司法机关不独立、腐败严重，一些国家政府公信力较差等。

未来江西省在选择要重点进军的"一带一路"国家和城市时，不要停留在所有国家和城市层面。要学会做减法和乘法，即在可重点进军的国家和城市的数量上做减法，尽量减少点的危险，而对已经选择的重点进军国家和城市做乘法，扩大立体面的影响力。

### （四）江西省要重点进军的产能领域

江西省既应立足"后天看明天"，也应立足"昨天看明天"，同时还要抓住高质量、高标准的发展趋势，选择重点进军的产能领域。

#### 1. 围绕工程承包积极输出过剩产能

据亚洲开发银行预计，"一带一路"沿线国家平均每年的基建投资需求高达7300亿美元。江西省的对外工程承包比较优势突出，通过对外基建承包能够有效转移以下过剩产能：一是钢铁行业。江西省是钢铁产能较大的省份之一，面对严峻的国内市场经营压力，向"一带一路"沿线国家进行产能转移是江西省钢铁企业化解国内市场过剩产能的有效途径。二是水泥行业。2018年，江西省水泥产量8813万吨，江西省水泥企业应紧抓国际化机遇，转向"一带一路"市场并积极开展国际产能合作。三是建筑行业。江西省建筑行业初步形成了非洲、东南亚、南美三大板块的市场布局，未来可以进一步拓展承揽水利、电力、矿产冶金、机场港口等技术含量高、效益好的项目。

#### 2. 围绕优势产业积极开展国际经贸投资

一是农业。江西省农业有人才优势、技术优势和产业优势三大比较优势。2016年江西省成立了海外农业投资联盟，海外农业开发主要在农业种植加工、水产养殖和农产品贸易等领域，农业投资合作项目有马来西亚现代农业产业园、赤道几内亚国家级农业示范中心等，未来江西省可重点开拓中亚、中东欧、东盟和非洲市场。二是制造业。江西省已逐步确立航空装备、电子信息和装备制造等制造业主导产业，江西省在重点支持汉腾汽车与俄罗斯德尔维斯汽车、江西省昌兴航空公司与意大利直升机生产合作，以及晶科能源马来西亚光伏组件工厂二期扩能等项目建设基础上，可乘势拓展更多这类优势产能合作工程。三是资源开发和能源合作。有色金属是江西省的传统优势产业，也是江西省首个增加值千亿元的工业行业，江西省在铜、钨、稀土领域有比较完整的工业体系和产业链。"一带一路"沿线国家矿产资源丰富，为江西省重塑产业价值链体系提供了战略靶区和机遇。此外，江西省可围绕传统待转移产业，建设一批机电产业、纺织服装产业海外生产基地。

**3. 围绕特色产业扩大经贸规模**

一是家具产业。首推南康家具产业，它是中国最大的实木家具生产基地和中部地区最大的家具产业基地，2018 年产值突破 1600 亿元，甚至可以主导全球橡胶木的价格指数。南康家具产业依托于赣州国际港的开放高地，创造出了"木材买全球，家具卖全球"的经营模式，未来可依托"一带一路"发展成为更具影响力的世界家具集散地。二是烟花产业。据南昌海关统计，目前，江西省烟花爆竹年出口量占全国总量的 35%，仅万载花炮产业就已形成了集原材料生产、培训、研发等为一体的较为完善的产业链，4000 多个品种出口 100 多个国家和地区。内销转出口逐渐成为省内烟花炮企业的一致认识，政府可倾力服务花炮企业融入"一带一路"倡议。三是陶瓷产业。江西省要依托闻名海内外的景德镇，加大对"一带一路"国家出口陶瓷工艺品、瓷砖产品等，重新振兴"瓷都"景德镇，打造品牌力。此外，要推动江西省茶叶和脐橙等本土特色产品搭乘"一带一路"东风，扩大出口。

**4. 围绕劳务输出增强国际影响力**

目前，江西省的劳务输出仍集中在劳动密集型行业，如建房、筑路等。江西省早就有全国知名的十大劳务品牌：吉安菜农、资溪面包军、余江眼镜人、高安汽车队、建筑临川军、南康木匠、鄱阳缝纫工、玉山铁路维护工、宜春焊工、武宁装饰工。高端劳务输出成趋势，江西省要借助"一带一路"发展机遇，强化"以培训促输出，以输出带培训"行动，实施劳务输出品牌战略，用过硬的技术去挣更有含金量的钱。例如，江西省可以重点向日本、新加坡、沙特等国输出医学护理、中餐厨艺等中高端劳务，向非洲、东南亚等江西省承包工程的主战场输出高级工程技术人员等。

## 四、推进江西省"一带一路"工作走深走实对策建议

### （一）把经贸投资作为参与"一带一路"的核心内容来提升

**1. 谋求经贸合作的供求互补**

江西省要找准投资贸易方向，弄清楚"一带一路"沿线国家需要什么，江西省能提供什么。短期来看，基础设施建设是重要突破口之一。"一带一路"沿线国家制造业多处于初级加工阶段，江西省可重点输出具有比较优势的数控机床、汽车制造、工程机械、高压输变电等装备制造产品，同时将投资和贸易有机结合起来，以投资带动贸易发展。

**2. 借鉴"母子工厂"战略，预防产业"空洞化"**

鉴于江西省省内不少优势产业都源于对沿海发达省市的产业承接，江西省的产能过剩和劳动力过剩输出都是相对的，江西省自身在基础设施建设方面也仍有很大投资空间，江西省实施"一带一路"经贸投资战略必须要始终坚持以本土为核心。避免过度向国外投资而对省内产业产生挤出效应和造成产业的"空洞化"。建议执行"母子工厂"战略，将省内的工厂建设成为具有技术支援、开发试制和先进制造技术应用的"母工厂"，在"一带一路"国家设立生产一般产品的"子工厂"，兼顾省内过剩产能输出和本土生产能力提升。

**3. 整合出口导向型产业链，扩大经贸规模**

培育多个高附加值的出口产业链，积极强化赣州、南昌等城市货源整合出口能力，完善有效供给。一是要制定有特色的出口导向型产业集群规划，努力打造多个产业集聚度高的出口特色产业集群。二是要扶持优势龙头企业以品牌建设为抓手，实现出口贸易产业链的整合，推动产品、技术、品牌"走出去"。三是要提升江西省产品国际营销力，组建大型外贸企业集团帮助出口产业链完善国际营销网络布局，设立海外商品展示中心、售后服务中心、仓储中心和分拨中心。四是要提高高附加值出口商品生产基地比例，推进出口产品结构的整体升级，加大高新技术、高附加值产品的出口比例。

## （二）把互联互通作为融入"一带一路"的优先基石来构建

融入"一带一路"的互联互通，不只是涉及交通运输，更重要的还有基本平台的互联互通、信息的互联互通和人文交流的互联互通等。

### 1. 加大交通基础设施互联互通是基础

深入推进陆、水、天、网"四位一体"联通建设：打造南昌综合枢纽、九江水港和赣州内陆港等多个开放支点；以赣欧班列为基础，扩大江西省出口的"北上"国际物流通道；稳定开行铁海联运，拓展通达东部沿海港口的国际物流通道；完善全省机场网络布局，积极开拓国际航线和航班数量。

### 2. 完善大通关体系互联互通是关键

实现江西省通关与沿海同等效率：积极申报江西自由贸易试验区，建设高标准高质量开放平台；完善重大物流枢纽建设，全方位构建"属地口岸申报、沿海口岸验放"的区域合作快速通关机制，打通多式联运"最后一公里"；积极争取国家第五航权开放试点，打造临空经济区进出口贸易电子商务集中（结算）平台；进一步扩大国检监管区在内陆实现口岸功能的成效，扩大省内已有国检监管区辐射面积。

### 3. 扩展经贸合作平台互联互通是抓手

一是增加江西省境外经贸合作区建设数量，提升建设质量和规模。2018年11月，江西省首个境外经贸合作区——赞比亚江西多功能经济区开工建设，目前中国共建设了初具规模的境外经贸合作区113个，相比较而言江西省的数量是极少的。二是深化南昌开放型经济试点示范区改革。作为全国12个试点城市之一，可以借鉴其他11个试点城市的有益经验，探索国际产能合作新路径。例如，苏州设立全国首个国家级境外投资服务示范平台，东莞实现全流程电子化工商登记等。三是打造一系列高知名度的经贸活动平台。重点提升世界绿色发展投资贸易博览会、赣台经贸文化合作交流会、景德镇国际陶瓷博览会等重大活动的影响力。四是加强与国外商会合作。与相关区域省市深化合作，定期举办利用外资、对外投资项目接洽会。

### 4. 加强信息服务互联互通是指引

建立符合江西省企业需求的"一带一路"综合信息平台，并和国内外相应的综合信息平台做好对接工作，为企业境外投资提供全方位及时咨询、决策服务。建议成立专门的"一带一路"工作委员会，整合政府、团体、商会资源，专职服务"一带一路"工作。

#### 5. 扩大文旅交流互联互通是助力

打造多个文化"走出去"重点名片，包括江西省的陶瓷文化、戏曲文化、禅道文化、中医药文化等名片，增强文化自信。高位推动江西省旅游走进中东欧，主动谋划一批面向"一带一路"沿线国家和地区的论坛、展览、演出、出版活动，宣传江西省的战略板块与发展特色。并利用好国际友好城市的纽带，建立更具有实质性的多边合作机制，助推经贸投资和项目引进。

#### 6. 优化人力资源互联互通是趋势

劳务输出是江西省参与"一带一路"的传统优势，江西省应将其转化为人力资源的互联互通。继续发挥好建筑劳务输出等传统优势，改善交通、能源、通信等基础设施建设劳务输出。实现丝绸之路智力双向输出引入，注重在沿线国家"就地取才"和培育，在国内外同时建立江西省人才交流平台和国际化人才储备库，为江西省企业输送应用型人才。将传统教育合作落实到具体行业人才的输出和引入层面。

### （三）把风险管控作为推进"一带一路"的必要手段来加强

防控海外投资风险是江西省未来在参与"一带一路"建设中需要关注的重点。强化风险评估、预警和管控等都是推进"一带一路"的必要步伐。一是加强风险管理制度建设。紧抓全流程风险防控，制定国别风险综合管理方案，强化项目运营风险、法律风险和合规风险管理。二是完善风险评估和预警机制。定期对江西省民营企业"一带一路"国际化发展整体情况进行深度、全面调研分析，进行风险预研预判和决策提醒，制定有针对性的风险预案，明确实质性风险管控策略和处置预案。三是鼓励引入金融工具帮助企业分散海外投资风险。引导企业积极与中国出口信用保险公司建立合作关系，加强江西省企业对国际投资保险机构和保险规范的认知，用好用足国际投资保险额度。鼓励更多中介机构为江西省民营企业提供海外投资风险评估服务，积极成立自己的投资保险公司，强化江西省海外投资保险业务，设立多样化、针对性强的险种。四是积极探索和鼓励建立民营海外安保公司。市场化运作安保服务，为企业提供民事安保，加强境外安全生产工作，保证人员和财产安

全。五是完善重点国别的有关环境保护等投资政策。

### （四）把财税金融作为支持"一带一路"的有力保障来强化

企业参与"一带一路"如果单靠市场的作用则很难成功，因此，江西省政府必须以财税金融政策作为有力保障来发挥支持作用。一是在财政支出方面。要发挥财政支出杠杆效应，运用PPP模式带动更多江西省企业参与"一带一路"基础设施领域建设。要完善财政补贴制度，尤其是加大对"走出去"企业前期调研的补贴力度，降低企业"走出去"的前期成本。二是在税收方面。对高新技术产业、先进制造业等企业"走出去"提供更多的税收优惠，建立具有引导性的税收优惠政策。建议对"一带一路"企业进行税收改革试点，以制度创新替代政策性优惠。与江西省企业"走出去"主要国家建立和完善税收互利合作机制，既加强国际反避税合作也让企业避免过度缴税，并帮助企业规避涉税风险。三是在金融支持政策方面。目前针对"一带一路"建设的金融支持政策主要有成立亚投行和丝路基金，江西省需要推出自己的地方版丝路基金，并出资成立其他类型基金。同时，地方政府要出面与江西省企业"走出去"主要国家加强区域金融合作和监管合作，促进金融机构双向进入，做大做强多边金融机构，推进金融机构和金融服务立体化布局。积极探索在境外园区开展"外保外贷""外保内贷"试点，加快建立完善境外资产评估和交易体系，有效盘活企业境外资产。

### （五）把赣商抱团作为参与"一带一路"的必要途径来打造

发挥江西省"走出去"企业战略合作联盟作用，推动企业抱团发展，为江西省企业"走出去"聚集资源、信息和平台。一是鼓励、引导江西省民营企业与所在国大使馆、经商处建立联络机制。大力支持在"一带一路"组建境外江西商会，发挥在赣投资的华侨华人的纽带作用。二是建立在外赣企集体谈判机制。统一争取贸易、税收、生产技术标准及法律保护等优惠政策，营造高效便捷、集群式发展的"小环境"。三是创新民营企业"走出去"模式。集群式"走出去"模式，可以有效降低民营企业信息搜集成本，实现信息和人才的共享互补，提高民营企业"走出去"成功概率。要强化民营企业抱团出海的境外产业园区、境外经贸合作区等有效载体建设。例如，鼓励省内优势产能入驻赞比亚江西多功能经济区等，支持这类园区升级为国家级境外园区，争取国家的配套政策和资金扶持。还可依托行业组织在境外设立分支机构或办事机构，提高民营企业"走出去"的组织化程度，推进行业自律，建立产业话语权，避免自己省内的企业之间恶性竞争。同时也可以联合体的形式承接工程、承包项目。四是积极借鉴其他兄弟省市的可复制推广的良好做法。例如，广西壮族自治区与马来西亚开创了"两国双园"模式，还成立了"两国双园"合作理事会和联合工作组等协调机构，还有抱团出海的"亚吉模式"等。

**课题组成员：**

陈春林　江西省科学院科技战略研究所副研究员

林　浩　江西省科学院科技战略研究所副研究员

胡紫祎　江西省科学院科技战略研究所硕士研究生

说明：此成果已发表在《科技中国》2020年，第9期。

# 打造内陆双向开放高地
# 提升江西经济国际化水平

冯雪娇　邹慧　王小红

> **摘要**：习近平总书记在推动中部地区崛起工作座谈会上强调，要扩大高水平开放。这一重要指示，为包括江西省在内的中部地区扩大高水平开放提供了遵循。近年来，江西省开放型经济主要指标增幅位次列全国第一方阵，高于全国平均水平，呈现高质量跨越式发展新态势。但是，江西省当前打造内陆双向开放高地仍然面临四大问题：营商环境竞争力不足；科技创新承载力不足；合作对象、领域偏窄；双向开放结合度不够。为此，建议聚焦重点区域、产业，提升双向开放新格局；坚持创新驱动发展，着力培育新动能；打造优质营商环境，推进投资自由化、便利化；用好合作交流平台，强化优化区域开放布局。

习近平总书记在推动中部地区崛起工作座谈会上强调，要扩大高水平开放，把握机遇积极参与"一带一路"国际合作，推动优质产能和装备走向世界大舞台、国际大市场，把品牌和技术打出去。这一重要指示，为包括江西省在内的中部地区扩大高水平开放提供了遵循。时任江西省委书记的刘奇在学习贯彻习近平总书记视察江西时的重要讲话时提出了"打造内陆双向开放高地，确保经济持续健康发展，不断增强江西省综合实力和区域竞争力"的新要求。要切实增强大开放意识，充分利用毗邻长三角、珠三角和闽东南三角的区位优势，学习借鉴沿海省份开放型经济的成功经验，全面提升江西省开放层次和水平，使江西省更好融入全国乃至全球的产业分工和市场体系。

打造内陆双向开放高地　提升江西经济国际化水平

## 一、江西省打造内陆双向开放高地取得的成效

江西省商务经济运行总量、结构、质量和效益各项指标走势良好，全省商务经济总体平稳、稳中有进、稳中提质，呈现"稳、优、高、快"的鲜明特点，着力打造内陆双向开放大平台。

### （一）多项指标在中部地区居领先水平

近年来，江西省开放型经济主要指标增幅位次列全国第一方阵，高于全国平均水平，呈现高质量跨越式发展新态势。据商务部统计，2019年上半年实际利用外资现汇进资居中部地区第1位、全国第13位；社会消费品零售总额增幅居全国第1位；对外承包工程营业额居中部第2位、全国第9位；赣欧班列开行数量居中部第2位，开行铁海联运快运班列的线路、列数、运送标箱量均居中部第1位。

一是高速度，外资规模越来越大。2018年，江西省最大的外资项目是江西赛维LDK太阳能高科技有限公司，累计投资28.68亿美元。进入新世纪以来，江西省外资项目的平均规模从50多万美元发展到1473万美元。年度利用外资从改革开放初期每年3000多万美元发展到2018年的125.70亿美元，增长了352倍。江西省利用外资走在我国中部地区前列，在全国排第一方阵。2019年上半年，全省实际利用外资73.80亿美元，同比增长8.08%。其中按商务部统计口径现汇进资11.16亿美元，同比增长10.78%，总量居全国第13位、中部第1位。

二是高质量，打造开发区承载平台。截至目前，江西省共有各类开发区107个，其中国家级新区1个（赣江新区），国家级经开区10个（数量居全国第5位、中部第2位，仅次于安徽省12个），国家级高新区9个（数量居全国第5位、中部第2位，仅次于湖北省12个），海关特殊监管区域6个（综合保税区3个、出口加工区1个、保税物流中心2个），省级开发区84个。据测算，江西省国家级经开区以占全省0.69%的土地面积，创造了约占全省12%的GDP总量，占全省20%的实际利用外资，已成为带动地区经济发展和实施区域发展战略的重要载体。

## （二）高质量发展的要素加速集聚

一是高质量，吸引了一大批世界 500 强、知名跨国企业入驻。截至 2019 年 7 月，落户江西省的世界 500 强企业达 129 家，合同外资金额 1 亿美元以上的重大项目达到 41 个。通过招商引资，全省引进了日本三洋、京瓷、荷兰百威啤酒、韩国 CJ 等境外世界 500 强企业，同时引进了一批知名跨国公司，涌现了美国雅宝、新加坡赛得利、挪威埃肯等一批投资规模较大、技术含量较高、产业辐射较强的龙头企业。

二是贡献大，产业投资向产业链高端转移。产业投资结构进一步优化，高端制造业、现代服务业投资高速增长，计算机、通信和其他电子设备制造业占固定资产投资比例由 2016 年 3.0% 提高至 2017 年的 4.7%，外商投资力度不断增强。2018 年全省利用省外资金项目中，电子信息、装备制造、生物医药、新能源、新材料及航空制造聚集度进一步增强，实际利用省外项目资金 3081.7 亿元，增长 18.6%，占比 41.9%。2019 年上半年，引进欧美发达国家项目、新兴产业项目比重分别提高 7.0 个百分点、4.6 个百分点；高新技术产品出口比重提升 1.5 个百分点。

## （三）区域合作渠道进一步深化和拓展

一是步伐快，形成了长珠闽区域合作新格局。2017 年，江西省实际利用长珠闽地区的项目资金近 5000 亿元，较 2015 年增长了 27.0%，成为承接产业转移的新兴热土。2019 年上半年，利用港资占实际利用外资的比重为 78.5%，利用广东省、浙江省、上海市、福建省、江苏省等长珠闽重点省（市）项目资金占内资的比重为 69.1%。新增至广州铁海联运快运班列，沿长珠闽对接海上丝绸之路的出海通道全部打通。以深度融入长珠闽经济板块为重点，深化联海、联江、联京、联边合作，形成了区域合作新格局。

二是新成效，加快在"一带一路"国家的布局。引导企业奋力开拓"一带一路"沿线市场。大力推进开放大通道建设，2018 年全年，赣州国际陆港开行中欧班列 150 列，占全省中欧班列开行数量的 3/4，跨入全国 26 个中欧班列开行城市行列，实现常态化运行，水上通道、空中通道更加顺畅。2018 年南昌积极融入"一带一路"

和长江经济带，共引进重大项目483个，其中100亿元以上项目6个。

### （四）改革创新红利持续释放

改革了一批商事制度。深入推进自贸试验区改革试点经验复制推广工作。改革事项实施率达80%以上，在投资管理体制改革、事中事后监管制度、贸易监管制度等方面取得了积极成效。国家标准版"单一窗口"报关、报检、综合覆盖率均达100%，是全国唯一一个达到"3个100%"的省份。江西省积极践行制度环境建设和政务流程再造，在推进企业便利化和规范化方面主动实践，通过大幅精简政府行政审批事项、深化商事制度改革，有效降低了制度性交易成本，减轻企业的整体负担。

2018下半年"赣服通"省级平台开通以来，到2019年6月，全省11个设区市"赣服通"分厅也集中上线运行，江西省成为全国第4个实现政务服务移动平台联通所有设区市的省份。截至目前，省市县三级"最多跑一次"事项占总申请类事项的比例分别达到了80.54%、74.00%和65.00%，省级网上"一窗受理"事项达到了93.40%。江西省还是在全国率先实现省市县乡四级实体办事大厅延时错时预约服务全覆盖的省份。

## 二、江西省当前打造内陆双向开放高地存在的主要问题

### （一）营商环境竞争力不足

一是缺乏具有影响力的产业集群。江西省原材料工业占优势，但是以电子信息产品为代表的终端制造领域尚未形成集群优势。例如，安徽省有全国最大的知名家电品牌集中点，湖北省有国内最大的光线光缆生产基地、光电器件生产基地和光通信产品研发基地。江西省在汽车等装备领域基础相对薄弱，与武汉、长沙等地的装备产业配套率相比处于下风。湖南省长沙被誉为装备制造之都，集聚了中联中科、山河智能、铁建重工、三一重工等知名企业。另外，江西省整体工业化水平较低，工业层次不高，工业企业数量及规模也相对偏小。例如，2016年江西省规上企业数量刚突破1万家，占全国的比重不足3%，企业户均资产不到全国平均水平的

60%，与中部制造业基地的定位并不相符。

二是企业生产运行成本偏高。社会保险负担重，缴费基数过高，按下限缴费进行试算，仅养老保险一项，南昌的企业需缴纳533元，而深圳的企业仅需缴纳277元，这无疑缩小了江西省在用工成本方面与沿海地区的竞争优势。融资难、融资贵仍普遍存在，民营企业申请贷款时，资产抵押评估只能按5～6折抵押贷款。现有金融体系还不能有效地解决中小微企业"短、小、频、急"的融资需求。部分中介机构收费偏高，安评、环评、质检、防雷检测等中介服务机构的收费较高，而且收费程序和标准不明确。与沿海相比，上饶物流成本较高，会计、金融、律师事务等中介机构发展不完善，直接影响了承接产业转移。

三是市场监管不到位。尚未建立全市统一的信用信息平台，社会诚信体系有待健全。另外，公共设施仍不完善。例如，有的工业园区集中处理污水、危废品、生活垃圾和工业垃圾，渣土处理等环保设施不齐。赣州综合交通衔接还不够完善，枢纽之间存在"连而不畅"和"邻而不接"等问题，导致其与大湾区城市群的融合度较低。企业员工的子女存在入学难问题，培训机构少，职业学校少，企业员工培训机会不多。

### （二）科技创新承载力不足

一是人才承载力不足。与发达省市相比，江西省人才载体相对不足，对科技需求较低，缺乏在国内具有绝对竞争力的知名企业、高校和科研院所，国家级重点实验室、工程技术研究中心等研究实验基地的数量不多，规模不大，民营科技企业规模小，产品技术含量低。2018年江西省规模以上工业企业1.16万家，仅有研发机构2858家，而广东省规模以上工业企业4.72万家，拥有研发机构2.00万家。从基地数量来看，江西省国际合作基地数仅占国家所批基地总数的2%左右。

二是科技财政支出偏低，科技合作的投入更加不足。"十二五"期间，江西省本级财政科技经费投入为21.61亿元，而科技合作经费投入4860万元，仅占2.25%。"十三五"以来，江西省科技财政支出虽然有所增加，但是增幅较小，远低于安徽省科技财政支出，且差距越来越大。江西省本级财政对科技合作的投入少，引导企业开展对外科技合作的力度不大，"四两拨千斤"的效果还不够明显。江西省企业对通过科技合作提升企业市场竞争力的重要性认识也不足,重视不够、投入不多,科技合作交流在科技创新中起到的作用不显著(图1)。

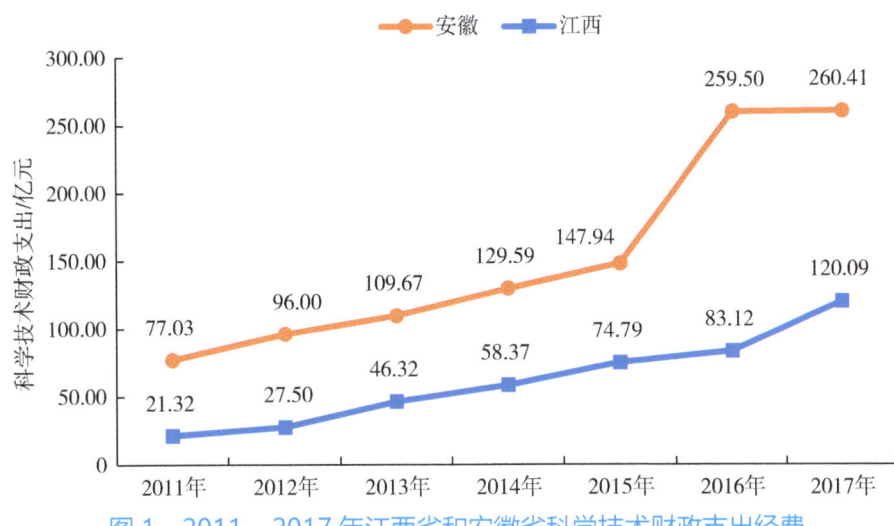

图1  2011—2017年江西省和安徽省科学技术财政支出经费

注:数据来源于《中国科技统计年鉴》。

## (三)合作对象、领域偏窄

一是外资来源结构较为单一。利用外资以外商直接投资为主;外商直接投资以港澳台为主,以亚洲国家和地区为主,以发展中国家和地区为主。2016年和2017年吸引的外资分别85.5%和88.8%来自亚洲,欧美地区投资较少。江西省利用外资方式单一,而且外商直接投资占江西省吸引外资的绝大部分比重,达80%以上。单一外资结构意味着高风险。例如,日韩外商在青岛投资占比高,当日韩出现经济困难,青岛的经济就容易出现高风险(表1)。

表1  2018年江西省利用外资分国别(地区)比重

单位:万美元

| 国别(地区) | 新批外商投资企业数 | | 合同外资金额 | | 实际使用外资金额 | |
| --- | --- | --- | --- | --- | --- | --- |
| | 金额 | 比重 | 金额 | 比重 | 金额 | 比重 |
| 全省合计 | 594 | 100.00% | 888 380 | 100.00% | 1 257 166 | 100.00% |

续表

| 国别（地区） | 新批外商投资企业数 | | 合同外资金额 | | 实际使用外资金额 | |
|---|---|---|---|---|---|---|
| | 金额 | 比重 | 金额 | 比重 | 金额 | 比重 |
| 中国香港 | 426 | 71.72% | 747 549 | 84.15% | 1 028 660 | 81.82% |
| 中国台湾 | 65 | 10.94% | 47 460 | 5.34% | 62 034 | 4.93% |
| 法国 | 1 | 0.17% | 8 | — | 23 048 | 1.83% |
| 荷兰 | — | — | −3120 | — | 22 362 | 1.78% |
| 英属维尔京群岛 | 7 | 1.18% | 21 599 | 2.43% | 19 789 | 1.57% |
| 新加坡 | 5 | 0.84% | 11 029 | 1.24% | 14 895 | 1.18% |
| 美国 | 11 | 1.85% | 18 | — | 11 987 | 0.95% |
| 中国澳门 | 26 | 4.38% | 12 867 | 1.45% | 9127 | 0.73% |
| 加拿大 | — | — | — | — | 7677 | 0.61% |
| 意大利 | 2 | 0.34% | 5980 | 0.67% | 6132 | 0.49% |
| 其他 | 51 | 8.59% | 44 990 | 5.06% | 51 455 | 4.09% |

注：数据来源于江西省商务厅对外发布数据。

二是合作领域较为单一，高端制造业、服务业占比小。外商在赣的投资主要集中在制造业，占总合同外资金额的50%以上。而且，汽车制造、电子设备制造等高端制造实际使用外资占比较小，占总实际使用外资的比重不到30%。在服务业领域投资较少，而且房地产业占服务业的比重大（4.27亿美元），外商在信息传输、软件和信息技术服务业，金融业等领域的投资甚少（表2）。上饶调研发现，在现代物流、金融保险、中介服务等领域引资步伐较慢。相比之下，外商在广东省直接投资领域较广，涉及金融业、租赁和商务服务业、批发和零售业、制造业等多个领域，而且投资较为均衡，2018年外商在金融业投资合同金额高达1630.4亿元（占比27.6%），租赁和商务服务业也有1054.4亿元，制造业（729.1亿元），信息传输、软件和信息技术服务业（540.6亿元）等领域的投资均比较大。

表 2  2018 年分行业外商在赣直接投资情况

| 类别 | 项目数 / 个 | 合同外资金额 /万美元 | 实际使用外资金额 /万美元 |
|---|---|---|---|
| 总计 | 594 | 888 380 | 1 257 166 |
| 农林牧渔业 | 24 | 32 400 | 66 727 |
| 采矿业 |  | −479 | 1880 |
| 制造业 | 349 | 559 434 | 777 838 |
| 建筑业 | 5 | 4015 | 4286 |
| 批发和零售业 | 98 | 83 034 | 63 998 |
| 交通运输、仓储和邮政业 | 4 | 6024 | 30 972 |
| 住宿和餐饮业 | 9 | 3727 | 9507 |
| 信息传输、软件和信息技术服务业 | 22 | 57 210 | 12 507 |
| 金融业 | 1 | 20 737 | 10 321 |
| 房地产业 | 14 | 42 746 | 117 284 |
| 租赁和商务服务业 | 27 | 49 176 | 97 896 |

注：数据来源于《江西统计年鉴》。

## （四）双向开放结合度不够

一是双向开放协同性不够。近年来数据显示，2018 年海关货物出口值为 2222.95 万元，进口值为 938.79 万元。从进出口货物来看，出口货物主要是机器、机械器具、电器设备及其零件、化学工业及其相关产品、贱金属及其制品、纺织原料及纺织制品等，进口货物主要是机器、机械器具、电器设备及其零件、化学工业及其相关产品、矿产品等，这可能与自 2016 年江西省稀土矿山全面停产有关。从国别（地区）看，货物主要出口、进口亚洲，进出口值占到了总进出口值的一半，欧洲、拉丁美洲、北美洲进出口均不多。江西省"引进来""走出去"发展不均衡，中医药、高附加值有色产品等"走出去"不够。赣欧班列开行数量虽然在中部地区领先，但是较全国水平还有差距，江西省赣欧班列回程重载率未达到全国水平的 71%。

二是外贸依存度较低。虽然近年来江西省对外开放水平有了较大提升，外贸依存度由 2005 年的 8.0% 提升至 2017 年 14.5%，到 2018 年有所降低，为 10.1%，但是与全国外贸依存度（2017 年，33.6%）相比，对外开放程度还是有一定的差距。

三是投资贸易的便利化程度不够。调研发现，虽然江西省大部分市、县、园区已建有行政服务大厅，但真正涉及审批、报批等环节时还需回相关部门办理，项目落地手续不能在一个地方一次性办结，出现"多头跑""来回跑"的现象，无形中增加了项目落地的难度。相比之下，广东省 2018 年出台实施《深化中国（广东）自由贸易试验区制度创新实施意见》，探索推行"一照一码走天下"、建设粤港澳"自贸通"等 20 项制度创新重点事项；上海市建设了"6 天 +365 天"一站式交易服务平台。

## 三、江西省当前打造内陆双向开放高地面临的重大机遇

### （一）国家扩大对外开放重大决策部署提供有力指引和重要保障

党的十九大报告提出，开放型经济新体制逐步健全，对外贸易、对外投资、外汇储备稳居世界前列。中国开放的大门不会关闭，只会越开越大！特别是习近平总书记提出"一带一路"倡议，推动开放向新的广度、深度、高度不断拓展。习近平总书记 2019 年 5 月在推动中部地区崛起工作座谈会上强调，要充分利用毗邻长珠闽的区位优势，主动融入共建"一带一路"，积极参与长江经济带发展，对接长三角、粤港澳大湾区，以大开放促进大发展。

国家出台了一系列政策，推进更大范围的全球产业链合作。2019 年 3 月，十三届全国人大二次会议通过了《中华人民共和国外商投资法》；国家发展改革委、商务部于 2019 年 6 月发布了《外商投资准入特别管理措施（负面清单）（2019 年版）》和《自由贸易试验区外商投资准入特别管理措施（负面清单）（2019 年版）》。

### （二）新一轮科技创新和新供给新需求激发新发展动力

江西省正加快实施创新驱动发展战略，积极培育创新型企业，提升创新能力，加快形成以创新为主要引领和支撑的经济体系和发展模式。同时，江西省着力推进

供给侧结构性改革，以制度创新、技术创新、产品创新为主要内容的新供给将进一步满足并创造新的需求，有利于构建消费升级、有效投资、创新驱动、经济转型有机结合的发展路径，加快促进产业结构迈向中高端，开放型经济发展动力将更加充足。

### （三）开放合作新格局拓展广阔发展空间

习近平总书记时隔3年再次亲临江西省考察指导工作，对江西省发展做出重要指示。中部地区崛起、长江经济带发展、苏区振兴发展等国家战略交汇叠加，为江西省发展提供了强劲的国家动力，全省上下正深入贯彻落实习总书记重要指示精神，以更加宽阔的开放视野，加速扩大开放，全力推动江西省由内陆腹地变为开放前沿，为跨国公司投资江西省提供了新机遇。

## 四、江西省打造内陆双向开放高地的对策建议

### （一）聚焦重点区域、产业，提升双向开放新格局

一是聚焦重点产业。重点围绕江西省战略性新兴产业、传统优势产业、现代服务业和现代农业，大力开展产业招商，引龙头、补链条、育集群，有效承接优质产业转移，形成江西省产业经济合作和竞争新优势。密切跟踪新形势下国企、民企、外企投资规律和趋势，紧盯目标企业和项目，多措并举推动"三企入赣"。充分发挥江西省绿色生态优势和粤港澳大湾区市场需求优势，着力建设面向粤港澳大湾区的绿色有机农产品供应基地和生态康养旅游后花园。

二是聚焦重点区域。按照江西省委、省政府提出的"南下""东进""北上""西出"开放要求，采取领导带队、专业小分队走访对接和活动招商相结合的方式，突出重点地区招商。"南下"重点突出深圳、广州、厦门等地，开展专题推介对接活动，积极承接珠三角、闽东南三角区产业转移；"东进"重点突出上海、杭州、苏州等地，举办合作交流对接活动，积极承接长三角产业转移；"北上"重点突出北京、天津等地，通过举办座谈会、走访对接重点企业等形式，主动承接北京非首都功能产业转移；"西出"重点突出四川、重庆等地，通过举办合作推介会、小分队

招商等形式，积极对接成渝经济区。

## （二）坚持创新驱动发展，着力培育新动能

一是力争设立综合性开放创新平台。争取获批设立战略性、聚合型开放平台，申报设立中国（江西）自由贸易试验区、内陆双向开放示范区，增设海关监管区等。高水平建设国家级赣江新区，全面推进南昌构建开放型经济新体制综合试点。加快推动南昌、赣州综合保税区转型升级，探索更加契合内陆地区特征的运作机制，打造对外开放新高地、国际贸易投资新平台等。

二是扩大服务贸易创新发展。在总体产业发展布局框架下，根据各县（区）、园区的发展优势和基础条件，安排服务贸易发展领域，实现各具特色、协同发展的服务贸易创新发展格局。例如，南昌高新区重点发展软件与信息技术、研发与知识产权、金融服务、跨境电商等服务贸易。探索服务贸易创新发展试点，支持服务贸易新业态新模式发展，鼓励运用云计算、大数据、物联网、移动互联网等新一代信息技术推进服务贸易数字化，如旅游服务的数字化。探索完善跨境交付、境外消费、自然人移动等模式下服务贸易市场准入制度，逐步放宽或取消限制措施。

三是推进开放合作载体创新提升。提升园区、机构、企业等平台载体能力，进一步提升综合服务实力和可持续发展能力。支持国家级经济技术开发区积极探索与境外经贸合作区开展合作，打造国际合作新载体，拓展对内开放新空间，促进与所在城市互动发展。积极对接国际科技创新中心建设，着力打造粤港澳大湾区科技成果转化基地，不断提升江西省科技创新能力和水平。积极引导研发机构改革科研管理体制，集聚国内外科技领军人才，不断提升整体科研实力，加速科技成果转化，创办和孵化科技企业。

## （三）打造优质营商环境，推进投资自由化便利化

一是进一步塑造全方位外贸竞争新优势。放宽服务业外资市场准入限制，扩大跨境服务贸易领域开放措施，提升贸易便利化服务水平，发展数字贸易与金融服务业。加大出口品牌建设力度，拓展多元化市场，推动出口提质增效。加快培育外贸新增长点，扩大高端制造进出口规模，推进跨境电商全面发展。加强功能对接。深

化关检全面融合，推动江西省与广州、深圳等地通关一体化建设，实现与粤港澳大湾区主要城市间货物一次通关、一次查验、一次放行。

二是推进外商投资自由化便利化。对标国际一流营商环境，以开放倒逼职能转变，加快复制推广自贸实验区的好经验好做法，深化外商投资企业商务备案与工商登记"二合一"改革，打造国际化、法治化、便利化营商环境。实施市场准入负面清单制度，建设高标准知识产权保护高地，建立健全公平竞争的市场环境和保障机制。推行企业投资项目审批承诺制，完善项目代办服务机制，确保政府投资项目、企业投资项目的审批时间在60个工作日内。聚焦"四最"营商环境，开展对标提升专项行动和营商环境评价工作。

### （四）用好合作交流平台，强化优化区域开放布局

一是强化平台功能。探索构建江西省与长三角、珠三角之间水陆空联动的立体化物流体系，提升区域物流一体化和贸易便利化水平。围绕"进境与沿海同价到港，出境与沿海同价起运，通关与沿海同等效率"的目标，强化南昌综合保税区与机场、码头、铁路等口岸平台的协调互动，打造全国首个内陆服务平台型综保区。推动口岸功能提升，持续推进空港、无水港建设和进出口通关能力建设，加快推进南昌铁路口岸二期工程建设，促进南昌海铁联运和中欧班列健康快速发展，加快推进指定口岸和邮件快件监管中心申报建设，持续提升跨境贸易便利化水平。加强与银行、保险、民航、铁路、货代、船代等相关行业的对接，推动"单一窗口"与金融保险、交通运输工具、物流信息的深度融合，共建跨境贸易大数据平台。积极推进与沿海、沿边省份电子口岸互联互通，加快提升南昌水运码头、九江城西港、赣州港等口岸的通关作业信息化智能化水平，实现通关信息的无缝对接。

二是深化城市群交流合作。进一步深化与长江中游城市群、闽浙赣皖福州协作区、泛珠三角城市群城市交流合作，主动对接粤港澳大湾区、海南自贸区（自贸港）、海西经济区和长三角区域一体化发展，着力承接先进制造业梯度转移。推进新能源汽车科技城、中国稀金谷、现代家居城、青峰药谷、电子信息产业带、纺织服装产业带"两城两谷两带"建设，引进具有较大影响力、具有较强综合实力的企业落户赣州重大产业平台。积极参与"一带一路"建设，加快江西省国际经济技

术合作的发展升级，带动技术、产品、设备和服务"走出去"，促进外经外贸融合发展。

三是实施招大引强工程。用好进口博览会、中博会、赣商大会、赣港（深）会、赣台会、世界VR产业大会、国际中医药博览会等会展优质平台，以"三请三回""三企入赣"活动为抓手，积极开展主题、专题招商活动和走访对接，依托重点产业全景图，围绕上下游产业链拓展相关配套产业，加强对重点区域、重点行业、龙头企业、重点客商的精准招商。依托中国香港、澳门地区"引进来""走出去"，全面参与共建"一带一路"。

**课题组成员：**

  冯雪娇 江西省科学院科技战略研究所副所长、副研究员

  邹  慧 江西省科学院科技战略研究所所长、研究员

  王小红 江西省科学院科技战略研究所副所长、研究员

说明：此成果发表在《科技中国》2020年，第3期。

# 对接粤港澳大湾区　助推江西高质量发展

杨兴峰

**摘要**：江西省在区位条件、要素成本、生态环境方面具有独特优势，并且开放合作的软、硬实力不断增强，为江西省对接粤港澳大湾区建设奠定了重要基础。但是，阻碍江西省有效对接大湾区的堵点仍然存在，具体体现为交通互联互通程度不高、承接产业转移的竞争力不足、政策扶持力度不够、营商环境不优等。为打通江西省对接粤港澳大湾区建设的通道，关键要做好"6个注重"：一要注重产业创新能力建设，高水平融入大湾区产业体系，重点是增强传统行业创新能力、提升新兴产业创新能力、支持双创能力建设；二要注重"数字江西"建设，助推经济社会高效发展，重点是推进政府数字化转型和产业数字化转型；三要注重"人才特区"建设，推动人才资源加速集聚，重点是创新人才工作机制、优化人才发展环境；四要注重"飞地模式"建设，打造赣粤港澳命运共同体，重点是建设赣南经济合作区和昌深创新合作示范区；五要注重"四最"营商环境建设，提升开放合作软实力，重点是实现"大数据"平台信息互联互通、提高融资可获得性、做好全方位优质服务、加强公共服务能力建设等；六要注重现代化综合交通体系建设，促进资源高效流通，重点是推进铁路设施建设、打造航空综合交通枢纽。

2019年5月，习近平总书记在江西省主持召开推动中部地区崛起工作座谈会时强调，要积极主动融入国家战略，推动高质量发展，不断增强中部地区综合实力和竞争力，奋力开创中部地区崛起新局面。粤港澳大湾区建设是习近平总书记亲自谋划、部署和推动的重大国家战略。江西省积极对接和融入粤港澳大湾区建设，既是对习总书记在中部地区崛起工作座谈会上重要讲话精神的贯彻落实，又是实现江西省构建全面开放新格局的重要举措。江西省作为粤港澳大湾区与中部地区的科技成果和产业转移通道，抢抓粤港澳大湾区建设世界级城市群和国际一流湾区的溢出机遇，有效对接大湾区的各类资源要素，对江西省避免在区域合作的浪潮中错失良机和在未来发展中被边缘化，实现高质量、跨越式发展具有重要意义。

## 一、江西省对接粤港澳大湾区的基础与优势

### （一）江西省对接粤港澳大湾区的基础条件

#### 1. 交通设施条件不断完善

一是"县县畅通"的高速网。近年来，江西省在交通设施建设方面不断提速，尤其是高速公路等高等级设施建设力度持续加大。目前，江西省的高速公路里程达6120.0千米，居全国第9位，实现县县通高速，打通了28个出省通道。

二是"四纵四横"的铁路网。随着向莆铁路、赣瑞龙铁路、沪昆高铁、合福高铁的陆续通车，江西省打造了以南昌为中心的"四纵四横"铁路网主骨架，截至2018年，江西省铁路营业里程为3873.1千米，其中高铁总里程达到870.0千米，居全国第12位。

三是"一干六支"的民航布局。江西省已形成了以南昌昌北机场为干，赣州、吉安、九江、景德镇、宜春、上饶等机场为支的民航机场布局。2018年，昌北国际机场全年完成旅客吞吐量1352万人次，货邮吞吐量8.3万吨，分别增长23.7%和58.1%，客货运增幅均为国内省会城市机场第1名。

#### 2. 产业基础不断完备

一是产业集群初见成效。以江西省电子信息产业为例，目前，全省电子信息产业初步构建起"一轴四城十基地"产业布局，培育了南昌高新区光电及通信产业集群、井冈山经开区通信终端设备产业集群等十三大特色产业集群，2018年，十三大产业集群累计完成主营业务收入2466.2亿元，占全省产业规模比重达66.7%。

二是产业结构持续优化。近年来，江西省大力实施战略性新兴产业倍增、传统产业优化升级、新经济新动能培育三大工程，工业产业结构不断优化。2018年，全省战略性新兴产业增加值同比增长11.6%，占规模以上工业比重17.1%；高新技术

产业同比增长12.0%，占规模以上工业比重33.8%。

三是创新能力稳步提升。截至2018年，全省共有国家重点实验室5家，省重点实验室169家，国家工程技术研究中心8家，省工程技术研究中心358家。相比2017年，全省新增国家级创新平台1个，省级创新平台70个。

四是人才支撑不断加强。近3年来，省级人才发展专项5.45亿元资金用于资助首批省"双千计划"入选人员和团队、首批院士后备人选等，吸引了一大批人才在赣创新创业，有力支撑江西省产业技术创新发展。

### 3. 营商环境不断改善

一是深入推进自贸试验区改革试点经验复制推广工作。改革事项实施率达80%以上，在投资管理体制改革、事中事后监管制度、贸易监管制度等方面取得了积极成效。

二是深入推进"降成本、优环境"专项行动。2019年一季度，南昌高新区落实各项减税降费税收政策，共计2.5万户企业享受普惠性减税1357.2万元，为6户次企业办理增值税即征即退，退税金额约102.0万元，为82户次生产型出口企业办理出口退税4.1亿元。

三是深入推进融资体制改革。为减轻企业融资负担，江西省开展银行挂点开发区、金融专家服务团入企等定向帮扶行动，组建百亿元江西国资创新发展基金，发放千亿元创业担保贷款。截至2019年4月，江西省各项贷款余额同比增长18.23%。

四是深入推行商事制度改革。江西省积极践行制度环境建设和政务流程再造，大幅精简政府行政审批事项，深化商事制度改革，有效降低了企业制度性成本。以井冈山经开区为例，企业证照办理时限压缩至3个工作日以内，水电气报建办理时限压缩至15个工作日以内，并将水电气工程的规划、施工手续纳入本体工程一并办理、并联审批。

五是深入推行对标提升行动。江西省对标提升，自我加压，突破发展难点。2019年，吉安与厦门大学签订开展营商环境第三方评估的框架合作协议，首次引入专业化团队，采用世界银行标准，对全市营商环境系统把脉、全面会诊。江西省在开展企业开办注销、获得水电气、不动产登记、获得信贷等十大提升行动的同时，将制定营商环境指标体系，对11个设区市开展统一评价。

## （二）江西省对接粤港澳大湾区的优势

### 1. 区位空间佳

江西省地处中国东中西梯度发展的过渡带和南北结合部，在对接粤港澳大湾区上具备得天独厚的区位空间优势。江西省相对中西部的大部分其他区域，在引入珠三角地区的技术、资金、人才等要素方面具有时间和运输成本优势。

### 2. 要素成本低

江西省毗邻珠三角经济发达区域，在用地、用工、用能等要素成本方面相比邻近发达区域具有明显的比较优势，是名副其实的成本洼地。要素成本优势，无疑将使江西省成为粤港澳大湾区制造业企业转移落地的优选地之一（图1、图2）。

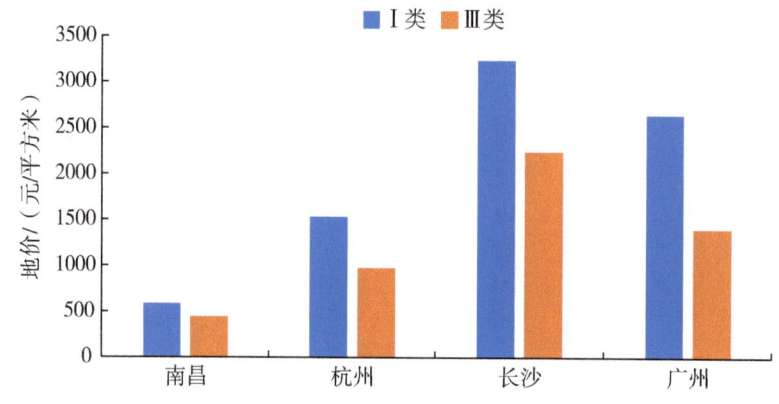

图1　2016年对标城市最新城区工业基准地价对比

注：数据来源于各城市自然资源局基准地价表与《中国统计年鉴》。

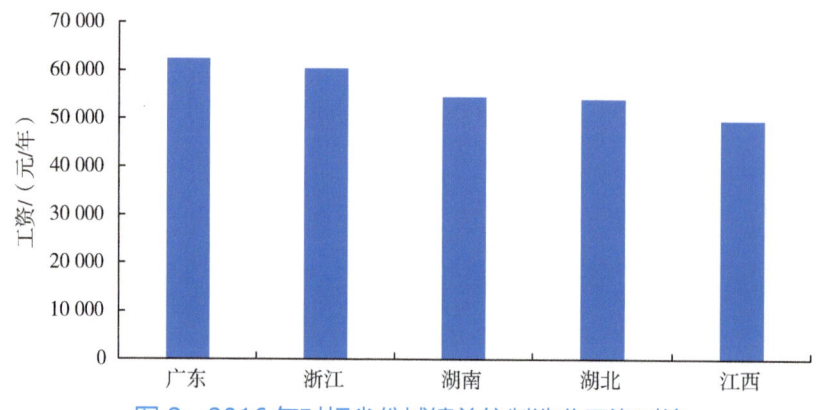

图2　2016年对标省份城镇单位制造业工资对比

注：数据来源于各城市自然资源局基准地价表与《中国统计年鉴》。

### 3. 生态环境优

江西省拥有全国一流的生态环境，2016年入选首批3个国家生态文明试验区，绿化覆盖率44.6%，居中部第1位。随着生态环境成为未来区域竞争的焦点，江西省生态资源的存量价值将得到充分释放，生态环境优势将成为江西省吸引珠三角地区高端人才和企业项目的核心竞争力之一。

## 二、江西省对接粤港澳大湾区面临的主要问题

### （一）交通互联互通程度不高

一是铁路互通差距明显。乘着高铁时代的春风，江西省加快了铁路建设步伐，逐步缩小了与中部地区湖南、湖北等省的差距，但是江西省高铁线路与珠三角地区的互通程度仍然偏低，枢纽之间存在"连而不畅"和"邻而不接"等问题。例如，南昌至粤港澳的高铁只能经长沙，江西省对接粤港澳大湾区的重要城市赣州甚至还未有高铁互联等。

二是航空运输发展程度不高。江西省航空港无论是空港级别、空港运力，还是客运吞吐量、航空货邮量均不及周边强邻，同时货源不足和长沙、武汉等两千亿级别机场的分流，给江西省对接粤港澳大湾区，发展以电子制造、生物医药为代表的临空产业带来了巨大挑战（表1）。

表1 2018年对接粤港澳大湾区主要省（区）航空运输指标对比

| 省（区） | 客运吞吐量/万人 | 货邮吞吐量/万吨 |
| --- | --- | --- |
| 江西 | 1733.6 | 9.1 |
| 湖南 | 3023.8 | 15.8 |
| 湖北 | 3109.8 | 23.1 |
| 贵州 | 2799.5 | 11.8 |
| 广西 | 2765.6 | 15.7 |

注：数据来源于网络公开资料整理。

## （二）承接产业转移的竞争力不足

一是缺乏产业技术创新集群。与周边强邻省份相比，江西省在经济和产业基础、综合环境竞争力等方面差距明显，尤其是缺乏产业技术创新集群，缺少具有带动性的创新型龙头企业。截至目前，科技部根据创新环境、主导产业规模与研发能力等指标在全国范围内遴选的61个创新型产业集群试点单位和47个创新型产业集群试点（培育）单位中，江西省分别仅有3个和1个，而湖北省有5个和1个，广东省有9个和5个。

二是产业配套能力低下。由于产业结构相对集中在原材料行业，终端产品占比较小，优势产品集群不突出，本地配套企业工艺水平偏弱等，许多从珠三角转移到赣的企业难以在江西省找到产业链上的配套合作伙伴，对企业经营形成了很大制约，尤其对于产业链较长、协作度高的装备制造、电子信息等类型的产业，影响更为明显。

三是产业技术创新能力不强。目前，江西省产业技术创新能力明显不足，影响着产业层次与结构的提升。首先，科技投入不足，江西省在R&D经费投入与科研人员投入方面与邻近省份差距明显；其次，创新平台缺乏，高新技术企业与国家级科研创新平台数量明显欠缺；最后，创新产出少，缺乏高水平的技术研究成果（表2、图3、表3）。

表2　江西省与邻近部分省份科技投入指标情况

| 省份 | R&D经费内部支出/亿元 | 科研人员数量/人 | | 高新技术企业数/家 |
| --- | --- | --- | --- | --- |
| | | 博士 | 硕士 | |
| 江西 | 255.8 | 4883 | 13 701 | 1064 |
| 湖南 | 568.5 | 14 412 | 31 909 | 1027 |
| 湖北 | 700.6 | 18 310 | 29 428 | 1063 |
| 广东 | 2343.6 | 33 995 | 120 610 | 6570 |

注：R&D经费内部支出与科研人员数量体现的是2017年数据，高新技术企业数体现的是2016年数据，数据来源于《中国科技统计年鉴》（2017—2018）。

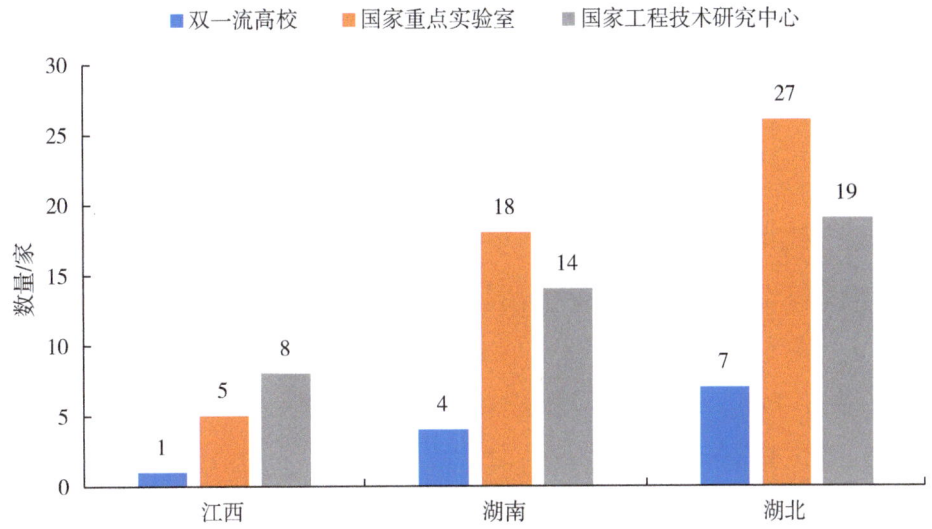

图3 2018年对接粤港澳大湾区主要省份创新平台指标情况

注：数据来源于各省科技厅统计数据。

表3 2017年江西省与邻近部分省份创新产出指标情况

| 省份 | 论文数/篇 | | 国内专利申请/件 | 规模以上工业企业新产品情况 | | 单位GDP能耗/（吨标准煤/万元） |
|---|---|---|---|---|---|---|
| | 研发机构 | 高校 | | 开发项目/项 | 销售收入/亿元 | |
| 江西 | 1857 | 24 446 | 70 591 | 11 689 | 3857.2 | 0.449 |
| 湖南 | 2474 | 55 572 | 77 934 | 10 204 | 8585.7 | 0.476 |
| 湖北 | 6407 | 77 258 | 110 234 | 12 460 | 7523.4 | 0.399 |
| 广东 | 8510 | 87 815 | 627 834 | 103 149 | 34 863.0 | 0.361 |

注：数据来源于《中国科技统计年鉴》（2018）与各省2018年统计年鉴。

## （三）政策扶持力度不够

一是人才政策扶持力度偏弱。目前，粤港澳大湾区向外转移的产业大部分是人才密集型产业，而江西省在众多领域既缺乏行业领军人才，也缺乏企业管理人才、高级技术人员和熟练技术工人。主要原因在于江西省相比湖南、湖北、广东等省，人才的激励扶持政策力度仍然偏弱。2017年，广东省出台的《关于加快新时代博士

和博士后人才创新发展的若干意见》提出，"广东特支计划"科技创新青年拔尖人才项目每年资助博士和博士后200名，每人给予50万元生活补贴。相比而言，江西省则根据《江西省博士后工作专项资金使用管理办法》，确定资助名单，每人提供日常经费资助3万元。

二是双创政策执行力度不够。目前，在双创政策方面，江西省与东部沿海和中部其他省份的政策力度基本趋同，然而在政策执行层面，力度明显不足。江西省出台了"赣八条"和"创十条"等双创主体政策，但是大部分科研院所与高校并未根据政策意见，对相关的横向科研经费管理、科技成果受益分配等管理办法进行细化，导致政策并未落到实处。

三是产业发展政策实施缺乏灵活性。江西省于2016年先后出台了《关于降低企业成本优化发展环境的若干意见》（80条）和《贯彻落实省政府关于进一步降低企业成本优化发展环境若干政策的具体措施》（20条），但在具体实施过程中，由于方式和标准不够灵活，未充分考虑企业多元化的发展需求，有些具体执行方案反而造成部分企业的成本上升，间接增加了企业的运营成本，导致政策执行效果与预期成果出现了偏差。与湖北、广东等省相比，江西省政策执行缺乏灵活性。

### （四）营商环境不优

一是信息孤岛问题仍然存在。目前，江西省绝大部分市县均已使用信息化手段来提高工作效率和服务水平，但随之而来的问题是专线系统建设五花八门、各自为战，信息资源得不到共享共用，导致有些事项审批程序复杂，有些事项的审批材料涉及其他部门的企业信息证明，使得审批程序被复杂化，审批周期被拉长。

二是资本融资机制不完善。作为中部地区欠发达省份，江西省一直缺乏重量级创投机构的青睐，创投机构数量较少，尚未形成多元化的投融资机制与完善的风险分担机制，长期处于资本市场边缘，资金短缺常态化。同时，产业发展引导基金等政策支持力度与实际需求还有差距。例如，省内推广的财园信贷通等政策尚未建立以信用机制和风险补偿为导向的贷款审批授权体系，对企业的融资门槛要求偏高，许多实际需要融资支持的企业被排除在普惠性金融服务体系之外，导致企业融资难度大、成本高。

三是公共服务体系不够健全。城镇化率与公共服务水平存在正相关性。目前，江西省城镇化率不如广东、湖北等省，公共服务水平相对落后，特别是江西省尚缺少业内领先的公共服务平台，生产性服务配套、信息和技术咨询、技术交易转让、律师事务所等中介服务机构还不够完善，用工、物流、融资等服务平台还有待加强。与产业相配套的服务业不发达，影响了承接产业转移工作的成熟和发展（图4）。

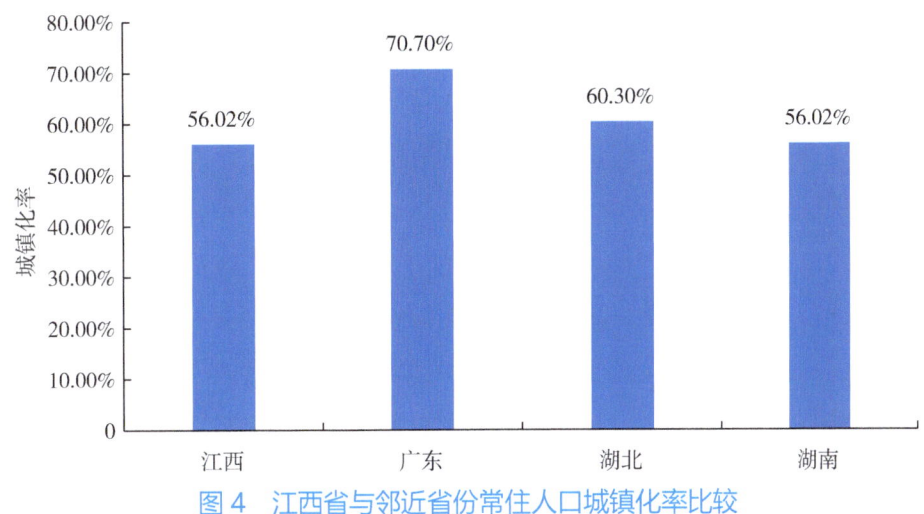

图4　江西省与邻近省份常住人口城镇化率比较

注：数据来源于各省统计局网站。

四是营商环境法治化进程缓慢。虽然通过制度优化，江西省营商便利性已有较大改观，但是制度的具体执行和延续落实仍然缺乏规范化保障，这其中包括政策贴补申请缺少实施细则及政府换届等原因导致的政策延续性不足等问题。与广东、江苏等省通过强化规则的方式，推行构建法治化的营商环境相比，江西省仍处于起步探索阶段。

## 三、江西省有效对接粤港澳大湾区的对策建议

### （一）注重产业创新能力建设，高水平融入大湾区产业体系

一是增强传统行业创新能力，促进产业转型升级。围绕有色、建材等八大传统

制造行业，以基础工艺、基础材料、基础元器件、关键零部件和软件系统为重点，整合产业链各环节的创新资源，搭建一批关键共性技术研发和工程化平台；发挥中科院江西产业技术创新与育成中心的桥梁纽带作用，与中科院优势创新资源紧密对接，合作搭建各行业领域的国家级和省级重点实验室、中试基地等试验平台，为企业产品质量、水平的提升提供技术依托。

二是提升新兴产业创新能力，推进产业倍增加速。对接大湾区产业转移需求，围绕航空汽车、生物医药、新材料、新能源、电子信息等重点产业，通过资金奖励等方式，支持企业、高校、科研院所联合组建产业技术创新联盟；探索建立科技资源有偿共享机制，打通江西省科研机构和人员使用粤港澳大湾区重大科技基础设施的便捷通道；依托产业创新资源聚集区，在南昌布局建设一批重大成果应用示范基地，支持商业模式创新，探索政府采购支持新方式，发展产业链完善、创新能力强的创新集群。

三是支持双创能力建设，助推产业优质发展。依托国有金融机构参股，吸引社会资本和社会力量参与，设立人才创新创业基金，支持人才创新创业；拓展政策扶持渠道，例如，除了在税收、人工成本、用能用地等方面实行优惠以外，还可在工业用地基准价优惠、高速公路收费折扣、直接融资补助等方面加大扶持力度，鼓励社会力量在江西省高新技术开发区投资建设一批众创平台；建立督查制度，督促科研院校根据双创主体政策制定完善相应的实施细则，保证政策落地生根。

### （二）注重"数字江西"建设，助推经济社会高效发展

一是加快推进政府数字化转型。推动跨政府部门业务的整体转型，建立跨政府部门的合作机制，形成共同的语言、工具和技术体系；培养专业化数字人才队伍，通过购买相关课程，开展教育培训，提升政府管理者、执行者在数字项目管理方面的技能；提升政府的数据应用、分析和管理能力，发挥大数据管理局职责，探索建立数据资源管理委员会，统筹协调利用政府各部门数据，推动政府数据业务发展，提升政府建立和扩展数据的分析能力。

二是着力推进产业数字化转型。完善支持鼓励政策，通过技术改造贷款贴息、搬迁补助、职工安置补助等方式支持和鼓励企业进行数字化改造；通过政府购买服

务等方式鼓励中小企业与服务平台合作，引导中小企业通过"上云"提升数字化水平；加强数据安全保护体系建设，强化工业数据和个人信息保护，明确数据在使用、流通过程中的提供者和使用者的安全保护责任与义务，加强数据安全检查、监督执法，提高惩罚力度，增强威慑力。

### （三）注重"人才特区"建设，推动人才资源加速集聚

南昌是全省人才储备最丰富的智力密集区。江西省应以此为基础，实行特殊的人才政策措施，着力打造"人才特区"。

一是创新人才工作机制。根据综合评价、注重实绩原则，完善人才引进制度设计，建立以实际成果和贡献为主要指标的评价体系；创新人才引进模式，采取专职与兼职、长期聘用与短期服务相结合等方式，以"不求为我所有，但求为我所用"的务实态度，实现对人才的引进与使用；建立基础研究人才培养长效稳定支持制度，通过政府财政性资金补贴等方式，支持人才开展技术攻关、创新创业、国际交流等活动。

二是优化人才发展环境。优化人才保障机制，提升中高端人才基本工资待遇水平，建立完善知识、技术、管理、技能等要素参与分配的机制，构建有利于创新人才发挥作用的多种分配方式，支持企业创新人才以股权、期权等多种形式参与收益分配；设立南昌市产业发展与创新人才奖，奖励在产业发展与自主创新方面做出突出贡献的创新型人才；积极构建人才服务体系，妥善解决引进人才的子女上学、配偶就业等问题，逐步形成有利于聚集人才的良好氛围，不断优化人才发展环境。

### （四）注重"飞地模式"建设，打造赣粤港澳命运共同体

一是探索"飞地经济"模式，建设赣南经济合作区。积极探索"飞出地投资型与管理型"的"飞地经济"模式，发挥赣南工业园区的成本优势与粤港澳大湾区的资金和管理经验优势，有效承接粤港澳大湾区生物医药、新能源、新材料等产业领域项目落地赣南，实现两地资源互补，经济协调发展。

二是探索设立"飞地园区"，建设昌深创新合作示范区。借鉴德清与杭州"飞地园区"建设经验，支持南昌高新区在深圳设立"飞地园区"，借助深圳的优势创

新创业资源开展合作，满足南昌高新区企业的技术需求，实现项目"孵化在深圳，产业化在南昌"。

### （五）注重"四最"营商环境建设，提升开放合作软实力

一是打破信息壁垒，实现"大数据"平台信息互联互通。加快"互联网＋政务服务"成果转化工作，建立部门间数据信息共享平台，打通政务信息孤岛，打造政务服务"一张网"；进一步完善政务集中办事大厅配套服务功能，在大厅增设企业登记、办税、缴费等自助服务终端，并开通设置24小时自助服务专区，实现涉企涉民业务"只进一扇门""全天不打烊"。

二是提高融资可获得性，提供有效资金支撑。鼓励知识产权质押融资，建立专利权、商标权、股权等质押融资专业平台，设立知识产权质押补助资金；设立应急转贷"过桥资金"，以政府引导、市场化运作方式，为符合条件的中小微企业提供短期应急周转资金；引进市场化信用服务机构，聚集一批公信力强、影响力大、技术领先的资信评级、商业征信等信用服务机构，建立健全市场信用服务体系；引导社会资本进入金融领域，鼓励民营资本依法设立金融租赁、物流金融、消费金融、财务公司等金融机构，实现信贷资金供给主体多元化；指导和推动企业与信贷机构和境内外资本市场、债券市场的直接对接，支持金融机构研发针对具有"轻资产"属性的金融信贷产品供给。

三是切实转变思想，做好全方位优质服务。切实转变思想，坚持"无事不扰、有求必应"的原则为企业提供服务。建立入企联络员机制，通过下沉调研、企业座谈等形式，了解企业实际经营情况和问题；建立企业需求清单，提高对企业的认知度；以线上线下相结合的方式，开展政策制度讲座等活动，打通政策"最后一公里"；构建对政策法规执行效果的反馈与评价机制，根据实际执行效果不断优化政策标准，保证企业受到同等待遇；营造全社会激发和保护企业家精神的良好氛围，表彰为经济社会做出突出贡献的优秀企业家；创新部门评议模式，构建完善涉企部门与非公企业的双向评价机制。

四是健全激励和惩戒机制，营造公平法制的良好氛围。加快商事主体信息化、信用信息共用共享等平台建设，推进经营主体信用体系建设，推进"双随机、一公

开"监管，着力搭建企业登记注册、涉企行政执法、消费维权等系统，实现与企业信用信息公示系统、信用信息门户网站的数据共享和实时链接；发挥好守信联合激励和失信联合惩戒的最有效手段作用，做好"信用江西""信用南昌"等门户网站的公示工作，营造守信受益、失信受限的联合奖惩大格局，打造"诚信江西"名片。

五是加强公共服务能力建设，着力打造服务型政府。深入推进教育信息化应用体系建设，鼓励有条件的学校推进数字化学习中心、数字化校园等信息平台建设，提升教育技术水平；实施扶贫攻坚医疗救助病情核查专项工作，采取乡村医生签约服务、巡回医疗等方式，为贫困群众提供基本医疗服务；充分利用中国（深圳）国际文化产业博览交易会等平台，宣传推介江西省陶瓷、中医药等特色文化，提升江西省文化影响力；构建诉讼服务平台，实现办案、案件查询等事项的全流程网络化。

### （六）注重现代化综合交通体系建设，促进资源高效流通

一是积极推进铁路设施建设。推进昌吉赣客专、赣深客专、昌九客专、长赣铁路、瑞梅铁路、咸宜（新）吉等铁路项目建设，特别是大力推进昌赣、赣深高铁建设，打通对接粤港澳大湾区的南下主通道，实现南昌、赣州融入粤港澳大湾区2~3小时经济圈。

二是加快打造航空综合交通枢纽。推进南昌昌北国际机场三期扩建和赣州黄金机场改扩建等项目建设，加密南昌、赣州等地至深圳、珠海航班，争取开通赣州、宜春等地至大湾区国内航线，促进江西省与大湾区人流、物流、资金流、信息流的高效流通。

**作者：**

杨兴峰　江西省科学院科技战略研究所博士

说明：此成果已发表在《科技中国》2020年，第5期。

# 国际疫情蔓延下江西对外经贸合作的态势及应对策略

王俊姝　胡紫祎　冯雪娇

> **摘要：** 2020年，全球范围新型冠状病毒肺炎疫情蔓延严重扰乱各国经济秩序，国际经贸合作形势持续演变，影响了江西省全面复工复产工作。为稳定对外经济贸易合作对江西省经济的拉动作用，本报告总结了国际疫情形势和江西省对外经贸合作的特点，分析了江西省进出口贸易和吸引外资所面临的挑战与机遇，在此基础上提出了江西省"稳外贸、稳外资"的对策建议。

在省委省政府的坚强领导下，江西省新型冠状病毒肺炎疫情得到了有效控制，进入防控境外输入病例和全面复工复产的阶段，2020年1—4月进出口贸易实现逆势上涨。然而，国际新冠肺炎疫情持续蔓延。疫情中心美国和欧洲经济恢复形势尚不明朗；拉丁美洲、非洲和印度疫情升级，仍处于疫情快速发展期。新冠肺炎疫情暴发扰乱各国经济秩序的形势仍将持续演变，对国际贸易造成的长期影响逐渐凸显。为做好"稳外贸、稳外资"工作，促进对外经济贸易合作对江西省经济的拉动作用，本报告分析了国际疫情形势和江西省对外经贸合作的特点，研究了江西省进出口贸易和吸引外资所面临的挑战和机遇，并提出相关对策建议。

## 一、国际疫情蔓延对江西省经贸合作的挑战

从国际来看，全球六大洲超过200个国家受到新冠肺炎疫情的影响。其中，北美洲地区美国，欧洲地区意大利、西班牙、英国、法国，亚洲地区日本、韩国和伊朗疫情最为严重，东南亚地区、拉丁美洲和非洲地区疫情不断升级。受疫情影响，

世界多地区和国家服务业停顿，工厂生产活动减缓甚至停产，国境封锁，国际物流受限，直接导致国际经贸合作大幅缩减。

从江西省来看，2019年江西省外贸依存度（进出口额/GDP）为14.19%，低于全国平均水平，相比于广东、上海、北京等外贸大省市，江西省受国际疫情冲击更小。但是，2010—2019年，江西省对外经贸合作均呈现稳定增长的态势，进出口体量总体上逐年攀升；吸引外资规模增大，增速高于同期全国平均水平。因此，江西省主要贸易合作国家疫情的蔓延对江西省经济发展仍具有一定的冲击（图1、图2）。

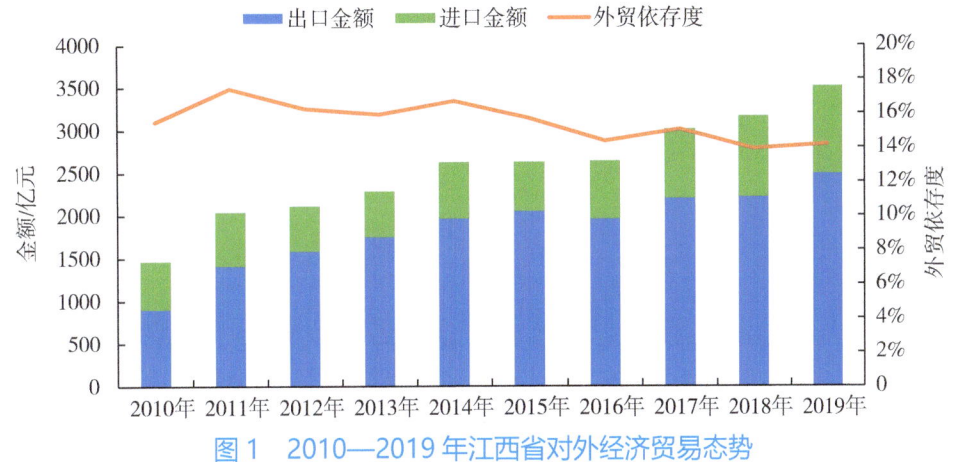

图1 2010—2019年江西省对外经济贸易态势

注：数据来源于江西省统计局和南昌海关统计数据。

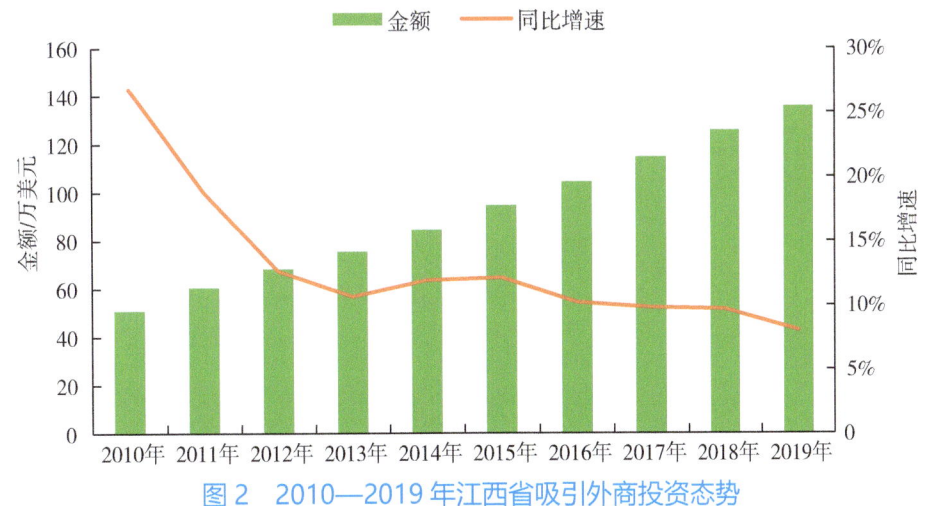

图2 2010—2019年江西省吸引外商投资态势

注：数据来源于江西省统计局和商务厅统计数据。

挑战之一：疫情严重国家和地区贸易放缓，消费品、制造业中间品和资本品出口面临"严冬"考验。

一是对主要贸易伙伴出口贸易下滑压力大。2019年，江西省对外出口贸易伙伴主要集中在亚洲、欧洲和北美洲，占比分别达到53.21%、18.28和15.96%。其中，亚洲地区的主要贸易伙伴是东盟、中国香港、韩国和日本，出口额分别占出口总额的19.54%、10.86%、4.46%和4.20%；欧洲地区对欧盟国家出口额占比为16.28%；北美洲地区对美国出口额占比达到14.26%。此外，对美国、欧盟、日本和韩国等疫情严重国家和地区出口贸易额达到978.74亿元，占出口总额的39.20%，受疫情冲击2020年第二季度面临下滑压力（表1）。2020年4月，江西省对亚洲、拉丁美洲、非洲和大洋洲出口环比分别下降24.95%、39.46%、7.96%和4.03%。一方面，因疫情积压订单3月集中出口基数大；另一方面，疫情造成的影响逐渐显现。

表1　2019年江西省出口贸易地区和国家

| 地区、国家 | 出口额/亿元 | 同比增速 | 占比 |
| --- | --- | --- | --- |
| 亚洲 | 1328.29 | 15.14% | 53.21% |
| 　　东盟* | 487.84 | 20.67% | 19.54% |
| 　　中国香港 | 271.10 | 31.04% | 10.86% |
| 　　韩国 | 111.24 | −6.62% | 4.46% |
| 　　日本 | 104.98 | 14.51% | 4.20% |
| 欧洲 | 456.23 | 29.64% | 18.28% |
| 　　欧盟* | 406.42 | 32.37% | 16.28% |
| 北美洲 | 398.46 | −0.37% | 15.96% |
| 　　美国 | 356.10 | −3.74% | 14.26% |
| 拉丁美洲 | 154.16 | 5.44% | 6.17% |
| 非洲 | 111.73 | −15.32% | 4.48% |
| 大洋洲 | 47.58 | 21.09% | 1.91% |

注：*代表国际组织，由多个国家组成。数据来源于南昌海关统计数据。

二是国际消费品需求骤降，经济活动放缓拖累中间品、资本品出口贸易。2019年江西省对外出口主要商品包括机电产品、高新技术产品和消费品，占比分别达到50.64%、28.41%和25.61%（机电产品和高新技术产品存在交叉）（表2）。疫情期间，大部分国家减少非必要服务行业活动，造成除医药和生活必需品外，消费市场大幅缩减。服装及衣着附件、文化产品、鞋类、家具及其零件、玩具、箱包及类似容器等消费品制造业面临新订单获取困难的问题。此外，疫情导致海外工厂生产活动减缓甚至停产，生产所需原材料、中间品和资本品消耗下降。除了农产品、医药品和医疗仪器外，其他机电产品、高新技术产品、工业生产原料和中间品（二极管入半导体器件、钢材、电线电缆等）出口贸易下滑趋势在2020年第二季度逐渐显现。

表2 2019年江西省出口主要商品类型

| 商品类型 | 出口额/亿元 | 占比 |
| --- | --- | --- |
| 机电产品* | 1264.40 | 50.64% |
| 高新技术产品* | 709.32 | 28.41% |
| 消费品 | 639.43 | 25.61% |
| 手持或车载无线电话机 | 148.97 | 5.97% |
| 二极管及类似半导体器件 | 133.61 | 5.35% |
| 太阳能电池 | 113.17 | 4.53% |
| 灯具、照明装置及零件 | 72.18 | 2.89% |
| 陶瓷产品 | 68.20 | 2.73% |
| 纺织纱线、织物及制品 | 60.86 | 2.44% |
| 塑料制品 | 51.30 | 2.05% |
| 未锻轧铜及铜材 | 47.54 | 1.90% |
| 钢材 | 42.93 | 1.72% |
| 农产品 | 36.91 | 1.48% |
| 医药品 | 31.13 | 1.25% |
| 电线和电缆 | 31.09 | 1.25% |

注：*表示机电产品与高新技术产品存在交叉，后文不再特别指出。数据来源于南昌海关统计数据。

三是欧盟、美国、韩国和日本等疫情严重国家和地区对江西省出口贸易影响具有产业差异性。江西省对欧盟、美国、韩国和日本出口的主要商品类别及份额存在差异，上述国家和地区对江西省的出口贸易表现出不同程度的影响。2019 年江西省对欧盟出口额达到 406.42 亿元，出口主要商品类型包括机电产品、高新技术产品、文化产品、二极管及类似半导体器件、光伏产品和太阳能电池，主要是工业中间产品和资本品；消费品出口额占比 21.78%，低于美国、韩国和日本平均值。2019 年江西省对美国出口额达到 356.10 亿元，其中消费品出口额达 142.12 亿元，占总出口额比例达 39.91%，远高于其他国家和地区水平。美国目前是全球疫情最严重地区，造成江西省消费品出口贸易面临巨大冲击。2019 年江西省对韩国和日本出口额分别为 111.24 亿元和 104.98 亿元，主要出口产品类型包括机电产品、消费品和高新技术产品。此外，江西省对日本出口农产品、稀土及其制品比例较其他国家和地区高，分别达到 4.17% 和 2.14%（图 3 至图 5）。

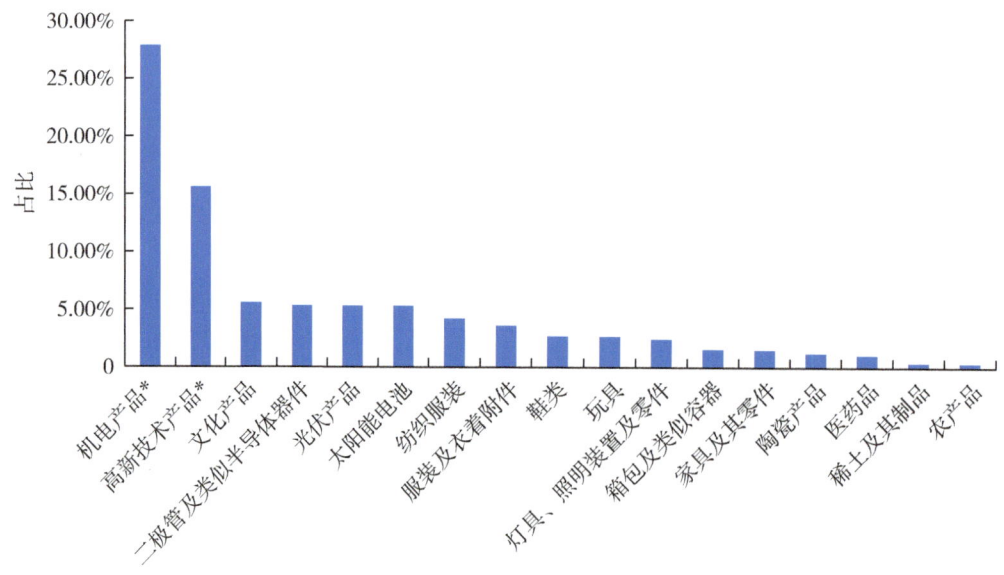

图 3　2019 年江西省对欧盟出口主要商品类型

注：数据来源于江西省商务厅统计数据。

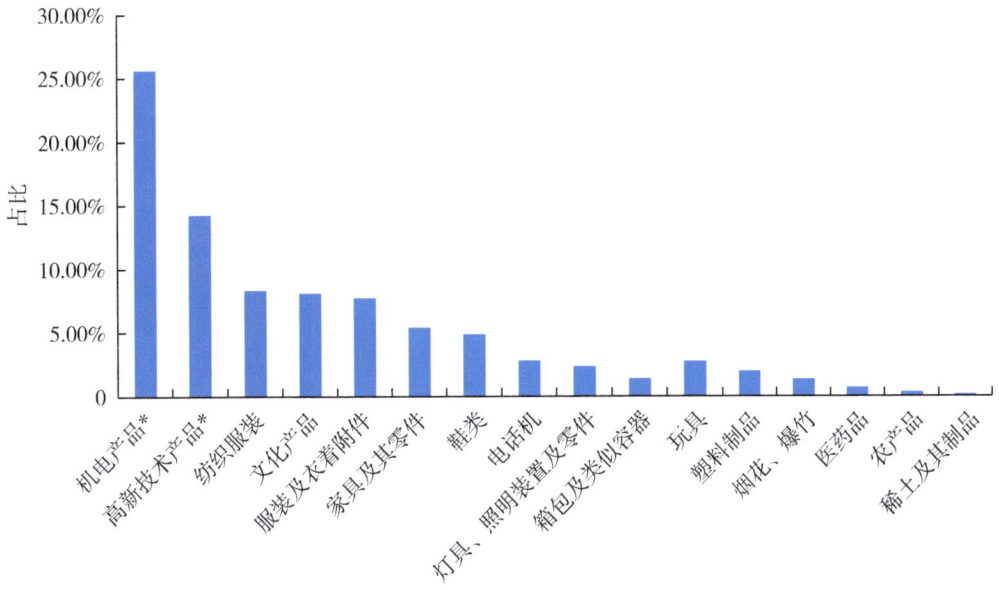

图4 2019年江西省对美国出口主要商品类型

注：数据来源于江西省商务厅统计数据。

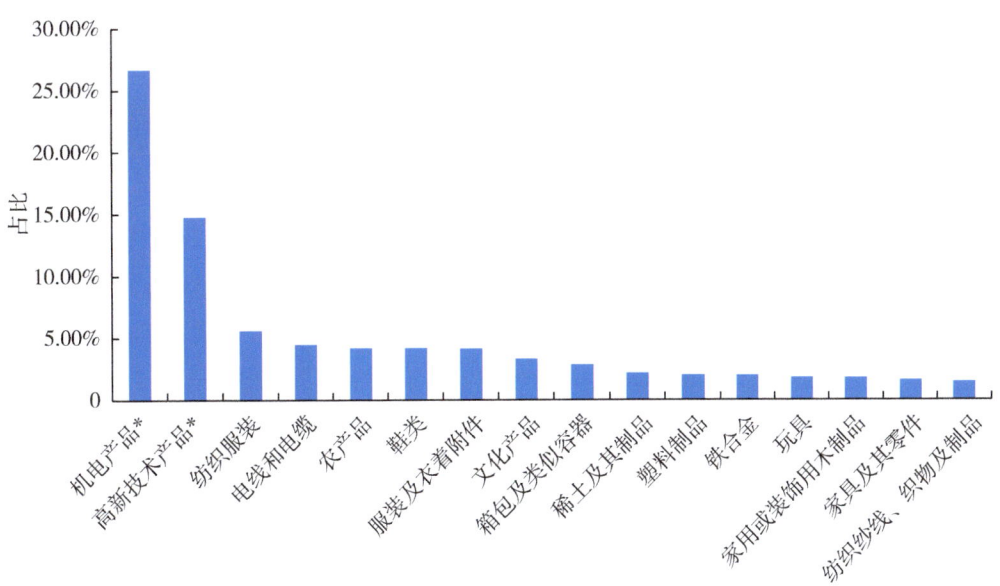

图5 2019年江西省对日本出口主要商品类型

注：数据来源于江西省商务厅统计数据。

挑战之二：疫情导致制造业原材料、零部件和资本品供给困难，现有产业链、供应链面临"断链"风险。

一是亚洲地区贸易伙伴对江西省产业链、供应链影响大。2019年江西省进口贸易主要集中在亚洲、拉丁美洲和非洲，占总进口额比例分别为59.57%、14.11%和10.90%，从欧洲和北美洲地区进口比例较小。其中，亚洲地区的主要贸易伙伴有日本、中国台湾、韩国和东盟，进口贸易额占比分别达到14.13%、13.82%、13.30%和9.96%。受疫情影响，需关注对日本、韩国和东盟国家的贸易态势并防范相关产业链和供应链断裂风险（表3）。

表3　2019年江西省进口贸易地区和国家

| 地区、国家 | 进口额/亿元 | 占比 |
| --- | --- | --- |
| 亚洲 | 604.86 | 59.57% |
| 　　日本 | 143.45 | 14.13% |
| 　　中国台湾 | 140.32 | 13.82% |
| 　　韩国 | 135.03 | 13.30% |
| 　　东盟* | 101.16 | 9.96% |
| 拉丁美洲 | 143.32 | 14.11% |
| 非洲 | 110.67 | 10.90% |
| 大洋洲 | 68.11 | 6.71% |
| 欧洲 | 67.12 | 6.61% |
| 　　欧盟* | 60.12 | 5.92% |
| 北美洲 | 21.38 | 2.11% |
| 　　美国 | 16.83 | 1.66% |

注：数据来源于南昌海关统计数据。

二是依赖进口的中间品和资本品供给存危机。江西省进口商品主要是资源性产品、工业初级品、中间品和资本品，消费品进口份额较小。2019年江西省进口商品中资源性产品和初级产品（包括铜矿砂及其精矿、铁矿砂及其精矿、纸浆、废铜、锯材、初级形状的塑料、农产品、煤及褐煤、原木等）占总进口额的 32.04%，此类商品具有进口源广且可替代的特点，受疫情冲击的影响可有效防范（表4）。相对而言，江西省对工业中间品和资本品进口需求较大。2020 年第一季度江西省机电产品、高新技术产品和集成电路进口额分别同比增长 54.6%、56.94% 和 88.11%。在疫情影响下，仍逆势大幅增长。另外，江西省通断保护电路装置及零件、液晶显示器、锯材和二极管及类似半导体器件等工业中间品需求也较大。特别需要关注面临"卡脖子"窘境、高度依赖进口的重要元器件、工业中间品，防范疫情导致的供应紧张问题。还有，美国对中国实行高科技技术封锁，也威胁江西省电子产业等高新技术企业疫情后发展。

表4　2019年江西省进口主要商品类型

| 商品名称 | 商品类型 | 进口额/亿元 | 占比 |
| --- | --- | --- | --- |
| 机电产品* | | 540.42 | 53.22% |
| 高新技术产品* | | 453.94 | 44.70% |
| 集成电路 | 中间品 | 317.69 | 31.29% |
| 未锻轧铜及铜材 | 初级产品 | 107.90 | 10.63% |
| 铜矿砂及其精矿 | 资源性产品 | 90.27 | 8.89% |
| 铁矿砂及其精矿 | 资源性产品 | 38.96 | 3.84% |
| 纸浆 | 初级产品 | 33.44 | 3.29% |
| 废铜 | 初级产品 | 16.43 | 1.62% |
| 通断保护电路装置及零件 | 中间品 | 13.42 | 1.32% |
| 液晶显示板 | 中间品 | 11.14 | 1.10% |
| 锯材 | 中间品 | 7.90 | 0.78% |
| 初级形状的塑料 | 初级产品 | 7.87 | 0.78% |
| 农产品 | 初级产品 | 7.32 | 0.72% |
| 纺织纱线、织物及制品 | | 6.77 | 0.67% |
| 非泡沫塑料板、片、膜、箔 | 中间品 | 6.38 | 0.63% |
| 二极管及类似半导体器件 | 中间品 | 5.39 | 0.53% |

续表

| 商品名称 | 商品类型 | 进口额/亿元 | 占比 |
| --- | --- | --- | --- |
| 煤及褐煤 | 资源性产品 | 3.47 | 0.34% |
| 原木 | 资源性产品 | 2.90 | 0.29% |
| 塑料制品 | | 2.13 | 0.21% |

注：数据来源于南昌海关统计数据。

三是电子产业等制造业受日本和韩国影响。日本和韩国在机电产业、电子产业等相关制造业领域处于领先水平，与江西省存在十分紧密的贸易往来。2019年，江西省从日本和韩国进口主要商品类型有机电产品、高新技术产品和集成电路，具体包括电器及电子产品、电子技术、处理器及控制器等。因此，日本和韩国经济活动放缓可能会集中影响江西省电子产业及相关制造业的发展（图6、图7）。

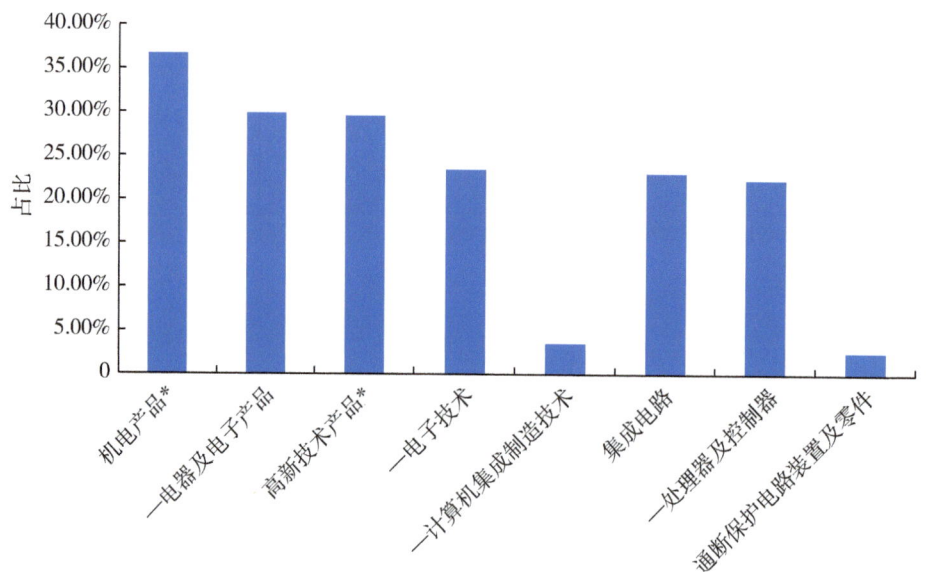

图6　2019年江西省从日本进口主要商品类型

注：数据来源于江西省商务厅统计数据。

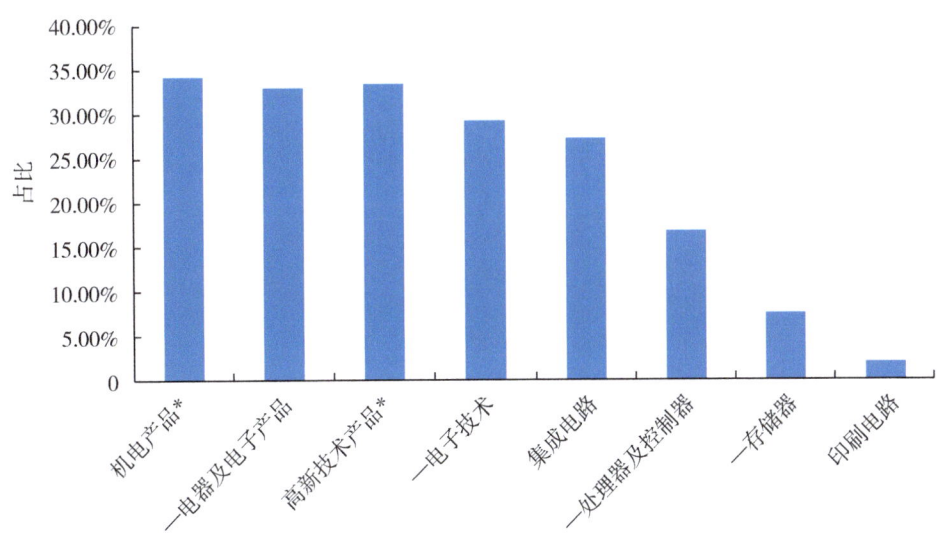

**图7　2019年江西省从韩国进口主要商品类型**

注：数据来源于江西省商务厅统计数据。

**挑战之三**：客运流动制约外贸企业海外推广和投资活动，消费需求下挫加剧投资观望情绪。

一是疫情蔓延制约传统模式投资活动。2019年对江西省投资排名前10位的国家和地区的投资比例高达96.17%（按实际使用外资统计）。其中，中国香港地区投资比例最高，为79.54%，受疫情影响严重的国家和地区投资比例为10.39%（日本、美国、荷兰、德国、法国和英属维尔京群岛）（表5）。目前我国大幅削减国际航班客运量，暂时停止外国人持有效来华签证和居留许可入境，暂停实施口岸签证及过境、旅行团等免签政策；江西省暂停所有出入境国际客运航班。另外，疫情的蔓延造成大量海内外展示会延期或取消，这些都将影响传统模式外商投资活动。

**表5　2019年江西省外商直接投资国别（地区）构成**

| 国别（地区） | 新批外商投资企业数/个 | | 合同外资金额/万美元 | | 实际使用外资金额/万美元 | |
| --- | --- | --- | --- | --- | --- | --- |
| | 个数 | 比例 | 金额 | 比例 | 金额 | 比例 |
| 合计 | 544 | — | 1 083 541 | — | 1 357 905 | — |
| 中国香港 | 405 | 74.45% | 676 746 | 62.46% | 1 080 141 | 79.54% |

续表

| 国别（地区） | 新批外商投资企业数/个 | | 合同外资金额/万美元 | | 实际使用外资金额/万美元 | |
|---|---|---|---|---|---|---|
| | 个数 | 比例 | 金额 | 比例 | 金额 | 比例 |
| 英属维尔京群岛 | 4 | 0.74% | 8047 | 0.74% | 63 020 | 4.64% |
| 中国台湾 | 53 | 9.74% | 57 483 | 5.31% | 59 775 | 4.40% |
| 法国 | 1 | 0.18% | 7543 | 0.70% | 24 689 | 1.82% |
| 美国 | 6 | 1.10% | 5416 | 0.50% | 20 361 | 1.50% |
| 荷兰 | 0 | 0.00% | -5890 | 0.00% | 20 166 | 1.49% |
| 新加坡 | 4 | 0.74% | 16 969 | 1.57% | 13 185 | 0.97% |
| 中国澳门 | 29 | 5.33% | 9622 | 0.89% | 11 861 | 0.87% |
| 日本 | 4 | 0.74% | 61 | 0.01% | 7336 | 0.54% |
| 德国 | 1 | 0.18% | 2486 | 0.23% | 5435 | 0.40% |
| 其他 | 37 | 6.80% | 305 058 | 28.15% | 51 936 | 3.82% |

注：数据来源于江西省商务厅数据。

二是制造业直接投资首当其冲。从直接投资行业结构分析，2019年江西省制造业实际使用外资金额占比高达61.87%，而金融业，信息传输、软件和信息技术服务业吸引外商直接投资少，仅占总投资金额的1.81%。疫情导致生产、生活活动减缓，经济下行压力带来需求萎缩，面向国际需求的制造业投资面临下滑趋势（表6）。

表6 2019年江西省外商直接投资行业结构

| 类别 | 项目数/个 | 合同外资金额/万美元 | 实际使用外资金额/万美元 | |
|---|---|---|---|---|
| | | | 金额 | 占比 |
| 总计 | 594 | 888 380 | 1 257 166 | — |
| 制造业 | 349 | 559 434 | 777 838 | 61.87% |
| 房地产业 | 14 | 42 746 | 117 284 | 9.33% |
| 农林牧渔业 | 24 | 32 400 | 66 727 | 5.31% |
| 交通运输仓储和邮政业 | 4 | 6024 | 30 972 | 2.46% |

续表

| 类别 | 项目数/个 | 合同外资金额/万美元 | 实际使用外资金额/万美元 | |
|---|---|---|---|---|
| | | | 金额 | 占比 |
| 信息传输、软件和信息技术服务业 | 22 | 57 210 | 12 507 | 0.99% |
| 金融业 | 1 | 20 737 | 10 321 | 0.82% |
| 建筑业 | 5 | 4015 | 4286 | 0.34% |
| 采矿业 | | −479 | 1880 | 0.15% |

注：数据来源于江西省商务厅数据。

## 二、国际疫情蔓延给江西省经贸合作带来的新机遇

### （一）国际抗疫医疗物资缺口巨大，医疗器械产业迎"出海"窗口期

疫情的快速发展造成了短期内全球大范围抗疫医疗物资紧缺，特别是口罩、防护服、检测试剂、呼吸机、CT等需求量大的医疗器械。医疗器械产业是江西省优势产业之一，拥有具有集聚优势的产业集群和一批规模以上医疗器械生产和经营企业。在满足自身需求的前提下，江西省积极协调医疗物资出口。截至2020年4月14日，全省已向美国、欧盟等102个国家和地区出口口罩4.06亿只、防护服473.21万件，医用防护物资自营出口额达8000万美元，成为外贸新增长点。

### （二）中医药抗疫彰显疗效，迎"走出去"良机

中医药在我国、江西省抗击新冠肺炎过程中都发挥了重要的作用，全国新冠肺炎确诊病例中，使用中医药比例高达91.5%，临床疗效观察显示中医药总有效率达到了90%以上。目前，我国与世卫组织合作，通过编制英文版本新冠肺炎中医药诊疗方案、远程医疗视频会议、派遣中医治疗团队和捐赠中成药、饮片、针灸针等途径为世界提供中医药抗疫方案。江西省组建中医医疗队驰援乌兹别克斯坦抗疫。中医药疫情防控经验和中医药文化传播到海外给中医药创造了"走出去"良机。江西省是中医药传统大省，在中草药资源、中医药产业规模和创新平台方面具有比较优势。江西省拥有中药材资源3000多种、道地药材20多种，以"樟帮""建昌帮"

闻名的中药炮制技术和旴江医学在海内外有着重要影响，有"药不到樟树不齐，药不过建昌不灵"之说，是中医文化的响亮名片。

### （三）内陆开放型经济试验区建设，迎"量质双高开放"新时机

国际疫情持续蔓延升级的背景下，中国疫情已实现有效管控，经济率先重启后制造业表现出超出预期的韧性和企稳能力，增加了国际市场投资者的长期信心。特别是中国庞大的消费市场规模，持续拉动经济增长。此外，江西省近年来着力打造双向开放高地，开放型经济主要指标增幅位次列全国第一方阵，高于全国平均水平，呈现跨越式发展的态势。特别是2020年4月江西省获批设立内陆开放型经济试验区，对外融入共建"一带一路"，对内参与长江经济带发展、对接粤港澳大湾区建设、参与长三角区域一体化发展。江西省将在促进贸易和投资自由化便利化、降低综合物流成本、承接境内外产业集群转移等方面发力，努力营造内外联动、双向双济的全面开放新格局。经济重启后，江西省良好的营商环境、生态环境和政策加持下的对外开放格局，必将吸引国内外资本涌入。

## 三、国际疫情蔓延下江西省经贸合作应对策略

### （一）多措并举，全力推进中医药产业国际化发展

一是宣传中医保健理念，推动保健品出口。加大宣传力度，采用多媒介、多途径宣传中医养生保健理论和养生文化，依托已经建立的海外中医药中心推广；侧重食疗食养产品出海，开发药食同源道地药材，打造"赣十味"和"赣食十味"等赣药品牌；制作食疗食养产品、艾灸原理、热敏灸治疗仪疗效海外宣传册，推介江中猴姑饼干、江中猴姑早餐米稀等品牌产品；在欧美等针灸接受度高的地区，推广热敏灸治疗仪。

二是以医带药，发挥中医独特优势。彰显中医药疗效，避免废医存药的倾向。依托江西中医药大学在突尼斯、瑞典等国设立的中医中心和热敏灸分院开展中医医师培训、人才交流、诊疗等活动，传播中医药文化；鼓励和扶持优秀的、有条件的中医药企业和中医医疗机构以独资、合资、合作方式到境外开办中医医院、连锁诊

所等中医药服务机构，开展中医药服务；支持鼓励龙头企业和相关机构依托国家级、省级重点实验室，开展中药新药、新剂型研发，立足经典名方发掘、二次开发、研发符合国际市场需求的中医药产品和国际市场接受度高的剂型，打造优势品牌，占领国际市场；重视国际知识产权保护，设立专项基金对申请国际专利的企业给予资金支持，形成知名品牌，扩大国际市场份额。

三是对标国际标准，促进医疗器械产业高端发展。依托进贤医疗器械窗口服务平台，加强力度宣传国际医疗器械技术标准，设立创新基金资助企业在产品创新和生产环节对接国际标准，提升产品安全性和有效性；针对进贤医疗器械产业集群，支持第三方医疗器械质量检测平台发展，对医疗器械质量检测双方均给予资助，助力企业研发和生产过程中产品质量检测工作；加强对第三方医疗器械质量检测平台的监管，落实国家检测标准的执行，强化医疗器械质量检测设备和工作人员的技术水平，切实发挥有效的质量检测对医疗器械质量改善的促进作用，促进医疗器械产业向高端迈进。

## （二）延链固链，加快建立产业链上下游企业联动机制

一是制定稳定产业链、供应链方案。依托江西省近期实施的产业链链长制，围绕电子信息、生物医药、现代家具、汽车等江西省重点进出口产业，调研梳理产业链发展现状、重点企业供应链关键流程、疫情冲击带来的重大困难等，建立产业链、供应链断裂预警机制及危机应对方案，实现"一行业一方案一政策"，精准打通产业链、供应链当前面临的堵点、断点，畅通产业循环和市场循环；针对江西省高度依赖进口的机电产品、高新技术产品、集成电路等领域重要元器件、工业中间品，制定关键共性技术清单，依托与中科院、工程院等"国字号"研究机构及知名企业的合作，突破行业"卡脖子"困境。

二是建立产业链上、下游联动机制。依托建设鄱阳湖国家自主创新示范区、打造南昌大都市圈和布局电子信息产业带的"一轴四城十基地"等促进区域协同发展规划，聚焦各区域重点发展领域，因地制宜推进产业链延伸，完善产业链核心配套，以关联大项目带动建立产业链上下游企业联动配合机制，提高产业抗风险能力；针对汽车、半导体、机电等长链条产业，以终端产品应用为切入，以龙头企业

带动为抓手，加快推进产品研发、制造、生产、测试等相关产业链式发展。

三是发挥好科技支撑作用。全面推进工业企业网络化、数字化、智能化升级改造，加快企业内网实现 IT 化、扁平化、柔性化，为工业互联网发展打下良好基础；推动工业企业外网建设，为实现产业链上下游各环节的泛在互联与数据顺畅流通提供保障；建立产业链共享云平台，为各类受疫情影响的企业提供在线需求供给信息、跟踪需求信息状态等在线服务。

### （三）数字转型，全面赋能中小微企业度外贸"严冬"

一是推进中小微企业数字化转型。依托"工业云""企业云""中小企业'e 企云'"等公共服务平台，加快中小微企业设备上云和业务系统向云端迁移；建设数字经济产业云计算中心，面向对外经贸中小微企业共性需求，在算力、算法、数据方面提供基础设施级服务（IaaS）、平台级服务（PaaS）和软件级服务（SaaS），降低对 IT 软硬件设施的购置运营成本，提升企业对领域应用类软件的研发水平，支撑企业开展个性化定制服务、网络精准营销和在线支持服务等，降低因客运流动限制造成的订单丢失、库存积压和员工招聘困难等带来的风险；引导有基础、有条件的中小微企业应用低成本、模块化、易使用、易维护的先进智能装备和系统，建设一批智能生产线、智能车间和智能工厂，实现精益生产、敏捷制造、精细管理和智能决策。

二是促进产业集群数字化发展。支持兆驰半导体、江铃联成、科源电子等龙头骨干企业立足中小微企业共性需求，搭建资源和能力共享平台，在重点领域实现设备共享、产能对接、生产协同；支持产业集群内中小企业以网络化协作弥补单个企业资源和能力的不足，通过协同制造平台整合分散的制造能力，实现技术、产能、订单与员工共享，快速响应疫情期间的海内外市场需求。

三是培育对外经贸新业态新模式。依托南昌、赣州跨境电子商务综合试验区、江西内陆开放型经济试验区，借助政策和先行先试的利好，壮大数字贸易、跨境电商等新业态新模式；利用阿里巴巴、亚马逊等国际跨境主流平台和自建垂直型跨境电商平台，助力中小微企业直接参与全球市场竞争，收集终端用户需求，掌握最新市场动态，实现中小微企业在产品研发和国际市场运营能力上的快速提升；鼓励外贸综合服务企业运用大数据、互联网等新一代信息技术，为中小微企业开拓国际市场、降低贸易成本、缓解融资困难等提供精准服务。

**课题组成员：**

  王俊姝 江西省科学院科技战略研究所副研究员

  胡紫祎 江西省科学院科技战略研究所硕士研究生

  冯雪娇 江西省科学院科技战略研究所副所长、副研究员

# 创新能力开放合作研究

饶德明　冯雪娇

> **摘要：** 创新与开放占据了五大发展理念中的两位。自主创新是我国赢得科技创新国际竞争力的必由之路，开放合作是提升科技创新能力的重要途径。随着我国在世界科技发展中的地位不断提升，科技创新领域的开放合作在建设世界科技强国事业中的重要性正不断凸显。本报告对我国科技创新开放合作现状进行了分析，总结了广东省、浙江省、安徽省3个省份及一些代表性的企业开放创新的经验，为江西省科技创新开放合作提供借鉴和参考，并提出了一些对策建议。

《国务院关于印发积极牵头组织国际大科学计划和大科学工程方案的通知》中讲到，要落实全国科技创新大会精神，统筹推进"五位一体"总体布局和协调推进"四个全面"战略布局，牢固树立和贯彻落实创新、协调、绿色、开放、共享的发展理念，按照《国家创新驱动发展战略纲要》总体要求和外交总体布局，坚持中方主导、前瞻布局、分步推进、量力而行的整体思路，以全球视野谋划科技开放合作，深入落实"一带一路"倡议，坚持"引进来"和"走出去"并重，遵循共商共建共享原则，积极牵头组织实施大科学计划，着力提升战略前沿领域创新能力和国际影响力，打造创新能力开放合作新平台，加强创新能力开放合作，形成陆海内外联动、东西双向互济的开放格局，推进构建全球创新治理新格局和人类命运共同体，为建设创新型国家和世界科技强国提供有力支撑，为中国特色大国外交做出重要贡献。

在此大背景下，江西省委十四届六次全体（扩大）会议上，刘奇同志根据江西省发展的现状提出了"创新引领、改革攻坚、开放提升、绿色崛起、担当实干、兴赣富民"的24字方针,强调科技创新与开放合作对于江西省迅速崛起的重要性,同时也将其作为后续工作的指导思想,为不断开拓富裕美丽幸福现代化江西建设的新境界擘画了蓝图。

## 一、全球创新能力水平与科技开放趋势

2018年7月10日,世界知识产权组织与康奈尔大学约翰逊商学院联合发布了2018年全球创新指数(The Global Innovation Index 2018),中国的国际排名从第22名跃升至第17名。中国的创新能力突出表现在以下几个方面。

### (一)研发能力显著增强

全球性研发公司、进口高科技产品、高校就读学生等指标均大幅提升,尤其是从绝对数量看,中国的研发投入、研发人员数量、专利和论文数量等居于世界第1位或第2位。

### (二)国际科技合作越发深入

从全球范围看,各国尤其是发达国家非常重视科技领域的对外开放,主要的科技创新高地往往也是国际创新资源集聚、学术交流活跃高地。美国科技计划中除涉及军事秘密和敏感技术外,农业部、科学基金会设置的国家级研究计划大部分是对外开放的,欧盟也先后推进了尤里卡计划、伽利略计划等多个国际大科学计划。这些国际科技合作计划,使发达国家可以更多利用外部的研发资金和优秀人才,抢占科技革命制高点。改革开放40年来,中国在科技领域的国际合作经历了从人员培训到项目产能合作的过程,现在正在进入全面深度研发合作阶段。

### (三)开放创新力度逐渐加大

近年来,随着国际化人才的汇聚和科研实力的提升,中国政府和许多科研机构、高校、企业都逐步具备了利用全球科技资源开展创新的能力。例如,华为已与

全球近 30 多个国家和地区的 400 多所研究机构及 900 多家企业开展创新合作。中国在科技领域上对外开放的力度逐渐加大。

坚持自主创新并不等于闭门造车，应当坚持既独立自主又开放借鉴的原则，坚持扩大科技领域对外开放，充分利用国际创新资源，开辟多元化合作渠道。科技创新是引领发展的第一动力，开放合作是构建"一带一路"命运共同体的内在要求。加强科技创新能力，扩大开放合作，是我国统筹利用两个市场、两种资源，保障中国和世界产品有效供给，服务中国整体外交战略的必经之路。

## 二、国内科技创新与开放合作

党的十八大以来，在以习近平同志为核心的党中央坚强领导下，创新驱动发展战略得到全面实施，创新作为引领发展的第一动力，被列为五大发展理念之首，摆在国家发展全局的核心位置。经过 5 年的努力，我国科技创新能力显著增强，创新活力竞相迸发，重大成果不断涌现，为培育经济发展新动能，推动经济保持中高速增长、产业迈向中高端水平提供了有力支撑。

### （一）创新驱动

以创新为第一动力，发展质量和效益同步提升。这几年，蛟龙、天眼、悟空、墨子、慧眼、大飞机等一大批代表性重大科技创新成果相继涌现，不断刷新公众的科技感知力。量子调控、铁基超导、合成生物学步入世界领先行列，持续增进国人的科技自豪感。5 年来，全社会研发投入年均增长 11%，规模跃居世界第 2 位。科技进步贡献率由 52.2% 提高到 57.5%。由跟跑为主转向更多领域并跑、领跑，我国科技创新能力显著提升，科技创新水平加速迈向国际第一方阵。

**1. 科技创新投入持续增加**

研发经费投入规模跃居世界第 2 位。据统计，2017 年全国研发经费投入总量为 1.75 万亿元，比 2012 年增长 69.9%，年均增长 11.2%。按汇率折算，我国研发经费总量在 2013 年超过日本，成为仅次于美国的世界第二大研发经费投入国家（图 1）。

近年来，我国研发经费投入强度（研发经费与GDP之比）持续提高，2014年达到2.02%，首次突破2%，2017年为2.12%，比2012年提高0.21个百分点。目前，我国研发经费投入强度已达到中等发达国家水平，居发展中国家前列。

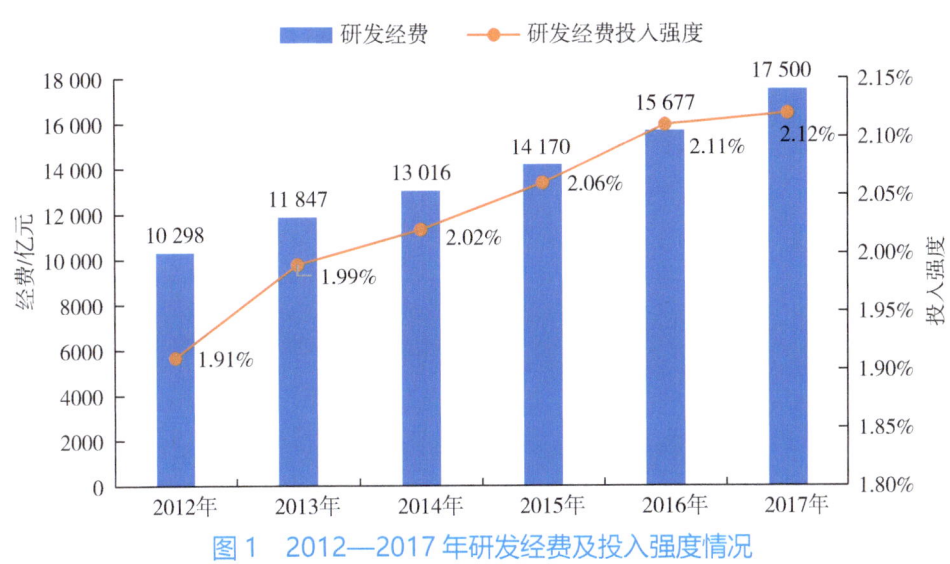

图1　2012—2017年研发经费及投入强度情况

注：数据来源于国家统计局社科文司。

此外国家财政科技支出的稳步增长为我国科技计划顺利实施提供了坚强保障。2017年，国家重点研发计划共安排42个重点专项1115个科技项目，国家科技重大专项共安排454个课题，国家自然科学基金共资助43 935个项目。各项科技计划着力攻克一批关键和前沿技术，对高技术的集成应用和产业化示范做出了统筹部署。

税收减免政策落实效果显著，研发费用加计扣除减免税、高新技术企业减免税等政策的不断完善，对落实创新驱动发展战略、促进产业升级发挥了积极作用。2017年我国规模以上工业企业享受研发费用加计扣除减免税和高新技术企业减免税分别为569.9亿元和1013.9亿元，分别比2012年增长90.9%和92.2%，年均分别增长13.8%和14.0%（图2）。

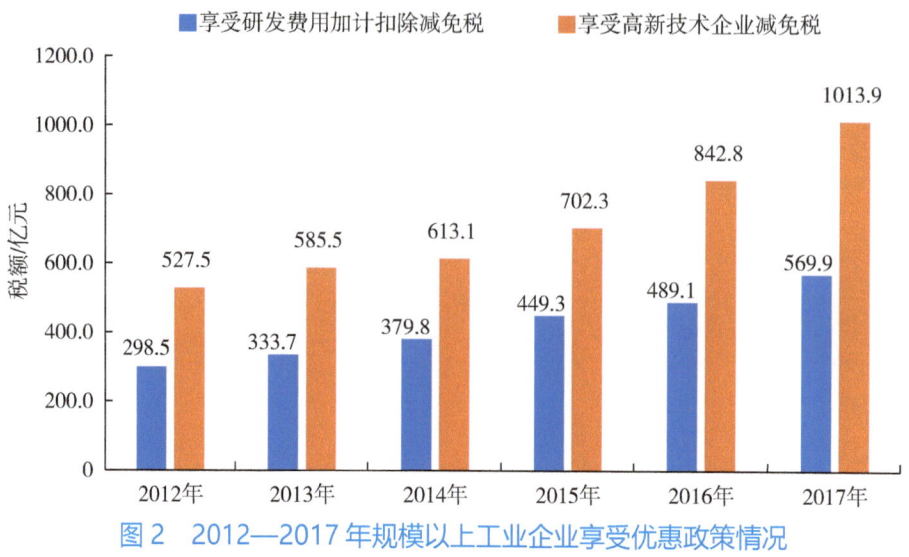

图 2　2012—2017 年规模以上工业企业享受优惠政策情况

**2. 科技创新成就举世瞩目**

十八大以来，我国在载人航天、探月工程、运载火箭、硬 X 射线、气象卫星、通信卫星、海洋科考、超级计算机、第四代移动通信系统（TD-LTE）、量子通信、诱导多功能干细胞、重离子精准"无创手术刀"、大飞机制造、高速铁路、国产航母、三代核电、新能源汽车、现代农业等基础和前沿领域取得了一批有国际影响力的重大成果。若干领域实现从跟跑到并跑、领跑的跃升，一些战略必争领域抢占了制高点，开辟了新的产业发展方向。

在国家自然科学基金、973 计划支持下，我国基础研究在量子反常霍尔效应、铁基高温超导、暗物质粒子探测卫星、热休克蛋白 90/ɑ、CIPS 干细胞等研究领域取得重大突破。在国家重大科技专项和 863 计划等的支持下，我国新一代运载火箭、神舟十一号载人飞船、新一代静止轨道气象卫星、海斗号无人潜水器、"神威太湖之光"超算系统等高技术研发蓬勃发展，彰显了雄厚实力。

此外，我国科技创新基地和平台建设取得新进展。新建中国散裂中子源、500 米口径球面射电望远镜（FAST）、"科学"号海洋科学综合考察船、JF12 激波风洞等一批重大科技基础设施，筹建国家重点实验室和国家技术创新中心，认定国家科技资源共享服务平台。截至 2017 年年底，累计建设国家重点实验室 503 家，国家工程研究中心 131 家，国家工程实验室 217 家，国家企业技术中心 1276 家。在信息科学、生命科学、物质科学等领域中取得了一系列重要成果。

### 3. 创业创新活力竞相迸发

十八大以来，我国市场主体量质齐升，日均新注册企业数量不断增长，2017 年日均新增 1.66 万户，加上个体工商户等各类市场主体日均新增 5.27 万户。新三板挂牌企业 11 630 家，创业板企业 696 家。双创支撑平台建设成效显著，全国各类众创空间超过 5300 家，科技孵化器、加速器逾 4000 家，央企双创平台超 500 个，星创天地超 600 家，30 多个双创示范基地建设进入快车道。

从资金来源看，企业的创新主体地位愈发强化，2017 年我国研发经费中企业资金为 1.37 万亿元，比 2012 年增长 90.4%，年均增长 13.7%，占全社会研发经费支出的 78.3%，比 2012 年提高 2.15 个百分点。创新资源进一步向企业集聚，依托企业布局建设了一批国家工程研究中心、国家工程实验室，认定了一大批国家企业技术中心。截至 2017 年年底，我国累计认定国家级企业（集团）技术中心 1331 家，比 2012 年增加 444 家，全年技术中心研发经费支出为 5096.8 亿元，占全国企业研发经费支出的比重为 37.2%。

### 4. 知识产权助力创新发展

2017 年，我国发明专利申请量为 138.2 万件，同比增长 24.3%，PCT 国际专利申请受理量 5.1 万件，同比增长 12.5%。实用新型和外观设计专利申请量分别为 168.8 万件和 62.9 万件。国内（不含港澳台）发明专利拥有量为 135.6 万件，每一万人口发明专利拥有量达到 9.8 件。发明专利、实用新型和外观设计 3 种类型的专利申请量相比于 2016 年，都有所增长（图 3）。

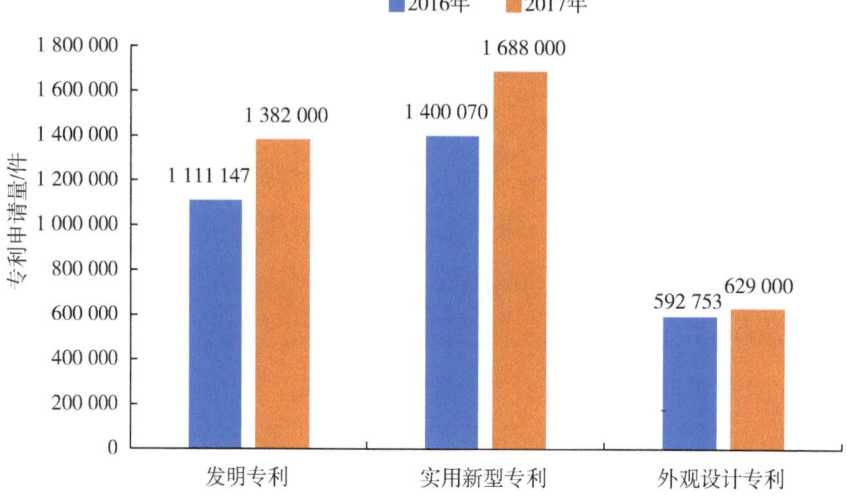

图 3　2016 年与 2017 年 3 种专利申请量对比

截至 2017 年 11 月,我国国内专利授权状况:发明专利授权 291 932 件,实用新型专利授权 833 310 件,外观设计专利授权 231 329 件。同期国外专利授权状况:发明专利授权 86 281 件,实用新型专利授权 5355 件,外观设计专利授权 14 961 件(图 4)。发明专利占比提高,专利结构进一步优化。

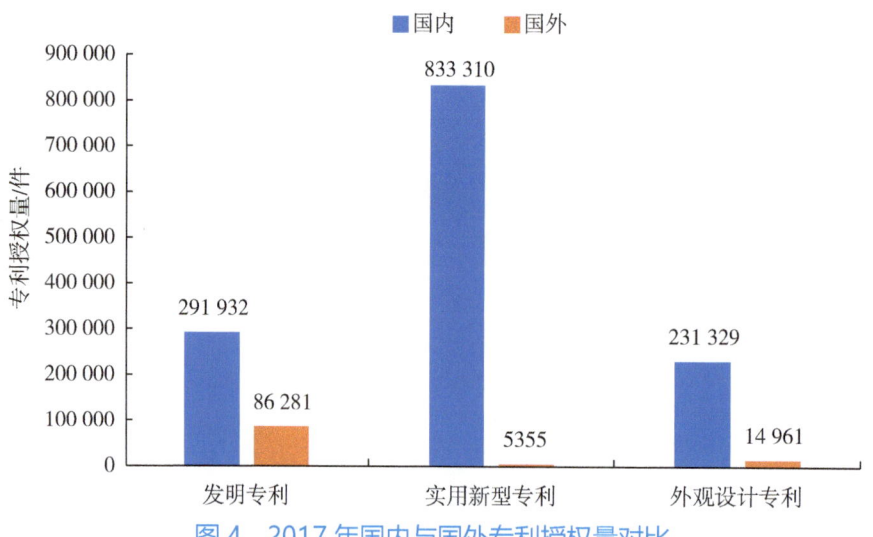

图 4　2017 年国内与国外专利授权量对比

## 5. 创新引领经济社会发展

"互联网+"行动深入开展，基于移动互联、物联网、云计算的数字经济新业态、新模式蓬勃发展，成为我国改造提升传统产业、培育经济发展新动能的有力支撑。贯彻实施大数据战略，关键技术不断突破，重要行业应用不断深化，涌现出一大批大数据创新型企业。信息惠民、"互联网+政务服务"等重大工程的实施，提高了便民服务效率和政府治理现代化水平。新兴产业蓬勃兴起，新动能正在撑起发展新天地。

新产品开发为改善产品市场奠定了基础。2017年规模以上工业企业实现新产品销售收入19.2万亿元，比2012年增长73.7%，年均增长11.6%；新产品销售收入占主营业务收入的比重为16.9%，比2012年提高5个百分点（图5）。

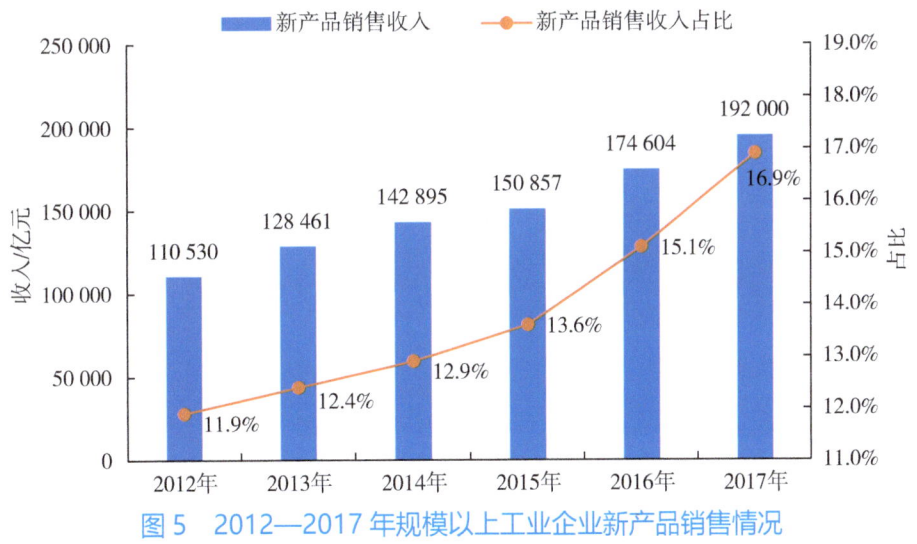

图5　2012—2017年规模以上工业企业新产品销售情况

在经济增速换挡期，高技术制造业呈现稳中有进的发展态势，为优化产业结构奠定基础。据初步统计，2017年高技术制造业实现主营业务收入15.9万亿元，比2012年增长55.2%，年均增长9.2%，比同期规模以上工业年均增速高6.4个百分点。高技术制造业的较快发展得益于研发投入的不断增加。2017年，高技术制造业研发经费为3182.7亿元，比2012年增长83.6%；研发经费投入强度为2.00%，比2012年提高0.30个百分点，是制造业平均水平的近1.8倍（图6）。

图 6　2012—2017 年高技术制造业研发经费及投入强度情况

创新本身是开放的。我国提出自主创新战略，绝不是关起门来搞创新。自主创新是我国赢得科技创新国际竞争力的必由之路，开放合作是提升科技创新能力的重要途径。

### （二）科技开放合作

随着经济全球化深入发展，各大企业、高校及科研院所越来越多地通过加强对外合作和利用外部创新资源获取竞争优势，弥补技术短板，永葆创新能力。

第一，国际科技合作是在更高起点上推进自主创新的重要方式，对于推进国家科技发展，乃至提升经济发展质量和效益具有不可替代的作用。科学技术本身是世界性的，因此发展科技必须具有全球视野。

第二，自主创新是开放环境下的创新，要主动布局和积极利用国际创新资源，深化国际科技交流合作，在更高起点上推进自主创新。国际科技合作在构建人类命运共同体中扮演重要角色。当前若干研究课题都是人类的共同挑战，如人类健康、粮食安全、能源安全、气候变化、外层空间利用等，都需要全球科学技术界共同应对，各国在实现自身发展的同时要惠及更多国家和人民。

第三，国际科技合作可以拓展科技成果效益。一方面可以提高我国在科技领域的国际影响力、感召力和塑造力，提升我国在全球创新格局中的位势；另一方面可以拓展我国科技成果的应用范围，为"一带一路"倡议、世界各国共同发展做出贡献。

习近平总书记 2013 年提出的"一带一路"倡议，目前已得到全球 100 多个国家和国际组织的响应和支持，成为中国对外合作的一张名片。

近年来，我国与"一带一路"沿线国家科技合作取得显著成效。截至目前，已有 200 余名亚非国家杰出青年科学家来华工作，技术培训超过 5000 人；与沿线国家共建了一批联合实验室或联合研究中心，未来 5 年将投入运行 50 家；与多个国家签署了合作科技园区协议；建设了一系列区域和双边技术转移中心及创新合作中心。

为了建设这条科技创新的丝路，2016 年 9 月，科技部等多部委联合发布了《推进"一带一路"建设科技创新合作专项规划》，提出用 10 年左右时间，形成吸引"一带一路"沿线国家科技人才的良好环境，搭建长期稳定的科技创新合作平台。在实施"丝绸之路"留学和教育方面，据统计，2016 年我国共选拔 226 名国别区域研究人才赴 34 个国家培训进修；"丝绸之路"中国政府奖学金项目每年提供不少于 3000 个名额；经审批的各类"丝绸之路"中外合作办学超过 2500 个。

2018 年是中国共产党十九大后的开局之年，也是中国改革开放 40 周年。纵观改革开放 40 年的历程，中国秉承开放发展的理念，加强对外科技合作，坚持科技创新资源"引进来"和"走出去"并重，坚持多边开放与区域开放结合，对外科技合作的广度和深度进一步拓展，我国已成为全球多极化创新版图中日益重要的一极。

截至 2017 年 6 月，中国与约 160 个国家和地区有科技合作关系，已经签订超过 110 个政府间科技合作协定，加入了 200 多个政府间国际科技合作组织，向全球 70 多个驻外使领馆派驻了约 150 名科技外交官。中国积极参与了国际热核聚变实验反应堆（ITER）计划、伽利略全球卫星导航计划、人类基因组计划等一批标志性国际大科学工程，并且"以我为主"牵头实施了大亚湾反应堆中微子实验国际大科学合作项目，取得了重要的成果。2015 年 5 月，启动实施了"一带一路"科技创新行动。与美国、欧盟等主要创新型经济体建立创新对话机制，科技伙伴计划基本实现对发展中国家的全球覆盖。

开放带来进步，封闭必然落后，这已被古今中外的发展实践反复证明。因此，我国将继续秉承开放合作的理念，坚持市场化导向，更深更广地融入全球供给体系。以开放为旗帜，按照党的十九大报告主动参与和推动经济全球化进程，发展更高层次开放型经济的要求，根据产业发展基础和需求，有针对性地选择合作国家和合作产业，主动对接国际投资贸易规则，实施精准招商、精准合作，推动产业转型升级。以创新为核心，按照十九大推进创新能力开放合作的要求，加强与合作国家在科技创新、人才培养等方面的合作，在引进项目的同时，注重引进并消化、吸收附着在项目背后的先进技术、优秀人才等高端要素，提升我国企业科技创新能力。

## 三、各省份创新能力开放合作现状

### （一）广东省：科技创新能力稳步提升，开放合作持续扩大

40年来，广东省作为改革开放的排头兵、先行地、实验区，以敢为人先的精神进行了一系列科技体制改革创新，不断释放和激发科技创新活力，构建了以市场为导向的、支撑区域发展的开放型科技创新体系，从一个科技资源相对缺乏的省份发展到创新能力跃居全国前列的省份，技术自给率达72.5%，科技进步贡献率达58.0%。

#### 1. 科技研发创新活跃

十八大以来，广东省全面贯彻落实党中央关于创新驱动发展的战略部署，把创新驱动发展作为核心战略、优先战略和总抓手，推进高校、科研院所创新创业资源共享，全省上下呈现出"大众创业、万众创新"的生动局面，市场主体的科技创新活动空前活跃。据统计，2017年全省有科技研发活动的单位2.33万个，比上年增长62.7%。其中，设立研发机构的规模以上工业2.00万个，同比增长69.3%，覆盖率37.1%，同比提高14.4个百分点。

2017年广东省研发经费支出2343.63亿元，比上年增长15.2%；科技研发经费占GDP比重2.61%，同比提高0.09个百分点。从科技研发经费支出结构看，基础研究经费15.2亿元，应用研究经费119.1亿元，试验发展研究经费1948.8亿元，同比分别增长5.7%、27.7%和13.4%。应用研究和试验发展研究经费支出大幅增长，表明近年来广东省逐步加大了应用研究和试验发展研究的投入，为自主创新奠定了基础。

### 2. 科技平台吸引人才加入

通过组建联合实验室、联合研究单元、技术转移机构等，合作共建研发平台。中国科学院与英国兰开斯特大学正式签署涉及科研、人才培养、技术转移、共建联合研究单元等多方位的战略合作协议；中科院广州地化所、城市环境所和英国兰开斯特大学共建的"环境研究与创新中心"在广州成立，成为中英乃至国际环境科学研究与创新的重要平台，带动了相关环保产业发展；中国科学院佛山环保装备与技术研发中心、城市环境所分别与兰开斯特大学环境中心签署了技术转移合作协议。这些合作项目的实施，不但提高了各领域国际学术和科研产出，同时也培养了一批本地的科研人才队伍。

2017年广东省拥有国家工程实验室13家，国家工程研究中心23家，国家地方联合创新平台66家；已建立省级工程研究中心4215家，国家认定企业技术中心94家，省级企业技术中心265家。认定技术创新专业镇434个。全省科技研发人员88.0万人，比上年增长19.7%。从规模以上工业看，2017年研发人员53.4万人，占全省科技研发人员的60.7%，是科技研发主力军。其中，研究人员16.8万人，比上年增长7.7%；全时人员40.2万人，同比增长4.6%。企业研发人员77.3万人，高校研发人员6.3万人，科研机构研发人员1.8万人。高素质研发人才不断增多，2017年广东省拥有博士学历的研发人员达3.4万人，同比增长19.8%。

### 3. 开放创新成效显著

在推进国际科技交流与合作过程中，广东省重点推进省内科研机构与国际知名科研机构建立长期伙伴关系，围绕产业技术需求，进一步厘清国际科技合作发展思路，积极探索和创新开放的国际科技合作模式，建立长期、稳定的战略合作关系。在新能源与节能、精密制造、中医药研究和重大疾病防治等领域与欧美展开科技合作。广州牵头在英国剑桥大学建立中英剑桥科技园，主推中医药的国际化；在广州大学城建设科技服务国际创新园，重点集聚欧美等科技创新资源。同时，广东省与新加坡、日韩等国家在人才资源、研发条件、信息资源等领域开展广泛合作与共享，并实施了"中新知识城"这一粤新合作标志性项目。近年来，把以色列作为对外科技合作的优先国家，积极探索具有鲜明特色的官助民办、三资融合、国际合作的产业园区建设模式。开展协同创新，共同推动创新集群建设，在高新区内形成新兴产业集群，推动区域经济可持续发展。科技研发经费的大量投入和产学研体制机制的完善，使科技研发创新成为经济增长的新动力。

2017年广东省高新技术企业3.3万家；高新技术产品产值6.7万亿元，同比增长10.0%。此外，2017年广东省专利申请总数62.78万件，其中发明专利申请数18.26万件，比上年增长30.88%。有效发明专利20.85万件，连续8年居全国第一。PCT国际专利申请量2.68万件，同比增长13.81%，居全国之首，占全国一半以上（56.49%）。全年共有56 024家企业申请专利45.54万件。其中，21 757家企业发明专利申请14.03万件。全年共有43 932家企业获得专利授权24.10万件。其中，9186家企业发明专利授权3.71万件。全年经各级科技行政部门登记技术合同17 423项；技术合同成交额979.48亿元，比上年增长20.20%。

**4. 粤港澳大湾区合作成效立竿见影**

广东省充分发挥毗邻港澳台的优势，依托产业基础及供需条件等，根据不同地市科技需求与港澳台资源供给，开展了定位准确、各具特色的科技合作，逐步形成了以粤港科技创新走廊为核心的发展格局。穗港两地在战略合作协议框架下签订项目46个，总投资额达115.19亿元。佛山联手香港科技大学、香港科技园等战略合作伙伴，大力引进LED、FPD行业高新技术与高端人才，加快香港创新成果在当地产业化。广东省科技计划项目设立粤港共建科技创新平台专项，重点支持省内相关大学、科研机构联合港澳机构共同建设科技创新平台，迄今已建成粤港自动化科学与工程联合研究中心、再生医学联合重点实验室等7家科技创新平台，涉及环境、自动化、中医药、信息软件等产业和领域。

近年来，粤港澳大湾区总体经济增速一直保持在7%以上，高于全国平均增速。其中，2017年珠三角地区生产总值7.58万亿元，同比增长7.90%，中国香港、深圳和广州GDP均突破2万亿元。广州、深圳、珠海、佛山、惠州、东莞、中山、中国香港、中国澳门的人均地区生产总值已达到发达国家水平。

## （二）浙江省：科技合作平台推动助力，创新能力稳步提升

党的十八大以来，浙江省紧紧抓住中央在长三角地区实施一系列国家战略的机遇，主动接轨上海市，积极参与长三角合作交流，推进长三角一体化，完善和深

化合作机制，进一步加强在经济、科技、教育、医疗、文化、旅游、基础设施等各领域的交流合作。深化科技体制改革，建立以企业为主体、市场为导向，产学研深度融合的技术创新体系，坚持实施创新驱动发展战略，紧紧抓住科技创新这个牛鼻子，科技创新项目、人才、基地都有了稳步增长。

**1. 重大创新平台建设新突破**

重大创新平台是创新力量的供给源头，要实现前瞻性基础研究、引领性原创成果的重大突破，离不开重大创新平台的有力支撑。以之江实验室挂牌为标志，浙江省2017年重大创新平台建设取得一系列新进展。阿里巴巴入选首批4个国家新一代人工智能开放创新平台。在杭州城西科创大走廊上，开园不久的中国人工智能小镇迸发出强劲创新活力，未来科技城2017年的商事主体首次超过1万家。科技部和浙江省共建的两家国家重点实验室先后揭牌——亚热带森林培育国家重点实验室落户浙江农林大学，眼视光学和视觉科学国家重点实验室落户温州医科大学。浙江大学牵头申报的超重力离心模拟与实验装置工作进展顺利，有望实现"国字号"重大科技基础设施零的突破。浙江大学与余姚共建浙江大学机器人研究院，瞄准机器人技术与产业这颗"制造业皇冠上的明珠"。

至2017年年底，浙江省累计建成国家级高新区8家，2017年新建省级高新区5家，累计建成省级高新区39家。省级以上高新区集聚了全省60%的省级重点企业研究院、1/3的高新技术企业、2/3的科技型中小企业和60%的高新技术产业产值、80%的高技术服务业营业收入。

**2. 科技成果转化新成效**

浙江省坚持把科技成果转化作为创新强省建设"第一工程"，着力打通科技成果向现实生产力转化的"最后一公里"。2017年3月正式发布的《浙江省促进科技成果转化条例》首次在地方立法中明确职务科技成果权属奖励制度，大大激发了高校院所科技成果转化活力。浙江省2017年还出资20亿元设立省级科技成果转化引导基金，强化对新兴产业领域科技成果转化的金融支撑。浙江清华长三角研究院、中科院宁波材料所、浙江清华柔性电子技术研究院等一批科研院所深入参与区域创新驱动发展战略。2017年，浙江省水利河口研究院改革试点启动，拉开了省级科研院所改革大幕，许多科研院所通过技术转让、技术服务和内部转化等方式成功实现科技成果转化。浙江省 260 家省级重点企业研究院在智慧医疗、云服务等领域积极探索前瞻技术，不断填补科技空白。

**3. 创业创新生态新气象**

2017 年以来，浙江省继续深化科技体制改革，不断完善科技服务体系。2017 年 11 月，杭州未来科技城光启集团研发出的"隐身衣""飞行包"等黑科技在第十九届中国国际高新技术成果交易会上闪耀全场。浙江兆龙线缆有限公司的高速数据线缆畅销全球 100 多个国家和地区。浙江省浓厚的创新氛围正吸引越来越多的科技企业在这里布局。此外，省级以上众创空间持续增长，2017 年浙江省新认定 23 家省级科技企业孵化器，通过省级众创空间备案的有 141 家。各类创新创业主体高速增长，高校系、阿里系、海归系、浙商系等"新四军"势头强劲。

**4. 创新团队不断壮大**

围绕打造人才生态最优省这一目标，浙江省贯彻落实"人才新政 25 条"，引进、培育高水平创新人才。例如，以嘉兴为"桥头堡"，主动对接上海市，全面深化与上海市全方位、多层次、宽领域的交流合作，着力打造上海创新政策率先接轨地、上海高端产业协同发展地、上海科创资源核心辐射地，吸引一大批高精尖人才加入。

**5. 强化"走出去"**

开放包括"引进来"和"走出去"两个方面，是双向的、多方的、互动的、动态的过程。当然，这两个方面会随着开放程度、发展阶段、自身优势等的变化而变化。在浙江省改革开放发展的初期，更多的需求是"引进来"，包括引进资金、技术、人才、资源、装备、管理、劳动力等。而随着开放水平的提高和自身发展实力的增强，"走出去"就成为必然趋势和必然选择。

改革开放以来，浙江省就是靠"走出去"闯出一条发展新路的，从人"走出去"到带动产品、产业、资金、技术等"走出去"，逐渐遍及全球各地，涌现出阿里巴巴、吉利、万向、娃哈哈等一大批跨国公司，形成企业到境外建立生产基地、研发设计机构、营销网络，加快产业链、价值链全球布局的新局面。

### （三）安徽省：推动多方创新，推进大通道大平台大通关建设

安徽省发挥承东启西的区位优势，深化改革，扩大开放，加速增长动力的转换，强化创新驱动，大力实施创新驱动发展战略，深入推进国家创新型省份和合芜蚌自主创新示范区建设，创造性建立了自主创新政策体系，全面实施创新激励政策，激发科技人员创新创业热情，一批战略性新兴产业加速成长，成为支撑经济转型升级的重要力量，促进了安徽省在中部地区的崛起。10年来安徽省生产总值年均增长12.5%，固定资产投资年均增长30.6%，财政收入年均增长21.5%，城乡居民收入年均分别增长12.9%和13.8%，经济社会各项事业取得了长足进步。

**1. 高校院所合作促进科技成果转化**

2018年8月，安徽省科技厅公示首批安徽省新型研发机构名单，包括中科大先进技术研究院、中科院合肥技术创新工程院、清华大学合肥公共安全研究院等在内的21家单位入选。上半年，这些新型研发机构围绕科技成果转化全链条，汇聚各种创新资源，孵化"种子"培育"幼苗"，将实验室中一项项科技成果逐步转化成市场上一个个颇具竞争力的产品。例如，"太阳光的光谱分离与光伏农业"项目，获得美国"R&D 100"奖项，这是中国大陆近5年来唯一获此荣誉的项目；普通秸秆等农林废弃物，可以转化为可降解的新材料——呋喃聚酯，这项技术世界上只有极少数国家拥有；石墨烯柔性透明导电膜填补了国内空白，与国外同类产品相比，透光率更好、触摸更灵敏。在中科大先研院展厅，一项项正在转化的科技成果，令人耳目一新。

目前，合肥正以创建量子信息国家实验室为龙头引领，建设超导核聚变中心、联合微电子中心、分布式智慧能源平台等七大创新平台，力求催生更多新兴产业。

**2. 区域集中创新硕果累累**

2年多来，安徽省按照习近平总书记的指示要求，坚持把创新摆在发展全局的核心，以创新引领经济高质量发展，区域创新能力跃居全国第一方阵，全省形成了由点到面、由中心到全局的创新潮流。2016年8月16日，由中国科学技术大学主导研制的世界首颗量子科学实验卫星"墨子号"成功发射，全球首次实现卫星和地面之间的量子通信；2017年5月，中国科学技术大学潘建伟教授团队研制出世界上

首台超越早期经典计算机的光量子计算机；2017年5月，"墨子号"启动洲际量子密钥分发实验，在中国和奥地利之间首次实现距离达7600千米的洲际量子密钥分发。2年来，作为中部省份，安徽省科技创新屡屡成为媒体聚焦的热点。

### 3. 创新人才加速聚集

创新驱动本质是人才驱动。近年来，安徽省着力打造一批具有较高研究水准的高校及科研院所，奋力推进大科学装置和平台的搭建，并出台多项举措，开辟人才激励"绿色通道"、人才引进"绿色通道"、人才职称"绿色通道"，在医疗、教育、落户上全部"绿灯"。创新平台加上人才新政策，带来人才的加速流入。5年来，安徽省持续壮大人才引进规模，外国人才总量在中部省份排名第2位，在全国排名第15位。引进各类外国人才2万余人，与前5年相比增长了50%以上，连续3年递增30%。高端人才占15%，选派人才出国培训4200余人。

### 4. 推动"引进来""走出去"

安徽省面向国际国内市场，深化供给侧结构性改革，加大创新开放合作，坚持"引进来"和"走出去"并重，抢抓创新资源在全球范围内流动组合的机遇，主动参与全球研发分工，以全球视野谋划和推动科技创新，加快构建开放式创新体系，提升优势产业国际竞争力。主动对接"一带一路"、长江经济带、京津冀等，深化区域创新合作交流，发挥在长江经济带的重要战略带动作用。此外，安徽省以更大的力度、更务实的举措扩大合作规模、优化贸易结构，努力实现"通关一体化"，提升通关效率，推进开放合作的顺利进行。截至目前，安徽省与世界220个国家和地区进行合作；共批准设立外资企业超过万家，累计利用外资近930亿美元，有77家境外世界500强公司在安徽省累计设立了137家企业；海螺、奇瑞、马钢、江汽、华茂、中鼎等一大批知名皖企在137个国家和地区设立了700多家企业。

开放带来进步，开放越主动越深入，经济发展就越有活力。安徽省今天发展的大好局面与改革开放的政策密不可分，未来发展也必须坚定依靠改革开放。安徽省沿江近海、居中靠东，北可接京津冀，东可连长三角，又处于"一带一路"和长江经济带重要节点，区位优势明显。五大发展行动计划部署以来，安徽省通过对内对外双向开放合作，深度融入"一带一路"建设、长江经济带发展、京津冀协同发展，打造内陆开放新高地。

## 四、各省份在创新能力开放合作上的创新举措

### （一）广东省：建设国家科技创新产业中心

广东省委、省政府围绕实施创新驱动发展战略，把建设国家科技产业创新中心作为核心定位，提出了建设国家自创区、实施重大科技专项、培育高新技术企业、建设高水平大学和重大创新平台等系列任务，具体包括以下几个举措。

**1. 建设国家自主创新示范区**

一是以建设国家自创区为契机，实施高新区创新发展能力提升计划，支持高新区创新"一区多园"发展模式，促进高新区成为区域创新的重要节点和产业高端化发展的重要基地。二是贯彻落实珠三角地区优化发展战略和粤东西北地区振兴发展战略，加快推动珠三角地区科技创新一体化进程，提升粤东西北地区科技创新能力，推动科技创新均衡发展。

**2. 大力发展高水平创新主体**

一是强化企业创新主体地位，着力促进科技型企业发展，推进企业研发机构建设，强化企业技术创新主体地位。二是增强高校、科研院所创新能力，推进高水平大学、科研院所建设，增强科技创新和成果转化能力，进一步发挥高等学校、科研院所在原始创新中的骨干和引领作用。三是大力发展新型研发机构，充分发挥新型研发机构在成果转化、孵化企业、集聚人才和产学研合作等方面的综合载体作用，合理规划布局，加强建设管理，努力实现"量质双提升"。四是培育创新型人才队伍，进一步完善各类创新人才发现、使用和保障的制度安排，加大人才引培力度，充分激发科技人才的创新活力和主动性，推动建设全国创新人才高地。

**3. 把握重点领域核心关键技术**

一是深入实施重大科技专项，充分发挥重大科技专项的引领和带动作用，深入推进计算与通信集成芯片、移动互联关键技术与器件、云计算与大数据管理技术、智能机器人、新能源汽车电池及动力系统等战略新兴领域重大科技专项的实施，着力突破一批关键核心技术、转化应用一大批重大科技成果。二是进一步加强基础研究，加大对基础研究的投入，强化前沿基础技术研究，力争在若干前沿基础技术领域获取一批具有自主知识产权的重大创新成果。

### 4. 健全科技创新重大平台体系

一是加强以广东省实验室为引领的实验室体系建设，扩大开放共享和协同创新，增强基础研究和源头创新能力。二是建设技术创新中心体系，聚焦优势支柱及战略新兴产业领域，建设一批具有开放性、集聚性和前瞻性的高水平广东省技术创新中心，将其培育成为国家技术创新中心，强化工程技术研究中心建设。三是完善科技成果转移转化服务体系，实施重大科技成果转化与科技公共服务体系建设计划，建设科技成果转移转化载体，鼓励高等院校、科学技术研究开发机构设立科技成果转化机构，完善科技成果转化服务体系，培育科技成果交易市场，促进科技成果转移转化与产业化。

### 5. 完善多主体协同创新体系

一是深化"三部两院一省"产学研合作，加强产学研协同创新平台建设，完善政产学研用合作机制，提升产学研协同创新的引领和带动作用。二是拓展对外开放合作格局，坚持以全球视野谋划和推动科技创新，充分发挥毗邻中国港澳地区、国际化程度高的优势，抓住参与"一带一路"建设的机遇，主动融入全球科技创新体系，加快形成全方位、多层次、宽领域的对外开放合作新格局，努力建设具有国际影响力的科技创新枢纽。

### 6. 推动大众创业万众创新

一是加快建设科技企业孵化育成体系，深入推进科技"四众"促进双创工作，积极打造"众创空间—孵化器—加速器"完整孵化链条，实现全省各地市孵化器和众创空间全覆盖。二是深化科技金融产业结合，按照"围绕产业链部署创新链、围绕创新链完善资金链"的改革要求，以加快科技金融创新发展支持产业转型升级为核心任务，着力构建多层次、多渠道、多元化的投融资体系，加速科技成果转化和新兴产业培育发展，实现科技、金融、产业的深度融合发展。

## （二）浙江省：释放科技创新潜能，推进供给侧结构性改革

浙江省确立创新发展理念，实施创新驱动发展战略，主动对接"一带一路"倡议及长江经济带、互联网+、中国制造2025等发展规划，推动科技创新迈上新台阶，加快形成以创新发展为引领，协调、绿色、开放、共享发展互促的新格局。具

体包括以下几个举措。

**1. 开展重大科技攻关**

紧紧围绕经济竞争力提升的核心关键、社会发展的紧迫需求、国家安全的重大挑战，采取差异化策略和非对称性措施，强化重点领域和关键环节的任务部署，前瞻布局新兴产业前沿技术研发，实施一批科研基础好、能填补国内空白、近期有望获得突破、发展前景良好的重大科技专项及项目，以技术的群体性突破支撑引领新兴产业集群发展，再创区域竞争新优势，实现创新跨越。

**2. 打造科技创新大平台**

坚持产城互动、产研融合，着力优化创新资源布局，建设科技创新战略大平台，培育创新主体，集聚创新要素，聚焦创新服务，聚变新兴产业，提升存量资源协同效应，优化增量资源协同配置，着力提升创新整体效能，打造区域创新示范引领高地。聚力建设杭州城西科创大走廊，加快建设国家自主创新示范区，着力提升高新区发展水平，谋划建设一批各具特色的高能级科技城。

**3. 强化企业技术创新主体地位**

明确各类创新主体在创新链不同环节的功能定位，加快建设以企业为主体的技术创新体系，系统提升各类主体的创新能力、创新活力、创新实力，带动创新体系整体效能提升。深化产学研协同创新，使创新成果转化为实实在在的产业活动。

**4. 加快科技成果产业化**

紧紧围绕科技成果产业化、市场化、资本化，着力破除体制机制障碍，推进科技大市场建设，打通科技成果向现实生产力转化的通道。加快科技成果转化应用，全面实施科技成果转化行动，通过成果应用体现创新价值，通过成果转化创造财富。加快众创空间等新型创新创业平台建设，推动大众创业、万众创新。

**5. 凝聚领军型创新人才**

坚持人才是第一资源的理念，深入实施人才优先发展战略，深化人才发展体制机制改革，培育科技创新人才和重大团队，努力培养造就一支数量充足、素质优良、结构合理、支撑发展的创业创新人才队伍，提升原始创新能力，着力打造人才生态最优省份。

### 6. 推进国际化开放创新

融入全球创新网络，抓住全球创新资源加速流动和我国经济地位上升的历史机遇，以全球视野谋划和推动科技创新，坚持"引进来"和"走出去"相结合，在更大范围、更高层次参与全球竞争和区域合作，推动形成深度融合的开放创新局面。

### 7. 深化科技体制改革

营造创业创新生态，加大激励创新制度供给，优化科技创新资源配置，深化科研体制机制改革，推进科技资源开放共享，促进科技金融深度融合，更好发挥政府推进创新的作用，建立健全以创新驱动为导向、符合科研规律、激发创新活力、高效开放共享的体制机制，加快实现从研发管理向创新服务的转变。

## （三）安徽省：推动创新示范区建设，促进产业升级成果转化

近年来，安徽省在中部地区的迅速崛起引起了全国人民的广大关注，安徽省作为江西省的近邻在创新驱动和对外合作方面也有许多值得江西省借鉴的东西。具体包括以下几个举措。

### 1. 系统推进全面创新改革试验

遵循科技集聚和培育规律，坚持创新改革示范引领，以推动科技创新为核心，以破除体制机制障碍为主攻方向，以合芜蚌地区为依托，大力推进系统性、整体性、协同性创新改革试验，打造合肥综合性国家科学中心和产业创新中心，建设合芜蚌国家自主创新示范区，进一步完善科技创新政策体系，深化科技管理体制改革。

### 2. 积极构建创新协调发展格局

围绕区域创新资源特点，坚持创新协调发展，推进企业主导的产学研协同创新，发挥金融创新对科技创新的助推作用，提升科技、产业和金融融合发展水平。推进共性技术创新平台建设，提高创新资源配置市场化程度，增强区域创新活力和动力，构建全省创新协调发展新格局。

### 3. 推动产业转型升级绿色发展

围绕产业提质增效需求，依靠科技创新促进产业转型升级，迈向中高端，促进产业低碳化集约化绿色发展。强化企业创新主体地位，依靠新技术、新模式、新业

态，促进新兴产业规模化和传统产业高新化，全面构建以战略性新兴产业为先导、先进制造业为主导、现代服务业为支撑、现代农业为基础的现代产业体系，加快战略性新兴产业和传统产业融合发展，推进高新技术产业做大做强。

**4. 提升科技创新开放发展水平**

加大创新开放合作，坚持"引进来"和"走出去"并重，抢抓创新资源在全球范围内流动组合的机遇，主动参与全球研发分工，以全球视野谋划和推动科技创新，加快构建开放式创新体系，提升优势产业国际竞争力。主动对接"一带一路"倡议及长江经济带、京津冀等发展规划，深化区域创新合作交流，发挥在长江经济带的重要战略带动作用。

**5. 促进科技创新成果惠及民生**

大力推动科技成果转化应用，发挥科技创新在创业服务、农业发展、精准扶贫和社会发展等方面的支撑作用，着力提升科技创新在增进民生福祉中的作用，推动大众创业、万众创新。

**6. 夯实人才支撑**

筑牢人才是科技创新的根基。大力实施各类人才计划，完善人才引进、培养、使用的政策体系，优化人才发展环境，造就一批技能人才、企业经营管理人才、创新型领军人才和产业创新人才队伍。建立健全人才激励机制，激发人才潜力和活力，提高高校院所科研人员在科技成果转化中的收益比例，引导企业实施股权、期权、分红等人才激励措施，调动广大科研人员积极性。创新人才评价机制，推进职称制度和职业资格制度改革，实行科研人员分类评价制度，建立科学的人才评价体系。促进人才、资本、技术、知识广泛汇集和自由流动，为实施创新驱动发展战略提供智力保障。

综合三省的创新举措来看，加强创新能力开放合作，要通过科技创新提升企业的竞争力，从科技创新中积累产业创新优势，合理利用境外资源，响应"一带一路"沿线国家的发展诉求，谋求海外产业发展机遇。要鼓励创新合作，优化创新环境，加强与"一带一路"国家的政策对接，为我国产品和产业"走出去"创造有利机制，搭建多层次、多主体的合作平台。要激发人才的创新活力，着重培育具有国际视野的复合型人才，大力引进国际高尖端人才，有针对性地培训海外人才，利用好积累的对外合作人才和信息资源。

## 五、典型企业开放创新模式

企业把外部创意和外部市场化渠道，上升到和封闭式创新模式下的内部创意及内部市场化渠道同样重要的地位，均衡协调内部和外部的资源进行创新，不仅把创新的目标寄托在传统的产品经营上，还积极寻找外部的合资、技术特许、委外研究、技术合伙、战略联盟或风险投资等合适的商业模式来尽快地把创新思想变为现实产品与利润。从"由内到外"到"由外到内"，开放式创新的理念和实践正在得到不断的发展和丰富，典型的案例有以下几个。

### （一）奇瑞：合作研发推动创新

奇瑞汽车公司是汽车行业的后起之秀，技术水平、研发能力与传统汽车厂商相比，毫无优势可言，很多技术都是从外部引进。奇瑞在发展过程中，委托意大利、德国和日本的设计公司开发新车型，明确提出要联合开发，在联合开发过程中以掌握核心技术为前提，牢牢把握主动权。在奇瑞与世界一流的发动机设计公司奥地利AVL公司合作研发发动机过程中，最初的几款发动机由外方技术专家主导来做，中方工程师跟着学；而后的几款发动机设计过程中则由中方工程师来承担能做的部分，不能独立完成的部分由外国专家指导完成；最后的10多款发动机基本上都是由中方工程师来做。奇瑞在联合研发过程中不断培养自己的人才，循序渐进，最终实现了设计、开发水平大幅度的提升。

目前，奇瑞的大研发体系里汇集了来自宝马、通用、福特等国际汽车公司的顶尖人才，致力于开发奇瑞全新下一代车型。大研发体系进一步提升了奇瑞的自主创新能力。截至2016年年底，奇瑞累计申请专利14 316件，授权专利9155件，拥有发明专利2475件，居中国汽车行业第1位。奇瑞的崛起和发展给我国的企业提供了一个通过合作研发提升自主创新能力的典型案例。

### （二）长虹：海外并购实现技术整合

2006年，长虹集团收购了韩国第三大等离子制造商欧丽安公司75%的股权，该公司不仅拥有全球独一无二的无缝拼接等离子显示器（Multi-PDP）技术，而且拥有300多件等离子专利，其中多件核心专利所有等离子厂家都在使用。并购后，长虹以尊重与沟通、合作与交流的方针，实现了技术合作的目标；通过经营、技术、人才团队、管理架构和平台的搭建，逐步完成尖端技术消化、吸收和再创新，实现完全拥有新型等离子屏核心技术，形成了以位于四川省绵阳的虹欧公司为核心、北京PDP研发中心和韩国PDP研发中心为技术支撑的等离子研发体系，实现等离子技术的整合创新，解决了技术来源和技术升级问题；长虹还通过签订技术协议，将大量核心技术人员派驻国内，支持绵阳工厂建设和产品开发。

2009年长虹已建成世界上最先进的八面取等离子生产线。并且，在韩国，欧丽安工厂重获生机，年利润翻了5倍，总资产也从并购初的274.7亿韩元冲高到957.6亿韩元。突破了观念冲突、文化隔阂等重重考验，长虹与欧丽安的合作实现了双赢，获得了产业界的肯定和喝彩。长虹集团给我国企业提供了通过海外并购提升自主创新能力的典型案例。

### （三）特斯拉：开源与企业创新联盟

特斯拉的成功源于其开放专利之举，这样正好体现了互联网自由、平等、开放、分享的精神。特斯拉开源所有专利的目的就在于让更多的人或企业，在一个较低门槛上，就可以站在巨人的肩膀上，投入世界电动汽车发展和普及的浪潮当中。开放专利表面上看，是让竞争对手占了便宜，然而此举却无形中提高了特斯拉技术的普适性，使得它在未来标准制定中抢占了有利的地位。当特斯拉专利开源达到一定规模，其技术盟友成长到一定体量之时，它们将不得不兼容特斯拉的充电标准。此外，开放专利之举迫使特斯拉付出更大的精力、更多的成本来研究新技术以保持在这个市场上的领先，如此背水一战的策略对于特斯拉这种具有雄厚研发实力的公司来说未尝不是一件好事。永远都有被人超越的危机的公司才会长久地保持着创业者的心态。

因此,特斯拉开放专利一来推动了全球新能源汽车的普及与扩大了原有市场,二来促使了特斯拉团队加强研发工作。

特斯拉的例子告诉我们通过开放与合作的形式,可以获得一个产业生态圈的发展,可以建立企业技术创新联盟,从而带动整个行业的创新。

### (四)海尔:搭建开放创新平台

海尔空气魔方是全球首款可以模块化组合的智能空气产品,可实现加湿、除湿、净化、香薰等多个模块的自由组合,为每个家庭带来了可定制的专属"空气圈"。空气魔方的最特别之处在于它是海尔基于开放式创新理念研发成功的一个智能产品。

在互联网时代,海尔的理念便是"世界是我们的研发中心",研发的过程要让用户参与进来,也要让全球创新者参与进来。海尔开放创新平台遵循开放、合作、创新、分享的理念,整合全球一流资源、智慧及优秀创意,与全球研发机构和个人合作,为平台用户提供前沿科技资讯及超值的创新解决方案。与传统研发的不同在于:从以产品为中心到以用户为中心;从领导决策到用户决策;从自主创新到利用全球智慧交互创新。最终实现各相关方的利益最大化,并使得平台上所有资源提供方及技术需求方互利共享。目前,在海尔开放创新平台上成功达成的技术合作已有200余例。

通过以上案例,我们可以看出,开放式创新讲求的是充分发挥市场配置资源的作用,最大限度调动和激发技术人才和社会的创新活力。无论是人才流动、创意获取,还是技术合作、企业联盟,开放式创新作为一个新的发展模式,已经成为科研和创新活动新的游戏规则。

## 六、江西省创新能力开放合作现状及形势判断

在通航产业领域,全国首个省局共建的民航适航审定中心在江西省南昌建立,全国首个低空空域管理暨通航飞行服务院士工作站也落户江西省,同时江西省还获得全国首张无人机航空运营许可证;在电子信息产业领域,江西省充分利用硅衬底

LED 技术的世界级成果，不断拓展、延伸电子信息产业链条，形成了完备的研发、生产链条，极大地提升了江西省电子信息技术产业在全国乃至世界范围内的地位。

近年来，江西省开始以更宽广的眼界谋求内陆省份的发展，在南昌全面启动全球首个城市级 VR 产业规划，同时紧盯 VR 产业链全景图、全球 VR 产业布局图"两张图"，筛选联想、清华紫光、中国网库等 200 余家龙头企业实施精准招商，不断引导全球要素向南昌聚集。发展新兴产业，抢占"智高点"。

此外，江西省充分利用我国加入世贸组织、经济全球化及发达地区产业梯度转移等一系列有利契机，积极推进"对接长珠闽，融入全球化"大开放主战略，大力发展开放型经济，实现发展转型升级。

2018 年 7 月 18 日，江西省统计局向社会报告了 2018 年上半年江西省经济成绩单，据了解，2018 年上半年江西省生产总值达到 10 124.5 亿元，同比增长 9.0%，主要经济指标增速仍保持在全国第一方阵。

## （一）创新能力建设

### 1. 科技创新政策

近年来，江西省政策文件中多次强调创新发展。2015 年 7 月，江西省人民政府印发《关于大力推进大众创业万众创新若干政策措施的实施意见》，激发全社会创业创新活力，以创业带动就业，以创新促进发展。2016 年 4 月，江西省人民政府印发《江西省鼓励科技人员创新创业的若干规定》，激发科技人员创新活力和创造潜能，加快科技成果向现实生产力转化。2016 年 7 月，江西省人民政府印发《江西省人民政府关于创新驱动"5511"工程的实施意见》，提升江西省科技支撑和引领经济社会发展能力，围绕江西省优势战略性新兴产业，重点搭建国家级创新平台和载体，引进国家级创新人才和团队，实施重大科技专项，壮大高新技术企业。2016 年 9 月，江西省人民政府办公厅印发《江西省"十三五"科技创新升级规划》，提升优势和特色产业技术创新能力，强化科技创新平台和载体建设，加快创新型科技人才队伍培育集聚，培育创新创业主体，深化和扩大科技开放合作，全面深化科技创新体制改革。2017 年 9 月，中共江西省委、江西省人民政府印发《江西省创新驱动发展纲要》，部署经济发展创新链，发展新型研发机构，壮大创新主体，部署重大工程，优化创新资源，打造科技创新服务平台，建立高精尖人才培养体系，激发创新活力。2018年6月，江西省人民政府办公厅印发《加快新型研发机构发展办法》，培育发展新经济，鼓励引导江西省新型研发机构健康有序发展，发挥创新发展生力军作用。2018年6月，江西省人民政府办公厅印发《关于加快科技创新平台高质量发展十二条措施》，培育国家级科技创新平台预备队，增强省级科技创新平台持续创新能力，建立稳定的科技创新平台投入机制（表1）。

表1 江西省创新发展政策

| 政策名 | 主要内容 | 颁发部门 |
| --- | --- | --- |
| 《关于大力推进大众创业万众创新若干政策措施的实施意见》2015.7 | 激发全社会创业创新活力，以创业带动就业、以创新促进发展 | 江西省人民政府 |
| 《江西省鼓励科技人员创新创业的若干规定》2016.4 | 激发科技人员创新活力和创造潜能，加快科技成果向现实生产力转化 | 江西省人民政府 |
| 《江西省人民政府关于创新驱动"5511"工程的实施意见》2016.7 | 提升江西省科技支撑和引领经济社会发展能力，围绕江西省优势战略性新兴产业，重点搭建国家级创新平台和载体，引进国家级创新人才和团队，实施重大科技专项，壮大高新技术企业 | 江西省人民政府 |
| 《江西省"十三五"科技创新升级规划》2016.9 | 提升优势和特色产业技术创新能力，强化科技创新平台和载体建设，加快创新型科技人才队伍培育集聚，培育创新创业主体，深化和扩大科技开放合作，全面深化科技创新体制改革 | 江西省人民政府办公厅 |
| 《江西省创新驱动发展纲要》2017.9 | 部署经济发展创新链，发展新型研发机构，壮大创新主体，部署重大工程，优化创新资源，打造科技创新服务平台，建立高精尖人才培养体系，激发创新活力 | 中共江西省委、江西省人民政府 |
| 《加快新型研发机构发展办法》2018.6 | 培育发展新经济，鼓励引导江西省新型研发机构健康有序发展，发挥创新发展生力军作用 | 江西省人民政府办公厅 |
| 《关于加快科技创新平台高质量发展十二条措施》2018.6 | 培育国家级科技创新平台预备队，增强省级科技创新平台持续创新能力，建立稳定的科技创新平台投入机制 | 江西省人民政府办公厅 |

## 2. 研发创新投入

2011年以来，江西省研发经费投入持续增长，到2017年全省研发经费投入总量达到255.8亿元，是2011年的2.64倍，年均增长17.6%；此外，2017年研发经费与国内生产总值的比重（研发经费投入强度）达到1.28%，比2011年提高了0.45个百分点。而研发经费投入强度的加大带来的成效也是颇为显著（图7）。

图7　2011—2017年江西省研发经费投入及强度

注：数据来源于江西省统计局。

十八大以来，全省形成了鼓励创新、重视知识产权的良好氛围，科技成果大量涌现，专利事业发展突飞猛进。十八大期间累计获得国家级科学技术奖励43项，省级科学技术奖励526项；累计专利申请量15.24万件，累计授权量8.74万件，其中，发明专利申请6401件，占7.32%。这些科技成果和专利对经济和社会的发展产生了重要的影响。其中，南昌大学江风益教授率领的团队所研发的"硅衬底高光效GaN基蓝色发光二极管"项目获得2015年度国家技术发明奖中唯一的一等奖。该项目公开发明专利150件，其中已授权的有68件，大大推动了中国乃至世界半导体学科的发展。

## 3. 高新技术产业

近年来，江西省实施创新驱动发展战略，自主创新和高新技术产业发展势头良好，根据2016年中国高技术产业创新能力排名情况，江西省在全国排名第10位。

2017年全省高新技术产业主营业务收入首次突破万亿大关，达10 318.6亿元；高新技术产业增加值占规模以上工业增加值的比重达30.9%，比2015年提高5.2个百分点，提前完成"十三五"规划原定目标（图8）。2016—2017年，认定高新技术企业1684家，净增1043家，总数达到2138家，在2015年的基础上实现了倍增。江西省新增国家级高新区2个，总数达到9个，数量居全国第5位、中部地区第2位；新增省级高新区10个，数量为2015年的5倍。出台《江西省高新技术产业开发区提质增效综合评价办法（试行）》，7个国家级高新区中，有6个实现了进位，其中南昌高新区由2016年的49位上升到40位，进入国家级高新区的第一方阵，新余高新区进位幅度最大，前进32位，为历史最好成绩。同时，江西省着力打造国家级高新区建设"升级版"，全力推进鄱阳湖国家自主创新示范区创建工作，2018年有望获得国务院正式批复。

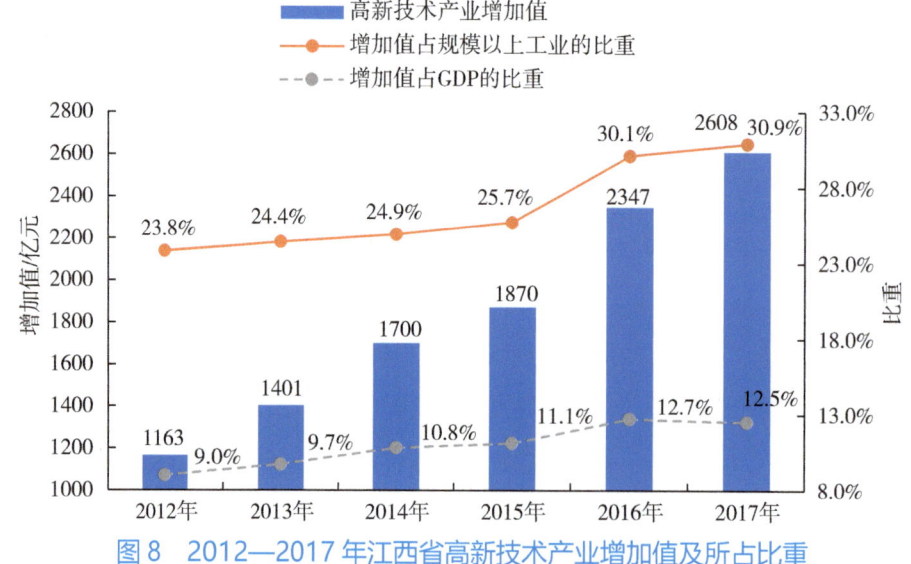

图8 2012—2017年江西省高新技术产业增加值及所占比重

注：数据来源于江西省统计局。

## （二）开放合作成效

近年来，江西省高度重视与大院大所、高水平院校的合作工作，目前中科院有30家单位与全省有关单位共建了各类科技创新载体41家，尤其是近两年，中科院与江西省共建了中科院苏州纳米所南昌研究院、中科院（南昌）移动医疗影像研究院两个研究院。这些平台在提升江西省科技创新能力、转化国内优秀科技成果、助推全省产业升级等方面发挥了重要的作用。江西省还主动对接泛珠三角区域制造业创新体系和产业协作体系，赣闽合作产业园、赣湘开放合作试验区及东江生态经济带、向莆铁路经济带等一大批以创新为特点的产业合作平台陆续建立并发展喜人。在与央企合作方面，江西省与央企有深厚的历史渊源和长期的良好合作，近3年央企与江西省不断拓展合作领域，掀开省部合作和央企入赣的新篇章，打造央企与地方合作典范。

1. 项目

近5年，江西省与国内外高校、科研院所和企业建立科技合作关系，开展科技合作项目1000余项。据不完全统计，仅2015—2017年，江西省与中科院在江西省实施的产业化合作项目共计217项，实现销售收入约157.97亿元，实现社会效益达219.69亿元（图9）。

图9　2015—2017年江西省与中科院合作效益

2. 基地

近年来，全省加强了国家级和省级国际科技合作基地的建设，充分发挥了国际科技合作基地的示范辐射作用。结合江西省重点产业发展需求，大力加强国际创新平台建设，以基地为载体，寻求有效着力点，实现"项目—基地—人才"相互促进，

为江西省引进技术、人才与项目提供了有效平台,发挥出了基地的示范辐射作用。截至2017年年底,江西省已建14家国家级国际科技合作基地,31家省级国际科技合作基地。通过建设对外科技合作基地,有针对性地为本地区企业提供技术转移服务,从国内外、省内外引进可解决地方主导产业发展问题的关键技术、人才和高新技术成果,有效促进了江西省在航空制造、电子信息、核资源、新材料、光伏产业、生物医药、食品安全、有机农业、生态保护和可持续发展等领域的科技创新。

### 3. 人才

近年来,江西省大力实施人才强省战略,为各类人才创新创业搭建平台,在挖掘和发挥人才作用方面先后出台了众多的政策,如《促进经济平稳健康发展的若干措施》《关于大力推进大众创业万众创新若干政策措施的实施意见》《江西省高层次人才引进实施办法》等。截至2017年年底,江西省现拥有两院院士3人、国家万人计划领军人才33人、国家百千万人才工程人选60人、国务院特殊津贴专家2111人。2017年,在国家百千万人才工程人选评选中,江西省10人入选,入选人数居中部第1位、全国第6位。5年来,江西省共引进3000多名海内外博士以上高层次人才,引进博士以上高层次人才数量每年呈10%以上递增。江西省相关部门将继续加强与赣籍人才的紧密联系,建立赣籍人才资源库。同时,还将完善吸引赣籍人才回乡创新创业优惠政策。

为了激励人才创新创业,江西省进一步出台了《江西省人力资源社会保障厅深化人才发展体制机制改革若干措施》(简称《若干措施》),此次《若干措施》打破禁区,从政策上予以松绑:突出贡献人才可直接审定高级职称;关键岗位业绩突出人才单位可自主定薪等。

### 4. 合作交流

近年来,江西省狠抓工作落实和项目落地,着力推进创新型省份建设,大力实施创新驱动"5511"工程倍增计划,扎实推进重大人才工程,持续抓好"降成本、优环境"专项行动,深入推进"放管服"、国资国企、财税金融等重点领域改革,聚力发展航空制造、中医药等主导产业,举办赣京会、赣粤会、赣深会、赣港会、2018国际产学研用合作会议、世界中医药大会第四届夏季峰会、2018江西智库峰会、2018世界VR产业大会等开放合作和招商推介会议活动,召开省市县三级重大项目联动推进动员大会，采取一系列有针对性举措，推动全省经济保持稳中向好态势。

### （三）不足之处

**1. 科技人才偏少**

江西省科技创新力量不强，科技合作交流人才缺乏，引进优秀创新人才较少，在中部主要省份中，江西省 R&D 人员数量最少，与全国平均水平相比存在较大的差距（图 10）。2013—2017 年，江西省引进两院院士数量仍是 0 人，其他高层次人才也只有：长江特聘 2 人、杰出青年 4 人、优青 4 人。远远落后于中部其他省份（表 2）。江西省建立的院士工作站也偏少，截至 2018 年 3 月，仅有 162 个。与发达地区相比，江西省人才载体相对不足，对科技需求较低，缺乏在国内具有绝对竞争力的知名企业、高校和科研院所，国家级重点实验室、工程技术研究中心等研究实验基地的数量不多、规模不大，民营科技企业规模小，产品技术含量低。人才载体不足，导致对高层次创新型科技人才的承载、吸纳能力严重不足。从基地数量来看，江西省国际科技合作基地数仅占国家所批基地总数的 2% 左右。科技合作的政策和协调机制也有待进一步健全加强。

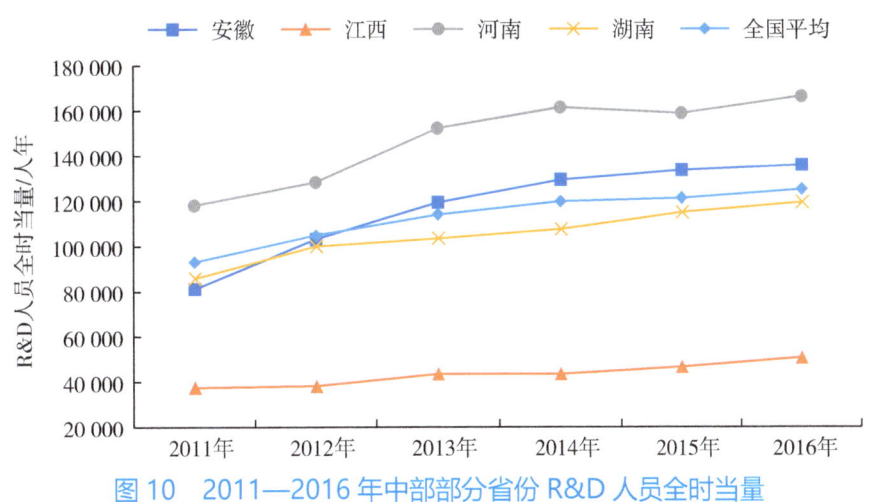

图 10　2011—2016 年中部部分省份 R&D 人员全时当量

表2  2013—2017年中部六省高层次人才引进数量

单位：人

| 序号 | 省份 | 中国科学院院士 | 中国工程院院士 | 长江特聘 | 杰青 | 优青 | 总计 |
|---|---|---|---|---|---|---|---|
| 1 | 湖北 | 6 | 4 | 56 | 56 | 107 | 229 |
| 2 | 安徽 | 5 | 4 | 5 | 42 | 91 | 147 |
| 3 | 湖南 | 2 | 8 | 12 | 16 | 39 | 77 |
| 4 | 山西 | 0 | 1 | 2 | 2 | 11 | 16 |
| 5 | 河南 | 0 | 2 | 3 | 0 | 4 | 9 |
| 6 | 江西 | 0 | 0 | 2 | 4 | 4 | 10 |

注：数据来源于中国科学院、中国工程院。

### 2. 科技经费投入不足

江西省科技财政支出偏低，在科技合作方面的投入更加不足。"十二五"期间，江西省本级财政科技经费投入为21.61亿元，而科技合作经费投入4860万元，仅占2.25%。2016—2017年，江西省科技财政支出虽然有所增加，但是基数还是较小，远低于安徽省科技财政支出（图11）。江西省本级财政对科技合作的投入少，对引导企业开展对外科技合作的力度不大，四两拨千斤的效果还不够明显。江西省企业对通过科技合作提升企业市场竞争力的重要性认识也不足，重视不够、投入不多，科技合作交流在科技创新中起到的作用不显著。

图11  2011—2017年江西省和安徽省科技财政支出经费

### 3. 科技合作对象偏窄

"十二五"期间，欧美等发达国家一直是江西省国际科技合作的重点，在江西省国际科技合作领域处于领先地位，科技合作主要以引进技术为主。江西省与发展中国家的科技合作较少，江西省在农业、生物医药、能源等领域的先进技术和产品未能较好地在发展中国家转移转化。发展中国家在某些领域处于世界先进水平、合作成本相对较低、相对容易获取的关键技术也没有得到重视和引进，同时，其丰富的优势资源未被利用和开发。例如，东南亚国家丰富的生物、水能、矿产、土地和动植物等资源，因江西省与其科技合作较少而未能充分利用。

### 4. 科技合作水平较低

江西省的科技合作主要以政府间的科技合作为主，企业自主的科技合作偏少。江西省对外科技合作主要以引进技术、引进人才等为主，真正合作研究的数量偏少，研发的国际化程度和科技合作的层次偏低。江西省几乎没有机构参与国际大科学工程。目前，江西省紧缺国际联合研究中心、国际技术转移中心及中国科学院在江西省设立的研究院所和跨国公司在江西省设立的研发中心等研发机构。在区域科技合作中，合作主要以双边为主，缺乏高质量的多边合作，合作方式以论坛、展会、交流等为主，缺乏实质性、面向国际市场的专项联合研发的科技合作。

## （四）"引进来"和"走出去"形势与机遇评价

### 1. 国内的形势

据海关总署数据，2018年1—4月，我国高新技术产品出口总值14 478.9亿元，累计较去年同期增长12.9%；2018年1—4月，进口高新技术产品总值203 215.1亿元，累计较去年同期增长25.3%。高新技术产品进出口增幅差异较大。2017年，美国、日本和德国在其他"一带一路"沿线国家专利申请公开量分别为4.93万件、1.43万件和0.92万件，分别是中国的8.8倍、2.6倍和1.6倍。这些数据说明，与世界主要贸易强国相比，我国仍存在明显差距，在高端产品领域内，中国市场正面临着自主创新在进出口两个方面带来的冲击。

2018年上半年，美国制裁中兴通信的事件也折射出我国在制造业的多个领域还缺乏核心技术。在这种背景下，我国当然会进一步加大力度支持自主创新。但是，当今世界已经进入一个合作共赢的时代，随着产品结构、制造工艺和材料越来越复杂，实际上没有哪个国家的企业能够掌握所有核心技术、核心产品和核心工艺，在强调自主创新的同时，必须推进开放合作。自主创新与扩大开放是相辅相成的，对外开放对自主创新有极大的推动作用。我国只有坚持高水平的对外开放，增强自主研发实力，拥有关键技术和核心技术，才能顺利实现由外贸大国向外贸强国的转变。

### 2. 江西省的形势

从经济总量看，相邻的广东省、浙江省、湖北省、湖南省、福建省、安徽省分别排全国第1位、第4位、第7位、第9位、第10位、第13位，均列江西省之前；从发展质量和水平看，沿海三省整体高于江西省的梯度差非常明显，中部三省在产业实力、科教支撑、城镇体系等方面也不同程度强于、优于江西省。江西省的差距，根本在科技水平、高端人才和创新能力的差距。

刘奇同志在江西省委十四届六次全体（扩大）会议上提出了"创新引领、改革攻坚、开放提升、绿色崛起、担当实干、兴赣富民"24字方针，强调创新引领是江西省发展的第一动力，开放提升是江西省发展的关键一招。在新一轮技术革命和产业变革风口上，江西省要实现高质量、跨越式发展就必须主动适应经济发展新常态，向创业创新要活力，向改革开放要动力，舍此别无他途。

### 3. 江西省的机遇

今天的江西省凭着改革精神，正在书写着中部发展的传奇。借助"一带一路"的东风，江西省"走出去"的步伐愈发稳健，"引进来"的硕果日益凸显，国际"朋友圈"不断扩大，正在成为内陆沿江开放新高地。"走出去"，需要实力；"引进来"，需要魅力。江西省正以自信、开放的姿态在中部地区绿色崛起。

以自信的姿态"走出去"。习近平同志说，有了"自信人生二百年，会当水击三千里"的勇气，我们就能毫无畏惧面对一切困难和挑战，就能坚定不移开辟新天地、创造新奇迹。江西省近年来借"一带一路"东风，扬江西崛起之帆，取得了一系列的丰硕成果。

统计数据显示，2018年1—3月，江西省对"一带一路"沿线11个国家有投资，中方协议投资额2.72亿美元，占77.0%；对"一带一路"沿线13个国家开展对外承包工程业务，完成营业额 1.53 亿美元，增长 15.9%。正邦集团、江西中煤、中鼎国际等企业形成"先进带后进、大手牵小手"，抱团出海拓市场，百舸扬帆走出去的生动局面。晶科能源有限公司、江西昌兴航空装备股份有限公司、晶能光电有限公司、华意压缩机股份有限公司均在世界舞台上一展江西魅力。从陶瓷、杂技、青铜器到赣剧、书画、针灸，赣鄱企业、文化"走出去"成果丰硕。为了让企业加快"走出去"步伐，江西省还搭建了"一带一路"信用保险、"走出去"信息服务等平台，及时发布各类信息，为企业提供咨询和帮助。

江西省在"走出去"战略引领下，取得了明显成效。截至 2018 年 7 月，江西省累计实现对外直接投资 68 亿美元，完成对外承包工程营业额超过 230 亿美元，为 120 个国家培训了超过 2000 名政府官员和专业技术人员。江西省积极有为"走出去"不仅增加了自己的经济实力，而且给沿线国家带来了翻天覆地的变化。

以开放的姿态"引进来"。习近平总书记曾指出，改革开放是决定当代中国命运的关键抉择，是党和人民事业大踏步赶上时代的重要法宝。江西省正以开放包容的胸襟引领绿色崛起。

数据显示，2018 年 1—6 月，江西省引进外资 200 万美元以上项目 1049 个，实现投资额 944.23 亿元；投产 735 个，实现投资额 1445.24 亿元。上海与德通信、深圳振华通信、深圳小辣椒和深圳比亚迪均落户江西省。爱驰亿维、国机智骏汽车有限公司和远东福斯特新能源有限公司也加入江西省的"朋友圈"。欧美、日韩及东南亚地区的许多跨国公司也开始关注、投资、扎根江西省。

为加快对接融入"一带一路"建设和长江经济带发展战略，江西省专门出台了《关于进一步支持九江沿江开放开发若干政策》《关于加快建设九江江海直达区域性航运中心的实施意见》。江西省 2017 年第一季度还新开辟了南昌至印尼巴厘岛、美国塞班航线，开通了南昌至深圳集装箱快速班列，这意味着江西省的开放通道得到进一步拓展。

江西省积极顺应经济全球化发展大趋势，大力实施大开放主战略，坚持东西双向开放、"引进来""走出去"并重，全力打造长江经济带战略支撑。江西省不断加快产业发展国际化步伐，构建开放型经济发展新优势，正在成为内陆沿江开放新高地。

## 七、推进江西省创新能力开放合作对策建议

省委从更高层次贯彻落实习近平总书记对江西省工作的重要要求，进一步把握大势、紧跟新时代，深化对世情、国情、省情的认识。从实际出发，不断深化和完善富裕美丽幸福现代化江西建设的科学内涵、战略路径和重要抓手。这种深化和完善的结论，概括起来，就是"创新引领、改革攻坚、开放提升、绿色崛起、担当实干、兴赣富民"的24字方针，强调自主创新与扩大开放的重要性。

自主创新与扩大开放是相辅相成的，对外开放对自主创新有极大的推动作用。江西省只有坚持高水平的对外开放，增强自主研发实力，拥有关键技术和核心技术，吸引更多外资注入，才能实现螺旋式上升，才能永葆创新开放的不竭动力，才能实现江西省在中部地区的迅速崛起。结合江西省发展的不足，具体可从以下几个方面着手。

### （一）加强科技创新，加快产业升级

一是增强高校和科研院所的科技创新能力，建设一批高水平院校，加强科教领域的"申引联"力度，引进国内外知名大学、科研院所、国家实验室、大型科学装置和研究中心，引导支持本土高校、科研院所做大做强，孵化和培育一批一流学科集群，带动产业发展，强化高等院校在原始创新和基础研究方面的骨干作用。二是搭建创新载体和平台，加快争创鄱阳湖国家自主创新示范区，着力抓好科创城建设，努力打造一批高水平的创新平台。着力培育创新型人才队伍，落实创新型人才认定、使用及保障制度，激发科技人才的创新活力。推进双创孵化器建设，打造"众创空间—孵化器—加速器—创业园区"科技创新创业孵化链条。三是把握重点领域核心技术，开展重大科技攻关，结合国家宏观战略和江西省发展需求，聚焦航空制造、电子信息、中医药、新能源、新材料等优势产业，集中力量、集聚资源、集成政策，全力打造几个具有爆发力的产业集群，强化重点领域和优势领域部署，提前布局战略新兴产业和未来产业，在前沿技术领域取得突破性进展。四是加强企业创新主体地位，着力推进研发型企业发展，推动呈现企业新技术、新模式、新业态，加大技术改造力度，将新技术融入传统制造业，大力推进汽车及零部件、有

色、石化、钢铁、建材、食品、纺织等产业提档升级，推动传统制造业向精细化、高品质化发展，重塑"江西制造"辉煌。加快发展大数据、云计算、人工智能、共享经济等新兴产业，以及工业设计、电子商务、现代物流、文化创意等现代服务业，努力抢占产业发展制高点。促进新兴产业规模化、传统产业高新化，实现战略新兴产业与传统产业的融合，壮大高新技术产业队伍。

### （二）加快产学研融合，构建技术创新体系

一是以企业为主体推动产业链与创新链对接，建立一批产学研合作示范基地，推动企业与高校、科研机构建立长期稳定的产学研结合关系，转化一批具有实际应用价值的科技成果，鼓励企业面向高校、科研机构实施科研项目，与高校、科研机构联合建立研发机构。二是支持高校、科研机构与企业协同创新，鼓励建立行业技术开发基地、产学研双创平台等创新服务平台，鼓励高校、科研机构与企业共建重点实验室、工程研究中心、技术创新中心、企业技术中心等科技创新平台，加强与中国科学院、中国工程院等大院大所合作，组织实施一批科技成果转化与产业化项目及创新团队引进项目。三是完善技术转移转化服务体系，以企业需求为导向、高校和科研机构为源头、技术转移和成果转化服务为纽带，建立健全产学研相结合的技术市场服务体系，鼓励和支持建立技术转移机构，培育一批国家级、省级技术转移（示范）机构。

### （三）注重创新型人才的引进和培养，建设人才高地

一是培养科技创新人才队伍。采用"项目—基地—人才"模式，培养800余名优秀科技人才，为培养高素质的创新科技人才提供创新创业的环境。重点培养支撑中国制造、中国创造的技术技能人才队伍。组织江西省科研人员赴海外培训、考察、交流和参展，开拓科研人员的视野，提升科技创新能力。实施归国人员扶助计划。重点支持有在国外大学、科研院所和科技型企业工作或学习经历的高层次科研人员开展科技合作研究，通过科技合作项目的支持，帮助他们培育创新团队，加强学科建设，为江西省高层次领军人才的培养打下前期基础。二是引进两院院士、长江学者、国家杰出青年等高层次创新人才和团队。继续支持高校、科研院所从国

际、省外引进两院院士及创新人才到江西省任职、兼职，充实江西省高层次科技人才队伍，建设人才高地。加强引进院士团队的力度，支持企业建立院士工作站，开展科技合作和技术攻关，帮助企业掌握产业核心技术和专利，推动以企业为主体的创新体系的形成。三是加强对外科技合作人才队伍建设。加大省、市、县、高校、科研院所科技合作管理队伍的培养力度，建立优秀的对外科技合作管理人才队伍。

### （四）扩大开放创新格局，加强对外科技合作

一是充分发挥毗邻长三角、珠三角和闽东南三角的区位优势，深化与长三角、珠三角、海西经济区的对接合作，推进赣浙开放合作区、赣闽开放合作示范区、赣湘开放合作试验区、赣南承接产业转移示范区等平台建设，全面提升与周边省份科技合作水平，整体提升江西省开放层次和创新能力，使江西省更好融入全国乃至全球产业分工和市场体系。二是以融入"一带一路"建设为引领，坚持对外开放与对内开放相互协同、相互促进，推进全域、全面、全方位开放。突出"借港出海"，以"南下、东进"为江西省大开放的主导方向，更加紧密地接轨和服务长三角、珠三角等沿海发达地区，主动接受溢出式辐射，同时发挥自身优势实现融合式发展，在科技创新上全面接轨，推进更深层次的科技合作。进一步开拓腹地广阔的"北上、西出"两个方向，加强中部地区崛起、长江经济带发展战略框架下的区域科技合作，发展与赣欧班列、昌北机场航线通达地区的科技合作。三是不断培育大开放主体，重点培育引入战略性新兴产业，以产业集聚区和综合保税区为主平台，引入更多世界500强企业、央企和国内知名大企业。强化各类开发区的开放窗口和载体功能，推动专业化、集群化、品牌化发展，力求转型升级为具有竞争力、吸引力和影响力的开放平台。

### （五）推动科学技术"引进来"和"走出去"并举，倡导"一带一路"江西特色

一是开展先进技术与科技成果对接。以引进、消化、吸收、再创新为目标，利用国内外科技展览会、对接会、论坛等平台，组织发达国家、发达地区先进技术及科技成果在江西省的对接活动，开展引技、引智、引资，着力突破江西省产业发展

中共性关键技术瓶颈。根据发展中国家的发展需求，组织江西省先进技术与科技成果与发展中国家的对接，争取江西省更多的农业、生物医药、能源、矿产等领域的优势资源和优势技术"走出去"，拓展海外市场。办好世界绿色发展投资贸易博览会等江西省特色国际会议，打造江西省企业"走出去"重要展示对接平台，促进江西省铜、陶瓷、航空、医药、稀土和钨等特色产业发展。二是组织参加国内外科技交流、科技培训。组织开展国内外科技交流与科技培训，引进先进技术、先进发展理念和先进管理模式。组织实施对外技术援助培训项目。鼓励支持企业科技人员到"一带一路"国家开展科技交流、举办培训班、开展合作研发、从事研发外包等。三是倡导"一带一路"江西特色，发挥江西省要素禀赋和资源优势，努力打造特色品牌。在资源方面，已探明资源储量的有139种，居全国前10位的有71种，其中钽、铀、重稀土等8种矿产资源居全国首位。要充分利用这些宝贵资源，进行深加工、精加工，延长创新链、产业链。在工业方面，形成以光电产业、精密机械、有色金属、优特钢材、生物医药等为重点的特色鲜明的工业产业集群。以创新为引领，强化品牌意识，加大产业升级力度，促进产业向高质量发展，让重点产业发挥更大效益。

**课题组成员：**

  饶德明 江西省科学院科技战略研究所博士

  冯雪娇 江西省科学院科技战略研究所副所长、副研究员

# 关于推进江西省新型研发机构建设的思考

冯雪娇　邹慧　朱盛文　杨兴峰

**摘要：** 新型研发机构因其独特的运行机制和显著的创新成就，已经成为发达省市自主创新的重要支点、产业发展的强大引擎、人才聚集的战略高地。为推进江西省新型研发机构建设，本报告学习借鉴浙江、江苏、广东等省份发展新型研发机构的主要做法，结合江西省新型研发机构发展现状及需求，提出推进江西省新型研发机构建设的对策建议，希望对领导决策有所帮助。

党的十九大指出，创新是引领发展的第一动力，是建设现代化经济体系的战略支撑，创新的核心就是科技创新。新型研发机构是指投资主体多元化、建设模式国际化、运行机制市场化、管理制度现代化，具有可持续发展能力，产学研协同创新的独立法人组织。近年来，新型研发机构因其独特的运行机制和显著的创新成就，已经成为发达省市自主创新的重要支点、产业发展的强大引擎、人才聚集的战略高地。

为学习发达省市新型研发机构筹建模式及运行机制，江西省科学院组织相关人员赴浙江、江苏、广东等省进行了调研，分别与浙江省科技厅、江苏省科技厅、苏州省市科技局相关同志进行了座谈交流，并实地考察了中国科学院深圳先进技术研究院（简称中科院深圳先进院）、中国科学院苏州纳米技术与纳米仿生研究所（简称苏州纳米所）、中国科学院苏州生物医学工程技术研究所、江苏省产业技术研究院移动通信技术研究所、江苏省未来网络创新研究院、浙江清华长三角研究院、深圳清华大学研究院、深圳光启高等理工研究院等8家当地典型新型研发机构，再结合江西省实际情况，提出推进江西省新型研发机构建设的对策建议。

## 一、新型研发机构的优势

与传统科研机构不同，新型研发机构以基础研究、应用产业研究为主要业务，突破传统科技体制不顺、机制不活和市场观念淡薄等缺陷，有效提高了企业创新积极性，带动了社会研发投入与产出。

多元化的投资主体。新型研发机构大多呈现投资主体多元化的特征，科研院所、高校、政府及民间资本等均可以成为其投资建设主体，享有机构产出利益。政府投入为主向社会资本投入为主的转变能确保机构获得充足的资源。多元化主体基本可以体现多方意志，既避免了传统科研机构科技与经济相脱离的弊端，也克服了企业自身研发部门过于看重市场，研发短视的不足，使得机构科技成果不仅具有较大的学术价值，并且也贴近市场需求，具有较大的市场价值。

突破人员编制的束缚。新型研发机构没有固定的人员编制和事业费，没有了"计划"的色彩，具备很大的开放性和自主性。部分新型研发机构虽然是事业单位，但不定编、不定人，对研究人员一般采用聘用制。

创新的体制机制。新型研发机构大胆地突破体制机制的藩篱，在运行机制、管理机制、用人机制、创新机制等方面实施有别于传统科研机构的科研、管理模式和机制。在运行机制上，形成既不像企业又不像事业单位，既不像科研院所又不像高校的"四不像"；在管理制度上，采用合同制、动态考核、末位淘汰等企业化管理方式；在用人机制上，"不以年龄论资历，不以学位论英雄"，大胆任用具有创新胆识和创新能力的年轻人；在创新机制上，采用多种组建模式、合作模式、成果转化模式等。

清晰的机构定位。新型研发机构在机构战略定位上区别于传统科研机构。一方面进行大量的应用研究，发挥传统科研机构的作用；另一方面又区别于传统意义上的科研机构，更加关注前沿研究及注重创新成果的产业化。在整个发展过程中，新型研发机构坚持创新是根本，产业发展是最终目标，明确将创新成果产业化作为研发机构的发展宗旨（表1）。

表 1　新型研发机构与传统科研机构比较

| 传统科研机构 | | 新型研发机构 |
|---|---|---|
| 政府部门 | 组建部门 | 政府、高校、企业、科研院所、社会组织、自然人、产业联盟 |
| 由政府设定机构定位与目标，且目标定位不会改变 | 目标定位 | 根据市场需求、地方经济来动态调整机构目标和战略方向 |
| 科研、产业化、创新服务 | 基本任务 | 科研、产业化、创新创业、产业孵化、科技金融、研发国际化 |
| 一般属事业单位 | 法人性质 | 包括事业单位、企业和民办非企业等法人性质 |
| 固定人员编制，工资制度 | 编制情况 | 一般无编制，灵活薪酬 |
| 有固定经费 | 经费情况 | 无固定拨款 |
| 政府 | 主要经济来源 | 市场 |
| 有主管部门 | 管理部门 | 无主管部门 |
| 任命、任期 | 机构负责人 | 聘用 |
| 参照公务机关机制运行 | 运作方式 | 企业化方式运作 |
| 行政级别 | 组织方式 | 无行政级别、团队 |

## 二、各地发展新型研发机构的主要做法及成效

1996年成立的深圳清华大学研究院，被认为是我国较早成立的一家新型研发机构，2006年《国家中长期科学和技术发展规划纲要（2006—2020年）》（简称《纲要》）颁布实施，新型研发机构出现爆发式增长。《纲要》颁布后，科技创新成为国家的战略性工作，各地各部门的科技创新意识大大提升，纷纷面向产业需求，建设产业研究院，采用市场化运作和企业化运营，开展产业技术研发服务。经过多年发展，全国的新型研发机构达到了上千家，主要集中在长三角和珠三角区域，其中江苏省200多家，广东省180余家。

## （一）创新投入组建模式，实现利益共享

新型研发机构投入组建模式包括：院校自建、企业自建、院校与企业双方共建、院校与政府双方共建，以及院校、企业和政府三方联合共建等。院校参与的新型研发机构投资建设模式下，院校将研发设备、软件、技术成果、专利等经专业评估后投入研发机构建设，同时，院校提供高素质技术团队和优秀管理人员来支持研发机构经营管理团队的组建。例如，中科院深圳先进院是由中科院、深圳市人民政府和香港中文大学三方共同投入组建的新型研发机构，投入主体利益共享。研究院以科研为核心，构建科研、教育、产业、资本四位一体的发展架构，实现了创新链、产业链和资金链的一体化，提高了创新效率与效益（表2）。

表2　典型新型研发机构的投资建设主体

| 名称 | 投资建设主体 |
| --- | --- |
| 浙江清华长三角研究院 | 浙江省人民政府、清华大学 |
| 苏州纳米所 | 中国科学院、江西省人民政府、苏州市人民政府、苏州工业园 |
| 中国科学院苏州生物医学工程技术研究所 | 中国科学院、江苏省人民政府、苏州市人民政府 |
| 江苏省产业技术研究院移动通信技术研究所 | 中科院微系统所、东南大学、江宁开发区管委会 |
| 江苏省未来网络创新研究院 | 南京市人民政府、中科院计算所、北京邮电大学、清华大学、中国电子科技集团公司电子科学研究院 |
| 中科院深圳先进院 | 中国科学院、深圳市人民政府和香港中文大学 |
| 深圳清华大学研究院 | 深圳市人民政府、清华大学 |
| 深圳光启高等理工研究院 | 深圳大鹏光启科技有限公司 |

## （二）注重顶层设计，大力吸引高端院所

近年来，浙江、江苏、广东等省先后出台了《浙江省引进大院名校共建高端创

新载体实施意见》《关于支持江苏省产业技术研究院改革发展若干政策措施的通知》《关于支持新型研发机构发展的试行办法》等一系列政策文件，鼓励支持知名高校、科研院所在当地设立新型研发机构。

一是土地、经费直接支持。广东省科技厅设立了每年1.5亿元的专项资金，对于创办不超过5年（以注册时间为准）的新型研发机构，择优给予一次性500万元的建设经费支持。多个省辖市也设立了专项资金。广州每年安排不少于2亿元经费用于新型研发机构建设，珠海安排3年10亿元专项资金扶持新型研发机构，东莞近年来在新型研发机构建设方面的财政协议投入超过45亿元，同时投入27亿元在松山湖高新区建设大学创新城，已建成新型研发机构的集聚地。对于中科院深圳先进院，深圳市人民政府划拨5.0万平方米土地；一期工程深圳市人民政府资助2.0亿元建设经费，二期工程深圳市人民政府再资助1.6亿元；另外，筹建期深圳市人民政府给予1500万元/年的运行经费。对于深圳清华大学研究院，深圳市人民政府提供1.6万平方米大楼供研究院免费使用。

二是项目支持。广东、浙江、江苏等省均明确新型研发机构在申报、承担各级财政科技计划项目时，可享受科研事业单位同等资格待遇。深圳清华大学研究院争取省、市项目经费1亿元/年。例如，主持的科技创新孵化体系建设项目获得省研发经费补贴900万元。中科院深圳先进院获取国家、省、市经费高达8亿元/年，其中，竞争性经费达7亿元，固定经费1亿元，从2017年开始，深圳给予5000万元/年的固定项目经费。

三是人才团队支持。深圳为吸引更多的海外高层次人才，专门推行了"孔雀计划"，对海外高层次人才带高技术研发成果、专利技术等自主知识产权的项目在深圳企业实现产业化的，给予最高1000万元的成果转化资助。对高层次人才，推行人才安居计划，杰出人才享受600万元政府补贴，后备级人才享受160万元政府补贴。据2016年年底统计，广东省新型研发机构拥有研发人员近4.7万人，引进世界一流水平的创新科研团队91个、领军人才69人。

江苏省则有创新创业人才引进计划、人才新政26条，市级层面有姑苏创新创业领军人才计划，苏州市高等院校、科研院所紧缺高层次人才引进计划，园区层面还专门有苏州工业园区"金鸡湖双百人才计划"，形成省、市、县（区）政策合力。

对引进世界一流的顶尖人才团队，简化程序、一事一议、特事特办，最高给予1亿元项目资助。省签约金融机构对设区市以上人才计划入选者提供最高1500万元的信用贷款。

### （三）聚焦地方主导产业，促进产学研深度融合

新型研发机构是带动战略性新兴产业发展、促进传统产业转型升级的"领头羊"，它们紧紧围绕解决企业的技术难题、突破产业发展的关键技术等实际需要，开展基础研究、应用研究和产业化开发，较快地实现从源头创新到新技术、新产品、产业化的快速转换。

以支撑江苏省产业创新发展和转型升级为目标，江苏省产业技术研究院定位于突出支持新兴产业培育和升级，吸收在应用技术的研究开发、成果产业化和公共服务方面业绩突出的研究机构，重点开展技术转移和成果转化，以填补基础研究和产业化之间的空白。4年间，集聚了36家专业研究所、近6000名研发人员，累计转移转化技术成果2000余项。苏州纳米所聚焦纳米科技与信息科学、生命科学、物理、化学的交叉结合，建立公共技术平台，把苏州工业园区打造成我国纳米技术产业资源集聚度最高的区域之一。

面向深圳产业发展需求，中科院深圳先进院立足源头创新，在健康与医疗、新能源与新材料、机器人、大数据与智慧城市等四大领域，搭建交叉平台，组建6家研究所、7家国家级载体，打造科研、教育、产业、资本四位一体的"微创新体系"。目前累计孵化企业总计逾513家，持股超过162家，估值百亿级1家。以基金为载体，撬动社会资本对接科研成果产业化，中科并购基金融资额大于5000万元。深圳光启高等理工研究院聚焦超材料，开展研发、产业化。截至2017年7月，在超材料领域的专利申请数量占全世界该领域的86%，已完成全球基础专利池的构建。

### （四）突破体制机制束缚，激发各方积极性、能动性

江苏、浙江、深圳等地区政府在人才、资金、项目等方面大力支持新型研发机构建设，同时强化市场化应用的科研导向，积极支持科技与金融相结合，推进社会多元化投入、管理和发展的运营机制。

理事会领导下的院长负责制。中科院深圳先进院理事会由中科院委派理事长1人，深圳市人民政府、香港中文大学各委派副理事长1人，理事会所有成员由各方协调确认。同时，研究院建立了职责明确、开放有序、评价科学、管理规范的现代科研院所管理制度和符合市场经济、科技发展规律的运行机制。

"一所两制、合同科研、项目经理制、股权激励"机制。江苏省产业技术研究院坚持以市场导向机制为基本方向，政府不大包大揽，更多通过"一所两制、合同科研、项目经理制、股权激励"等市场化手段，调动社会资源和力量共同参与建设。坚持课题来自市场需求，成果交由市场检验，绩效通过市场评估，财政支持由市场决定，充分发挥市场对技术创新研发方向、路线选择、要素价格、各类创新资源要素配置的导向作用。

"理事会+运营公司+若干创新团队（项目公司）"三级治理结构。江苏省产业技术研究院移动通信技术研究所采取三级治理结构：理事会负责发展战略规划，不参与、不干预运营公司日常工作；运营公司负责成果转化、科技企业孵化、公共技术服务平台建设、人才培养与团队建设，采取项目制方式管理各创新团队（项目公司）；创新团队（项目公司）以创新技术研发、工程化研究和产业化为核心，通过"研发团队+移动通信基金+合作企业"的模式，成熟一个项目，孵化一个公司。

"顶层（应用）牵引底层（基础）"发展模式。深圳光启高等理工研究院以"顶层（应用）牵引底层（基础）"的发展模式，把基础研究、知识产权、产品开发、产品创意的产业链条整合起来，推动科技创新。打破了我国现有的分学科、条块分割、矩阵式、分化式、计划式的管理架构的创新体制分布，在技术创新、商业化模式创新、科技与资本紧密结合方面进行了很多开创性的实践，形成了开放式的创新模式。不到7年的时间就迅速成长，创新机构遍布五大洲18个国家与地区，拥有总人数超过2600人的世界级的创新研发团队，掌握了世界前沿的超材料技术、智能光子技术、新型空间技术，拥有相关核心自主知识产权。

## 三、江西省新型研发机构发展现状及需求

### （一）江西省新型研发机构发展现状

与大院名校开展了科技合作，但共建机构数量不多、规模较小。江西省先后与清华大学、北京大学、中科院所属院所等200余家省外高校、科研院所开展了合作研发，实施科技合作项目1000余项，但共建的新型研发机构数量不多，规模较小。据不完全统计，中科院等大院名校与江西省共建的新型研发机构不到10家，主要集中在南昌、上饶、赣州等地，如苏州纳米所与南昌小蓝经开区共建的中科院苏州纳米所南昌研究院，中科院自动化研究所和省科技厅、南昌市人民政府、南昌高新区管委会共建的中科院（南昌）移动医疗影像研究院，上饶市人民政府与中科院合作共建的上饶市中科院云计算中心大数据研究院，赣江新区创新研究院。除中科院外，中国纺织科学研究院在共青城市建立了中纺院共青分院，北京航空航天大学在江西省建立了北京航空航天大学江西通航研究院。

出台了科技创新政策，但缺乏新型研发机构专项政策。江西省虽然出台了《江西省创新驱动发展纲要》等科技创新的政策文件，提到了着力打造一批无编制、无事业经费、多元化投资、市场化运作的新型研发机构，但是还未出台专门支持新型研发机构建设和发展的政策。现已建立的新型研发机构大多过于依赖政府资金支持，弱化了政府与市场联动。

### （二）江西省发展新型研发机构的需求

江西省正处在加速发展的爬坡期、全面小康的攻坚期、生态建设的提升期。江西省科技创新环境已经明显优化，为科技进位赶超提供了支撑。2016年全省科技进步环境指数在全国的排名较上年前移7位，由2015年的25位上升到18位，增幅全国第一。企业创新主体地位逐步强化。在全省的创新活动中，企业的创新主体作用明显增强，企业研发经费支出占全省研发经费的比重由2010年的70.9%上升至2016年的84.3%[①]。随着企业研发活动数量的增长和质量的提升，研发工作的相对

---

① 来源于《江西统计年鉴》。

独立性显现。但是，从产业结构而言，江西省主要以粗放型传统产业为主，战略性新兴产业占比较小。从科技创新看，创新资源不足，尤其是高端人才和创新平台较为匮乏。因此，江西省迫切需要新的科技创新力量，需要在创新驱动发展上取得突破，加快推进科技成果产业化，促进科技与经济紧密结合。

新型研发机构为较好地解决科技与经济"两张皮"的问题提供了新的途径。科学到技术转化的环节是问题所在，而这个环节恰是高校院所不愿做，单个企业做不了的，只有解决了这个问题，才能实现科技转化为生产力的"无缝对接"。近年来，借全国科技体制改革试点省契机，江西省推动高校、科研院所创新机制体制，加强与大院名校科技合作，推进产学研协同创新模式探索，以市场为导向、企业为主体，联合高校、科研院所，2014年以来共组建企业协同创新体64个。同时，省委、省政府大力实施"5511"工程等引才计划。创新意识明显提升，创新环境明显优化，为新型研发机构的建设和发展提供了良好的条件。

## 四、推进江西省新型研发机构建设的对策建议

### （一）出台专门支持新型研发机构发展的政策

围绕江西省地方产业发展，整合土地、资金等发展要素，省科技厅牵头联合工信、发改、人社、金融等部门出台专门支持新型研发机构建设和发展的政策，明确其发展定位、研究方向、阶段性目标、合理的经费预算、支持措施等。机构享有与国有的科研机构同等的政策待遇。在新型研发机构建设启动期，省、市、县（区）政府分期给予一定的建设资金，并根据成果转化和产业化等情况拨付下一年度资金。新型研发机构所在地的县（区）政府可以减租、免租等方式为新型研发机构提供办公和研发用房便利。

在新型研发机构建设启动期过后，省、市、县（区）政府后续支持将根据新型研发机构建设发展情况以股权投资为主，并建立按协议价退出的机制。根据新型研发机构对江西省经济发展的贡献情况和其发展的需要，可采用长期免租使用办公和研发用房、场地转让或优先安排建设用地等方式提供后续支持。对科研成果在江西省转化或转让给江西省企业实现产业化的新型研发机构给予一次性奖励。对支撑和

引领全省科技进步、高端人才培育、产业升级发展的新型研发机构，采取"一院一策、一事一议"的方式，给予更大扶持力度。

### （二）创新机构运营管理机制

一是推行合同科研制。建议突破传统财政支持限制，不按项目分配固定科研经费，建立由合同绩效、纵向科研绩效、衍生孵化企业绩效等综合计算的科研绩效评价机制，并以研究所服务企业的科研绩效，决定支持经费，提高创新资源配置效率。

二是创新管理制度。探索建立由主要利益相关方代表构成的理事会制度，探索建立由身份管理向岗位管理转变的科研机构人事管理制度和知识参与分配的产权机制。建立健全由产学研等多方主体共同参与的理事会制度和与之相适应的管理制度，实行管投分离、独立运作，发挥市场配置资源的决定性作用。

三是优化财政科技投入机制。健全竞争性经费和稳定支持相协调的投入机制，优化科研机构基础研究、应用研究、试验发展和成果转化的经费投入结构，建立健全符合科研规律的管理机制。

### （三）实行"合同制＋项目经理制＋股权激励"人才机制

在人才引进上，无论是事业单位还是民办非企业性质新型研发机构，机构人员不受编制限制，按企业运行模式全球招聘课题负责人、学科带头人、研究人员。新型研发机构人才引进后，赋予项目经理提出研发课题、组织研发团队、决定经费分配的权利，着力攻克重大关键技术，形成先发优势。

在人才激励上，鼓励新型研发机构制定有关科技奖励等的规章制度，对有突出贡献者给予奖励，对科研项目主要负责人根据项目所涉及的产业环境和市场推广情况给予追加奖励，如股权激励机制、绩效奖励、定向工作经费支持等。鼓励新型研发机构聘用本科以上专业技术人员、管理人员及海外留学人员，符合条件的可享受国家规定的及省和所在地市有关引进人才（海外高层次人才）的优惠政策。政府加大力度落实高端人才引进配套政策，简化人才引进审批手续，并完善科研机构周边配套设施，保障人才在当地长期稳定发展。

### （四）发挥社会和金融资本对新型研发机构的支持作用

基金、社会投资是确保市场化方向的核心引擎，积极引导和带动各类投资基金投入新型研发机构建设，对研发投入强度高的企业和高新技术企业给予优先支持。按照"有技术人员、有固定场所、有研发经费、有科研设备、有具体研发方向"的要求，引导和支持主营业务收入5亿元以上的大型工业企业普遍建立企业研发机构，不断完善研发条件，大力培养和引进科技人才，持续产出创新成果，显著提升企业自主创新能力。同时，支持规模以上的高新技术企业立足实际建设新型研发机构，促进企业向"专、精、特、优"方向发展。鼓励企业与高校、科研院所、新型研发机构合作共建研发机构，加强产学研协同创新，发挥高校院所和新型研发机构对企业的科技支撑作用。

引导金融机构为新型研发机构科技成果转化和产业化提供知识产权质押贷款、股权质押贷款、科技企业信用贷款等科技金融服务。省、市、县（区）政府可通过股权投资、风险补偿、贷款贴息等方式对新型研发机构创新成果转化项目给予支持。

**课题组成员：**

　　冯雪娇　江西省科学院科技战略研究所副所长、副研究员
　　邹　慧　江西省科学院科技战略研究所所长、研究员
　　朱盛文　江西省科学院办公室主任、副研究员
　　杨兴峰　江西省科学院科技战略研究所博士

# 关于推进江西新型智库建设的对策建议

邹慧　冯雪娇

**摘要**：党中央、国务院高度重视高端智库的建设，中央、各省（自治区、直辖市）（简称"省区市"）纷纷出台了系列政策文件，大力支持智库的创新发展。江西省出台了《关于加强江西新型智库建设的意见》，重点支持省社会科学院、省科学院等单位先行开展高端智库建设试点。但是，与发达省市相比，江西省智库建设的政策环境还需进一步优化，支持智库建设的力度亟须加大。本报告立足江西省省情，借鉴其他省区市的经验做法，分别从设立智库建设专项、建立江西省智库研究成果奖、推行"旋转门"人才流动机制、推进智库平台建设等方面提出对策建议，以促进江西省新型智库的快速壮大，充分发挥出对江西省的资政、聚才等作用。

我国经济发展进入转型升级关键阶段，迫切需要智库的支持。党的十八大以来，我国加快了建设高端智库的步伐，着力建设了一批具有影响力的高端智库[1]。各省区市纷纷出台地方实施意见，为新型智库建设提供政策支持。江西省委、省政府高度重视新型智库的建设，出台了相关的政策。但是，与其他省区市相比，江西省推动新型智库建设方面的强度偏弱，具体的操作细则及配套政策支持相对缺乏。为进一步推进江西省智库建设，有必要借鉴其他省区市成功经验，完善支持江西省新型智库发展的政策体系。

---

[1] 光明日报智库研究与发布中心课题组.把握大势服务发展有序生长：2016中国智库年度发展报告（主报告上篇）[N].光明日报，2017-02-23.

# 一、中央和各省区市支持智库发展的政策

## （一）中央和有关部委

2015年1月，中共中央办公厅、国务院办公厅联合印发《关于加强中国特色新型智库建设的意见》，强调了加强中国特色新型智库建设的重大意义，明确提出2020年目标是"建设一批具有较大影响力和国际知名度的高端智库"。同年11月，中央全面深化改革领导小组第十八次会议审议通过了《国家高端智库建设试点工作方案》，明确了试点工作的指导思想、基本要求，提出了试点智库入选条件、认定程序和运行管理的具体措施。同年12月，正式启动首批25家国家高端智库建设试点工作，首次将国家高端智库定位为直接"服务党中央决策、服务国家发展"，并成立国家高端智库理事会，作为高端智库建设的议事和评估机构。随后，中央密集出台了《国家高端智库管理办法（试行）》《国家高端智库专项经费管理办法（试行）》《关于深化人才发展体制机制改革的意见》等一系列针对科研机构和智库领域的重磅改革政策。

财政部、教育部等部委、机构也在智库和科研领域出台具体办法，为智库发展进一步提供政策保障。例如，工业和信息化部印发《关于加强工业和信息化领域新型智库建设的意见》，提出推进工信部系统智库建设的指导意见；国家民委编制《国家民委民族工作智库建设规划（2016—2020年）》，在民族工作经费中设立专项资金，支持民族工作智库建设；中国科协制定《中国科协高水平科技创新智库建设"十三五"规划》，在人才激励机制方面，设立创新发展研究奖，对在决策咨询工作中表现突出的优秀个人和团队予以奖励；原文化部启动"文化艺术智库体系建设工程"，通过文化艺术智库项目的评审立项，积极引导文化艺术科学研究关注文化改革发展的整体问题，突出应用对策研究；教育部以协同创新中心和人文社会科学重点研究基地建设为依托，打造中国特色新型高校智库，并在科研项目中设立了一批相关课题，以科研项目为载体加强智库理论创新与战略研究（表1）。

表1　中央和部委出台的推进新型智库建设的相关政策

| 部门 | 相关政策 |
| --- | --- |
| 中央 | 《关于加强中国特色新型智库建设的意见》<br>《国家高端智库建设试点工作方案》<br>《国家高端智库管理办法（试行）》<br>《国家高端智库专项经费管理办法（试行）》<br>《关于深化人才发展体制机制改革的意见》<br>《关于深化体制机制改革加快实施创新驱动发展战略的若干意见》<br>《关于对真抓实干成效明显地方加大激励支持力度的通知》 |
| 工信部 | 《关于加强工业和信息化领域新型智库建设的意见》 |
| 国家民委 | 《国家民委民族工作智库建设规划（2016—2020年）》 |
| 中国科协 | 《中国科协高水平科技创新智库建设"十三五"规划》 |
| 原文化部 | "文化艺术智库体系建设工程" |
| 教育部 | 《中国特色新型高校智库建设推进计划》 |

中央财政通过国家社科基金对国家高端智库建设给予专项经费资助，每年给予首批25家智库试点单位1000万元经费支持；科技部每年安排专项科研经费2000万元用于支持战略研究院开展科技政策方面的研究，为国家制定相关科技政策提供智力支撑；中科院每年给予战略咨询院1000万元经费支持其开展相关战略咨询研究；军事科学院从原科研经费渠道每年划拨近500万元作为智库配套经费，并将专项经费主要投入项目研究和成果奖励（表2）。

表2　部分新型智库建设试点获得的资金支持情况

| 新型智库建设试点 | 支持强度/（万元/年） | 资金提供方 |
| --- | --- | --- |
| 每家国家高端智库建设试点 | 1000 | 财政部 |
| 中国科学技术发展战略研究院 | 2000 | 科技部 |
| 中科院科技战略咨询研究院 | 1000 | 中科院 |
| 军事科学院 | 500 | 军事科学院 |

在中央和各部委的支持下，各试点智库在机构建设、人才使用、经费管理等方

面大胆探索，在组织形式和管理方式创新方面取得积极进展。例如，中国科学技术发展战略研究院（科技部直属单位）采取"小核心、大网络"的组织方式，建立国家目标和自由探索相结合的选题机制，形成开放、流动、竞争的选人机制；中科院科技战略咨询研究院成立院理事会，负责该院改革发展中的重大决策，形成了符合智库规律和试点要求的治理结构，并依托中科院科学思想库建设委员会建立了战略咨询院学术委员会。

## （二）省区市

江西、江苏、山东、广东、上海、湖南、贵州、广西、安徽、河南等省区市相继制定了各自的智库建设实施意见，出台了相关政策（表3）。例如，江苏省先后出台《关于加强江苏新型智库建设的实施意见》等文件，建立健全智库发展内部治理机制、行业内监督机制、第三方评估与认证机制，并确定了紫金传媒智库、区域现代化研究院等首批9家省级试点智库。山东省先后出台《山东省加强中国特色新型智库建设的实施意见》《关于加快智库高端人才队伍建设的实施意见》《山东省遴选智库高端人才公告》等文件，为山东省新型智库发展提供政策保障，并确定山东省社会科学院、山东省科学院等15家智库作为首批重点新型智库建设试点单位，对试点单位在重大决策意见征集、政府购买决策咨询服务、智库成果传播推介、政策研究咨询激励、智库人才队伍建设等方面给予政策支持。湖南省先后出台《关于加强湖南新型智库建设的实施意见》《湖南省省级重点智库管理办法》等文件，将湖南省社会科学院、中南大学等确立为首批7家省级试点智库。广东省出台《关于加强广东新型智库建设的意见》《政府向社会组织购买服务暂行办法》等文件，支持广东省新型智库建设。安徽省出台《关于加强安徽新型智库建设的实施意见》《安徽高校智库建设计划》等文件，推动安徽省新型智库发展。

表3 省区市出台的推进新型智库建设的相关政策

| 省区市 | 相关政策 |
| --- | --- |
| 江西 | 《关于加强江西新型智库建设的意见》 |
| 江苏 | 《关于加强江苏新型智库建设的实施意见》<br>《重点高端智库考核评估与经费管理办法》 |
| 山东 | 《山东省加强中国特色新型智库建设的实施意见》<br>《关于加快智库高端人才队伍建设的实施意见》<br>《山东省遴选智库高端人才公告》<br>《关于公布山东省重点新型智库建设试点单位名单的通知》 |
| 广东 | 《关于加强广东新型智库建设的意见》<br>《政府向社会组织购买服务暂行办法》<br>《2017年度广东省科技发展专项资金项目（第一批）申报指南》<br>《关于进一步完善省级财政科研项目资金管理等政策的实施意见（试行）》<br>《广东省社会科学普及条例》 |
| 上海 | 《上海高校智库建设实施方案》<br>《关于申报2017年度上海市"科技创新行动计划"软科学研究项目的通知》 |
| 湖南 | 《关于加强湖南新型智库建设的实施意见》<br>《湖南省省级重点智库管理办法》 |
| 贵州 | 《关于加强贵州省新型智库建设的实施意见》<br>《关于加强贵州高校新型智库建设的指导意见》 |
| 广西 | 《关于加强广西特色新型智库建设的实施意见》 |
| 安徽 | 《关于加强安徽新型智库建设的实施意见》<br>《安徽高校智库建设计划》 |
| 河南 | 《关于加强中原智库建设的实施意见》 |
| 四川 | 《关于加强四川新型智库建设的意见》 |
| 重庆 | 《关于加强重庆市新型智库建设的意见》<br>《关于进一步完善我市财政科研项目资金管理等政策的实施意见》 |
| 河北 | 《关于加强河北新型智库建设的意见》<br>《省级重大决策专家咨询论证办法》 |
| 甘肃 | 《甘肃高校新型智库建设（人文社会科学）实施方案（试行）》 |
| 吉林 | 《关于加强吉林省新型智库建设的实施意见》 |

续表

| 省区市 | 相关政策 |
| --- | --- |
| 内蒙古 | 《关于加强内蒙古新型智库建设的实施意见》 |
| 浙江 | 《关于加强浙江新型智库建设的实施意见》<br>《浙江省科学技术厅关于 2017 年度省公益技术应用研究计划和软科学研究计划项目申报的通知》 |
| 福建 | 《关于加强福建新型智库建设的实施意见》<br>《福建省教育厅关于开展高校特色新型智库立项建设工作的通知》 |
| 陕西 | 《关于加强陕西省新型智库建设的实施意见》 |
| 天津 | 《天津市加强新型智库建设的实施意见》 |
| 青海 | 《青海省新型智库建设实施意见》<br>《"十三五"时期智库建设规划》<br>《青海省特色智库建设方案》 |
| 辽宁 | 《关于加强辽宁新型智库建设的实施意见》 |
| 山西 | 《关于加强山西新型智库建设的实施意见》 |
| 黑龙江 | 《关于加强黑龙江新型智库建设的实施意见》 |
| 宁夏 | 《加强宁夏新型智库建设的实施办法》 |
| 云南 | 《关于加强云南新型智库建设的实施意见》<br>《云南高校新型智库建设实施方案（试行）》 |

## 二、相关省级层面政策的亮点

### （一）发达省市的做法

**1. 江苏省**

（1）加大资金支持力度

围绕"一带一路""长江经济带""5 个迈上新台阶""十三五"规划等重大发展问题，遴选命名 10～15 家重点培育智库，给予每年 50 万元的经费资助；省社科基金增设智库研究专项，通过竞争性评审的方式择优立项，支持科研工作者开展决策咨询研究；对于党和政府持续关注的领域、专题数据库和实验室建设等长期的基础性课题，实行滚动资助的长效机制。此外，江苏省印发出台《2017年度省政策引导类计划（软科学研究）项目指南》，规定软科学重点项目省资助经费原则上不超过30万元。

（2）完善成果评估机制

设立江苏省智库研究优秀成果奖，将评奖要求与标准体现到课题研究、政策咨询、项目评审、人才评价等各个方面；完善以质量创新和实际贡献为导向的评价办法，构建用户评价、同行评价、社会评价相结合的指标体系。此外，江苏省还制定出台《重点高端智库考核评估与经费管理办法》，在激励机制方面，明确对于获得省部级以上领导批示的成果，认定为1篇C刊论文，对于获得国家级领导人肯定性评价的成果，认定为2篇C刊论文或是1篇一流刊物论文。

（3）健全信息公开制度

建立江苏智库网，汇集全省智库研究成果与数据，促进智库之间成果与信息共享；省统计局、省信息中心等部门及时汇集全省经济社会发展及各区域、各行业相关信息，搭建互通互联的信息交流发布平台，为决策咨询活动提供信息支持。

（4）建立政府购买决策咨询服务制度

研究制定政府向智库购买决策服务的指导意见，明确购买方和服务方的责任和义务。凡属智库提供的咨询报告、政策方案、规划设计、调研数据等，均可纳入政府采购范围和政府购买服务指导性目录。

## 2. 广东省和上海市

广东省和上海市的政策亮点主要体现在经费支持上。广东省计划出资1亿元，设立一个社科研究基金支持智库发展；广东省出台的《2017年度广东省科技发展专项资金项目（第一批）申报指南》规定，软科学重大项目每项资助额度高达100万元，对软科学面上项目专题，如广东科技决策智库建设，采取稳定性支持方式，每年每项资助100万元，连续滚动支持3年，共300万元；社科普及经费在原来每年177万元财政拨款的基础上增加600万元；广东省出台的《关于进一步完善省级财政科研项目资金管理等政策的实施意见（试行）》明确规定，科研院所可从直接费用中开支本项目在编人员的人员费。上海市提出建立学校、社会和政府等多方投入的模式，鼓励社会资金以公益方式投入新型智库建设；对立项支持的智库，根据建设任务的需求给予50万~200万元的建设经费。

**3. 山东省**

（1）打造智库高端人才团队

用3~5年时间，围绕经济建设、政治建设、文化建设、社会建设、生态文明建设和党的建设六大领域，遴选300名左右智库高端人才，纳入山东省高端人才储备库，并从中遴选出30名左右首席专家和100名左右岗位专家。入库的智库高端人才在岗位聘用、课题保障等方面享受相关政策待遇。其中，首席专家被确定为"泰山学者特聘专家"后，管理期内对全职人选由省财政提供200万元经费资助，对兼职人选提供100万元经费资助，岗位专家被评选为"山东省有突出贡献的中青年专家"后，管理期内省财政每月发给省政府津贴1000元。

（2）加大政策支持力度

将智库高端人才团队提供的咨询报告、政策方案、规划设计、调研数据等，纳入政府采购范围和政府购买服务指导目录；加大智库研究成果在职称评聘、职务晋升、人才工程和表彰奖励中的评价权重；探索以"以奖代补"或"后补助奖励"方式给予资助；在省社会科学优秀成果奖中设立智库研究成果奖专项。

（3）推进制度机制创新

建立柔性流动机制。赋予引进的智库高端人才在课题立项、选人用人、经费使用等方面更大自主权。

建立评价激励机制。智库高端人才应用对策研究成果得到省级以上领导批示或经省直有关部门、设区市党委和政府认定纳入决策的，可与在中文社会科学引文索引（CSSCI）期刊上发表学术论文具有同等考核效力。

建立挂职交流机制。在智库高端人才团队设立荣誉研究员岗位，支持具有决策咨询经验的离职或退休党政领导干部、企业高管参与智库研究工作。

（4）打造山东智库联盟

支持建立山东智库联盟，在打造专业化高端智库过程中发挥示范引领作用。山东智库联盟通过与省规划办共同设立山东省重大理论与现实问题协同创新专项，设立山东智库联盟调研基地课题，开办山东智库联盟网站、微信公众号和《山东社会科学报道》等多种形式，不断整合省内智库研究资源，有力地推动了山东省新型智库建设。

### （二）中西部地区的做法

**1. 湖南省**

（1）建立经费扶持制度

省财政根据不同类型智库的性质和特点，对省级重点智库给予一定经费扶持；省委宣传部每年通过重大项目委托和招标的形式，对承担项目研究任务的智库给予适当经费资助；在加强财政投入的基础上，省级重点智库所在单位也加大智库建设经费投入力度。

（2）加强智库平台建设

通过设立省社科基金智库专项课题、省社科基金项目、省情和决策咨询课题与智库试点单位对接；加强信息共享平台建设，重点建设好湖南图书馆、省高校数字图书馆等公共信息平台；加强成果交流转化平台建设，开办湖湘智库论坛，开设湖南智库网，编辑《决策参考·湖南智库成果专报》，发挥《湖南工作》在智库建设中的作用，定期举办优秀研究成果发布会，出版智库成果专集。

（3）完善成果评价与推广机制

完善成果认定机制，设立智库成果评审专家库，成立由专家和各方代表组成的智库成果评审委员会，注重政府和社会评价；完善成果激励机制，加大对优秀决策咨询成果的奖励力度，将智库优秀研究成果纳入省哲学社会科学优秀成果评奖范围；完善成果推广机制，拓展多层次、多载体的成果传播渠道，充分利用新闻媒体、各种论坛、蓝皮书等形式传播研究成果。

（4）促进湖南智库联盟建设

支持省参事室、省社会科学院、省委党校等9家单位共同发起组建湖南智库联盟，旨在共同搭建合作平台，整合智力资源，为省委、省政府科学民主决策和地方经济社会发展提供咨询服务，同时也为企业、行业发展提供咨询服务。

**2. 贵州省和广西壮族自治区**

贵州省和广西壮族自治区的政策亮点主要体现在推行灵活的人才流动机制上。

广西壮族自治区在智库人才建设方面，建立健全智库"旋转门"机制[①]，党政机关或参公单位人员到科研院所或院校从事智库工作的，在1年内保留公务员或参公人员身份，工作期1年内再回到原单位，可按原级别另行安排工作。贵州省制定《关于加强贵州省新型智库建设的实施意见》《关于加强贵州高校新型智库建设的指导意见》等政策文件，探索建立贵州省特色"旋转门"制度，鼓励高校教师到政府挂职或到各类研究机构全职从事咨询研究工作。高校保留3%的编制额度专门用于支持教师流动，教师全职到政府或研究机构等工作且人事聘用关系不变的，可保留其事业编制。

### （三）相关省区市政策亮点总结

总结归纳国内各省区市出台的智库建设方面的政策，主要有4个方面的亮点（表4）。

**1. 加强智库平台建设**

山东省与湖南省分别发起组建智库联盟，旨在搭建合作平台，整合智力资源；江苏省与上海市分别通过搭建互通互联的信息交流发布平台，及时汇集全省经济社会发展及各区域、各行业相关信息，为决策咨询活动提供信息支持。

**2. 完善成果评价激励机制**

湖南省完善了智库成果认定机制，成立了智库成果评审委员会，将智库优秀研究成果纳入省哲学社会科学优秀成果评奖范围；江苏省设立了智库研究优秀成果奖，并规定对于获省部级或国家级领导批示的成果，分别认定为1篇或2篇C刊论文；甘肃省规定，对经省教育厅签报省委、省政府的咨询报告，每篇资助经费1万～4万元，对质量高、影响大的咨询报告，实行单独奖励制度。

**3. 给予资金支持**

广东、江苏、上海等省市设立专项资金加强对新型智库建设的扶持。广东省在软科学面上项目中设立广东科技决策智库建设专题，采取稳定性支持方式，每年每项资助100万元，连续滚动支持3年，共300万元。江苏省遴选命名10～15家

---

① 所谓"旋转门"，指的是个人在公共部门和私人部门之间双向转换角色，穿梭交叉谋取整体利益的机制。"旋转门"是政治格局中的一个常见特征，其有助于促进政府与非政府部门之间思想和专业知识的交流互动。

重点培育智库，给予每年 50 万元的经费资助。上海市提出建立学校、社会和政府等多方投入的模式，鼓励社会资金以公益方式投入新型智库建设；对立项支持的智库，根据建设任务的需求给予 50 万～200 万元的建设经费。此外，上海、四川、吉林和陕西等省市软科学研究重点项目的支持强度为每项 10 万～30 万元。

#### 4. 形成灵活的人才机制

山东省建立高端人才储备库，入库的智库高端人才在岗位聘用、课题保障等方面享受相关政策待遇；广西壮族自治区和贵州省大力推行"旋转门"人才流动机制，鼓励智库专家到党政部门挂职任职，支持具有决策咨询经验的党政领导干部参与智库研究工作。

表4 国内相关省区市出台的推进新型智库建设政策的亮点

| 亮点 | 省区市 | 具体内容 |
| --- | --- | --- |
| 加强智库平台建设 | 山东 | 建立山东智库联盟，在打造专业化高端智库过程中发挥示范引领作用 |
| | 湖南 | 由省参事室、省社会科学院等9家单位共同组建湖南智库联盟 |
| | 江苏 | 建立江苏智库网，汇集全省智库研究成果与数据 |
| | 上海 | 强化专题数据库、资料库和网站的建设，鼓励分享数据资料 |
| 完善成果评价激励机制 | 湖南 | 加大对优秀决策咨询成果的奖励力度，将智库优秀研究成果纳入省哲学社会科学优秀成果评奖范围 |
| | 江苏 | 设立江苏智库研究优秀成果奖；对于获省部级或国家级领导批示的成果，分别认定为1篇或2篇C刊论文 |
| | 甘肃 | 对签报省委、省政府的咨询报告每篇资助1万～4万元，对质量高、影响大的咨询报告实行单独奖励制度 |
| 给予资金支持 | 江苏 | 重点培育智库，给予50万元/年的经费资助 |
| | 广东 | 软科学重大项目资助额度100万元/项，对软科学面上项目专题，如广东科技决策智库建设，每年每项资助100万元，连续支持3年，共300万 |
| | 上海 | 对立项支持的智库，根据建设任务的需求给予50万～200万元的建设经费；软科学研究重点项目中，主题项目经费额度不超过20万元/项 |
| | 四川 | 软科学研究重点项目资助额度不超过30万元/项 |
| | 吉林 | 软科学研究项目支持强度为每项5万～20万元 |
| | 陕西 | 软科学研究重点项目支持强度为每项10万～20万元 |

续表

| 亮点 | 省区市 | 具体内容 |
|---|---|---|
| 形成灵活的人才机制 | 山东 | 遴选300名左右智库高端人才，纳入山东省高端人才储备库，入库的智库高端人才在岗位聘用、课题保障等方面享受相关政策待遇 |
| | 广西 | 党政机关或参公单位人员到科研院所或院校从事智库工作的，在1年内保留公务员或参公人员身份，工作期1年内再回到原单位，可按原级别安排工作 |
| | 贵州 | 高校保留3%的编制额度专门用于支持教师流动，教师全职到政府等工作的，可保留事业编制 |

## 三、对加强江西省特色新型智库建设的几点建议

### （一）江西省智库建设现状

2015年4月，江西省印发出台《关于加强江西新型智库建设的意见》，明确提出要统筹整合现有智库优质资源，重点培养30～60家发展急需、特色鲜明、制度创新、引领发展的专业化、高质量智库；支持省科学院、省社科院、省委党校（行政学院）、省政府研究室、省科协和省社联等单位先行开展高端智库建设试点。但是，与其他省区市相比，江西省在推动新型智库建设方面强度偏弱，在人事、组织、财政、人才等方面缺少相应的配套政策。

江西省智库单位每年获得的经费规模小，经费来源比较单一，面临着投入不足的窘境。而且，在2017年江西省科技计划项目中，将原来计划类别第四大类"技术创新引导类科技计划"第五项"软科学研究计划"（支持强度：重大项目10万～20万元/项）调整到第一大类"基础研究计划（自然科学基金）"第二项"面上项目（青年基金项目）"中的第七小项"管理科学"，项目经费5万元/项，取消了重大项目。这与当前国家对智库建设的高度重视，及其他省区市加大软科学重大项目比例、提高项目经费数额是相矛盾的。在新型智库人才队伍建设上，江西省也没有相应的优惠配套政策出台，没有建立相应的智库与政府、企业之间的人才交流机制；存在信息资源整合不够、资源共享不足、智库信息化人才匮乏、智库成果传播渠道不畅通、智库成果转化机制不成熟、智库人员的研究力量比较分散、团体攻关优势较缺乏等困境；面

向智库研究人员的岗位绩效管理尚不成熟，缺少针对不同类型成果的业务绩效转换与动态激励机制。

## （二）政策建议

### 1. 设立江西省新型智库建设专项

重点支持江西省科学院、江西省社科院、江西省委党校（行政学院）、江西省政府研究室、江西省科协、江西省社联、部分高校等高端智库建设试点单位，支持强度为每个试点单位200万元/年，连续支持3年。智库试点单位应紧紧围绕省委、省政府决策急需解决的重大课题，重点围绕江西省全面深化改革中的重大任务，结合自身特点和优势，开展前瞻性、针对性、储备性政策研究，定期向省委、省政府提出专业性、科学性和可实际应用的政策建议。

创新资金投入模式。建立智库单位、社会和政府等多方投入的模式，鼓励社会资金以公益方式投入新型智库建设。

### 2. 恢复软科学计划项目渠道

在江西省科技计划项目中恢复原"软科学研究计划"类别，并根据国家和江西省发展中的热点、难点问题，设立科技智库建设专题，增加重大项目的比例，提高项目经费支持额度［重大项目20万～30万元/项，重点（一般）项目5万～8万元/项］。建议将江西省软科学研究基地及培育基地调整为江西省新型智库研究基地，择优支持智库基地的建设。

### 3. 改革评价激励制度

将智库成果纳入晋升体系。建议政府加大智库研究成果（如咨询报告、政策方案、园区规划等）在职称评定、职务晋升、人才工程和表彰奖励中的评价权重。例如，将智库成果纳入科研评价体系进行ABC等级分类认定，做到智库成果与职称晋升直接挂钩，智库专家获得两个A级将有资格晋升研究员或教授（参照甘肃省和山东省做法）。应用对策研究成果获得国家领导人肯定性批示的，可考虑给予每篇2万～5万元的奖励，并可与在SCI（A区）期刊上发表学术论文具有同等考核效力；获得省级领导肯定性批示的，每篇奖励1万～2万元，被中共中央办公厅、国务院办公厅、省直有关部门采用的，每篇奖励0.8万元，同时可与在国内核心期刊上发

表学术论文具有同等考核效力；经市、区党委政府认定纳入决策的，给予每篇 0.3 万元的奖励。

设立江西省智库研究成果奖及江西省社科基金智库专项，课题研究与江西省经济社会的发展战略和省委、省政府重大决策需求相结合。建议将省科学院、省社科院等智库单位提供的咨询报告、政策方针、规划设计、调研数据等，纳入政府部门购买服务目录。

### 4. 推行"旋转门"人才流动机制

建议探索推行灵活的人才流动机制，逐步建立江西省政府官员与智库试点单位学者的轮换挂职机制。例如，选取与智库研究关联的相关政府部门作为江西省科学院、江西省社科院等智库单位的学者挂职锻炼或借调工作的试点。同时，鼓励党政机关人员到江西省科学院和江西省社科院等单位从事智库工作，可保留其公务员身份，回到原单位后，可按原级别另行安排工作。

此外，建议出台《关于加快江西智库高端人才队伍建设的实施意见》《江西省遴选智库高端人才公告》等文件，为江西省新型智库发展提供人才建设方面的政策保障。

### 5. 推进智库平台建设

建议通过打造江西省权威数据发布平台，实现对全省重大经济和社会问题的监测、评估、预警、预测，为各级党委政府的科学决策提供思想和行动方案；建议尝试构建广义的公共信息资源网，打破政府信息资源垄断。可以采用课题招标、税收优惠等经济手段，吸引公共信息部门加工和收集相关信息，提高公共信息资源共享水平。

鼓励省内智库共同发起组建江西智库联盟，强化省内智库的日常联络，实现信息共享。此外，建议创办江西智库论坛，分析江西省经济社会发展中的热点难点问题，打造符合江西省省情、服务江西省发展的高端智库峰会。

**课题组成员：**

邹　慧　江西省科学院科技战略研究所所长、研究员

冯雪娇　江西省科学院科技战略研究所副所长、副研究员

# 鄱阳湖流域综合管理战略分析报告

邹慧　王晓鸿　王小红　叶楠　吴永明

**摘要**：鄱阳湖是江西省的一张名片，特别是鄱阳湖及其赣、抚、信、饶、修五大河流所组成的鄱阳湖流域，使江西省省内拥有全国独一无二的天然流域。如以鄱阳湖流域综合管理为抓手推进生态文明建设，江西省有望成为中国第一个流域综合管理的生态文明示范区，也必将形成江西特色、江西风格、江西气派的经验做法，成为美丽中国的又一江西样板。为促进江西省生态文明建设，江西省科学院邀请了中国科学院学界权威孙鸿烈、傅伯杰、夏军、赵其国等4位院士及中国科学院相关研究所40余名专家共商江西省生态文明建设大计，通过调研摸清鄱阳湖流域的现状，系统梳理和借鉴国内外流域综合管理的成功经验及典型案例，分析鄱阳湖流域保护、开发及利用中存在的突出问题，并对鄱阳湖流域综合管理提出了相关对策建议。

## 一、鄱阳湖流域概况

### （一）资源环境概况

鄱阳湖流域位于长江中下游南岸，与江西省行政辖区基本重叠。鄱阳湖流域是鄱阳湖水系集水范围的总称。鄱阳湖水系是由赣江、抚河、信江、饶河、修水五大河流及各级支流，加上青峰山溪、博阳河、樟田河、潼津河等独流入湖的小河，以及其他季节性的小河溪流和鄱阳湖组成，以鄱阳湖为汇聚中心的辐聚水系。鄱阳湖水系是一个完整的水系，各大小河流的水均注入鄱阳湖，经调蓄后由湖口流入长江，成为长江水系的重要组成部分。

鄱阳湖流域南北长约 620 千米，东西宽约 490 千米，流域面积 162 225 平方千米，相当于江西省面积 166 946 平方千米的 97.2%，其中 156 743 平方千米位于江西省省内，占流域面积的 96.6%，占江西省面积的 93.9%，其余 5482 平方千米分属闽、浙、皖、湘、粤等省疆域，占流域面积的 3.3%。

流域北部的鄱阳湖是中国最大的淡水湖，也是整个长江流域仅存的两个通江湖泊之一。鄱阳湖承担着调洪蓄水、调节气候、降解污染等多种生态功能，拥有丰富的鱼类、鸟类等物种资源，是全球 95% 以上的越冬白鹤栖息地，在保护全球生物多样性方面具有不可替代的作用，是我国重要的生态功能保护区，是世界自然基金会划定的全球重要生态区，是我国唯一的世界生命湖泊网成员，在我国乃至全球生态格局中具有十分重要的地位。

**1. 地质与地貌**

（1）地质背景

鄱阳湖流域位于欧亚大陆板块的东南缘，地跨两大构造单元，以萍乡—广丰深断裂带为界，北部属扬子准地台，中南部属华南褶皱系。该区域的地壳构造发展大体经历了 4 个阶段：①中元古代大规模的陆间裂谷或裂陷解体和块体的强烈沉降；②晚元古代早期碰撞拼贴及其后期的再度裂解、差异沉降；③晚古生代至三叠世的陆内裂陷和陆表浅海—滨海相沉积；④中生代晚三叠世及其以后，大陆边缘的强烈活动、断块的差异沉降、伸展拆离、逆冲推覆或重力滑覆。地壳在漫长的地质史中经历了多次构造运动，其中以燕山运动（中生代的侏罗纪和白垩纪期间中国广泛发生的地壳运动）最为瞩目，表现为强烈的断层和断块差异活动，产生了一系列断陷盆地，并伴有大规模的岩浆侵入和火山喷发活动，基本奠定了鄱阳湖流域现今地质结构、地貌轮廓和山形水势展布的基础。

鄱阳湖流域的岩性可以分为四大类型：一是海相沉积岩和变质岩，分布广泛，其中赣东北、赣西北、赣中西地区分布集中连片，这类岩性地区虽然风化壳厚度不大，但在植被保护较好条件下土质肥沃；二是花岗岩，分布较广，其中赣南山区分布面积较大，另外九岭山地、罗霄山脉和武夷山脉主体主要由花岗岩构成，这类岩性地区风化壳厚度较大，但如果植被遭受破坏，极易酿成严重的水土流失；三是红岩，包括红色砂砾岩、红色砂岩、紫色砂页岩和紫色页岩等，主要分布在赣南、赣中和赣东地区河谷盆地内，这类地区一般人口密度较大，因而目前水土流失都比较严重；四是第四纪沉积物，包括现代河流沉积物和早期河流沉积物，前者分布在河流冲积平原内，主要构成水田土壤母质，所在地区为省内主要农作区，后者分布在河流冲积平原两侧（阶地），主要构成旱地或林地土壤母质，但目前一些地区水土流失也比较严重。

（2）地貌类型

鄱阳湖流域地势周高中低，除北部较为平坦外，东西南部三面环山，中部丘陵起伏，形成一个整体向鄱阳湖倾斜而往北开口的巨大盆地。该区域地貌类型较为齐全，分布大致成不规则环状结构，常态地貌类型则以山地和丘陵为主。根据有关地貌类型划分标准，丘陵山地约占总面积的78.0%（其中，山地占36.0%，高丘占42.0%），平原岗地约占12.1%，水面约占9.9%。除上述常态地貌类型外，还有岩溶、丹霞和冰川等特殊地貌。

鄱阳湖流域周边山地可进一步划分为赣西山地、赣东山地和赣南山地。赣西和赣东山地山脉主体走向为北东走向，主要山系有：赣东北的怀玉山系，由花岗岩及红色砂页岩组成，一般海拔高度在500米左右，最高山峰擂鼓尖海拔1630米；赣西北的幕阜山、九岭山和武功山脉，由变质岩和花岗岩组成，一般海拔高度在1000～1500米，最高山峰九岭山海拔1794米；赣西的井冈山，由花岗岩及砂页岩组成，其大部分海拔高达1000米，最高山峰海拔2120米。赣南山地山脉主体走向为北北东向，主要山系有：赣东武夷山系，主要由花岗岩组成，最高山峰黄岗山海拔2157.7米；赣南南岭山脉，主要由花岗岩和变质岩组成，山体较为破碎，盆地、谷地和隘口间杂其间，大部分海拔在600～800米，最高山峰顶山甑海拔1529米。

鄱阳湖流域丘陵分布较广，但主要集中在赣江流域和信江流域，特别是赣江流域的中南部地区。丘陵主要由白垩纪、第三纪红色砂页岩及部分变质岩和花岗岩组成。域内较大的盆地有：渣津盆地、武宁盆地、赣州盆地、池江盆地、信丰盆地、抚州—永丰盆地、吉泰盆地、安义盆地、高安盆地、清江盆地、会昌盆地、广昌—南城盆地等。这些盆地经长期风化和人类耕作，已形成肥沃的土地，是流域内主要的农耕区之一。

鄱阳湖流域的平原主要分布于鄱阳湖及滨湖地区，其他则以河谷平原和冲积平原的形式散布于山地丘陵区。其中，鄱阳湖平原面积最大，主要覆盖物是第四纪红土及冲积物，地势平坦，水源丰富，土地较肥沃，是江西省主要农业生产基地，也是全国主要商品粮基地之一。

### 2. 气候与水文

（1）气候特征

鄱阳湖流域地处北回归线附近，属于中亚热带暖湿季风气候区。冬夏季风交替显著，四季分明，春秋季短，夏冬季长，其特点为：春季多雨、夏季炎热、秋季干燥、冬季阴冷。总的来说，该流域气温适中，日照充足，雨量丰沛，无霜期长，冰冻期短，气候随纬度和海拔高度的不同而出现明显的地域差异。

鄱阳湖流域年平均太阳总辐射量为 4057～4794 $J·m^{-2}$，年平均日照时数为 1473.3～2077.5 小时，平均无霜期为 241～304 天。据长期气象资料，该流域 1 月份平均气温 3.4～9.5℃，7 月份平均气温 29～30℃，年平均气温 16～19℃，全年平均气温大于等于 10℃的累积温度有 5000～6000℃，生长期自北向南从 9 个月增至 11 个月。江西省鄱阳湖流域的气温从南至北有显著差异。赣东北、赣西北和长江沿岸年平均气温略低，约在 16～17℃；鄱阳湖湖滨地区、赣江中下游、抚河、袁河区域和赣西南山区约在 17～18℃；抚州、吉安南部和信江中游约在 18～19℃；赣南盆地气温最高，约在 19～20℃。全流域极端最高气温南北差异不大，几乎都接近或超过 40℃，个别县市最高气温曾经达到过 44.9℃。极端最低气温则南北差异较大：九江大部分地区在 -14～-12℃，个别县市还出现过日最低气温 -18.9℃；赣南则在 -5℃左右，全省其他地区一般在 -12～-7℃。

受季风气候的影响，江西省是我国多雨地区之一，但是降水量的年际变化大，年平均降水量为 1341.4～1934.4 毫米。流域降水丰富，但季节分配不均，一般情况下春夏季降水量大，占全省 70% 以上，而秋冬两季少，不足全年的 30%。春季时暖时寒，阴雨连绵，一般 4 月份后全流域先后进入梅雨期。5 月份、6 月份为全年降水最多时期，平均月降水量在 200～350 毫米，最高可达 700 毫米以上。这一时期多大雨或暴雨，暴雨强度为日降水量 50～100 毫米，最大甚至可达 300～500 毫米。7 月份雨带北移，雨季结束，气温急剧上升，全省进入晴热时期，伏旱秋旱相连，而从东南沿海登陆的台风将带来强降雨。流域降水还存在明显的空间变异性，一般表现为南多北少、东多西少、山区多盆地少。武夷山、怀玉山和九岭山一带年均降水量多达1800～2000毫米，长江沿岸到鄱阳湖以北及吉泰盆地年均降水量则约为1350～1400毫米，其他地区多在1500～1700毫米。

除庐山外，全流域年平均风速为1.0～3.8米/秒。风速最小为德兴市，最大为星子县。年均大风日0.5～28.5天，最少为宜黄县，最多为星子县。鄱阳湖湖滨、赣江、抚河下游、高山顶及峡谷风能资源较为丰富，年均风速在3.0～5.0米/秒。

（2）水文特征

江西省河流众多，流域面积10平方千米以上大小河流共计3700多条，其中，集水面积100平方千米以上的有451条，集水面积1000平方千米以上的有45条，集水面积3000平方千米以上的有18条，10 000平方千米以上的有5条。属于鄱阳湖水系的集水面积大于10平方千米的河流3300余条，集水面积大于1000平方千米的河流40条，集水面积10 000平方千米以上的主要河流为赣江、抚河、信江、饶河和修水，形成各自独立的水系和流域。

鄱阳湖流域水资源丰富。鄱阳湖水系的年径流总量为1436亿立方米，占长江流域的14.5%，占全国的5.1%。入湖水量中，赣江比重第一，占55.0%；信江第二，占14.4%；抚河第三，占12.1%；饶河、修水分别占9.3%、9.2%。鄱阳湖流域内各主要河流水资源如表1所示。

表1 鄱阳湖流域内各主要河流水资源

| 河流名称 | 最大年径流量/亿立方米 | 最小年径流量/亿立方米 | 多年平均水资源量/亿立方米 |
| --- | --- | --- | --- |
| 信江 | 298.5 | 80.0 | 165.8 |
| 修水 | 171.0 | 35.3 | 108.5 |
| 饶河 | 205.0 | 47.7 | 107.6 |
| 赣江 | 1071.0 | 236.7 | 637.9 |
| 抚河 | 251.5 | 48.3 | 139.5 |

流域内河川径流主要靠降水补给，故季节性变化很大。汛期河水暴涨，容易泛滥成灾，枯水期水量很小，故具有夏季丰水、冬季枯水、春秋过渡的特点。径流的年内分配大体为：1月份～3月份占14%～17%，4月份～6月份占53%～60%，7月份～9月份占18%～22%，10月份～12月份占6%～10%。径流最大月份一般是6月份或5月份，各河最大月份径流占全年径流量的22%左右；径流最小月份一般是12月份或1月份，各河最小月份径流占全年径流量的3%以下。

鄱阳湖流域地下水资源多年平均值约为212.0亿立方米。年内分配为：丰水期123.8亿立方米，占全年的58%，多在4月份、5月份、6月份、7月份；平水期55.5亿立方米，占26%，多在3月份、8月份、9月份、10月份；枯水期34.1亿立方米，占16%，多在11月份、12月份、1月份、2月份。流域内具有集中开采价值的地下水资源为68亿立方米/年，在全省分布面积较小，仅2.7万平方千米，只占江西省面积的16.2%，赣北富于赣南，赣西富于赣东。

**3. 土壤与植被**

（1）土壤类型

鄱阳湖流域土壤类型多样，有红壤、黄壤、黄棕壤、黄褐土、新积土、紫色土、石灰土、火山土、石质土、粗骨土、山地草甸土、潮土和水稻土共13种土类，其中，红壤、黄壤、紫色土、石灰土、潮土、水稻土面积较大。

红壤是分布最广、面积最大的地带性土壤，遍及流域内的山地、丘陵和岗地，总面积1053.14万公顷，约占江西省土壤面积的70.69%。红壤是中亚热带生物气候旺盛的生物富集和脱硅富铁铝化风化过程相互作用的产物。红壤的成土母质主要包括花岗岩、玄武岩、石灰岩、砂页岩及第四纪冲积物等。根据成土条件、附加成土过程、属性及利用特点，江西省的红壤可划分为红壤、黄红壤、棕红壤、红壤性土4个亚类。红壤有机质含量低，速效性磷、钾缺乏，适宜种植亚热带植物。

黄壤主要分布在海拔800～1200米的中低山区，面积约41.30万公顷，约占江西省土壤面积的2.77%。母质类型以酸性结晶岩类风化物为主，其次是石英岩类和泥质岩类风化物，土体厚度不一，自然肥力一般较高，有机质含量和全氮含量较高。

紫色土是由紫色砂岩发育而成的岩性土，面积约20.15万公顷，约占江西省土壤面积的1.35%，主要分布在赣南和吉安、抚州、上饶等地区的丘陵区。紫色土土层浅薄，结构疏松，侵蚀严重，常见基岩裸露，植被覆盖度低，有机质和全氮量较低，含磷、钾较多。

石灰土是由石灰岩、白云岩和钙质页岩风化物发育而成的岩性土，面积25.45万公顷，约占江西省土壤面积的1.71%，零星分布于各地中低山地丘陵，萍乡、瑞昌、彭泽、宜春、武宁面积较大。一般土层较薄，土壤质地黏重，抗旱性差，但矿质养分丰富，表土有机质、全氮含量较高，磷、钾含量较低。

潮土由江河、湖泊的沉积物经长期旱耕而形成，主要分布于赣、抚、信、饶、修五大水系的河谷平原，鄱阳湖湖滨及江西省长江南岸的冲积平原和河谷阶地，面积18.66万公顷，约占江西省土壤面积的1.25%。潮土属半水成土类，由于流水作用，剖面层理性明显，土层深厚，土体呈浅棕灰至暗棕灰色。潮土质地可分为沙质、壤质和黏质。壤质潮土疏松多孔，通气透水，耕作性能良好。

水稻土是由各种自然土壤或旱作物土壤，经过长期的水稻栽培而形成的一种土壤。水稻土是流域主要的农业耕作土壤，广泛分布于全省各地，面积约303.26万公顷，约占江西省土壤面积的20.36%。在水耕熟化条件下，有机质和养分高于起源土壤，土壤酸度减弱。根据水文特征，水稻土可分为潴育性水稻土、淹育性水稻土、潜育性水稻土3个亚类。潴育性水稻土为发育良好的水稻土，分布面积最广，肥力较高；淹育性水稻土为发育初期的水稻土，肥力较低；潜育性水稻土分布在地势较低、地下水位较高的地段，有机质、全氮含量较高，潜在肥力条件较好，但处于还原状态，不利耕作。

此外，流域内还有黄棕壤、黄褐土、新积土、火山土、石质土、山地草甸土、粗骨土等土类，面积较小，在流域土壤面积中的比重不足2%。

（2）植被类型

鄱阳湖流域自然条件复杂，气候适宜，植物物种丰富。种子植物约有4000余种，裸子植物有8科、22属、29种、2变种。被子植物有210科、1340余属、4088种，约占全国被子植物总种数的17%。蕨类植物49科、114属、470种，苔藓植物563种。低等植物中的大型真菌可达500余种，有标本依据的就有300余种，其中，可食用者有 100 多种。植物系统演化中各个阶段的代表植物在鄱阳湖流域均有分布，同时发现不少原始性状的古老植物，以及素有"活化石"之称的银杏等。这些丰富的植物资源充分表明，包括鄱阳湖流域在内的中国亚热带地区是近代植物区系的起源中心之一。

鄱阳湖流域在全国植被分区中属于中亚热带常绿阔叶林带，地带性的常绿阔叶树种主要有壳斗科、樟科、山茶科、厚皮香科、金缕梅科、冬青科、桑科和杜英科等。根据植物群落形成方式的不同，全流域被分为自然植被和人工植被两大类。自然植被类型主要有 7 个：针叶林、常绿阔叶林、竹林、针阔叶混交林、常绿落叶阔叶混交林、落叶阔叶林和山地夏绿矮林。由于原有的森林或次生灌木被砍伐或火烧，水土流失严重，土壤日益贫瘠，生态环境趋于旱化，形成了以亚热带的旱生草类或多年生禾本科植物为主的次生植被。在海拔 800～1000 米以上的山地顶部，受局部小气候影响，会发育成山地草甸或草丛草地；在低山丘陵区，会发育成疏林草地与灌草丛或草丛草地。

人工植被可分为农田植被、经济林和果木林。农田植被包括以水稻、油菜、绿肥等为主的水田植被和以棉花、甘蔗、烤烟、麻类、花生、红薯、玉米、油菜、西瓜、药材等为主的旱地植被。经济林以油茶、油桐、乌桕、漆树、板栗、茶丛为主，果木林以橘、柑、橙、柚、梨、桃、李、枇杷为主。

### （二）社会经济概况

2014 年江西省人口总数为 4542.16 万人，比 2010 年增长 393.62 万人，平均年增长率为 0.60%。江西省城镇人口 2281.07 万人，农村人口 2261.09 万人，城镇化率 50.22%，比上年增长 1.30%。其中，南昌城镇化率最高，达到 70.86%，其次是新余，达到 67.43%，赣州、吉安、宜春及抚州城镇化率较低，均不足 45%。全省人口密度 272 人/平方千米，其中南昌人口密度最高，达到 728 人/平方千米，其次是萍乡，达到 493 人/平方千米，吉安、赣州和抚州人口密度较低，分别为 193 人/平方千米、216 人/平方千米、211 人/平方千米。总体来说，赣北地区人口密度比赣南地区人口密度高出许多，城镇化程度也更高，社会经济活动也更为活跃。

2015 年江西省全年地区生产总值（GDP）为 16 723.8 亿元，比上年增长 9.1%，增长速度居全国前列，但经济总量在中部地区仍排位靠后。人均地区生产总值 34 674 元，落后于大部分省份。江西省第一产业占 GDP 的比重虽然呈逐年降低的趋势，但仍略高于全国平均水平，而第二产业比重则高出全国平均水平许多，第三产业比重虽然逐年增加，2014 年达到 36.8%，但仍比全国平均水平低很多，并且主要是依靠旅游业带动增长。

江西省工业结构重化工业化特征显著。尽管多年来重工业增加值占工业增加值比重不断降低，但仍然占 60% 以上，重工业仍然是带动工业增加值增长的主要因素。包括煤炭开采和洗选业，黑色金属矿采选业，有色金属矿采选业，有色金属冶炼和压延加工业，黑色金属冶炼和压延加工业，非金属矿采选业，石油加工、炼焦和核燃料加工业，化学原料和化学制品制造业，电力、热力生产和供应业，非金属矿物制品业，金属制品业，纺织业，造纸和纸制品业等 13 个"两高一资"（高污染、高能耗、资源性）行业（均指规模以上工业企业）大部分仍处于较快的增长过程中（图 1），尤其是有色金属冶炼和压延加工业、化学原料和化学制品制造业、有色金属矿采选业、非金属矿物制品业。"两高一资"行业增加值占工业增加值的比重从 2011 年开始不断降低，但仍占 50% 以上的比重（图 2），表明江西省工业经济发展对资源开采与加工型行业具有高度依赖性，近年来江西省产业结构调整起到一定成效。

通用设备制造业，专用设备制造业，交通运输设备制造业，电气机械和器材制造业，计算机、通信和其他电子设备制造业，仪器仪表制造业等六大行业的增加值占江西省工业增加值的比重在 2012 年时有所降低，随后小幅增长，但总体比重仍低于 20%（图 3）。江西省现代制造行业基础较为薄弱，增长速度与工业总体增长速度相当，因此仍然没有成为江西省工业经济发展的支柱。

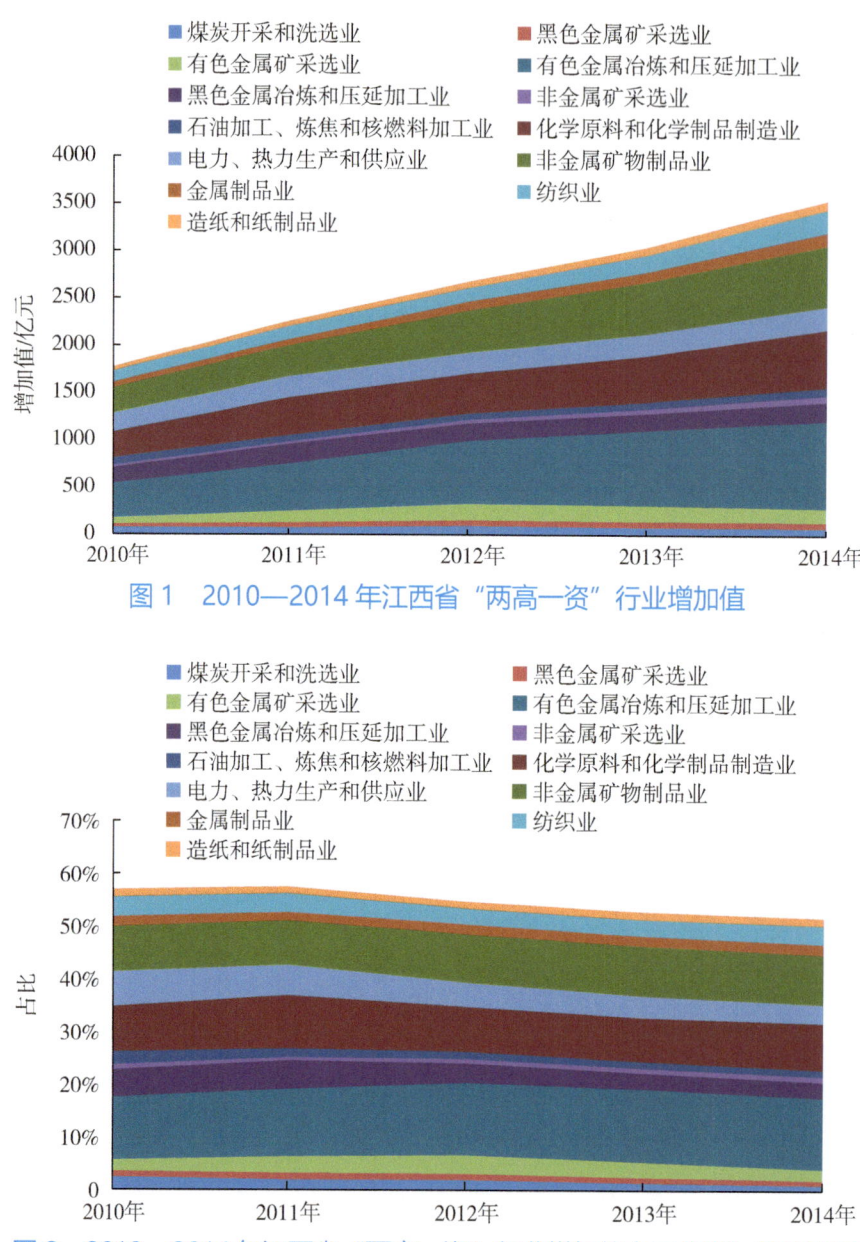

图1 2010—2014年江西省"两高一资"行业增加值

图2 2010—2014年江西省"两高一资"行业增加值占工业增加值的比重

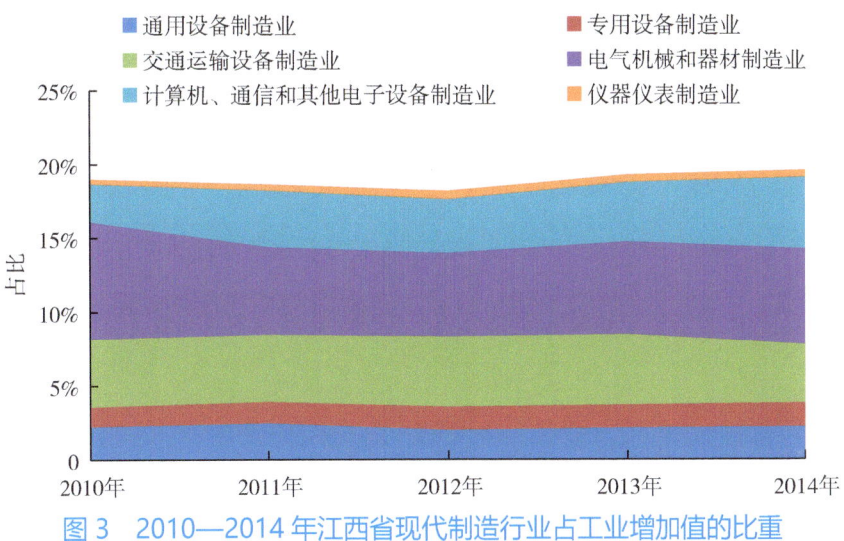

图3 2010—2014年江西省现代制造行业占工业增加值的比重

从以上分析可以看出，江西省现行经济结构中，高污染、高能耗的资源型产业占很大比重，工业增长带来的节能减排与污染治理压力增大；现代制造行业占比偏低，对经济增长的贡献较弱；第三产业比重偏低，而且主要依靠旅游业带动增长，金融、商贸、计算机服务、技术服务等其他现代服务业发展仍很落后。

## 二、鄱阳湖流域综合管理的重要意义与现实基础

### （一）流域综合管理的概念与原则

流域综合管理是把流域作为一个社会—经济—生态环境的复合系统，遵循自然规律和社会经济规律，结合行政、法制、经济、技术和教育等多种手段，通过跨部门跨地区的综合协调和利益相关各方积极参与，在流域层面上统筹管理水和水直接相关的土地、生态系统等自然资源的开发、利用和保护，提高流域可持续发展能力，为经济社会发展奠定坚实的基础。流域综合管理模式是在管理上以整个流域为单位而非以行政区域为单位。一方面，统筹协调流域内各个行政区域及政府职能部门以形成管理合力；另一方面，强调综合考虑环境和经济社会发展的协调，找到平衡点。流域综合管理是通过建立一个协调框架，使得所有的政府部门和利益相关方都能共同参与流域的规划和管理，能产生出基于各方同意，并综合考虑和平衡了

水、土地及其他自然资源的可持续的管理模式。在流域尺度上，通过跨部门与跨行政区的协调管理，综合开发、利用和保护流域水、土、生物等资源，最大限度地适应自然规律，充分利用生态系统功能，实现流域的经济、社会和环境福利的最大化及流域的可持续发展。

流域综合管理的原则包括：转变治水理念，遵循人与自然和谐相处原则；转变资源利用方式，坚持科学发展原则；有效发挥政府与市场作用，落实公平与效益兼顾原则；利益相关各方积极参与，贯彻科学和民主管理原则；尊重各方合法权益，引导公众积极参原则。

流域综合管理包括流域环境管理、资源管理、生态管理及流域经济和社会活动管理等一切涉水事务的统一管理，它是以流域为基本单元，把流域内的生态环境、自然资源和社会经济视为相互作用、相互依存和相互制约的统一完整的生态社会经济系统，以水资源管理为核心，以生态环境保护为主导，以维持江河健康生命为总目标，以科学发展观统领流域的各项管理工作，采取行政、法律、经济、科技、宣传教育等综合手段，统筹协调社会、经济、环境和生产、生活、生态用水等各个方面的关系，使流域的社会经济发展与水资源环境的承载能力相适应，以供定需，以水定发展，在保护中开发，在开发中保护，全面建设节约型社会，大力发展循环经济，认真制定并严格执行流域长远规划，实行统一管理、依法管理、科学管理，规范人类各项活动，综合开发、利用和保护水、土、生物等资源，充分发挥流域的各项功能，最大限度地适应自然经济规律，力争流域综合效益的最大化，维持江河健康生命，使人与自然和谐共处，实现流域社会经济和环境全面协调可持续发展，确保流域防洪安全、水资源安全、生态环境安全、饮水安全、粮食安全。

### （二）实施流域综合管理的意义

**1. 维护流域生态健康和实现可持续发展的必然要求**

随着人口规模和经济水平的快速增长，人们对自然资源的需求量急剧增加，很多地方的自然资源被过度开发，引发资源退化、土地退化、湿地破坏、森林缩减、水质下降、生物多样性降低等一系列具有流域性和普遍性的生态环境问题。在强调单一经济目标的社会大背景下，这些生态环境问题与地方经济发展交织在一起，进而演变成严重的社会问题。

日益严峻的资源环境问题意味着传统的单要素、单个部门的治理方式已经不能应对日益复杂的流域性生态环境问题。在此形势下，倡导以流域生态系统为对象的全过程、全要素综合管理的流域综合管理思维逐步形成。20世纪80年代开始，国际社会认识到解决上述生态环境问题的有效途径是以流域为单元对自然资源、生态环境和社会发展进行一体化综合管理。欧盟、澳大利亚、美国、英国等发达国家和地区开始倡导以流域资源可持续利用和社会经济可持续发展为目标的流域综合管理研究与实践，逐步完善了流域管理的法律、政策、体制及其方法，使得流域综合管理成为解决流域性、复杂性资源环境问题的基本思路，成为协调社会经济与生态环境的有效手段。

**2. 有助于完善生态文明的制度体系**

我国生态文明制度体系主要包括决策制度、评价制度、管理制度、考核制度等内容。《生态文明体制改革总体方案》提出的生态文明体制改革总的目标是：到2020年，构筑起由8项制度构成的产权清晰、多元参与、激励约束并重、系统完整的生态文明制度体系，推进生态文明领域国家治理体系和治理能力现代化，努力走向社会主义生态文明新时代。这8项制度的核心分别是：健全自然资源资产产权制度的核心是"清晰"；建立国土空间开发保护制度的核心是"主体功能"；建立空间规划体系的核心是"一张图"；完善资源总量管理和全面节约制度的核心是"扩围"；健全资源有偿使用和生态补偿制度的核心是"有价"；建立健全环境治理体系核心是"共治"；健全环境治理和生态保护市场体系的核心是"市场机制"；完善生态文明绩效考核和责任追究制度的核心是"履责"。

《江西省生态文明先行示范区建设实施方案》也明确指出：要把建立健全符合江西省实际的生态文明制度体系作为先行示范的重中之重，推动生态文明建设与本地区经济、政治、文化、社会建设高度融合，在完善体现生态文明要求的考核评价机制、建立自然资源资产产权管理制度、建立健全生态补偿机制、推进市场化机制建设、建立环境资源监测预警机制、建立严格的环境保护制度等方面大胆实践、先行先试，探索形成可复制、可推广的有效模式，为全国树立先进典型，发挥引领作用。

流域综合管理从流域自然—社会—经济复合系统的内在联系出发，分析并认识流域内部各组成要素、组成区域之间的联系，解决流域内资源利用和环境保护的首要问题。这必然要求从自然、社会与经济的多个角度来调整既有的管理方式或管理制度，以实现流域内资源环境的可持续利用。《生态文明体制改革总体方案》所提出的8项制度，可以通过流域综合管理的关键过程进行巩固和完善。例如，流域管理中的跨部门的协商、多学科的综合、发展与保护的统一有助于完善国土空间开发的"主体功能"，建立统一的规划体系，完善生态文明绩效考核体系；流域管理中的产权机制与市场机制有助于健全自然资源资产产权制度，完善资源有偿使用和生态补偿制度；流域管理中的多利益相关方参与机制和信息共享机制有助于激发企业和公众的力量，健全环境治理和生态保护市场体系。总之，在实现流域的经济、社会和环境福利的最大化及流域的可持续发展的统一目标下，流域综合管理通过其跨部门综合、多学科综合、多利益相关方协商、信息共享、公众参与等多种灵活的方式来促进生态文明制度体系的完善。

**3. 建设江西特色生态文明的重要途径**

2016年8月，中共中央办公厅和国务院办公厅印发《关于设立统一规范的国家生态文明试验区的意见》，要求坚持尊重自然顺应自然保护自然、发展和保护相统一、绿水青山就是金山银山、自然价值和自然资本、空间均衡、山水林田湖是一个生命共同体等理念，遵循生态文明的系统性、完整性及其内在规律，以改善生态环境质量、推动绿色发展为目标，以体制创新、制度供给、模式探索为重点，设立统一规范的国家生态文明试验区，首批选择了生态基础较好、资源环境承载能力较强的福建省、江西省和贵州省作为试验区。

根据国家发改委批复的《江西省生态文明先行示范区建设实施方案》，江西省生态文明建设将在全国起到3个方面的示范作用：第一是推动经济发展的绿色转型，成为中部地区绿色崛起先行区；第二是探索大湖流域生态、经济、社会协调发展新模式，成为大湖流域生态保护与科学开发典范区；第三是探索生态文明建设的制度保障和长效机制，成为生态文明体制机制创新区。

要实现这3个示范作用，江西省必须发挥自身的优势，凸显生态文明建设的江西特色。而实施鄱阳湖流域综合管理，恰恰具有地方特色和多重示范意义，也是江西省在省级层面开展生态文明建设的重要途径。目前，流域综合管理已经成为国际社会共同认可的促进流域可持续发展的有效解决方案。江西省生态文明试验区建设应该以流域综合管理为核心，以经济绿色转型和生态文明制度建设为抓手，探索大湖流域生态、经济、社会协调发展新模式，建设具有江西特色的生态文明。

### （三）鄱阳湖流域实施流域综合管理的现实基础

#### 1. 优越的流域综合管理试验区

鄱阳湖流域由鄱阳湖及赣江、抚河、信江、饶河、修水五大河流流域所组成，整个流域面积16.22万平方千米，其中15.67万平方千米在江西省省内，占江西省面积的93.9%。鄱阳湖流域与江西省行政区域基本吻合，流域内山、江、湖彼此相连，山是源，河是流，湖是库，互为依托、息息相关。鄱阳湖流域是我国唯一的一个流域自然边界与省级行政边界基本吻合的流域，既保证了流域自然过程的完整性，也保证了行政管理单元的完整性，可有效避免跨省级行政区协调的管理体制障碍，是开展流域综合管理试验示范的绝佳场所。

#### 2. 长期的流域综合管理实践

由于历史、自然、社会和经济的原因，20世纪80年代初，江西省生态和经济状况恶化，植被破坏严重，水土流失加剧，江河湖泊淤积、洪涝灾害频繁，生物资源锐减。以往，有关部门对水旱灾害、环境污染、生态退化等某些局部问题、局部地区做过研究，也采取了不少措施，但"头痛医头、脚痛医脚"的局部性治理无法有效遏制流域性生态环境恶化的趋势。20世纪80年代初，江西省政府根据多次科学考察的结果，决定启动山江湖工程，明确了"治湖必须治江、治江必须治山、治山必须治穷"及"立足生态、着眼经济、系统开发、综合治理"的流域综合开发治理思路，首次在流域层面系统协调生态环境保护和区域经济发展的矛盾，为区域可持续发展奠定了坚实基础。经过30余年的实践，在流域综合管理方面取得了如下成就。

（1）建立了流域综合管理体制和运行机制

山江湖工程的实施涉及江河、湖泊的上下游、左右岸等不同区域不同人群的相关利益，与水利、农业、林业、交通、卫生、国土、环保等政府部门的管理职能有关。为了协调各个厅局和市县政府同心协力参与流域的开发治理工作，1985年7月，江西省成立了江西省人民政府赣江流域与鄱阳湖区开发治理领导小组。1991年4月，江西省人民政府赣江流域与鄱阳湖区开发治理领导小组升格为江西省山江湖开发治理委员会（简称省山江湖委）。委员会具备如下职能：①针对鄱阳湖流域的生态环境保护、自然资源开发利用及社会经济发展中的重大问题进行调查研究，提出解决问题的措施和方法，为省政府决策提供依据；②协调各部门、各地区的关系，整合资源，形成合力，落实省政府有关鄱阳湖流域综合管理、保护、开发和利用的决策；③审定工程发展规划，部署工程重要工作，协调解决工程实施中的重大问题；④在生态建设、环境保护、资源利用和新兴产业培育方面，组织实施跨部门跨地区的各类科学研究、试验示范与技术推广。

（2）初步制定了流域综合管理规划

在流域资源环境综合科学考察基础上，山江湖工程开展了鄱阳湖流域开发治理的宏观战略研究，确定了工程规划的范围、基本战略、总体目标和阶段目标，编制了适合江西省省情的鄱阳湖流域综合管理规划——《江西省山江湖开发治理总体规划纲要》（简称《总体规划纲要》）。该《总体规划纲要》确立了"治湖必须治江、治江必须治山、治山必须治穷"的指导思想和"立足生态、着眼经济、系统开发、综合治理"的指导原则。1991年12月18日，江西省第七届人大常务委员会第二十五次会议审议并批准了《总体规划纲要》，确定了近期（1991—2000）和中远期（2001—2025—2050）目标，通过综合治理环境，系统开发资源，逐步实现将鄱阳湖流域建设成一个经济发达、环境优美、物质丰富、文化昌盛的生态经济区域。《总体规划纲要》为实施鄱阳湖流域综合管理提供了依据。

（3）完善了流域法律法规体系

为了使山江湖开发治理有法可依、有章可循，根据国家有关环境保护和资源开发的法律法规，自1985年以来，江西省人民代表大会先后通过了《江西省环境污染防治条例》《江西省资源综合利用条例》《江西省矿产资源开采管理条例》《江西省公民义务植树条例》《江西省建设项目环境保护条例》《江西省血吸虫病防治条例》《江西省湿地保护条例》等30多项地方法规。省政府也先后颁发了《江西省基本农田保护办法》《江西省河道采砂管理办法》《江西省野生植物资源保护管理暂行办法》

《江西省水资源费征收管理办法》《江西省矿产资源补偿费征收管理实施办法》《江西省征收排污费办法》《江西省渔业许可证、渔船牌照实施办法》《关于制止酷渔滥捕，保护增殖鄱阳湖渔业资源的命令》等30多项行政规章。同时还在群众中长期不懈地进行法制宣传教育，加大执法力度，切实保护生态环境，合理开发资源。

（4）建立了流域综合管理技术示范体系

采取"软硬兼施、虚实并举、典型引路、系统推进"的工作方法，将治山、治水、治穷与治愚有机结合，在山地、丘陵、湖区建立了一批试验示范基地，探索将治山、治水与治穷相结合的山水资源开发与综合治理，形成了流域开发治理试验示范工作网络体系，起到了"点亮一盏灯，照亮一大片"的辐射效应，发挥了先导和引领作用。

## 三、鄱阳湖流域可持续发展面临的挑战

### （一）工业化和城镇化发展导致资源环境的压力依然很大

近年来，伴随着快速的重化工业化和城镇化进程，江西省资源环境压力明显加大。2000—2015年，江西省能源消费总量由2505.0万吨标准煤增加到8440.3万吨标准煤；用水总量由217.64亿立方米增加到259.30亿立方米；工业废水排放总量由42 083万吨增加到64 856万吨；工业废气排放总量由2220亿立方米增加到15 613亿立方米；一般工业固体废物产生量从4814.97万吨增长到10 821.21万吨。城市建设用地总面积持续增加，从1999年的495.90平方千米增加到2014年的1123.46平方千米。城市生活污水及其中化学耗氧量、氨氮等污染物的排放总量呈增加趋势，2003—2014年江西省城镇生活污水排放量从6.18亿吨增长到14.31亿吨，其中氨氮排放量从2.59万吨增长到5.07万吨。民用汽车保有量急剧增加，且增速越来越快，2005—2010年，从48.4万辆增加到147.6万辆，年均增加近20万辆，2010—2015年，从147.6万辆增加到346.8万辆，年均增加近40万辆。根据相关研究，未来一段时间，江西省仍处于工业化初期向工业化中期转变的阶段，城市化水平将持续提高，居民生活水平日益提高，所带来的资源环境压力也将越来越大。如果环境污染控制和生态保护力度跟不上工业化和城镇化的步伐，势必会引起生态

环境的恶化，动摇江西省可持续发展的基础。这就需要江西省在大力推动工业化和城镇化的同时，相应地增强生态环境保护力度，促进社会经济和环境保护的协调发展。

### （二）农业生产方式比较粗放，农业面源污染问题日益突出

江西省农业在全国具有非常重要的地位，是新中国成立以来全国两个从未间断输出商品粮的省份之一，主要农产品产量在全国排位靠前。近年来，江西省农业综合生产能力不断增强。2015年全省粮食总产量达2148.7万吨，粮食生产实现"十二连丰"，总产、单产再创历史新高。2015年其他主要农产品产量也维持在较高水平，油料产量124.0万吨、棉花产量11.5万吨、茶叶产量5.2万吨、蔬菜产量1359.1万吨、水果产量450.3万吨、肉类总产量355.1万吨、水产品产量264.2万吨。江西省稻谷产量居全国第3位、中部地区第2位；水产品产量居全国第9位、内陆省第2位，出口居内陆省第1位；肉类产量居全国第13位，生猪出栏量居全国第10位，供沪生猪居全国第1位，供港生猪居全国第2位；蔬菜产量居全国第21位，供港叶类蔬菜占全国1/3；棉花产量居全国第9位；油料产量居全国第11位；茶叶产量居全国第12位。江西省是长三角、珠三角和闽三角等地优质农产品重要供应基地，每年外调粮食500万吨、水果100万吨、生猪1200万头、水产品100万吨以上。

虽然江西省农业发展取得了显著的成效，但粗放型经营方式并未根本改变，主要靠消耗资源与生态环境、增加农资投入维持增长，农业可持续发展面临的资源环境约束日益加剧。落后的农业生产生活方式导致流域内农业面源污染问题日益突出。农业面源污染主要来自化肥、农药、畜禽养殖的废水、农村生活污水和垃圾。《2014年江西省环境统计年报》显示，江西省农业COD排放量占COD排放总量的31.63%，农业$NH_4^+-N$排放量占$NH_4^+-N$排放总量的32.40%，农业废水由于排放分散、难以控制，对水环境危害甚重。江西省畜禽养殖业发达，但养殖废水处理率非常低，规模化畜禽养殖场排污达标率仅50.0%左右，大量的畜禽粪便未经处理便流入环境，是农业污染的主要来源。2014年，养殖废水COD、$NH_4^+-N$、TN、TP排放量占农业排放量的比例分别为94.6%、79.2%、59.0%和67.8%。江西省化肥使用量一直呈现增长趋势，鄱阳湖区单位耕地施氮量超过国际公认的施氮上限225千克/

公顷。江西省农药使用量也过高，2010年最高达到10.60万吨，近些年虽然有所限制，但下降速度缓慢，2014年总用量也有9.48万吨。由于施用不合理及利用率低等问题，相当部分的化肥、农药施用后通过地表径流污染水体。此外，江西省农村每年产生的生活垃圾不少于470万吨，生活污水不低于7.52亿吨，但处理利用率不足10%和3%，乱丢乱排的垃圾和污水严重影响了农村环境。

### （三）森林资源量高质低，林业资源开发与保护的矛盾突出

江西省森林资源清查（2009—2013年）结果显示，全省林业用地面积1069.66万公顷，占全省土地总面积的64.07%；其中森林面积1001.81万公顷，占林地面积的93.66%，森林覆盖率60.01%；活立木总蓄积47 032.40万立方米，其中森林蓄积量40 840.62万立方米，占86.84%。

江西省森林面积按功能分：用材林455.17万公顷，占45.43%；防护林393.66万公顷，占39.30%；薪炭林1.28万公顷，占0.13%；特种用材林39.69万公顷，占3.96%；经济林112.01万公顷，占11.18%。森林面积按起源分：天然林663.21万公顷，占66.20%；人工林338.60公顷，占33.80%。

全省乔木林面积789.91万公顷，竹林面积99.89万公顷，经济林面积112.01万公顷。乔木林是江西省最主要的森林类型，其生物量最大，生态功能最强，生态经济综合效益最好。江西省乔木林平均蓄积量51.70立方米/公顷，平均郁闭度0.52，平均密度1042株/公顷，平均胸径11.50厘米，年平均生长量4.22立方米/公顷。

江西省虽然森林覆盖率高，但是森林资源质量低。森林年龄结构不合理，中、幼龄林比例过高，导致单位面积蓄积量、年生长量低的问题。江西省乔木林中、幼龄林面积占87.36%，蓄积量占75.62%，成、过熟林面积仅占6.08%，蓄积量占12.31%。江西省森林单位面积蓄积量仅为世界平均水平的45%。全省乔木林中，平均蓄积量小于50.00立方米/公顷的占62.32%。低产、低效林平均蓄积量仅为23.50立方米/公顷，其中天然林占73.00%，人工林占27.00%。

江西省森林资源采伐消耗量大，年均生长总量下降。江西省林木蓄积年均消耗总量3513万立方米，接近年均总生长量3596万立方米；用材林年均消耗量1842

万立方米，而年均生长量只有 1698 万立方米，消耗量超过生长量；中、近、成、过熟林年均消耗量均超过年均生长量；幼、中龄林采伐消耗量占 77.5%，资源透支严重。全省林木蓄积年均总生长量由"十五"期间的 4028 万立方米减至"十一五"期间的 3595 万立方米，减少 433 万立方米；年均保留木生长量由 2783 万立方米减至 2327 万立方米，减少 456 万立方米。江西省森林覆盖率不断增加，但林木蓄积年均总生长量出现下降，表明森林质量处于下降状态中。

江西省林业产业发展状况与森林覆盖率全国第二的形象不太相称。《2014 年中国林业发展报告》数据显示，2013 年江西省林业总产值为 2025.02 亿元，全国排名第 10 位，只有排名第 1 位的广东省的 36.2%。商品材产量 266.91 万立方米，全国排名第 9 位，只有排名第 1 位的广西壮族自治区的 11.7%。江西省林业产值与商品材产量不高与森林资源质量低、可采资源贫乏有关。

### （四）水环境质量日益恶化，保护"一湖清水"任务艰巨

湖区水质逐渐劣化。20 世纪 80 年代，鄱阳湖水质为Ⅱ类，90 年代演变到Ⅲ类，进入新世纪以来很难全面（全湖区、全年时间）维持Ⅲ类水质标准。《2015 年江西省环境状况公报》显示，鄱阳湖监测断面Ⅰ～Ⅲ类水质断面比例 2012 年为 70.6%、2013 年为 58.8%、2014 年为 41.2%、2015 年为 17.6%。鄱阳湖水质呈劣化趋势，主要污染物呈上升趋势，营养化程度处于中营养化状态；主要污染物总磷、氨氮浓度呈高度显著上升趋势，高锰酸盐指数浓度呈显著上升趋势，总氮浓度呈上升趋势，湖泊水体处在中营养状态转变为富营养化初级阶段的过程。

入湖污染物增加。鄱阳湖主要入湖河流控制断面总体水质良好，但主要污染物（COD、$NH_4^+$-N、TN 和 TP）浓度整体呈上升趋势，部分直接入湖小河流轻度污染。4 种主要入湖污染物，COD 为主要污染物，负荷占 85% 左右，赣江主支、饶河、抚河东支、信江西支和赣江中支为入湖污染物主要河流，占入湖总量 75% 以上。

2014 年鄱阳湖通过河流入湖污染、直排工业污染、直排生活污染、湖滨面源污染、水产养殖污染和降水降尘 6 种途径入湖 COD、$NH_4^+$-N、TN 和 TP 量如表 2 所示。2014 年入湖污染物中，COD 污染负荷最大，占 83.74%，其次为总氮，占 11.77%。6 种途径中河流入湖污染的分担率最高，4 种污染物分担率分别为 95.46%、90.33%、

90.98% 和 85.93%，其次为湖滨面源污染，4 种污染物分担率分别为 1.70%、5.81%、4.35%、10.82%。

表 2　2014 年鄱阳湖污染物 6 种途径入湖量

| 污染物入湖途径 | | 化学需氧量（COD） | 氨氮（$NH_4^+-N$） | 总氮（TN） | 总磷（TP） |
| --- | --- | --- | --- | --- | --- |
| 河流入湖污染 | 入湖量/吨 | 1 461 234 | 194 369 | 63 483 | 10 598 |
| | 分担率 | 95.46% | 90.33% | 90.98% | 85.93% |
| 直排工业污染 | 入湖量/吨 | 2308 | 340 | 221 | 13 |
| | 分担率 | 0.15% | 0.16% | 0.32% | 0.11% |
| 直排生活污染 | 入湖量/吨 | 568 | 208 | 94 | 8 |
| | 分担率 | 0.04% | 0.10% | 0.13% | 0.07% |
| 湖滨面源污染 | 入湖量/吨 | 25 979 | 12 512 | 3037 | 1335 |
| | 分担率 | 1.70% | 5.81% | 4.35% | 10.82% |
| 水产养殖污染 | 入湖量/吨 | 7287 | 870 | 91 | 163 |
| | 分担率 | 0.48% | 0.40% | 0.13% | 1.32% |
| 降水降尘 | 入湖量/吨 | 33 390 | 6875 | 2849 | 215 |
| | 分担率 | 2.18% | 3.20% | 4.08% | 1.74% |
| 污染物负荷比 | | 83.74% | 3.82% | 11.77% | 0.67% |

沉积物重金属污染加重。与第一次鄱阳湖科学考察期间相比，鄱阳湖沉积物中仅镉含量有所下降，汞、铜、铅、砷、铬、锌、镍等 7 种污染物含量均有较大幅度上升。尤其是铅、铜、锌分别上升了 293.9%、127.4% 和 118.1%。以鄱阳湖土壤背景值作为参照评价标准，汞、砷、铜、铅、镉和锌 6 个项目出现超标，超标率分别为 30%、18%、87%、83%、28% 和 59%。

越来越多的污染物不断进入水环境中，挑战水体纳污能力的极限。随着入湖污染物的不断增加，鄱阳湖监测断面水质达标率近年来逐年降低，总磷、氨氮、总氮含量上升趋势明显，富营养化水平逐年提高，湖区东部出现劣 V 类水质和轻度富营养化，叶绿素 a 溶度呈上升趋势，局部暴发蓝藻水华风险增加。入湖河流虽然还未产生水质类别的恶化趋势，但是污染物浓度不断升高。鄱阳湖区和五河尾闾区出现劣Ⅲ类水质现象逐渐增加。相较于第一次鄱阳湖科学考察期间，鄱阳湖底泥重金属含量大幅升高。鄱阳湖水污染问题日益凸显，保护"一湖清水"的国家目标受到威胁。

### （五）水沙过程变化显著，枯季水资源短缺加剧

#### 1. 高水位持续时间减少，退去时间提前

据 1990—2009 年的数据分析，星子站年内日平均水位高于多年平均水位 11.33 米持续的天数呈现逐渐减少的趋势，1998 年曾达到 260 天，2006 年仅为 100 天。高水位退去的时间却在提前，由 11 月份提前到 10 月份或 9 月份，2006 年甚至在 8 月中旬高水位就已退去，表明年内高水位持续时间逐渐缩短，低水位持续时间逐渐增长。

#### 2. 鄱阳湖枯水期提前并延长，枯季水资源更加缺乏

第二次鄱阳湖科学考察结果显示，自 2003 年以来，鄱阳湖区枯水位显著降低，枯水出现时间明显提前，枯水持续时间显著延长，湖区各水位站普遍出现历史最低水位。

鄱阳湖代表性水文站——星子站枯水（水位 10 米以下）和严重枯水（水位 8 米以下、6 米以下）出现时间提前、持续时间加长的特征明显，2003—2012 年水位 10 米以下、水位 8 米以下、水位 6 米以下枯水位持续平均天数与 1956—2002 年持续平均天数相比，分别延长 48 天、34 天、9 天，枯水期前者比后者分别提前 10 天、16 天、3 天。鄱阳湖秋季退水提前，枯水期延长，极端枯水加重。

#### 3. 鄱阳湖入湖泥沙减少，通江水道冲刷明显，加速湖水枯季下泄

2003—2012 年鄱阳湖多年平均入湖泥沙为 $710×10^4$ 吨，相比 1956—2002 年（多年平均入湖泥沙为 $1714×10^4$ 吨），多年平均入湖泥沙量减少 $1004×10^4$ 吨，减幅 58.58%，入湖泥沙呈现逐年减少的态势。从出湖泥沙来看，情况正好相反，2003—2012 年湖口站多年平均出湖泥沙量 $1238×10^4$ 吨，相比 1956—2002 年（多年平均出湖泥沙为 $938×10^4$ 吨），多年平均出湖泥沙量增加 $300×10^4$ 吨，增幅 31.98%，出

湖泥沙呈现逐年增加趋势，出湖泥沙多年平均量大于入湖泥沙多年平均量，通江水道冲刷明显。

入湖泥沙的减少一来是流域综合治理及水土保持等生态建设的结果，二来五大河流上游水利工程建设的不断增加导致下泄河水的含沙量减少也是重要原因。入湖泥沙的减少将缓解鄱阳湖区泥沙的淤积问题，但会在一定程度上降低枯水期湖区的水位。此外，城镇化建设的加快导致人类采砂活动急剧增加，长江禁止采砂后，原在长江采砂的船只涌入鄱阳湖，大量开采增加了河沙的内源输出，也影响了湖区泥沙淤积，一定程度上加剧了鄱阳湖水位下降的趋势。而且大量无序采砂，破坏了鱼类栖息、洄游和繁殖的场所，又污染水质，致使鄱阳湖鱼类资源减少。

### （六）湿地生物多样性下降，生态功能逐渐退化

鄱阳湖湿地植物分布与结构产生了较大变化，群落物种多样性水平明显降低。鄱阳湖湿地植物群落正趋于简单化，生物多样性显著下降，水环境敏感性植物生长空间被不断压缩，蒿等促淤促污植物大面积扩张，湿地降解污染能力下降，同时引起食物链变化，破坏生态系统稳定性，使湖泊健康水平下降。湿生、挺水植被出现频度均有所增加，其中苔草群落分布面积增加明显，从428平方千米增加到723平方千米。挺水植被蒿的群落面积急剧扩张，净面积已达116.2平方千米，产生的危害极大。浮叶、沉水植被分布面积明显缩减，菱的分布由过去的29平方千米下降到3.6平方千米，马来眼子菜过去几乎全湖遍布，现在仅部分碟形湖和浅水区域小面积分布。新增中生性草甸198平方千米。第一次鄱阳湖科学考察记录的水生植物群落的物种组成中，群落的物种丰富度为8～9种，而现在植物群落物种组成很少超过5种，大多在3～4种，群落物种多样性水平明显下降。

鄱阳湖的鱼类资源被过度开发，自然渔业功能呈衰退趋势。2000年以后，鄱阳湖年渔获量呈下降趋势，刀鲚、短颌鲚、银鱼等鄱阳湖传统捕捞对象，目前已不能形成商业性渔获量。2007—2013年，鄱阳湖主要鱼类呈现低龄化、小型化、低质化严重的问题。青、草、鲢、鳙、鲤、鲫、鲇、鳜等鱼以1龄鱼为主的比例逐年上升，而2、3、4龄鱼的比例则逐年减少，5、6龄鱼的比例很小。渔获物的个体呈逐

年小型化趋势，种群资源量逐年下降。

鄱阳湖越冬候鸟的数量波动很大。据环鄱阳湖水鸟同步调查，2005年12月数量最高达到70多万只，其次是2014年1月，数量为64万多只；1999年1月数量最低，只有13万多只，其次是2010年2月，数量为17万多只。冬候鸟的入迁和栖息与鄱阳湖退水过程密切相关，退水过程的水文状况是候鸟数量波动的主要原因。退水过程太晚、太早、太快都会影响冬候鸟的入迁、栖息和觅食，导致冬候鸟数量大幅降低。

整体而言，鄱阳湖枯水期提前和水质恶化导致湿地生态环境不断恶化，生物多样性明显下降，湖泊湿地生态功能日益衰弱。特别是湖区枯水位降低、枯水期提前和延长，导致湖泊水面缩小，洲滩提前显露，植物分布高程下移，从而使湿地与洲滩涵养水源、调蓄洪水、调节气候、降解污染、提供候鸟栖息地和水生动植物产品等生态服务功能不断衰退。

### （七）科技对流域综合管理的支撑作用亟待加强

自20世纪80年代第一次鄱阳湖科学考察以来，国家和江西省有关部门对鄱阳湖及其流域开展了大量的监测、调查和研究工作，积累了丰富的数据资料。但是，这些数据资料分散在不同部门和机构中，没有进行充分的数据挖掘和信息再加工，无法直接服务于管理决策。同时，由于缺乏一个共享和交流的平台，在数据生产过程中难以避免重复和浪费。为此，有必要整合各部门监测网络和数据成果，建立一个统一的鄱阳湖流域生态环境综合监测与数据共享平台，保障监测数据的连续性、真实性和可获得性，为鄱阳湖流域管理的研究与决策提供可靠的数据支撑。

同时，基于长期监测数据的流域生态环境评价与决策支撑体系还不健全，大量的生态、水文、环境、气象等监测数据没有得到有效整合应用，无法满足高质量科学决策的现实需求。急需构建一个理论完善、方法可靠的流域生态系统健康诊断技术体系，并应用该体系在全流域尺度、子流域尺度和县域尺度开展流域生态系统健康诊断，定期发布鄱阳湖流域生态环境综合监测报告，为鄱阳湖流域的资源开发与生态保护提供决策参考。

## 四、国内外流域综合管理的经验

在流域的管理方面，西方主要发达国家在工业化和现代化的过程中都曾面临过与现在我国面临的问题相类似的问题，更是无一例外地都走过先污染、再治理的路子。这些国家在实现工业化后，都开始反思过去的管理体制造成的问题，为此这些国家都采取了更符合水资源自然属性、更具协调性、更高效和更有可持续性的流域综合管理模式。

### （一）国外流域综合管理的典型案例

#### 1. 美国田纳西流域

田纳西河是美国第一大河——密西西比河最长、水量最大的支流，长 1050 千米，流域面积 10.5 万平方千米，地跨 7 个州。19 世纪后期，由于对资源进行不合理的开发，水土流失、环境恶化，使流域处于广泛贫困状态，加上一系列社会问题得不到解决，最后恶化成了美国最贫困的地区之一。20 世纪 30 年代，罗斯福总统为摆脱经济危机的困境，决定实施"新政"。"新政"为扩大内需开展的公共基础设施建设，推动了美国历史上大规模的流域开发。田纳西流域被当作试点进行综合开发治理，试图通过一种新的独特的管理模式，对流域内的自然资源进行综合开发，达到振兴和发展区域经济的目的。1933 年，美国国会通过了《田纳西流域管理局法》，在此法案基础上成立了田纳西流域管理局（Tennessee Valley Authority，TVA），授权依法对田纳西流域自然资源进行统一开发和管理。经过多年的实践，田纳西流域的开发和管理取得了辉煌的成就，从根本上改变了田纳西流域落后的面貌，在国际上被誉为"流域区整体综合开发最成功的典范"。

田纳西流域管理的主要经验有以下几点。

（1）通过立法为流域自然资源统一管理提供法律保证

《田纳西流域管理局法》是田纳西流域开发与治理取得成功的关键所在。田纳西流域地跨 7 个州，而美国各州的权力很大，如果没有立法保证，对田纳西流域的统一开发管理将无法进行。《田纳西流域管理局法》对 TVA 的职能、开发各项自然资源的任务和权力做了明确规定，为田纳西流域包括水资源在内的自然资源的有效开发和统一管理提供了法律保证。TVA既享有政府权力，又具有私人企业的灵活性和主动性，集中了流域的规划、开发、研究、工程设计与施工、工程招标、土地转让、发放债券及产品的生产、经营和销售的多种权力。《田纳西流域管理局法》并非一成不变，自颁布后，根据流域开发和管理的变化和需要，不断进行修改和补充，使涉及流域开发和管理的重大举措都能得到相应的法律支持。

（2）流域自然资源的统一管理

TVA根据河流梯级开发和综合利用的原则，制定规划，对流域内水资源集中进行开发。最初的目标是以航运和防洪为主，结合开发水电。至20世纪50年代，基本完成水资源传统意义上的开发利用，同时对森林资源、野生生物和鱼类资源开展保护工作。20世纪60年代后，随着对环境问题的重视，TVA在继续综合开发的同时，加强了对流域内自然资源的管理和保护，为提高居民的生活质量服务。目前，田纳西流域已经在航运、防洪、发电、水质、娱乐和土地利用6个方面实现了统一开发和管理。

（3）经营上的良性运营机制

良性运营是TVA能够长久保持活力的原因。TVA作为具有联邦政府机构权力的经济实体，依靠政府扶持、发行债券、开发电力等举措实现了经营上的良性循环。政府拨款、减免税等扶持政策对TVA的早期发展具有很大作用。发行债券为发展电力筹措了资金，促进了其电力生产的发展，也使电力生产经营逐渐成为TVA的经济支柱。电力开发为TVA的发展积累了雄厚的资金，是TVA最大的经营资产。电力盈利为流域自然资源管理提供了资金支持。TVA以开发水电起家，随着电力负荷需求的迅速增长，积极建设火电站，继而建设核电站和燃气电站。

（4）流域管理促进地区经济和社会的发展

TVA成立之初的宗旨便是促进地区发展和繁荣。田纳西流域在规划和规划的实施过程中，坚持以流域开发带动流域经济发展，坚持生态保护建设的原则，注重在水资源开发利用的同时，与流域内的生态建设、防洪、城市用水、工业布局、航运、休闲旅游等紧密结合，带动地方经济和社会的快速发展。TVA在水利、电力、农业、林业、化肥等方面的综合开发和经营及对自然资源的保护，在发展经济的同时，为田纳西流域提供了大量的就业机会，极大地促进了流域整体的经济发展和社会稳定，改变了该地区贫穷落后的面貌，使其成为美国比较富裕、经济充满活力的地区。

### 2. 日本琵琶湖流域

日本琵琶湖同我国鄱阳湖一样都是国内最大淡水湖，两湖在湖泊保护与治理方面有相似之处，都是将山、江、湖作为一个大系统来综合开发治理。20世纪60年代之后，随着湖区工业经济的高速发展、人口的增长和大量农药化肥的不合理使用，琵琶湖水质开始急剧恶化，富营养化严重，蓝藻水华、淡水赤潮频繁暴发，严重影响其社会服务功能。针对琵琶湖水质退化问题，日本政府采取了一系列治理措施保护琵琶湖水质，包括制定严格的法律条例、实施中长期综合治理规划、进行流域污染源系统控制、建立自动监测系统与专门研究机构及动员公众参与等。经过30多年的综合整治，参照我国《地表水环境质量标准》（GB 3838—2002），目前琵琶湖北湖水质维持在Ⅰ类水平，南湖由Ⅲ～Ⅳ类水质恢复到Ⅰ～Ⅱ类水质。

琵琶湖的主要治理经验有以下几点。

（1）颁布实施严格的法律法规

日本政府从国家到地方制定了一系列相应的法律法规为琵琶湖的综合治理和环境保护提供法律保障。滋贺县政府制定的污染源排放标准比国家标准更为严格，污染源在符合排放标准的前提下，还要符合污染物总量控制及环境敏感点防护要求，并最终满足所在地区改善环境质量的需求。滋贺县政府依据一系列法规加强湖泊环境执法管理，包括工业污染源排污监控及处罚制度、污水处理厂排水水质控制和环境监测制度，形成企业和民众自觉遵章守法，政府与民间协同保护环境、治理环境、依法治湖的法治社会环境。

（2）制定面向未来的综合保护整治规划

为了促进琵琶湖的综合开发和保护，日本实施了两大发展计划：《琵琶湖综合开发计划》和《琵琶湖综合保护整治计划（21世纪母亲河计划）》。琵琶湖综合治理放眼全流域，将琵琶湖流域生态系统作为整体进行治理。琵琶湖流域治理规划系统全面、科学有序、重点突出。在湖滨城市全面铺设雨污分流制排水管网系统，建设大型污水处理厂，全面治理城市污水，有效控制湖泊流域点源污染；然后对农田灌排系统、污染河流进行整治，在山坡及河流小流域实施大规模植树造林工程等，控制面源污染；基于此再进行湖泊污染底泥疏浚，使湖泊的综合治理达到系统全面、科学有序和重点突出的效果。

（3）进行完善的流域污染源系统控制

琵琶湖富营养化得到全面有效的控制得益于对流域污染源的系统控制，包括通过立法和监管严格控制工厂和企业的污水排放、城镇污水管网与大型污水处理设施的高度覆盖、农业集落污水处理设施的全覆盖3个部分。流域污水处理系统的全覆盖及高度处理技术是其最为成功的经验之一。琵琶湖城镇下水道普及率达86.4%，主要污染物总氮、总磷及高锰酸盐指数的去除率分别高达90.0%、98.7%及94.6%。琵琶湖流域同时实施了净化槽普及、设置农业集落排水处理设施、初期雨水净化处理及农田循环灌溉等具有地方特色的面源治理对策。

（4）建立自动监测系统与专门研究机构

为实时把握琵琶湖的水生态环境的变化，加强琵琶湖水质监测与研究，在琵琶湖设立了16个断面49个监测点，配以环境基准点和氮、磷基准点，定期监测。所有数据无条件、无偿共享，通过网络、滋贺环境白书等向社会公布，为众多科研机构及研究者提供丰富的研究数据资料。在南北两湖各设自动监测站，进行连续自动监测，及时掌握湖泊水质动态，每天向公众发布琵琶湖水质、水位等实时信息，唤起民众的环境保护意识。

滋贺县政府还成立了专门的琵琶湖研究机构——琵琶湖研究所。30多年来该所联合各大学及科研院所，长期进行琵琶湖物理、化学、水文、地质、生物、信息系统等的系统研究，积累了宝贵的数据资源，并基于此建立了琵琶湖流域地理信息系统及保护和治理决策支持系统，以用于琵琶湖及其流域历史变迁、生态系统的自然演替规律、环境问题诊断和预测，对政府管理琵琶湖流域环境和未来环保决策形成强有力的科技支撑。

（5）普及环保知识，促进全民共同参与

滋贺县的环境教育是琵琶湖治理与保护工作中十分重要的内容。环境教育从小学生做起，所有小学都要开设环境教育课程，政府设立了专门的琵琶湖环境教育基地，并配备专门对学生进行环境教育的教师，提供专门的大型游船，供学生上船在琵琶湖上学习观测。针对一般民众的环境教育更是深入人心，公共媒体不懈地宣传,社会各团体无偿开设各类讲习班、讲座,通过深入工厂企业参观学习等方式,营造全民有责、全民参与的社会大氛围。日本公众参与琵琶湖环境保护的积极性非常高,由普通民众发起的著名公民运动有肥皂运动、萤火虫监测运动等。

**3. 北美五大湖流域**

五大湖是世界最大的淡水湖群,位于北美洲中西部,包括苏必利尔湖、休伦湖、密歇根湖、伊利湖和安大略湖,湖岸线长1.7万千米,湖泊总面积约245 660平方千米,总水量达2.3万立方千米,占全球地表淡水量的20%,流域总面积约766 100平方千米,美国占72%,加拿大占28%。五大湖丰富的水资源孕育和支持了水上航运、水力发电、工业制造、农业生产、城市发展及旅游与娱乐,每年经济产值占美国经济生产总值的1/3。但流域资源的开发、工业化与城市化给五大湖流域的生态环境造成严重破坏:水土流失严重、湖区水质恶化、沼泽地面积锐减、鱼群数量急剧下降、外来物种入侵等。制造业的衰退导致了五大湖流域经济发展滞后,资金投入和商业发展落后于美国其他地区,导致人才外流。城市设施老化,缺乏竞争力,就业机会减少,许多城市中心衰退,成为"生锈地带"。

面对着这些严峻的挑战,美国和加拿大从开始的单一治理逐渐转变成跨国联合治理,签订并多次修订《大湖水质协议》,提出五大湖流域补救行动计划和全湖行动计划,从传统的流域管理转变成基于生态系统的流域综合管理,把经济发展、社会福利和环境的可持续发展整合到决策过程中和政策框架中,逐渐形成了流域综合管理模式。

五大湖流域综合管理的方法和经验主要有以下几点。

(1)跨界流域设立超越地方政府利益、独立的第三方利益协调与决策机构

根据五大湖地区的跨界水质治理经验,在跨界流域的水污染治理中,拥有一个真正代表跨界地区利益(超越地方利益)、独立的水质协调与决策咨询机构,对双边政府依法落实流域水质保护协议具有至关重要的作用。我国目前实行的是部门管理和行政区域管理相结合的管理体制,结果导致流域管理难以真正发挥效力,流域上下游污染转嫁,增加了协调治理污染的难度,从而使跨界水污染问题成为难治之症。

(2)将生态系统看作一个整体

全湖行动计划打破了以往湖泊管理局限于地理或行政边界的传统,综合考虑环

境、经济和社会因素，基于生态边界，真正从全流域的整体生态系统角度出发，对湖区实施综合治理，以恢复和保护五大湖流域生态系统中的化学、物理和生物综合要素。全湖行动计划的提出标志着湖泊管理者真正将生态系统看作一个各种因素之间相互联系的整体，不再单一地将水质改善当作最终目标。流域内陆地、湿地、水域、空气及所有生物都是相互联系和影响的，全面考虑各种因素的发展才能恢复理想的生态系统。

（3）建立新的生态监测指标系统

为了实现科学合理的生态环境监测，全湖行动计划在传统的纯物理和化学参数的基础上增加生态指标，以准确表达水体及流域的总体生态环境状况。目前五大湖生态安全监测的方向主要有：水质指示物、沉积物指示物、空气指示物、生物指示物、鱼类指示物、湖滨带指示物。监测要素包括两栖动物、鸟类、硅藻属、鱼类、大型无脊椎动物、湿地植物群落、多环芳烃污染物、流域植被覆盖率、大气沉积、农业用地、人口密度、点源污染、水岸利用改变等。

（4）提出重塑五大湖工业贸易中心发展战略

为振兴五大湖地区经济，以增强五大湖地区合作为主旨，多家机构经过多方咨询、论证及民众评估，制定了五大湖地区发展战略，将五大湖打造成为全美北海岸的优势品牌，发展以水资源和流域为基础的技术和商品经济，把五大湖建设成为21世纪全球工业、科技和贸易中心。改造更新五大湖地区基础设施，包括污水处理厂更新，改进现有的铁路系统与港口，普及快速安全可靠的互联网，美化城市环境，改善居民生活质量。制定一系列措施，增强五大湖地区人才优势，培养和吸引众多科技、教育和商业管理人才。成立五大湖地区科学技术产品化基金，推动区内众多企业和科研机构把航运、农业、汽车制造、能源和生物技术的优势转化为经济价值高的高新技术和产品。

**4. 欧洲多瑙河流域**

多瑙河位于东经 8°58′~29°51′，北纬 42°04′~50°11′，河流全长 2850 千米，流域面积 801 463 平方千米，约占整个欧洲大陆面积的 1/10。多瑙河是欧洲大陆仅次于伏尔加河的第二大河，从德国的黑森林到黑海之滨的罗马尼亚、乌克兰的多瑙河三角洲，沿途流经了欧洲 18 个国家，是世界上知名的国际性河流。

19世纪80年代以前，多瑙河流域管理的重点在防洪、航运和水力发电等方面，目的是实现经济效益的最大化。随着多瑙河沿岸各国社会经济的发展，加之环境保护政策和法规的不健全，大量的工农业废水和生活污水被直接排入河流和湖泊中，使得各类水体的水质日趋恶化，严重影响了经济的发展和人们的生活。从全流域尺度上来看，多瑙河流域综合管理主要面临以下几个方面的挑战：如何推进水污染防治，实现《欧盟水框架指令》的水质目标；如何有效地恢复生物栖息地，保护生物多样性；如何减少河道渠化与水坝工程对河流生态系统的负面影响；如何将防洪纳入流域综合管理体系。

河流不会止步于行政边界或政治边界，它遵循自然界的水循环规律，受到各种自然要素和人类活动的共同影响。为此，需要对流域内各种自然要素和人类活动进行综合管理，这样才有可能实现水质保护的目标。2000年，《欧盟水框架指令》（EU Water Framework Directive）得到欧盟所有成员国的支持，欧盟成员国开始推行流域综合管理模式。从此，多瑙河流域管理正式从基于部门的单要素或多要素管理转变为基于流域的跨部门、跨行政区的综合管理。经过长期的努力，多瑙河保护取得了显著成效，减少了氮磷营养元素及污染物的排放，建立了多种类型的自然保护区和国家公园，实施了可持续的洪水管理战略，改善了黑海生态状况。

多瑙河流域综合管理取得的经验主要有以下几点。

（1）建立统一的法律体系是实施全流域综合管理的长效机制

在多瑙河流域的管理中，法规尤其是国际法规发挥了重要的作用。早期的水立法主要是为了确保自由通航。20世纪70年代后，随着河流水质问题日益突出，立法的重点转向了水质标准的制定，主要成果是1980年为饮用水制定了具有约束力的质量目标。1994年多瑙河沿岸国家签订了《多瑙河保护与可持续利用合作公约》，这表明多瑙河保护成为多瑙河沿岸各国及欧盟共同的政治愿望。1995年欧盟开始用全球化的眼光审视水政策。1998年，又颁布了新修订的《饮用水水质指令》。2000年12月22日颁布并实施的《欧盟水框架指令》，为实现欧洲的流域一体化管理提供了法律依据。《欧盟水框架指令》第一次在欧洲层面上为地下水和地表水的综合管理提供了一个统一的法律框架，为跨国、跨行政区管理打下了良好的法律基础。

（2）建立区域性的协调机构是实施跨国流域管理的机构保障

由于存在共同的政治愿景，多瑙河沿岸各国一致同意成立一个区域性机构（多瑙河保护国际委员会，ICPDR）来协调和指导各国的流域管理行动，尤其是协调《多瑙河保护与可持续利用合作公约》和《欧盟水框架指令》的实施。ICPDR 为可持续的水资源管理提供了一个跨国的多利益相关方协调平台，它成功地协调了多瑙河流域管理中的跨国问题。目前，多瑙河流域管理的经验已经成为世界上国际性河流管理的典范。

（3）联合社会各界力量将长期目标与短期目标结合起来开展联合行动

流域管理涉及社会、经济和环境的各个方面，加之跨国、跨地区、跨部门合作具有复杂性，要实现流域管理的目标需要集中社会各界的力量进行长期不懈的努力。为此，需要联合社会各界力量，将短期目标与长期目标结合起来，这样既能在短期内显现成效又能实现长期目标。以削减营养物排放为例，为了在短期内实现营养物的削减目标，多瑙河沿岸各国一来快速制定法规鼓励无磷洗涤剂的使用，二来大量兴建城市污水处理厂；同时为了达到削减营养物排放的长期目标，多瑙河沿岸各国也在逐步开展农业非点源污染的控制工作。

（4）在子流域上实施流域综合管理的试验示范有利于提高效率和积累经验

多瑙河流域面积广大，在更小的子流域尺度上开展工作有利于提高效率。在子流域上获取的流域管理经验同样可以为多瑙河全流域的综合管理提供有用的参考。早期的努力主要集中在帮助蒂萨河流域的 5 个国家建立合作框架。2000 年以后，在子流域上的流域综合管理活动得到了加强，尤其是在蒂萨河流域、萨瓦河流域、多瑙河三角洲和普鲁特河流域。例如，依据《欧盟水框架指令》，萨瓦河流域制定了流域管理计划。在这些子流域上取得的经验，为整个多瑙河流域综合管理提供了有益借鉴。

（5）广泛的公众参与有利于推进流域综合管理

多瑙河流域管理不仅是沿岸各国政府的职责，也关乎沿河工厂、企业和居民的切身利益。公众参与在控制污染物排放、实施流域综合管理中发挥了积极的作用。ICPDR 设立了多种渠道来促进公众参与，首先是 1994 年创刊《多瑙河观察》，宣传多瑙河保护的相关工作，随后又设立了多瑙河观察日、多瑙河环境论坛及各种培训班，让公众参与多瑙河保护的各项活动。为了系统推进公众参与工作，ICPDR还专门制定了《多瑙河流域管理规划2003—2009》。增强公众意识、鼓励公众参与已经成为多瑙河流域综合管理的重要特征。

**5. 澳大利亚墨累—达令河流域**

墨累河是澳大利亚最大的河流，长度达2500千米，达令河是墨累河最大的一级支流。墨累—达令河汇流区域面积106万平方千米，覆盖4个州，占澳大利亚国土面积的14%。流域水资源开发的主要目的是灌溉和供水，并为当地提供电力。作为农业灌溉的主要水源，流域产值通常占全国农业总产值的40%。全国农业、家庭及工业用水75%都发生在该区域。因为干旱造成流域供水不足，所以流域面临严重的水资源短缺问题。水资源利用问题造成了水浇地盐碱化、内涝、土壤肥力下降、风蚀、水蚀、土壤酸化、旱地盐碱化、有害动植物入侵、土地退化等环境问题。应对干旱挑战、解决水资源利用问题是墨累—达令河流域管理的主要任务。墨累—达令河流域的全流域管理模式在流域管理方面久负盛名。

墨累—达令河流域管理经验主要有以下几点。

（1）管理尺度：重视流域尺度管理

为应对干旱挑战、解决流域水资源利用问题，墨累—达令河流域各州政府与联邦政府达成流域管理协议，以流域为单位进行管理。与澳大利亚的联邦、州和地方三级水管理体制相比，墨累—达令河流域由于地理和行政区域跨度大，各州间水资源利用的相关性导致问题存在交互性，因此，管理过程中需要十分突出流域各州间的协调配合，强调流域尺度的整体管理。在流域整体管理的框架下，州际流域管理协议是流域尺度水资源管理的重要制度保障和法律支撑。在流域管理协议下进行整体流域尺度的管理，体现了管理的整体性与一体化。

（2）管理框架：三层组织，协调机制

在流域尺度管理的指导思想下，墨累—达令河流域形成了三层管理组织框架：部长理事会（决策层）、流域委员会（执行层）和公众咨询委员会（协调层）。决策层：将整个流域作为一个整体，宏观调控，总体上进行各项制度和政策制定。执行层：由非政府性的自治组织负责，实现政策执行的公正和透明。协调层：强调广泛的公众参与，与管理的决策层和执行层进行沟通，协调各主体之间的利益与责任。三层之间协调配合，达到流域管理的最优化，从而实现流域整体管理的目标。

强调公众参与是管理组织框架的一大特点。公众咨询委员会是部长理事会的咨询协调机构，从公众角度出发，就自然资源管理的重大议题向部长理事会提出建议，在部长理事会、流域委员会与社会之间提供一个沟通的双向渠道。公众咨询委员会的设立提高了公众参与的尺度，体现了流域管理的广泛代表性和参与性，使决策制定过程更为透明，政策执行过程更为公正，达到了更好的监督管理效果，同时有助于提高公众的环保意识，促进公众对政府方针政策的理解和支持。

（3）管理手段：市场化

建立水权制度是实现水资源合理（或优化）配置的关键，墨累—达令河流域水权分配的最大特色是把水权从土地权中剥离出来，新的土地所有者可以通过申请许可证或从水市场购买水权获得供水水源；水的所有权和使用权归州政府。建立水交易市场机制是墨累—达令河流域分配水权和协调水权利益的最主要措施，而且逐步实现了供水管理企业化。市场化管理的取水上限和水权交易制度等都是为了实现总量控制的目标，通过建立一个在全流域内共享水资源的新框架，来确保水资源的有效和可持续利用。通过取水上限和水权交易等手段，各流域管理主体更注重水资源的使用成本和价值，这有利于实现流域水资源的合理配置，使水资源向利用效率和使用价值高的用途转移。

### （二）国内流域治理经验

#### 1. 面源污染治理经验——巢湖东湖区

巢湖东湖区是巢湖唯一饮用水源地，也是巢湖市及周边城镇与农村居民生活水平提高和经济发展的命脉。"十一五"期间，巢湖东湖区水质处于劣Ⅴ类，其中TN、TP的平均浓度分别为2.32毫克/升和0.23毫克/升，巢湖市的供水安全受到严重威胁。农村面源污染是影响东巢湖水质的主要因素之一，农村面源污染负荷的削减是支撑东巢湖水质改善的关键因素之一。该地区属于欠发达地区，农村面源污染治理缺乏基础，面源污染的治理需要结合农民的实际需求，在保障欠发达地区农民利益的基础上实现污染负荷最大的削减。

（1）关键技术研发

通过3年的研究和技术集成，形成了农村生活污水三级塘生物生态处理强化、巢湖地区大田作物氮磷减量控制栽培等关键技术，构建了入湖河流农村面源污染治理与尾水生态修复集成技术体系，实现农村生活污水处理系列化及农田氮磷控制标准化，有效削减面源污染入湖负荷，为经济欠发达的巢湖地区农村面源污染控制提供了技术支撑和示范样板。

关键技术1：农村生活污水三级塘生物生态处理强化技术

针对巢湖农村地区废弃坑塘收集污水的特点，研发了厌氧塘—兼性塘—生物塘生物生态处理生活污水的三级塘强化技术，其中厌氧段应用人工生物基质原位固定化脱氮微生物原创技术和耐污水体植物修复优化配置技术对生活污水强化厌氧，兼性塘—生物塘整体应用塘内水体强化循环无动力复氧原创技术，增加水体中的溶解氧，生物塘采用人工浮床、水生植物岛、水生植物沉床等技术，进一步强化去除水体氮磷，并在塘围采用降雨径流生态拦截技术，削减降雨径流对生活污水处理的负荷，解决了污水收集相对集中且具有坑塘改造条件的村庄污水治理问题。

关键技术2：分散厌氧-人工活性土集中式原位处理技术

在经济欠发达地区，农田为农民主要收入来源，该地区的污染治理中土地为主要限制因素。针对地区的污染治理与土地利用现状，采用分散厌氧-人工活性土集中式原位处理技术，在土壤湿地直接种植作物，还原耕地特性，这种方式得到农民的认可，解决了经济欠发达地区生活污染治理与占用农民耕地的问题，为同类型污水处理提供了技术支撑。

关键技术3：巢湖地区大田作物氮磷减量控制栽培技术

针对环巢湖地区水稻、油菜生产过程中化肥使用量大、施肥结构不合理、施肥方法不当等特点，通过集成水稻、油菜减量化施肥、优化施肥、农药生物降解等手段，以降低农田氮、磷流失和保证产量为目标，确定适宜巢湖地区大田作物田间使用的氮磷减量控制栽培技术，建立了巢湖地区水稻土土壤养分分级指标及氮磷减排技术标准，在整个生长季节内氮、磷流失量比常规栽培管理生产田减少30%以上。

开发和生产了生物腐植酸肥、有机物腐熟菌剂两种肥料，发布了《环巢湖地区水稻氮磷减量控制栽培技术规程》（DB34/T 1427—2011）和《环巢湖地区油菜氮磷减量控制栽培技术规程》（DB34/T 1425—2011）两个安徽省地方标准，在安徽省属于领先水平，在国内居先进行列。

（2）成果应用

在东巢湖小柘皋河流域 7～8 平方千米范围内实施了生活污水综合整治技术集成与示范、药肥污染综合整治与示范、有机固体废弃物污染整治与示范及河道污染生态拦截与修复 4 个示范工程，2011 年入湖河口水质 TP 负荷消减量为 59.06%，TP 指标从劣Ⅴ类水质提高到Ⅳ类，TN 负荷消减量为 63.41%，TN 指标从劣Ⅴ类水质提高到Ⅳ类，$COD_{Cr}$ 的负荷消减量为 48.24%，$COD_{Cr}$ 从劣Ⅴ类水质提高到Ⅴ类，入湖河口水质提高一个等级以上，支撑湖泊水源地供水安全。在示范区周边，农田氮磷减量化种植方式得到推广应用，夏阁镇等地区都能按照《环巢湖地区水稻氮磷减量控制栽培技术规程》和《环巢湖地区油菜氮磷减量控制栽培技术规程》进行种植。

**2. 流域生态补偿——新安江流域**

2010 年底，国家财政部、环保部启动了全国首个跨省大江大河流域水环境保护试点——新安江流域生态补偿机制试点，这标志着新安江流域综合治理进入了一个崭新的历史阶段。2012 年，财政部、环保部、安徽省、浙江省正式签订协议，多年积极争取的试点正式启动实施。2013 年 12 月，《千岛湖及新安江上游流域水资源与生态环境保护综合规划》由国务院正式批复实施，标志着新安江流域保护和发展上升到国家层面。经过 4 年的努力，新安江流域生态补偿机制试点工作取得了阶段性成效，新安江流域水质保持优良并持续改善。

新安江流域生态补偿机制试点取得的成效主要有以下几点。

（1）树立了生态发展理念

保护新安江已经成为黄山市干部群众的自觉认识、自觉行动，流域内各级干部牢固树立"保护第一、科学发展"的政绩观，人民群众的生态保护意识明显增强，自觉保护、全民保护理念深入人心，志愿者活动、河长制管理、有奖举报等常态化开展，形成了机关干部、广大群众和社会力量更加积极主动参与保护母亲河的浓厚氛围，加快了综合治理步伐。

（2）持续保持水质优良

2014年初，环境规划院对试点进行中期绩效评估，报告中指出千岛湖营养状态出现拐点，营养状态指数开始逐步下降，并且与新安江上游水质变化趋势保持一致，表明试点对保持和改善新安江水质的环境效益逐渐显现。

（3）创新了治理工作机制

经过试点的先行先试、总结创新，摸索出了一套流域管理和治理经验，建立了综合协调、考核奖惩、项目管理、区县断面水质考核、河长管理、村庄清洁、河面打捞、水草治理、农业污染防治、项目管护运行、全民保护及舆情信息沟通等较为完整的流域管理和治理工作机制，流域环境保护水平不断提高。开展生态补偿机制试点中期绩效评估和生态系统服务价值评估，为完善生态补偿机制政策、生态服务价值核算系统和生态环境监测评估体系等提供技术支撑，治理工作的科学性、针对性不断提高。

（4）促进了经济转型发展

黄山市把流域综合治理作为打造黄山经济升级版的标志性措施，利用改善环境质量、增进民生福祉的倒逼机制，实行严格的环境保护制度和产业发展政策，把生态环境保护要求传导到经济工作转方式调结构上来，促进绿色发展、循环发展、低碳发展。

（5）改善了城乡环境面貌

重点开展集中整治、区域风貌整治、古民居保护利用、城镇环境改造提升、水环境整治、规模化畜禽养殖污染治理、沿江企业关停并转等行动，城乡人居环境不断改善，新安江干净整洁，两岸风景优美，加快推进乡村旅游发展和美好乡村建设。

**3. 山江湖工程——综合治理的典范**

江西省是兼具山水林田湖各要素的典型区域，地貌格局为"六山一水二分田，一分道路和庄园"。20世纪80年代初，江西省委省政府确立"治湖必须治江、治江必须治山"的指导思想，其核心是山水综合治理。1985年，江西省启动山江湖工程，明确了"立足生态、着眼经济、系统开发、综合治理"的原则，形成治山、治水与治穷相结合的生态经济建设模式。1992年，山江湖工程被我国政府选送参加

联合国环境与发展大会技术博览会，1994年入选《中国21世纪议程》首批优先项目，2000年被选送德国汉诺威世界博览会展示。作为山江湖工程的核心内容，水利建设取得长足发展，在调蓄区域水资源、降低洪涝灾害、减少下游泥沙淤积、获得清洁能源和防治血吸虫等方面发挥了重要作用。截至2013年年底，江西省已建水库10 860座，居全国第2位，其中大型水库25座，中型水库238座。水土保持生态建设也是山江湖工程的重要组成。经过多年实践，江西省探索出小流域综合治理、花岗岩侵蚀劣地改造、"猪—沼—果"立体生态农业等多种水土保持模式，并广泛推广，被誉为水土保持的江西模式。持续至今的山江湖工程，受到国内外广泛赞誉，成为系统治理的典范，也为我们按照习总书记系统治理思路加快推进水生态文明建设，积累了宝贵经验，奠定了良好基础。

山江湖工程的内涵极为丰富，概括地说，就是把山江湖作为一个互相联系的大流域生态经济系统，以可持续发展为目标，以科技为先导，以开放促开发，将治山、治江、治湖、治穷有机结合，系统施治。其基本经验主要有5个方面。

（1）可持续发展是实施山江湖工程的目标

一是发展的可持续性，即发展应持续符合现代人和子孙后代的利益，达到现代与未来人类利益的统一；二是发展的协调性，即经济和社会发展必须充分考虑资源和环境的承载力，达到社会、经济与资源、环境的协调发展；三是治山、治水与治穷的统一性，即通过治山、治水，改善自然环境，合理利用当地资源，实现脱贫致富。

（2）依靠科技进步与创新是山江湖工程成功的关键

山江湖工程的构想充分体现了系统工程和可持续发展思想的结合。在项目区内，工程开始前，就组织省内外专家进行广泛的区域科学考察、发展战略研究和总体规划编制，用科学理论指导工程项目。随着工程的步步推进，基本形成一个多学科、多部门、多层次的联合协作攻关的科技网络。

（3）治理水土流失是山江湖工程的重点

水土流失的直接原因是山上植被被破坏。但从深层次来看，水土流失却是极其复杂的自然因素、经济因素和人的行为因素综合作用的结果。山江湖工程正是抓准了治理水土流失这一根本，实行标本兼治。针对自然因素，采取山顶种树、种草及水利工程措施；针对经济因素，通过开发利用资源，发展经济，增加农民收入，调动群众治理水土流失的积极性；针对人的行为因素，则通过教育、培训措施，提高人们的素质，改变传统落后的不可持续的生产、消费方式，引导人们的行为进一步步入良性循环的轨道。

（4）系统性和综合性是山江湖工程的特色

所谓系统性，就是在宏观层次上把江西省赣南山区、赣江流域和鄱阳湖区，作为一个互相联系、不可分割的省域生态经济系统；在微观层次上打破行政区域界限，以小流域作为治理单元，运用系统论的思想和方法，进行统筹规划，整体部署。其优点是在同一流域内，只要抓住流域源头的治理，便容易调控全流域的水土资源，治理成本比跨流域治理要低得多。所谓综合性，就是多学科协作联合攻关。山江湖工程的试验样板和治理典型，便是生态、环境、资源、经济、社会等多学科的结晶，凝聚了自然科学和社会科学工作者的集体智慧。多学科协作联合攻关，符合现代科学发展的客观规律。

（5）建立高效、开放的管理体系是山江湖工程顺利实施的保证

山江湖工程十分重视建立高效率的管理体系。省政府领导亲自参与和指导，强调要举全省之力，做好山江湖工程。山江湖开发治理委员会是决策机构，发挥强有力的决策、统筹、协调功能；由相关学科专家组成的学术委员会，是决策咨询机构；由精干班子组成的山江湖开发治理委员会办公室，是办事机构。这一管理体系，上得国家有关部门的支持和指导，下在地方建立相应的机构，形成多层次的管理网络，实施有效的管理。山江湖工程重视软件管理，坚持一切从实际出发，从群众切身利益入手，不断增强群众自治、自觉、自富的能力，用政策调动和保护广大群众实施可持续发展的积极性和创造性。

**4. "河长制"的成功经验**

2014年2月，由水利部出台的《关于加强河湖管理工作的指导意见》在主要任务"创新河湖管护机制"中提出了"鼓励各地推行政府行政首长负责的'河长制'，对河湖的生命健康负总责"。这是近几年来中央部委出台的文件中首次公开鼓励采取"河长制"。作为一种创新性的制度安排，"河长制"较为符合我国国情，目前已经在江苏、江西、云南、河北、安徽、湖北、四川、黑龙江等10多个省实行，取

得了较好的效果。

（1）"河长制"的优点

具体而言，"河长制"主要有以下几个方面的优点。

1）有效支持了环保部门的工作

在地方党政主要领导的支持和对各级行政力量的统筹协调下，环保部门的工作可以得到最大程度的支持，以此弥补其行政权力和资源方面的不足。

2）有利于动员各种力量

"河长制"使得各地党政主要领导直接对流域水资源的治理负责，这将推动他们动用各种政治、经济、社会、技术和法律等方面的力量来最大化地服务于流域水资源的管理和治理工作。

3）有效克服条块分割、多头治水带来的跨部门协调问题

目前我国的流域水资源管理仍然按照行政部门的具体职能条块分割，因为流域有多种功能，因而其管理就涉及多个相关部门，包括水利、国土、环保、城建、交通、林业等，甚至同一类事项也按照具体情况而归不同部门管理。例如，在污水管理方面，工业污染归环保部门，河道保洁归水利部门，生活污水归城建部门等，因而跨部门协调合作存在较大的障碍。在"河长制"下，有地方党政主要领导的统筹协调，各部门之间的协调合作问题可以得到较好的解决，流域水资源的管理和治理工作的执行力得到较大提高。

（2）"河长制"的成功模式

1）"全民河长"模式

流域治理需要政府引导全民参与，移动互联网的高速发展给公众参与创造了更多的机会。浙江省嘉兴市秀洲区王江泾镇利用治水公众号，使河流治理接受全民的监督。村民只要扫一扫河长公示牌上的二维码，就能随时在监督举报平台反映河道情况。一个小小的二维码，带动了全民参与治水的积极性。这充分发挥出广大群众的主体性，形成了一套"全民河长"治水护水参与机制，成为广大群众"共治吾水"的自觉行动。

2）"民间河长制"模式

"民间河长制"是杭州"五水共治"中的一个新创举。杭州和嘉兴通过建立"民

间河长制"引入环保公众评审团进行监督,逐步制定"民间河长"章程,规定民间河长的选任程序、职权职责、履职保障、议事程序、"四问"机制、报告→督查→反馈机制等,使"民间河长"可以名正言顺地依规履职,大胆参与,勇于负责,敢于监督。广泛动员社会力量参与特别是在监督河道整治中发挥了重要作用。杭州首批47条黑臭河道的"民间河长"中浙江本土的民间环保组织绿色浙江就有7人当选。此外,还可借助学校(包括高等学校和中小学校)、企业、事业单位等,搭建公众参与平台,利用其现有的人力、技术等方面的资源助推水环境治理工作。

3)"企业家河长制"模式

浙江省嘉兴市秀洲区王江泾镇的另一成功模式是"企业家河长制"。"企业家河长制"是指通过企业家认领河道的形式,由其对认领的河道治理工作负责。在企业家河长的积极参与下,一些河流的水源治理工作成效明显。"企业家河长制"实施后,认领河道的企业家大都对自己认领的河道水污染治理高度重视,不仅采取直接投资的方式实施河道清淤、减少污水排放、杜绝污染源等,还对河道周边进行绿化美化,对排向河道的污水进行源头治理。同时,还积极对本企业员工进行环保宣传教育,让保护水资源观念深入人心。

4)"养护共同体"模式

河道分段"认养":潭江流域曾进入越治越差的怪圈,之后开始实施河道分段"认养"机制。在两岸一定范围内的各家企业、社会团体和村(社区)中征集"民间管理员",组建"养护共同体",开创政府、社会和企业多元治理新模式。让"养护共同体"成员有钱出钱,有力出力,用于"认养"的河道养护,定期发布治水成效,接受社会监督,对治理不到位的河道,限期进行整改。这可在一定程度上遏制由经济行为产生的河道污染。随着人们环保意识的增强,身边不乏具有社会责任心的企业、社会团体和个人。

多元化融资:南京秦淮河水环境综合整治的成功经验是建立多元化融资渠道。水环境治理属于重大的民生工程,具有经济效益外部性、资金投入巨大等特点,且目前大部分资金都是政府投入,随着治理的进一步深入,各地治理经费逐渐趋紧。要解决治理资金投入方面的困难,就要实现水环境治理投资模式由政府投资向多元化融资的转变。一方面,创新融资模式,通过沿岸土地收益、污水处理费、授权特

许经营项目等PPP模式，实现建设融资。另一方面，创新管养模式，通过对部分沿岸用地进行商业开发和转让等，实现市场化运作管理养护，引导社会资本参与，改变以往单纯依靠财政资金进行公益项目管养的传统。

5)"智慧河长"模式

杭州创新开展了"河长制"工作信息化试点，开发"河长制"信息管理平台及APP（开设治水微信公众号），被全省各地群众所使用，成为权威信息发布、河道环境监督、热点问题回应、工作成效展示的一个良好平台。积极构建集信息公开、公众互动、社会评价、河长办公、业务培训、工作交流等六大功能为一体的水环境社会共治新模式。在全省率先实现乡镇级以上河道信息全公开、河长信息全公开、水质监测数据全公开。

实施智慧办公，推动智慧监督，创新智慧巡查机制，充分发挥平台信息共享作用，建立"河长制"数据全公开平台，实现"河长制"基础数据阳光化，全面公开杭州1845条乡镇级以上河道的"河长制"信息，推进水环境监测全覆盖。水质是检验河道治理成效最直接、最科学的标尺。杭州为"河长制"定制网格化的每月一测水质监测体系，并将水质监测数据通过平台发布的形式向全社会公开，全面接受公众的监督。

### （三）国内外典型案例对鄱阳湖流域综合管理的借鉴意义

通过分析5个典型的发达国家流域综合管理案例和国内流域综合治理的经验，结合我国体制和鄱阳湖流域自然与社会环境特点，可以得出几点供鄱阳湖流域综合管理参考的经验。

#### 1. 建立强有力的流域综合管理机构

从国外流域综合管理的成功经验可以看出，流域的综合管理无一例外都是以政府为主导，通过立法或制定协议，建立稳定的制度机构，赋予其统一管理流域资源的权力，从而保证流域综合管理能够长期稳定地运行下去。我国流域水管理以行政区域管理为主，要发展为流域水管理与行政区域管理相结合的管理体制。流域管理机构的职权不够明晰，流域多部门、多层次的管理体制造成管理部门各自为政、分割管理的局面，不利于流域水资源的统一调配。鄱阳湖流域96.6%都在江西省省内，对于流域综合管理来说具有得天独厚的优势，避免了跨省级行政区域容易存在的分割管理、难以协调的问题，有利于建立拥有实权的省级鄱阳湖流域综合管理机构，使管理职权进一步明晰，将管理政策落到实处。

**2. 从流域生态经济系统整体出发，统一管理流域资源**

流域综合管理的内涵在于将流域作为一个社会—经济—生态环境的复合系统，从流域的尺度上统一管理流域内的水、土地、生物等自然资源，通过综合开发、利用和保护自然资源，最大限度适应自然规律，充分利用生态系统功能，实现流域的经济、社会和环境福利的最大化及流域的可持续发展。维持流域生态系统的完整性和相对稳定性是发挥其生态功能的基础，只有把整个流域作为管理对象，才能维持流域生态系统的完整性，也只有对流域内的水及与水密切相关的土地和生物资源进行统一管理，才能维持流域生态系统的相对稳定性。

**3. 流域综合管理要带动流域经济的发展**

流域综合管理的最终目标还是提高流域的可持续发展能力，为经济社会发展奠定坚实的基础。流域综合管理要带动流域经济的发展，从而使流域资源、环境与社会经济发展实现良性循环。山江湖工程一开始便形成了"治湖必须治江、治江必须治山、治山必须治穷"的系统性认识。经济发展水平的提高除了能够改善居民生活质量，提高流域社会活力，还能够促进生产和消费模式的转变，提高资源利用效率，降低资源消耗，使流域资源对经济持续发展的承载力提高。鄱阳湖流域综合管理应通过制定和实施长久的发展战略，通过合理的产业布局，打造中国第一大淡水湖品牌，将鄱阳湖建设为长江中游生态、技术、旅游服务和贸易中心。

**4. 加强流域污染源系统控制**

相比于发达国家的流域污染源控制，包括鄱阳湖在内的我国各流域在污染源的控制方面存在诸多问题，主要包括有针对性的地方排放标准的缺失、执法力度的不足、城镇污水管网覆盖率偏低、污水深度处理及运营管理技术上的差距、面源污染对策的严重不足。鄱阳湖流域综合管理应当从工业污染源、城镇生活污水和农业面源污染3个方面加强流域污染源系统控制：加强工业污染源排污的监督和执法力度，提高工业污染源自动在线监测管理水平；提高城镇污水管网覆盖率，施行雨污分流措施，提高污水处理厂运营和管理水平；控制畜禽、水产养殖废水排放，降低化肥和农药施用量，削减农业面源污染。

### 5. 共享监测信息，促进公众参与

通过建立全面的生态监测体系，准确掌握水体及流域总体生态环境的状况，构建生态与环境预警及质量评估体系，为生态环境综合治理和资源合理开发提供科学依据和安全保障。同时，将监测信息与研究机构和社会大众共享，有利于唤醒公众的环境保护意识，提高公众参与流域管理的积极性，使公众加强对污染排放和治理的监督，为流域综合管理建言献策。

## 五、鄱阳湖流域综合管理待开展的重点工作

经过山江湖工程30余年的建设，鄱阳湖流域的可持续发展取得了长足的进步。1985—2015年，江西省经济总量（GDP）按可比价格计算增加近20倍，人口增加1000万人，森林覆盖率从35.3%增长到63.1%，自然保护区占全省土地总面积的7.3%。据《2014年全国生态环境质量报告》，江西省生态环境质量为"优"，91个县域中，61个生态环境质量为"优"，30个为"良"。鄱阳湖流域的生态、环境与经济、社会的发展基本协调，经济的发展并未以牺牲环境为代价，流域的资源与环境强有力地支撑了江西省的快速发展。

但目前鄱阳湖流域仍存在着经济基础较薄弱、经济总量较小、发展水平较低、综合实力在中部地区仍排位靠后等诸多问题。同时，资源与环境承受的压力越来越大，经济快速发展与流域资源的供给缺口增大，城镇生活污水排放量显著增加，农业面源污染得不到有效控制。近5年来，鄱阳湖监测断面水质达标率逐年降低，鄱阳湖水质表现为轻度污染，综合营养状态由轻度富营养向中度富营养转变，维护鄱阳湖"一湖清水"的任务面临严峻的挑战。在这种形势下，鄱阳湖流域需要在山江湖工程的基础上，进一步实施全面的流域综合管理，有效遏制鄱阳湖流域环境污染、资源浪费与生态恶化的趋势，维护流域生态系统健康与服务功能，加快新型工业化、城镇化建设，提高流域资源环境与经济社会发展的生态安全度、综合协调度与发展持续度，实现流域经济、社会和环境福利的最大化及流域的可持续发展。

在已有工作基础上，鄱阳湖流域综合管理还有待从以下几个重点方面推进：流

域综合管理规划，流域资源与环境生态调查、监测及数据库建设，流域生态环境评价与健康诊断，流域综合管理决策支持系统，流域综合治理与生态经济建设。

### （一）鄱阳湖流域综合管理规划

鄱阳湖流域综合管理是一项要素间具有非线性相互作用的复杂的大系统工程，系统开展鄱阳湖流域综合管理的首要工作便是制定系列科学合理的综合管理规划，构建由战略规划、工程规划、年度计划及专项规划组成的规划系统，对鄱阳湖流域综合管理进行系统性和综合性设计，确定综合管理的理念和原则，提出综合管理的目标、方针、策略、重点任务和布局，制定科学合理的实施方案、步骤。

山江湖工程为鄱阳湖流域综合管理打好了坚实的基础，该工程曾成功编制了《江西省山江湖开发治理总体规划纲要》，1991年经江西省人大常委会批准实施。2005—2008年，根据该工程面临的新形势和新任务，又在原规划纲要的基础上，编修了《江西省山江湖工程中长期规划纲要》。在这两步战略性规划的导向下，山江湖工程陆续编制了若干5年工程规划、年度计划及流域土地利用、生态县市建设、试验示范工程、可持续发展示范区等多部专项规划，形成了山江湖工程的规划系统。

如今，"统一规范的国家生态文明试验区"建设对鄱阳湖流域综合管理提出了更高的要求。需要在山江湖工程规划的基础上，强化鄱阳湖流域综合管理的总体战略和开发与保护规划的顶层设计，坚持分阶段治理和绿色转型发展的原则，制定完善的相关发展措施。在总体战略上，要在流域整体保护的目标下，细化不同区域、不同季节的保护方案，根据五河源头的丘陵山区、五河干流区域、鄱阳湖区沿岸城市带特点制定相应保护举措。

### （二）鄱阳湖流域资源与环境生态调查、监测及数据库建设

#### 1. 鄱阳湖流域资源环境普查与数据库建设

流域的资源与环境是流域可持续发展的基础，也是流域综合管理的前提。为了更好地保护、利用和管理鄱阳湖流域内丰富的水、土地、森林、湿地、草地、生物等自然资源与生态环境，需要摸清流域资源与环境的家底，系统而全面地掌握流域

资源与环境的最新状况与变化趋势，并建立鄱阳湖流域资源、生态、环境大数据库和信息共享平台，使之成为江西省"统一规范的国家生态文明试验区"建设的基础数据库之一，发挥其作为决策依据的重大战略作用。

2015年，为了配合《生态文明体制改革总体方案》的施行，国务院办公厅出台了《编制自然资源资产负债表试点方案》，提出通过探索编制自然资源资产负债表，推动建立健全科学规范的自然资源统计调查制度，努力摸清自然资源资产的家底及其变动情况，为推进生态文明建设、有效保护和永续利用自然资源提供信息基础、监测预警和决策支持。因此，开展鄱阳湖流域资源环境普查既是鄱阳湖流域综合管理的需要，也是我国生态文明体制改革的工作需求。

鄱阳湖流域的水、土地、气候、矿产、森林、草地、水产、野生动植物、能源及旅游等各项资源在各级政府的国土、农业、林业、气象、环保、水利等相关部门及一些科研院所都有单独的统计数据和资料。但是，这些资料存在着完整性和系统性差、过于分散的问题；统计口径不一，不同部门和单位之间的数据有时相互矛盾；部分数据资料陈旧，不能反映当前变化；同时现有数据和资料信息化程度低，不利于共享和管理，不能充分发挥决策依据的作用。鄱阳湖流域资源环境综合普查需要在整合各部门、单位数据与统计资料的基础上，充分利用遥感、地理信息系统等技术，通过实地考察、采样、分析，对流域各项资源与环境本底及现状进行系统而科学的调查研究，掌握各项资源的数量、质量、分布和开发潜力，分析流域内各县域的资源分布、资源特点和资源态势，并进行流域资源综合评价，阐明流域资源开发利用方向。

为了支撑鄱阳湖生态经济区建设，江西省组织的第二次鄱阳湖科学考察已经对湖体核心区和五河七口以下临湖区的生物资源、水文水环境、区域污染状况、社会经济发展等方面进行了全面的考察。在此基础上，为了满足"统一规范的国家生态文明试验区"建设的需求，赣、抚、信、饶、修五河流域科学考察正待进一步推进。经过第二次鄱阳湖科学考察的实践，鄱阳湖流域在资源环境科学的研究方法与管理机制方面已经积累了丰富的经验，并形成了强有力的研发力量。开展全流域范围内的资源环境综合普查已经具备了充足的条件。

流域资源环境普查除了要掌握流域各项资源的赋存状况，还需了解资源的开发和利用情况，提出资源保护和产业发展建议，重点涉及以下几个方面。

（1）水资源

调查流域内地表水与地下水水量、水质及水资源利用情况，掌握人与环境所需水资源的状况与趋势；研究流域内水循环结构，考察土地使用、基础设施建设、用水和气候方面的变化对水循环和水域生态系统造成的影响；调查主要水体污染物排放途径，研究水质变化、富营养化趋势，探索污染防控措施。

（2）土地与森林资源

调查流域内土地利用情况，调查土地占用与后备耕地分布情况，分析土壤退化与水土流失状况；调查流域内森林资源的数量、质量及其消长变化状况与规律，研究森林生长的自然、经济、社会条件，考察林业产业的发展状况。

（3）能源与矿产资源

调查煤、铁、有色金属、稀土、高岭土等能源和矿产资源的赋存量与开采状况，分析产业发展需求与资源可供给量之间的关系，研究资源型产业发展与转型方式。

（4）生物资源

调查研究流域内珍稀动植物分布与保护情况；调查流域内生物入侵、病虫害演化状况，研究对应的防治措施；调查流域内药用植物与特色农产品的种类与分布，研究特色农业和农产品加工业发展举措。

（5）旅游资源

江西省旅游资源十分丰富，发展现代旅游业能够将生态建设与社会经济发展融为一体，使旅游资源得到科学有效的保护和合理永续的利用。因此，资源环境普查还需要重点调查流域内旅游资源分布与开发状况，研究旅游资源开发与保护措施。

**2. 鄱阳湖流域水环境动态监测体系建设**

生态环境监测是生态环境保护的基础，是生态文明建设的重要支撑。2015年7月26日，国务院办公厅印发了《生态环境监测网络建设方案》，指出我国生态环境监测网络存在范围和要素覆盖不全，建设规划、标准规范与信息发布不统一，信息化水平和共享程度不高，监测与监管结合不紧密，监测数据质量有待提高等突出问题，难以满足生态文明建设需要，影响了监测的科学性、权威性和政府公信力，必须加快推进生态环境监测网络建设。要求全面设点，完善生态环境监测网络；全国联网，实现生态环境监测信息集成共享；自动预警，科学引导环境管理与风险防范；依法追责，建立生态环境监测与监管联动机制；健全生态环境监测制度与保障体系。到2020年，全国生态环境监测网络基本实现环境质量、重点污染源、生态状况监测全覆盖，各级各类监测数据系统互联共享，监测预报预警、信息化能力和保障水平明显提升，监测与监管协同联动，初步建成陆海统筹、天地一体、上下协同、信息共享的生态环境监测网络，使生态环境监测能力与生态文明建设要求相适应。

鄱阳湖流域生态环境监测网络建设的首要任务是水环境动态监测体系建设，这也是流域综合管理的另一项重要的基础性工作。通过对鄱阳湖流域水环境进行动态监测，能够把握流域水环境的动态变化，从而使省政府能够全面、准确掌握鄱阳湖流域水环境质量与变化趋势，及时对水污染事故进行预警和应急响应，监督、检查各县、区等下级政府工作任务和环境保护目标完成情况，直接掌握鄱阳湖流域综合管理的效果，并为省政府调整流域综合管理工作内容、制定合理的鄱阳湖流域保护和利用对策提供科学依据。

目前江西省的水环境监测体系建设落后于国家水环境监测体系建设。国家层面已经实现了地表水自动监测实时发布、地表水自动监测周报、地表水水质月报，而江西省目前还只做到了环境质量月报的定时发布，在水质自动监测与监测信息发布方面还有待进一步加强，且有待建立起统一的鄱阳湖流域水质监测体系。

流域水环境监测的发展趋势是结合地面常规监测和卫星遥感监测的技术优势，形成天地一体化的水环境监测体系，将遥感监测结果与地面监测结果进行空间叠加分析，修正各类水质监测模型，提升遥感监测精度，实现流域水环境的全覆盖、多角度、多手段的实时监测。2007年太湖暴发大规模蓝藻事件后，江苏省开始大力建设太湖流域天地一体化监测体系，已基本形成全国范围内监测密度最高、监测指标最全面、信息采集量最丰富、技术最先进的水环境监测体系，在水质监测、湖泛监测、蓝藻监测等方面实现了业务化运行，为完善环境污染、生态变化及灾害的监测、预警、评估、应急救助指挥体系提供了良好的平台。太湖流域的天地一体化监测体系建设为鄱阳湖流域动态监测体系建设提供了很好的借鉴作用。为了满足鄱阳湖流域综合管理需求，全面提升鄱阳湖流域水环境监测预警能力和水平，需要在现有地面监测站网的基础上，结合卫星遥感监测的优势，按照统一标准、统一方法、分级建设、资源整合、信息共享的原则，建立起全方位的鄱阳湖流域水环境动态监测体系。

（1）鄱阳湖流域地面监测体系建设

1）监测站网

目前鄱阳湖流域还未建立起统一的流域水环境地面监测网络，环保系统和水利系统及科研院所都设立了自己的监测站点，导致多个监测网络并行，监测站点和内容重复，监测体系不尽统一，水资源水环境信息一致性和可比性较差，而且水质监测站点尚未全面覆盖流域划定的水功能区。为了建立起系统的鄱阳湖流域水环境监测网络，需要在整合现有监测站点和监测断面的基础上，根据鄱阳湖流域的水生态分区，结合保障饮用水安全和政府对辖区内水环境质量负责的考核要求，有针对性地建立新的监测站点和监测断面，使之布局合理，能准确反映鄱阳湖流域水环境的状况。

鄱阳湖流域水环境地面监测网络由以下几个方面组成：城市集中饮用水水源地监测断面；河流地表水水质评价监测断面；设区市主要河流跨市界水质考核监测断面；主要湖泊和湿地水质评价监测断面；主要河流源头保护区出水水质考核监测断面。

监测断面必须在总体和宏观上反映水系或所在区域的水环境质量状况，断面位置能够反映所在区域环境的污染特征。原有相同区域的不同功用的监测断面尽可能合并，做到一个监测断面、一套数据、多种用途。

2）监测技术

现有水环境质量监测的主要方式还是常规手工监测，但是手工监测费时费力，监测频次较低，难以实时反映水质动态变化，数据时效性差。水质自动监测分析技术是水环境质量监测的发展趋势，包括自动在线监测和自动无线传感监测。

自动在线监测能够大量减少人力、物力的投入，快速而准确地获取水质或污染排放信息，实现水质的实时连续监测和远程监控，及时掌握监控断面水体的水质状况，预警预报水质污染事故，解决跨行政区域的水污染事故纠纷，监督总量控制制度落实情况与排放达标情况。目前我国对污染源的监测已逐渐采用自动在线监测，

监测数据开始实现联网,监测部门对污染源的管理水平得到显著提高。

计算机技术和无线传感器网络技术的发展为大范围区域内的无线监测提供了可能。自动无线传感监测主要采用在浮标监测船上安放相应的监测仪器的方法,定点监测水质、生物(如藻类、水生生物等)及湖泊富营养化相关指标(如氮、磷、叶绿素等)的变化情况,然后通过无线传感技术将数据实时传送到基站。基于无线传感网络的水质自动监测系统具有监测范围广、数据传输不受地理气候限制、数据处理及时、出现水质变化预警及时的优点,能够为监测部门提供全面、实时的水质监测信息和水质评估依据。

目前,鄱阳湖流域水环境监测的动态性较低,只有少数站点实现了水质自动监测,应提高水环境监测系统的动态性,通过加强对先进计算机技术、网络通信技术、水环境传感器技术等先进技术的应用,实现水样采集、分析处理、评价反馈一体化的目的,实现水环境监测的动态性和持续性。同时,在鄱阳湖区建立自动无线监测浮标站网,形成高频次、多指标、全覆盖的鄱阳湖流域自动监控体系,加强对富营养化和蓝藻暴发可能性的监测能力。还须加强监测数据的共享,提高数据的使用功效,使政府、科研院所、民众都能实时获取鄱阳湖流域水质监测数据,促进民众对水环境健康状况进行监督。

(2)鄱阳湖流域遥感监测体系建设

由于流域环境问题是一个多尺度、大领域、多维度的复杂过程问题,依靠传统地面监测体系,即使耗费大量的人力、物力、财力,也很难对整个流域的环境健康进行高精度的诊断。而遥感技术在数据获取上具有大范围、多时相、短周期、高精度等优点,可以有效地分析流域环境健康的时空特征及其发生与演化的驱动机制,可以在宏观上快速有效地对流域水环境安全与生态健康状况进行定性分析与定量评价。快速准确地从卫星遥感影像中提取水体信息已经成为水资源调查、水资源宏观监测及湿地保护的重要手段。

水环境遥感监测包括水体形态和水体质量的监测两个方面,即对水资源的数量和质量进行监测。水体形态主要涉及水体面积和水深两个方面。遥感监测水体面积主要是利用水体与植被、城市和土壤之间的光谱反射率在不同波段,尤其是可见光和近红外波段,存在显著差异。遥感监测水深主要是根据水面波浪模式、水体光谱反射率、水体散射等与水底地形和水深的关系，建立模型，提取水深信息。水质监测方面，由于溶解或悬浮于水中的污染物的成分、浓度不同，其引起水体反射能量的变化在遥感图像上表现为色调、灰度、结构、纹理的差别，从而识别出污染源、范围及浓度等，水体及其污染物的光谱特性是利用遥感信息进行水环境监测和评价的依据。遥感技术可以快速实现水温、色度、悬浮物、叶绿素、油污等指标的监测，结合地面监测系统的实测结果，可以综合分析水环境质量状况。

使用遥感数据进行水环境监测，主要是对遥感数据进行处理和运算，得到可以反映水体形态和水质状况的遥感特征参数，通过构建反演模型或利用空间分析方法，提取水体目标中的各项水体参数，分析水体分布动态变化和水体形态特征，绘制主要水质监测参数专题图和等值线分布图，并根据水环境评价标准，综合多种水质参数对监测水体的富营养化程度、污染程度、水质类别等做出判别。

要对鄱阳湖流域水环境状况进行常规化、程序化的动态遥感监测需要建立起鄱阳湖流域水环境遥感监测系统。监测系统数据由水环境基础资料、遥感信息、水文气象信息、水环境模型等构成，系统功能包括遥感影像预处理、水环境参数反演、水环境状况评价、专题地图的制作、专题数据产品的分析等。

遥感影像预处理：对输入的遥感数据进行标准化处理，保证输入数据在统一的环境下进入后续的分析与应用。主要包括几何校正、辐射定标、大气校正及离散气象水文数据由点尺度插值成面尺度等操作。遥感影像来源可选择中国的环境一号卫星CCD影像，其空间分辨率为30米，A、B双星组网的重访周期仅为2天，有利于对鄱阳湖流域水环境进行动态监测。

水环境参数反演：使用预处理后的遥感影像数据，借助光学－生化/光学－物理模型，对比参考国内外同类卫星数据水质指标提取方法，通过波段组合运算的方式构造多种具有光学、生化、物理或混合特性的特征，将其与同一时期内的地面实测数据结合起来，建立关系模型，寻找最佳的数学模型描述两者间的数值关系。

水环境状况评价：使用通过遥感手段所提取的水环境指标影像数据，依据地面监测方式下的水环境状况评价标准和方法，通过与标准限值进行比较计算，获取监测目标水体的富营养化程度、水污染程度、水质等级，并将分级评价结果记录生成相应的遥感专题影像，水环境状况的空间分布情况在遥感影像上得到直观反映。

### （3）水资源监测与承载能力评价

鄱阳湖流域虽然总体水资源量大，但水资源时空分布不均，7—9月来水量少，用水量大，枯水年水资源短缺严重；洪涝干旱连年不断，防洪标准偏低；水资源开发利用不充分，公众节水意识淡薄，水的重复利用率低，浪费现象严重；生态用水长期被忽略。针对水资源管理存在的问题，需要转变水资源管理理念，加强水资源的需水管理，科学配置水资源，增强公众节水意识，改进农业灌溉技术，促进水资源重复利用。

科学管理水资源的前提是建立水资源监测和承载能力评价体系，通过对水资源供需进行科学分析和预测，科学确定生态需水量，制订生态环境用水计划和开发计划，科学制定生活和生产用水定额和节水目标，合理制定洪水和干旱期水库调度运行和水资源分配方案。

### （4）鄱阳湖流域水环境评价与预警体系建设

为了形成有效的鄱阳湖流域水环境监管能力，提高流域水环境风险监管水平，需要在水环境监测系统的基础上，构建鄱阳湖流域水环境评价和预警体系，建立鄱阳湖流域水环境管理综合信息平台和水环境风险预警技术体系。

1）水环境管理综合信息平台

水环境管理综合信息平台应集合数据管理、水环境质量综合分析、水质模拟及水环境质量共享功能。基于地面监测和遥感监测的水质信息，经过数据管理系统整合后，传输给水环境质量综合分析系统。然后通过提取分析各类水环境信息，对水环境进行评价，编制水质监测日报和水质遥感监测日报，并通过水质模型模拟水质变化趋势，预测水环境风险。

水环境质量综合分析系统主要功能包括：①河流、湖泊、水库水质评价；②湖泊、水库营养状态评价；③河流、湖泊、水库水环境质量综合评价；④水环境功能区达标评价；⑤建立水质模型，模拟河流、湖泊、水库水环境变化趋势，预测水环境风险。

2）水环境风险预警技术体系

水环境风险预警包括实时信息、评价结果和预测等预警。实时信息预警是对地面与遥感监测的实时信息超标情况进行预警；评价结果预警是对流域重要河道湖库和边界河道水质指标类别、重点水功能区达标情况、重要湖库富营养化和蓝藻状况等评价结果超标情况进行预警；预测预警是对蓝藻和水资源预测模型预测结果超标情况进行预警。水环境风险预警技术体系建设包括风险评估预警和风险管理两大技术体系建设。

①构建流域突发性水环境风险评估预警技术体系，包括风险源识别、应急风险监控、突发性环境风险快速模拟、污染物应急控制等完整的应对突发性水环境风险的技术链条，支撑鄱阳湖水环境风险应急管理，提升流域水环境风险管理水平。

②构建流域水环境累积性环境风险管理技术体系，包括污染物排放的总量核定、水环境质量评价、环境风险评估、流域水质安全预警等技术环节，为水环境管理由常态质量管理向风险管理转变提供技术支撑。

## （三）鄱阳湖流域生态环境评价与健康诊断

生态环境是承载流域经济和社会可持续发展的基础。近年来，区域性的生态环境评价和生态调查日益受到重视，调查和评价成果为环境管理和生态保护决策提供了越来越多的科技支撑。

2006年，国家环境保护总局颁布实施《生态环境状况评价技术规范（试行）》（HJ/T 192—2006），生态环境监测与评价成为环保部门的例行工作。2015年环保部组织完成该标准修订，颁布实施《生态环境状况评价技术规范》（HJ 192—2015），优化了生态环境状况评价指标和计算方法，新增生态功能区、城市/城市群和自然保护区等专题生态区生态环境评价指标和计算方法。依据该标准，相关部门每年组织中国环境监测总站、各省（区、市）环境监测中心（站）和有关单位开展全国生态环境监测与评价工作，利用Landsat8 OLI、ZY-3、ZY-02C、GF-1、MODIS、环境卫星等多源遥感数据，对我国陆域生态环境状况及变化进行评价，编写全国生态环境质量报告，为生态环境管理、行业决策和学术研究等提供技术支撑。

在当前全球性生态环境问题日益突出的背景下，中国政府高度重视生态环境的保护和建设，提出了生态文明建设的战略目标，在科学研究、政策制定和行动落实等层面动员和集聚了大量社会资源，致力于中国和全球生态环境的研究和保护。作为技术保障措施之一，中国逐步建立了气象、资源、环境和海洋等地球观测卫星及其应用系统，在环境、资源和减灾等的数据获取、信息提取及分析方面取得了阶段性成果。为积极应对全球变化，科技部于2012年启动了全球生态环境遥感监测年度报告工作。现定于每年的世界环境日（6月5日）向国内外公开发布全球生态环境遥感监测报告，以引起全社会更多人对环境保护的重视，在国际上产生了广泛的影响。

在此背景下，定期开展鄱阳湖流域生态环境评价与健康诊断是积极响应国家生态文明建设战略的重要举措，同时也是进行鄱阳湖流域综合管理的必要工作。开展考虑生态系统平衡状况指标的生态健康、生态安全和生态脆弱性评价，掌握鄱阳湖流域湿地、森林、草地等生态系统的健康状况及其变化特征，能够为经济发展和环境保护的综合决策、产业结构优化及经济增长方式调整提供决策依据，推进江西省生态文明试验区建设。

**1. 流域生态环境监测**

生态环境监测以多源遥感数据为主，地面定位监测为辅。地面定位监测除了常规的水环境质量、空气环境质量和土壤环境质量之外，还需要对湿地、森林、草地、农田、聚落等5类生态系统的生物要素进行调查和监测，获取生态系统群落结构、物种组成、初级生产力等生态环境评价指标。因此，地面定位监测除了需要完善地面水、空气、土壤监测站网的建设之外，还需要提高生物要素的监测能力。遥感监测能够从遥感影像中反演提取土地利用/土地覆盖状况、植被覆盖状况、森林资源状况、草地资源状况、水土流失状况、土地退化状况等众多生态环境评价指标，并获取各类生态系统的环境健康参数。

生态环境遥感监测提取的生态系统环境健康参数有：湿地，包括湿地面积、湿地生物量及其分布、湖水的调蓄容积、湿地碳通量、湿地蒸发量、湿地景观格局；森林，包括森林覆盖度、森林生物量、植物多样性、植物种群密度；草地，包括草地植被盖度、植被净初级生产力、物种多样性；农田，包括农田生产力、生物种群结构、土壤含水率、土壤墒情、农田植被覆盖情况、农田作物长势；聚落，包括城镇和乡村聚落的森林、绿地等自然生态结构及增长方式、人口密度、环境污染等社会经济生态结构。

许多生物地球化学循环都伴随着生态系统中C、N、H、O稳定同位素特征和组成的变化。例如，土壤C稳定同位素可以反映$C_3$与$C_4$植被的相对丰度，N同位素能够反映不同物源的贡献。作为天然示踪物的稳定同位素是生态学、环境科学及地球化学中分析生物与其生存环境间的相互关系的有力工具。流域生态环境监测体系除了依靠常规地面生态监测和遥感监测，还需要加强生态环境要素中C、N、H、O稳定同位素监测网的建设。

**2. 县域生态环境质量评价**

以县域为单位进行生态环境质量评价能够较为科学地反映全省的生态环境质量状况，有利于维护和改善区域生态环境质量，提高生态外溢价值。开展县域生态环境质量评价能够督促县级政府加强县域生态保护和环境治理，加大环境监测投入，提高环境监管能力，提升县级政府生态环境保护水平，保护好生态系统，维护国家及区域生态安全，增加生态系统服务价值，改善人居环境，促进可持续发展。

开展县域生态环境质量评价是生态环境补偿制度的实践。县域生态环境质量评价是对地区所提供的生态产品和生态服务进行经济补偿的依据。补偿县域由于保护生态环境而牺牲经济发展导致的财政收入减少，同时为地方政府生态保护和生态建设提供必要的资金支持，可使县域经济社会发展不会因生态环境保护而受到影响，保持当地社会经济与全省整体发展一致，避免出现因过分强调生态环境保护而限制或阻碍县域经济社会发展的局面。

同时，县域生态环境质量评价也可作为县域生态环境保护绩效评估的依据。县域生态环境质量评价可以作为资源环境统计和核算的依据，开展县域生态环境质量评价，能够识别生态环境问题，体现生态环境保护与建设、生态环境管理工作的效果。一方面，能够评估资金使用的效果；另一方面，能为下一步财政转移支付测算提供依据，调节县域转移支付资金的分配。同时，生态环境质量评价结果还可以用于以生态保护、环境要素质量等指标为主的政绩考核。

根据《生态环境状况评价技术规范》（HJ 192—2015），县域生态环境质量评价利用一个综合指数（生态环境状况指数，EI）反映区域生态环境的整体状态。指标体系包括生物丰度指数、制备覆盖指数、水网密度指数、土地胁迫指数、污染负荷指数等5个分指数和1个环境限制指数。5个分指数分别反映被评价区域内生物的丰贫、植被覆盖的高低、水的丰富程度、遭受的胁迫强度、承载的污染物压力。环境限制指数是约束性指标，是指根据区域内出现的严重影响人居生产生活安全的生态破坏和环境污染事项，如重大生态破坏、环境污染和突发环境事件等，对生态环境状况进行限制和调节。根据生态环境状况指数，对生态环境状况进行分级，并根据生态环境状况指数与基准值的变化情况，分析生态环境状况变化情况。

### 3. 生态环境脆弱性评价

生态环境的脆弱性表现为对外界干扰敏感，生态稳定性较差，资源环境容易向不利于人类开发利用的方向发展。因此，区域生态环境脆弱性往往限制着区域经济的发展，一定程度上决定区域发展模式的选择，要求在区域经济发展中应以经济与环境的互动理论为指导，建立区域生态环境脆弱性与区域经济发展的良性耦合关系。

随着经济和社会的发展，各种人类活动严重影响了鄱阳湖流域的演变，改变了湿地、森林、草地等各类生态系统的平衡，导致生态环境退化，生物多样性减少，鄱阳湖流域生态环境的脆弱性增加。因此，开展鄱阳湖生态环境脆弱性评价，从自然条件、人为因素及两者共同作用表现的脆弱性状分析江西省脆弱生态环境的现状、成因、表现形式、空间格局和形成机制，按照自然地理进行脆弱生态环境分区，为江西省制定生态环境的整治、修复对策及区域发展政策提供科学依据，对进行"统一规范的国家生态文明试验区"建设、实现区域可持续发展具有重要的理论和现实意义。

生态环境脆弱性评价目的是获取脆弱度的类别和空间分布两个方面的信息：一是各脆弱度的差别和数量上的差异；二是各类脆弱度的空间格局。同时，通过对不同时段的生态环境脆弱度进行评价，掌握脆弱生态环境的动态演化趋势，并对全省脆弱生态环境进行分区，分析各脆弱生态区的区域特征。

评价过程为：①广泛收集和整理地形地貌、气候、土壤、水文、地质基础、植被、水土流失、土地利用空间格局、社会发展和经济发展等资料，建立不同时期江西省县情数据库，构建脆弱生态环境指标体系；②采用综合评价方法，完成各脆弱因子的脆弱度计算，在此基础上，借助GIS技术，进行自然脆弱、人为干扰脆弱、社会经济脆弱及综合脆弱的类型划分和空间分布绘图；③对不同时期脆弱度变化和空间分布进行探讨，分析、研究各时段的演化状况和趋势。

### 4. 专题生态状况评价

除了对全省生态环境质量和脆弱性进行系统评价分析之外，还需要针对重点区域开展专题生态状况评价。专题生态状况评价主要包括生态功能区生态功能评价和自然保护区生态保护状况评价。针对重点生态区开展专题生态状况评价，评估生态系统服务功能，不仅能够掌握重点生态区目前的管理状况及保护效能，同时又能预警生态区未来自然环境的变化，对实现生态功能区和自然保护区等重点生态区的有效管理和可持续发展具有重要意义。

①生态功能区生态功能评价，主要涉及水土保持生态功能区、水源涵养生态功能区、生物多样性维护生态功能区。利用生态功能区功能状况指数评价生态功能区生态功能的状况，采用三级指标体系，包括3个指标、5个分指数和12个分指标。3个指标包括生态功能状况指标，环境状况指标和生态功能调节指标。生态功能状况指标包括生态功能指数、生态结构指数和生态胁迫指数，反映了生态功能区的功能、结构和压力。环境状况指标包括污染负荷指数和环境质量指数，反映了生态功能区的污染负荷压力和环境质量状况。生态功能指数、生态结构指数和生态胁迫指数根据各类功能区功能特点而选择能够反映功能区特征的分指标。生态功能调节指标通过遥感监测生态功能区重要生态类型变化和人为因素引起的突发环境事件，对区域生态功能状况进行调节。

②自然保护区生态保护状况评价，主要涉及湿地、森林、草地、野生动植物、地质遗迹等自然保护区及与自然保护区重叠的国家公园、风景名胜区等生态区。利用自然保护区生态保护状况指数评价自然保护区生态保护状况。根据自然保护区特征，从面积适宜性、外来物种入侵度、生境质量和开发干扰程度4个方面建立自然保护区生态保护状况评价指标体系。

除此之外，每年还可选择不同生态因子开展专题生态状况评价，如植被生长状况、水域面积分布变化、土地利用状况、坡耕地健康状况、农作物生产形势等，深入分析各类生态系统或生态要素的健康状况，为环境保护、生态修复及规划管理提供科学依据。

### 5. 鄱阳湖流域生态环境质量报告

为了使鄱阳湖流域生态环境监测与评价工作更具科学性，更有决策支撑价值，需要建立年度报告工作的长效机制，从环境安全与生态健康两个方面出发，建立一整套的鄱阳湖流域生态环境监测与评价方法，组建鄱阳湖流域生态环境评价与健康诊断中心，开展生态环境质量评价、生态环境脆弱性评价和专题生态状况评价，每年定期向社会发布鄱阳湖流域生态环境质量报告，规范和促进鄱阳湖流域各地方政府生态环境评价和保护工作，从而全面、快速、准确地掌握鄱阳湖流域的生态现状、空间分布及变化趋势，明确对其保护的重点与方向，为江西省政府制定合理的鄱阳湖流域保护和利用对策提供科学依据，提高江西省的生态环境管理水平，从而服务于江西省的生态文明建设。

### （四）鄱阳湖流域综合管理决策支持系统

流域资源与环境生态调查、监测及数据库建设，生态环境评价与健康诊断的最终目的是服务流域综合管理决策，为政府决策提供科学依据和建议，辅助管理者进行决策，因此在这两项工作的基础上，还需要建立鄱阳湖流域综合管理决策支持系统（Decision Support System，DSS），从而在科学家和管理者之间建立一座桥梁。

流域综合管理决策支持系统需要集成综合观测系统、情景分析、建模环境和联机协商环境。该系统需要针对不同的水文、气候、污染物排放和政策情景，以遥感、地面监测为手段，获取实时多源数据资源，利用联机协商环境建立各级流域管理部门的决策环境，通过建模环境对流域综合管理中涉及的物理、化学过程和人文过程进行集成和模拟，结合多目标规划方法和博弈论，为决策者提供科学决策依据。该系统能够为流域综合管理问题的提出、协商和决策提供一个综合平台。

### （五）鄱阳湖流域综合治理与生态经济建设

鄱阳湖流域既往的经济发展虽然没有对整体的生态环境造成过大的损害，但是在局部的区域仍然产生了非常不利的影响，部分地区水污染和土壤污染严重。同时，现有经济基础较薄弱，发展水平较低，资源型产业占很大比重，经济增长方式较为粗放。按照原有方式继续发展，环境和资源承载的压力将越来越大。因此，鄱阳湖流域综合管理的核心内容是开展综合治理与生态经济建设，主要目标是打造污染治理产业，发展绿色农业、绿色工业、绿色建筑业等生态经济，围绕产业链部署创新链，集成技术解决产业链问题，通过创新驱动绿色产业发展，推进生态文明建设。

**1. 污染治理与修复工程**

鄱阳湖流域污染治理主要包括水污染治理、土壤修复、生态恢复3个方面，需要构建鄱阳湖流域污染治理和修复技术体系，大力推进污染治理和区域性生态环境质量改善相关技术创新，着力破解制约区域可持续发展的关键技术瓶颈，增强生态环境系统综合治理科技创新供给，全面推进流域水环境保护和流域生态环境修复。

（1）水污染治理

①继续推进城镇生活污水管网与污水处理设施建设，改进污水处理技术，提升管理水平，提高污水收集率与污水处理程度；推进农村、乡镇生活垃圾无害化工程，控制生活垃圾对河流的污染。

②推广人工湿地技术，削减农业面源污染与水产养殖等沿湖非河流水体入湖污染物。

③开发推广污染源在线监测技术和设备，提高污染源监测管理水平，开发推广工业废水处理新技术，控制工业污染源排放。

④推进抚河流域生态保护和治理工程，并形成示范，实施一批污染水系河道、河岸整治工程。

（2）土壤修复

①以贵溪九牛岗土壤修复示范项目为基础，实施铜开发区、钨开发区、稀土开发区等土壤污染地区土壤修复工程。

②以示范区为平台，集中攻克一批需求迫切的关键成熟技术，研发安全、实用、高效、低廉的土壤修复新技术、新产品和新装备等，构建实用化修复技术体系，形成多样化的修复技术模式。

③健全治理资金投融资机制，探索"谁投资、谁受益"的土壤修复市场机制。

（3）生态恢复

①建设各级湿地公园，实施湿地保护与修复工程，恢复重建湿地植被，修复湿地水体底栖生态。

②继续实施水土保持生态建设工程和生态林业保护工程，丰富林地植被多样性，提高林地生态系统稳定性。

③实施水生生物资源保护工程、野生动植物保护工程，维护湿地、森林生态系统多样性。

④实施矿区生态修复工程，恢复矿区植被，重建矿区生态系统，控制滑坡、泥石流等自然灾害。

**2. 绿色产业布局**

生态经济是鄱阳湖流域实现"绿水青山"向"金山银山"转化的关键所在。要以国家生态文明试验区建设为中心，加快推动绿色产业发展，坚持科技创新引领绿色发展，积极推进"生态+科技+产业"发展模式，强化绿色生态产业技术成果落地转化，为加快实现"两山转化"探索江西样板。

（1）绿色农业

推进农业标准化生产和管理，建立标准化、规模化、集约化、精细化的无公害农产品、绿色食品、有机食品产业基地，打造一批国内外知名的绿色生态品牌，推动低端农产品向中高端农产品迈进。加快物流、仓储建设，拓宽农产品运输销售渠道，以物流带动产业，以产业促进物流发展。着力打造休闲农业、观光农业、农产品深加工等产业体系，延伸农业产业链条，提升农业综合效益。

（2）绿色工业

坚持数字化、网络化、智能化方向，促进生产方式向柔性、智能、精细转变，着重发展工业机器人、高档数控机床、3D打印等智能制造业。着力推广废弃物综合利用技术、清洁生产技术、产业生态化链接技术等绿色技术体系，改造提升传统产业，促进循环工业发展。

（3）绿色建筑业

发展全生命周期的绿色建筑产业链，包括绿色环保产品和技术的研发生产，建筑物的规划设计，既有建筑物的节能改造，施工、物业运营管理，建筑物的报废拆除，材料的回收利用等。着力推广绿色建筑新技术、新材料、新设备，促进建筑规划、设计、施工、咨询、建材、设备行业的升级换代。着眼绿色建筑的智能化、信息化，发展"互联网+绿色建筑"。

**3. 典型小流域综合管理示范**

小流域位于干流或某一级支流的源头地区，通过分水岭与其他小流域相连，组成某一级支流的集水区域，是构成更大流域的基本单元。小流域既是治理丘陵山区水土流失的最佳单元，也是完整管理生态系统的最基本单元。山江湖工程以小流域为单元，开展了长期的小流域管理实践，如兴国县塘背小流域、南康区龙回河小流域、泰和县千烟洲试验区等，在治理水土流失和生态经济建设方面取得了突出的成就。

鄱阳湖流域综合管理可以选择典型小流域作为基础，紧密结合当地经济发展现状，开展综合治理、生态经济建设、生态补偿、体制机制创新建设等综合管理示范，打造一批生态文明建设示范点，再从小流域推广到干流流域，并针对各干流流域进行有针对性的分析，在不同尺度上解决不同问题。

## 六、对策建议

鄱阳湖流域生态建设和修复刻不容缓，江西省应当抓住"统一规范的国家生态文明试验区"建设的重大契机，开展全流域的综合管理工作，积极探索生态环境保护的长效机制，努力改善生态环境质量、推动绿色发展，将流域综合管理打造成江西省生态文明建设的地方特色，积极打造美丽中国江西样板。本报告通过分析鄱阳湖流域生态系统的现状，学习和借鉴国内外流域综合管理的成功经验，针对鄱阳湖流域生态环境面临的问题和挑战，提出以下几点对策建议。

### （一）将流域综合管理打造成江西省生态文明建设的地方特色

生态文明试验区建设的理念包括尊重自然顺应自然保护自然、发展和保护相统一、绿水青山就是金山银山、自然价值和自然资本、空间均衡、山水林田湖是一个生命共同体等，与流域综合管理理念深入契合。鄱阳湖流域是我国唯一的流域自然边界与省级行政边界基本吻合的流域，同时山江湖工程又有30余年的综合治理经验，在江西省开展流域综合管理具有独特的优势。建议江西省将流域综合管理作为生态文明试验区建设的抓手，在绿水青山就是金山银山的理念指导下，以改善流域环境质量和提升生态系统服务功能为总目标，实施山水林田湖综合管理，探索经济发展和生态文明建设相辅相成、相得益彰的道路，建设具有江西特色的生态文明。

## （二）制定鄱阳湖流域分区分时段功能规划

在山江湖工程的基础上，需要根据"统一规范的国家生态文明试验区"建设的要求，依据《生态文明体制改革总体方案》，针对新的形势和要求，制定总体战略和鄱阳湖流域开发与保护空间规划，明确分区功能，落实分阶段治理和绿色转型发展措施。

在《江西省山江湖工程中长期规划纲要》的基础上进一步完善鄱阳湖流域功能定位，制定总体及分区、分季节的发展和保护战略。五河源头的丘陵山区是流域的生态屏障，其综合治理是流域综合管理的重中之重，水源涵养功能建设、生态功能建设和保护、小流域综合治理、生态农业和绿色工业发展、现代旅游业发展等是主要的工作内容。五河干流区域的主要工作为水资源的综合管理，需要加强水资源的需水管理，重视生态环境用水；防治水资源污染，加强农村面源污染与城镇污水治理；加强防洪抗旱管理，梯级开发水资源，解决水资源时空分布不均问题。鄱阳湖区沿岸城市带是江西省最具经济活力的地区，重点工作是加强湿地保护，加强滨湖岸带生态安全和生物多样性保护，加快绿色转型发展，发展现代制造业、节能环保业和服务业，构筑长江中游经济板块。

## （三）加快建立鄱阳湖流域综合管理新体制

流域综合管理是我国河流管理改革和发展的必然趋势，建立健全流域综合管理机构和机制是实施流域综合管理的关键环节。鄱阳湖流域综合管理需要建立行政手段与经济手段相结合的综合性管理机制，形成"五河一湖"流域综合管理体制，积极推进流域综合管理体制机制有效运行，促进整个鄱阳湖流域经济与生态的协调、持续发展。

①构建山水林田湖系统保护与综合治理制度体系，制定《鄱阳湖流域综合管理条例》，着力强化流域综合管理的法律地位，积极组建鄱阳湖流域管理局，对流域开发与保护进行统一规划、统一监测、统一执法。完善各部门的协调机制，成立鄱阳湖流域管理协调委员会，辅助鄱阳湖流域管理局工作，使不同行政区域和不同的政府职能部门形成合力，鼓励社会和公众积极参与，协调各利益相关方要求。全流

域需以流域环境质量和生态系统服务功能改善为核心,将环保目标责任制、主要污染物总量控制、环境联合执法、环境信息通报、环境预警机制和生态综合治理结合起来,各个行政区域在各类监管执法目标制定、实施方式、沟通机制和合作机制方面都需要进行统一的安排规划,然后分工执行。

②积极实施"河长制"、流域生态补偿机制。进一步完善"河长制",明确"河长"职责定位及绩效考核。进一步深化产权制度改革,建立自然资源资产产权制度、自然资源资产离任审计制度。加快建立生态补偿标准体系,根据各领域、各类型地区的特点,完善测算方法,分别制定生态补偿标准。拓展生态补偿领域,创新补偿方式,实现补偿领域全覆盖、补偿方式多元化。加大资金补偿力度,建立稳定投入机制,多渠道筹措补偿资金,多领域完善投入机制。

③构建多元投资机制,建立流域综合管理长效投入机制,加强基础设施建设。一是政府加大财政投入,建议从环保专项基金中划拨专款,兴建和完善江西省120个百强中心镇污水集中处理及配套排水管网等基础设施,力争近两年内污水收集率达80%左右。二是引进第三方治理机制,由政府主导模式转向以市场和法律手段为主导的商业运作模式,以财政投入为主导,带动金融、外资和民间资本的注入,形成多元化城乡循环经济统筹发展投资机制。三是鼓励设施建设和形成一体化运营模式,建立污水处理收费体系和标准,确保治污设施常态运行。

### (四)加强创新能力培育,提升综合治理能力

江西省知名高校和科研机构较少,科研和创新能力相对薄弱,同时由于经济发展相对落后,对人才的吸引力不大,由此造成江西省创新动力不足,经济发展后劲不强。江西省在实施山江湖工程当中,应充分利用中国科学院的科研力量,如中国科学院南京分院、中国科学院地理科学与资源研究所、中国科学院南京地理与湖泊研究所、中国科学院南京土壤研究所等,在江西省成立流域生态研究机构。为进一步实施鄱阳湖流域综合管理战略,江西省需要联合省内外相关科研院所和高校的科研力量,加强创新能力培育,提升综合治理能力,不断构建鄱阳湖流域综合治理的技术支撑体系,推进流域生态环境保护新技术的研究、集成与推广应用。

从水污染治理、土壤修复、生态恢复3个方面展开,通过建立污染治理与修

复工程中心，成立技术创新团队，调动省内外创新力量，整合优势资源突破技术难关，集成污染综合治理创新技术，构建适用于鄱阳湖流域的综合治理技术体系和模式，制定中小流域的治理技术标准和行动方案，完善水土污染防治技术评价体系。实施一批水、土及生态环境污染治理与修复工程，促进科研成果产业化，打造环保产品与设备、环保技术服务与咨询、环保工程建设等环保产业链，形成流域综合治理体系，提升综合治理能力。推进流域治理新技术的应用研究和示范工程建设，打造小流域综合治理的样板，进一步推进生态文明试验区建设。

### （五）加强流域资源环境数据共享平台与智慧监控信息系统建设

良好的信息共享能力是科学决策的基础，同时也是提高公众参与积极性的前提。鄱阳湖流域综合管理需要加强流域资源环境数据共享平台与智慧监控信息系统的建设，包括流域自然资源普查数据库，鄱阳湖水质监测数据，流域生态健康诊断公报、年报等，为不同空间尺度的流域综合管理决策提供数据支撑，提高湖泊管理的信息透明度，促进公众与非政府组织参与湖泊保护与宣传工作。

当前，国家和江西省有关部门已经在鄱阳湖及其流域建立了各类资源环境监测体系，如水文观测体系、气象观测网络、环境监测站点、农田生态和森林生态监测站点，开展了大量的监测、调查和研究工作，积累了丰富的数据资料。但是，这些数据资料分散在不同部门和机构中，没有进行充分的数据挖掘和信息再加工，无法直接服务于社会经济发展的各项管理决策。为此，有必要建立流域资源环境数据共享与协作云平台，以数据共享与任务协作为核心，凝聚国内外优秀的智力资源，开展数据挖掘和任务攻关，为不同空间尺度的流域综合管理提供高质量的决策咨询服务。

建议由省发改委、水利厅等部门牵头，省科学院、省山江湖开发治理委员会办公室等相关单位共同参与，搭建鄱阳湖流域资源、生态、环境大数据库和信息共享平台，形成覆盖乡镇小流域的生态环境动态监测网络，建立全省的智慧监控信息系统，定制网格化的定期水土监测体系，进行水土遥感监测、水土评价和预警。设置监测数据发布平台，实现平台数据动态更新，形成常态长效管护机制。将监测数据通过平台发布的形式向全社会公开，全面接受公众的监督。通过政务公开、座谈会、听证会等形式，及时发布信息，听取社会各界人士提出的意见与建议，同时充分发挥媒体的舆论作用，充分调动社会力量监督环境违法行为，引导全社会共同监督农村环境治理工作。

### （六）加快建立绿色生态产业体系，支撑区域生态文明建设

鄱阳湖流域综合管理的核心任务之一是促进水、土地、生物等自然资源的可持续利用。要实现这一任务，必须推动经济发展方式转型，走绿色发展道路。需要立足鄱阳湖流域实际情况，围绕生态文明建设的总体要求谋篇布局，通过组建绿色产业工程技术中心和绿色产业联盟，集成创新技术与成果，解决产业发展问题，依托科技创新驱动绿色产业发展。推进创新链与产业链、资金链有机衔接，促进科技与经济深度融合、创新成果与产业精准对接，全面提升科技创新对经济增长和产业升级的贡献度。通过创新驱动绿色产业发展，推进生态文明建设。

根据江西省具体情况，可以通过打造污染治理产业，发展绿色生态经济，围绕产业链部署创新链，集成技术建立绿色生态产业体系。一是治理工作主要从水污染治理、土壤修复、生态恢复及生态补偿等几个方面展开，通过建立污染治理与修复工程中心，集成污染综合治理创新技术，实施一批水、土及生态环境污染治理与修复工程，促进科研成果的产业转化，打造环保产品与设备、环保技术服务与咨询、环保工程建设等环保产业链。二是绿色经济同步推进，实行严格的环境保护制度和绿色产业发展政策，促进绿色农业、绿色建筑、循环产业、低碳产业的发展。

**参考文献**

[1] 曹春香.环境健康遥感诊断[M].北京：科学出版社，2012.

[2] 陈文召，李光明，徐竟成，等.水环境遥感监测技术的应用研究进展[J].中国环境监测，2008（3）：6-11.

[3] 邓清华，梁赛花，张邦文.提高江西森林资源质量的建议[J].福建林业科技，2015，42（1）：234-236.

[4] 冯建祥，黄敏参，黄茜，等.稳定同位素在滨海湿地生态系统研究中的应用现状与前景[J].生态学杂志，2013，32（4）：1065-1074.

［5］ 高欣，施择.云南省县域生态环境质量评价研究［J］.环境科学导刊，2015，34（3）：88-91.

［6］ 胡振鹏，葛刚，刘成林.鄱阳湖湿地植被退化原因分析及其预警［J］.长江流域资源与环境，2015，24（3）：381-386.

［7］ 环境保护部.生态环境状况评价技术规范［S］.北京：中国环境科学出版社，2015.

［8］ 贾亦飞.水位波动对鄱阳湖越冬白鹤及其他水鸟的影响研究［D］.北京：北京林业大学，2013.

［9］ 江西省地方志编撰委员会.江西省志：江西省自然地理志［M］.北京：方志出版社，2002.

［10］ 江西省地质矿产局.江西省区域地质志［M］.北京：地质出版社，1984.

［11］ 江西省农业农村厅.2015年江西省农业发展基本情况［EB/OL］.［2016-10-22］.http://nync.jiangxi.gov.cn/art/2016/4/22/art_27854_1038536.html.

［12］ 江西省生态环境厅.2014年江西省环境统计年报［R/OL］.［2016-09-22］.http://sthjt.jiangxi.gov.cn/art/2015/9/22/art_42072_2797993.html.

［13］ 江西省生态环境厅.2015年江西省环境状况公报［R/OL］.［2016-09-03］.http://sthjt.jiangxi.gov.cn/art/2016/6/3/art_42073_2798018.html.

［14］ 江西省统计局，国家统计局江西调查总队.江西统计年鉴2015［M］.北京：中国统计出版社，2015.

［15］ 江西省统计局，国家统计局江西调查总队.江西统计年鉴2016［M］.北京：中国统计出版社，2016.

［16］ 金斌松，李琴，刘观华.江西鄱阳湖国家级自然保护区第二次科学考察报告［R］.上海：复旦大学出版社，2016.

［17］ 梁礼明，梁毓明.基于无线传感器网络的鄱阳湖水质在线监测［J］.节水灌溉，2012（11）：34-37.

［18］ 孙璐萍，邢萌，刘卫国.黄土高原泾河小流域泥沙碳、氮同位素与生态环境示踪［J］.水土保持学报，2013，27（4）：273-277.

［19］ 陶和平，高攀，钟祥浩.区域生态环境脆弱性评价：以西藏"一江两河"地区为例［J］.山地学报，2006（6）：761-768.

［20］ 王昆，吴安国，张玉清.江西省区域地质概况［J］.中国区域地质，1993（3）：200-210.

[21] 王甡，江南，胡斌，等 . 太湖蓝藻水华遥感动态监测预警信息系统［J］. 地球信息科学，2008（2）：147-150.

[22] 王圣瑞，舒俭民，倪兆奎，等 . 鄱阳湖水污染现状调查及防治对策［J］. 环境工程技术学报，2013，3（4）：342-349.

[23] 中国大百科全书总编辑委员会 . 中国大百科全书·中国地理卷·江西省［M］. 1 版 . 北京：中国大百科全书出版社，1993.

[24] 中国环境科学研究院河流与海岸带环境创新基地 . 流域水环境风险评估与预警技术研究与示范项目（2009ZX07528）［J］. 环境工程技术学报，2014，4（1）：66.

[25] 中国自然资源丛书编撰委员会 . 中国自然资源丛书：江西卷［M］. 北京：中国环境科学出版社，1994.

[26] 左一鸣，李健，林荷娟 . 太湖流域水资源保护天地一体化监测体系构想［J］. 水利信息化，2013（1）：57-60.

**课题组成员：**

邹　慧　　江西省科学院科技战略研究所所长、研究员

王晓鸿　　江西省科学院原院长、研究员

王小红　　江西省科学院科技战略研究所副所长、研究员

叶　楠　　江西省科学院科技战略研究所副研究员

吴永明　　江西省科学院微生物研究所书记 / 所长、研究员

# "污水共治"行动计划分析报告

王小红 王晓鸿 邹慧 朱盛文 丁腾达

**摘要：** 环境保护事关人民群众切身利益，事关全面建成小康社会，事关实现中华民族伟大复兴中国梦。党中央、国务院高度重视水环境保护工作，习近平总书记强调，要大力增强水忧患意识、水危机意识。国家将水环境保护作为大力推进生态文明建设的重要内容，2015年4月2日，国务院正式印发《水污染防治行动计划》（国发〔2015〕17号），简称《水十条》。尽管我国水污染防治工作取得了积极进展，但水环境质量差、水资源保障能力弱、水生态受损重、环境隐患多等问题依然十分突出。2014年江西省成为全境入选首批国家生态文明先行示范区的5个省份之一，对区域环境保护提出了新的要求。为响应国务院发布的《水十条》，响应江西省建设生态文明先行示范区的需要，针对江西省存在的突出环境问题及关键科技问题，江西省科学院策划了此次"污水共治"行动计划，大力推广自主研发的多项污水治理研究成果，并提出了相应的对策建议，为省委省政府的相关决策提供科技支撑。

## 一、江西省水环境污染及防治现状

《江西省环境状况公报》显示，2009—2013年江西省9条主要河流和3个主要湖库的水质监测断面（点位）从175个上升至194个，全省地表水总体水质良好，Ⅰ～Ⅲ类水质断面（点位）比例从80.3%上升为80.8%，但各河流和湖泊的变化并不一致。从表1可以看出，2009—2013年，赣江、抚河、饶河、信江、袁水、东江和萍水河水质变化不大，Ⅰ～Ⅲ类水质断面比例基本维持在80.0%左右，东江水质甚至在近两年全部达到优质水平，饶河水质也开始有所改善；而修河和长江九江段水质近年来开始有下降趋势，需要进行重点防护；三大主要湖泊水质变化也不尽相同，柘林湖水质基本无变化，均能达到或优于Ⅲ类水质，仙女湖水质有所下降。近年来主要河流Ⅰ～Ⅲ类水质断面比例仅为82.9%，鄱阳湖水质最差，2009年发现其都昌、蛤蟆石水质能达到Ⅲ类，康山、莲湖段水质为Ⅴ类，主要污染物为总氮（TN）和总磷（TP），而到2013年，其水质均为中营养水平，主要污染物为TP，其Ⅰ～Ⅲ类水质断面比例也出现了下降，表明鄱阳湖水体水质面临着重大威胁，需要及时治理和保护。

表1　2009—2013年江西省主要河流和湖泊Ⅰ～Ⅲ类水质断面比例

| 年份 | Ⅰ～Ⅲ类水质断面比例 | | | | | | | | | | | |
|---|---|---|---|---|---|---|---|---|---|---|---|---|
| | 河流 | | | | | | | | | 湖泊 | | |
| | 赣江 | 抚河 | 信江 | 修河 | 饶河 | 长江 | 袁水 | 萍水河 | 东江 | 柘林湖 | 仙女湖 | 鄱阳湖 |
| 2009 | 80.0% | 80.0% | 87.5% | 100.0% | 70.6% | 100.0% | 75.0% | 77.8% | 40.0% | 100.0% | 100.0% | 50.0% |
| 2010 | 81.7% | 73.3% | 87.5% | 80.0% | 64.7% | 100.0% | 81.3% | 77.8% | 100.0% | 100.0% | 100.0% | 52.9% |
| 2011 | 80.0% | 80.0% | 87.5% | 90.0% | 70.6% | 100.0% | 81.3% | 77.8% | 85.7% | 100.0% | 75.0% | 64.7% |
| 2012 | 80.0% | 80.0% | 83.3% | 80.0% | 70.6% | 100.0% | 81.3% | 77.8% | 100.0% | 100.0% | 75.0% | 70.6% |
| 2013 | 81.3% | 80.0% | 87.5% | 80.0% | 76.5% | 85.7% | 81.3% | 88.9% | 100.0% | 100.0% | 75.0% | 58.8% |

### （一）江西省水环境质量

鄱阳湖水质：2010年，鄱阳湖Ⅰ～Ⅲ类水质断面比例为52.9%，相比2009年的50%的达标率，有所好转；Ⅳ、Ⅴ和劣Ⅴ类水质断面比例为23.5%、11.8%和11.8%，其中九江水质最好，上饶次之，南昌水质较差，主要污染物为TP和TN。2009—2010年均为轻度富营养化。根据2010—2012连续3年17个监测断面逐月23项指标评价，鄱阳湖湖区水质总体为Ⅳ类，除TN和TP指标外，其他监测因子均达到《地表水环境质量标准》（GB 3838—2002）中Ⅱ类水质标准。按照Ⅲ类水质标准，2010—2012年水质断面达标率为52.9%～70.6%，平均值为62.7%。鄱阳湖现状富营养化指数均值为 53.15，处于轻度富营养化水平。

入湖河流水质：鄱阳湖主要入湖河流"五河"水质较好，2010 年，全省主要河流监测断面Ⅰ～Ⅲ类水质比例为 80.5%。根据 2010—2012 连续 3 年鄱阳湖入湖河流断面监测数据，鄱阳湖"五河"入湖水质总体维持在Ⅱ～Ⅲ类，其中 $COD_{Cr}$、$NH_3-N$ 和 TP 达到Ⅲ类，$COD_{Mn}$ 为Ⅱ类，按照断面水质评价，Ⅰ～Ⅱ类占 40%，Ⅲ类占 60%。与湖区水质相比，入湖河流氮磷浓度较高，"五河"来水水质很大程度上影响鄱阳湖水质。

2002—2013 年鄱阳湖Ⅰ～Ⅱ类水质的比例呈逐渐下降趋势，Ⅲ类水质比例波动较大，劣Ⅲ类水质的比例呈上升趋势，2010—2012 年虽有所下降，但全湖仍以Ⅳ类水质为主，Ⅰ～Ⅱ类水质基本消失殆尽（资料来源：《鄱阳湖生态经济区水污染物排放标准》编制说明）。

## （二）江西省水污染现状

根据《江西省水资源公报》可知，2009—2013 年江西省主要河流虽然水质较好，主要以Ⅱ、Ⅲ类水质为主，但其中Ⅰ类水质比例随年份逐渐下降，而劣Ⅴ类水质比例逐渐增大，其主要污染物也从 TN 和 TP 转变为氨氮和 TP，这都表明了江西省地表水体水质正在逐渐恶化，相关政府及科研院所等需要高度重视。

同时，根据《江西省环境状况公报》可知，随着江西省经济的发展和新型城镇化进程的加速，2009—2013 年全省废水排放从 14.71 亿吨上升到 20.71 亿吨，其中，城镇生活污水从 7.99 亿吨上升到 13.86 亿吨，大大增加了废水处理的强度。

图 1 和图 2 是 2009—2013 年全省不同排放源的化学需氧量（COD）排放量和氨氮排放量。从图中可以看出，2011—2013 年全省 COD 和氨氮排放量呈现逐年递减的趋势，其中工业废水、垃圾处理厂废水和农业污水中的 COD 和氨氮排放量逐年下降，而城镇生活污水中的 COD 和氨氮排放量则逐年上升，表明城镇人口增加导致生活污水排放量上升，同时污水处理厂对生活污水的处理率达不到要求，从而引起了废水中 COD 和氨氮含量的升高。另外，2010 年以后，江西省加大了对农业污水排放的管理，使得 2011—2013 年农业污水中 COD 和氨氮含量有所下降，但依然在全省排放中占据重要的地位，而其中畜禽养殖业的农业污水排放占据农业污水总排放的 90% 左右。

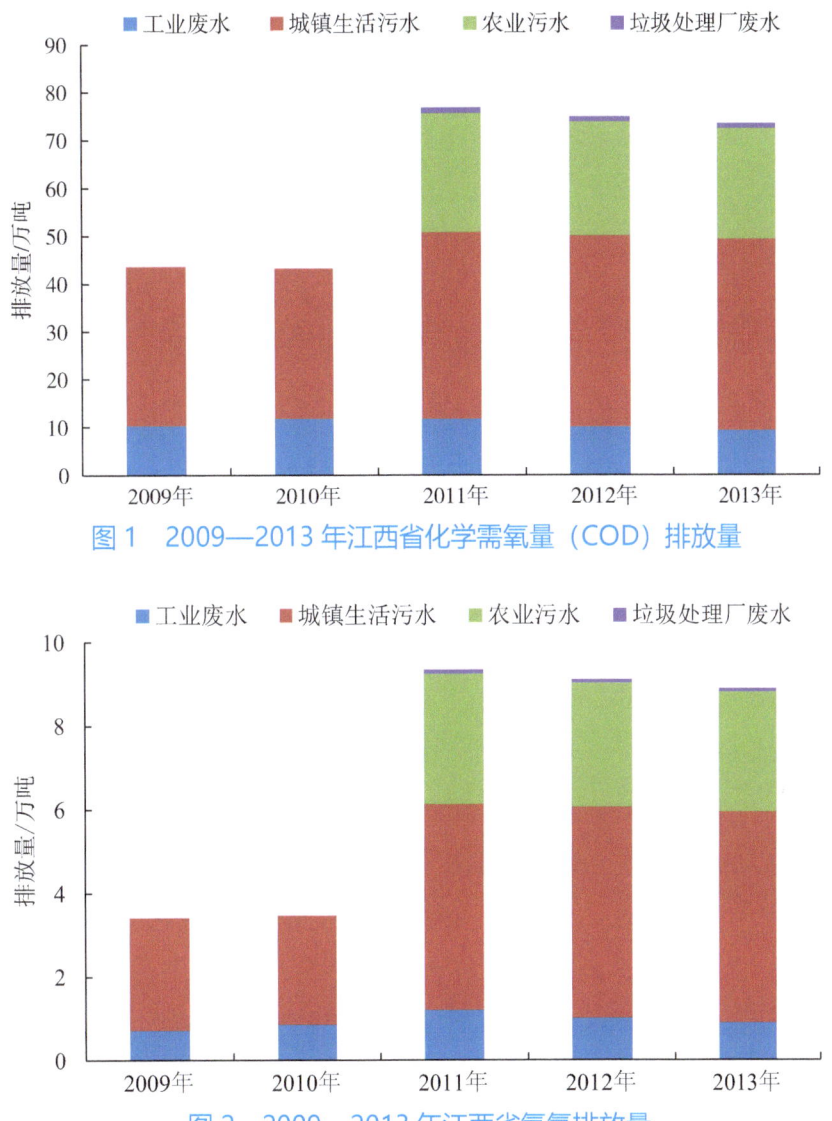

图1 2009—2013年江西省化学需氧量（COD）排放量

图2 2009—2013年江西省氨氮排放量

根据鄱阳湖第二次科学考察的结果，2002—2013年鄱阳湖主要污染物为TP、氨氮、TN，其中TN自2011年开始监测。TP超标倍数为0.1～8.9，氨氮超标倍数为0.1～3.0，TN超标倍数为0.1～4.6。2011年TN监测项目开展以来，各湖域基本均劣于Ⅲ类水质标准，东部湖域、主湖区TN污染情况相对更为严重（表2）。

表2　2002—2013年江西省主要湖域水质及污染物类别

| 年份 | 东部湖域 | | | 主湖区 | | | 南部湖域 | | | 北部湖域 | | | 入江水道区 | | | 出湖 | | |
|---|---|---|---|---|---|---|---|---|---|---|---|---|---|---|---|---|---|---|
| | 水质评价类别 | 主要污染物 | TN单独评价类别 | 水质评价类别 | 主要污染物 | TN单独评价类别 | 水质评价类别 | 主要污染物 | TN单独评价类别 | 水质评价类别 | 主要污染物 | TN单独评价类别 | 水质评价类别 | 主要污染物 | TN单独评价类别 | 水质评价类别 | 主要污染物 | TN单独评价类别 |
| 2002 | III | | | III | | | III | | | III | | | III | | | III | | |
| 2003 | III | | | III | | | III | | | II | | | III | | | III | | |
| 2004 | IV | TP | | III | | | IV | TP 氨氮 | | III | | | III | | | III | | |
| 2005 | IV | TP | | IV | TP | | IV | TP | | III | | | III | | | III | | |
| 2006 | IV | TP | | IV | TP | | IV | TP | | IV | TP | | IV | TP | | III | | |
| 2007 | IV | TP | | IV | TP | | IV | TP | | IV | TP | | IV | TP | | IV | TP | |
| 2008 | V | 氨氮 TP | | IV | TP | | IV | TP | | III | | | III | | | IV | TP | |
| 2009 | IV | TP | | IV | TP | | IV | TP | | IV | TP | | IV | TP | | IV | TP | |
| 2010 | V | TP | | V | TP | | IV | TP | | IV | TP | | IV | TP | | IV | TP | |
| 2011 | 劣V | TP 氨氮 | 劣V | V | TP | 劣V | IV | TP | V | IV | TP | IV | IV | TP | IV | 劣V | TP | |
| 2012 | V | TP | IV | V | TP | IV | IV | TP | III | IV | TP | IV | IV | TP | IV | IV | TP | IV |
| 2013 | V | TP 氨氮 | 劣V | IV | TP 氨氮 | 劣V | IV | TP | V | IV | TP | IV | IV | TP | IV | IV | TP | V |

鄱阳湖东部湖域的TP浓度值最大,其次为南部湖域。2013年湖区TP浓度最大值位于东部湖域的乐安河口断面,年平均值为0.50毫克/升。乐安河口断面2008—2013年TP浓度值增大最为显著,主要受其上游入湖控制断面——乐安河石镇街断面影响。

鄱阳湖东部湖域的氨氮浓度值最大,其次为南部湖域。2013年湖区氨氮浓度最大值位于东部湖域的乐安河口断面,年平均值为4.02毫克/升。氨氮浓度值2008—

2013 年都较 2002—2007 年有明显增大。乐安河口断面 2008—2013 年氨氮浓度值增大最为显著。

鄱阳湖东部湖域 TN 浓度值较大，2013 年东部湖域的乐安河口断面 TN 浓度值最大，年平均值为 5.65 毫克/升，主要受乐平工业园工业废水的影响。

整体来看，除东部湖域信江东支、主湖区康山、南部湖域赣江南支、北部湖域赣江主支等 4 个断面富营养化无明显变化以外，其他 15 个断面富营养化均呈上升趋势，其中有 9 个断面呈高度显著上升趋势。虽然目前鄱阳湖 TN、TP 污染程度总体较太湖、巢湖轻，但已有部分湖区（如莲湖、康山断面）的 TN 浓度接近巢湖 2007 年平均水平，TP 浓度接近太湖 2007 年平均水平，已达富营养型湖泊的标准。2012 年鄱阳湖入湖氮磷负荷已经超过湖区水环境容量，其中 TN 超出 29%，TP 超出 10%，$COD_{Cr}$ 环境容量虽然有所剩余，但是盈余量仅为现状的 4%。可见，近年来鄱阳湖营养水平总体上呈现上升趋势，上升速度在加快，已经达到轻度富营养化水平，局部湖区偶有水华发生（资料来源：《鄱阳湖生态经济区水污染物排放标准》编制说明）。此外，根据鄱阳湖第二次科学考察的结果，鄱阳湖部分湖区已经出现了明显的蓝藻水华聚集现象，并呈逐年加重的趋势。

### （三）江西省水污染来源及防治情况

水污染来源主要分为工业污染源、城镇生活污染源和农业污染源，2012 年江西省点源废污水排放量 20.12 亿吨，其中工业废水排放量 6.79 亿吨，城镇生活污水排放量 13.31 亿吨。江西省 $COD_{Cr}$ 排放量 74.83 万吨，其中工业废水中的 $COD_{Cr}$ 排放量 10.07 万吨，城镇生活污水中的 $COD_{Cr}$ 排放量 39.82 万吨。江西省 $NH_3$-N 排放量 9.10 万吨，其中工业废水中的 $NH_3$-N 排放量 1.02 万吨，城镇生活污水中的 $NH_3$-N 排放量 5.03 万吨。

城镇生活污水排放是江西省废水排放量增加的主要原因，2013 年城镇生活污水排放量占全省废水排放总量的 66.9%（全国 67.6%）。江西省水环境的形势非常严峻，地表水中劣 V 类水体所占比例较高，占 10.1%（全国约 10.0%），同时城镇河段或城乡接合部沟渠塘坝等污染也普遍比较严重，涉及饮水安全的水环境突发事件时有发生。针对江西省地表水污染问题，省政府等相关部门对不同来源的水污染进行

了不同程度治理，取得了一定的效果。

农村和农业面源污染对鄱阳湖水系水质影响较大。根据《江西统计年鉴》，结合定位监测研究得出的系数，测算出江西省每年农业源污染物产生量为 $COD_{Cr}$ 589.45 万吨、TN 44.23 万吨、TP 7.73 万吨。鄱阳湖区农业源污染物产生量为 $COD_{Cr}$ 193.32 万吨、TN 11.12 万吨、TP 2.07 万吨，分别占江西省总量的 32.8%、25.1% 和 26.7%。在来源上，畜禽养殖业贡献占绝对优势。畜禽养殖业对全省农业源污染物 $COD_{Cr}$、TN、TP 的贡献率分别为 91.8%、83.3% 和 85.6%（产生量），其次是农村生活污水和水产养殖业。鄱阳湖区人口密度大，水产养殖业和种植业较为发达，且畜禽养殖业在江西省分量相对较低，但同样呈现畜禽养殖业占绝对优势的特征。滨湖区畜禽养殖业对区域农业源污染物 $COD_{Cr}$、TN、TP 的贡献率分别为 88.5%、79.0% 和 80.1%，其次是水产养殖业和农村生活污水（资料来源：《鄱阳湖生态经济区水污染物排放标准》编制说明）。

### 1. 工业污染源及防治

江西省废水治理设施处理能力的增大使得工业废水的污染得到一定的缓解。根据《江西省环境统计年报》，获取 2011—2012 年工业废水治理设施的处理量。从表 3 中可以看出，已有的废水治理设施处理能力大，远远超过废水实际排放量。另外，据不完全估计，2010 年，江西全省 84 个县（市）的 85 座污水处理厂全部完成主体工程建设，2011 年江西省城镇共新建、改建污水配套管网 1750 千米，其中设区市 510 千米、县（市）1240 千米。这些污水处理设施的成功运营有效地削减了工业源水污染物的排放。

表 3  2011—2012 年江西省工业废水排放量及废水治理设施的处理量

| 年份 | 废水治理设施/套 | 处理量/万吨 | 实际排放量/万吨 |
| --- | --- | --- | --- |
| 2011 | 2949 | 175 329 | 67 397 |
| 2012 | 2488 | 138 830 | 63 542 |

近年来，江西省对工业废水的治理较有成效，企业的污染物排放量基本上能达到减排的要求。从图 3 可以看出，2009—2011 年对工业废水治理的投资额一直上

升,施工和竣工的废水处理项目也一直在增加,日污水处理能力逐渐提高,基本达到了减排的要求。由上述分析可知,2011年以后工业废水及其排放的污染物明显减少,在此基础上,工业废水治理仍继续投入一定金额及废水处理设施来维持工业废水的达标排放。因此,江西省工业废水污染问题基本较为完善地得到解决,但后期仍要继续对工业废水排放进行监察,保证工业废水的达标排放。

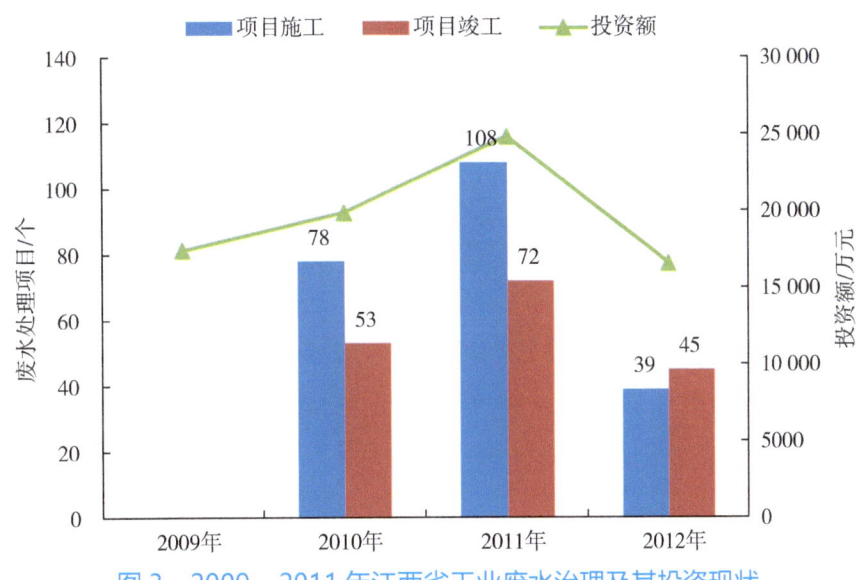

图3 2009—2011年江西省工业废水治理及其投资现状

**2. 城镇生活污染源及防治**

城镇生活污水主要由居民家庭用水和服务行业污水构成,随着城镇化的推进,城镇生活污水排放量逐年增加。图4是2001—2012年江西省城镇生活污水中各污染物排放量,可以看出,城镇生活污水中COD、氨氮、TN和TP含量逐年增加,特别是COD和TN含量增加趋势较为明显,表明城镇生活污水排放是水体COD和TN含量升高的主要原因,需要对城镇生活污水中的COD和TN进行深度处理后再排放。

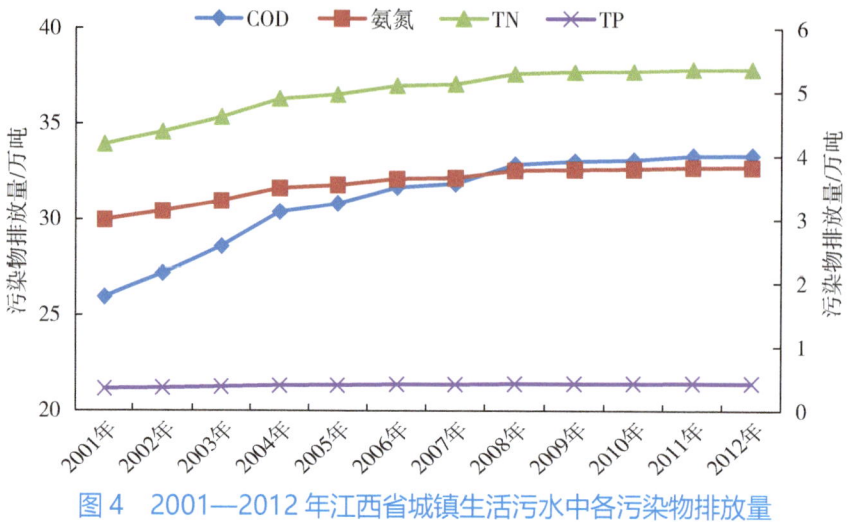

图4 2001—2012年江西省城镇生活污水中各污染物排放量

随着城镇化的加速发展，城市污水是地表水污染的重要污染源之一。图5和图6是江西省近几年来对城市污水的处理现状。从图5可以看出，城市污水处理厂逐年增多，其年处理能力基本上能达到处理城市污水排放量的水平。而图6也表明了城市污水处理率和生活垃圾无害化处理率目前基本上都能达到85%以上，大大减小了城市污水中污染物的排放。

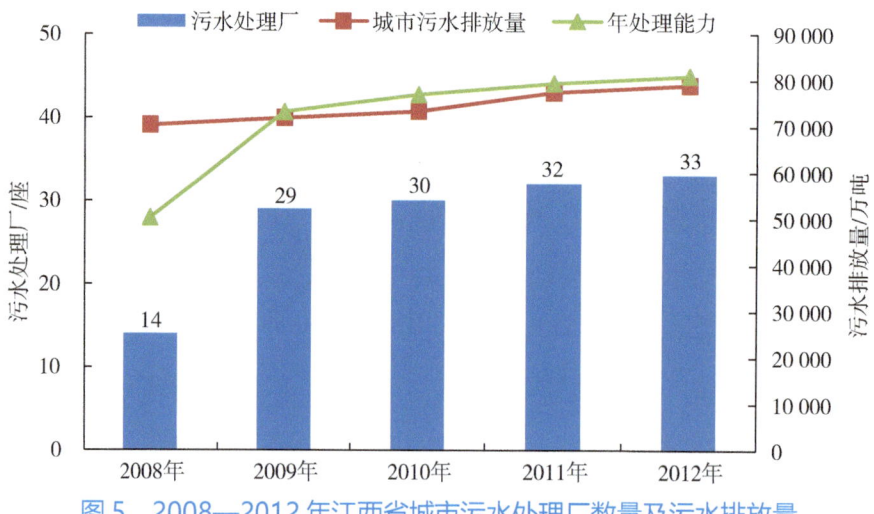

图5 2008—2012年江西省城市污水处理厂数量及污水排放量

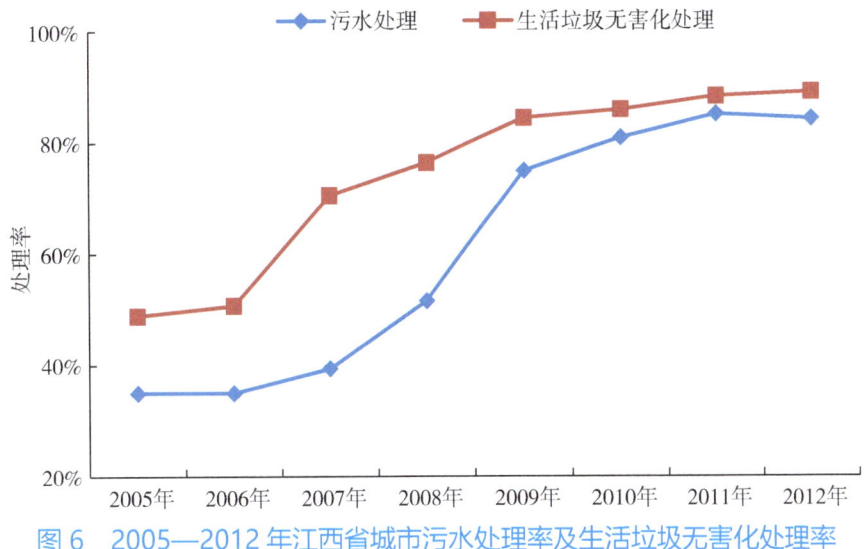

图 6　2005—2012 年江西省城市污水处理率及生活垃圾无害化处理率

### 3. 农业污染源及防治

农业面源污染主要来自畜禽粪便污水、村镇生活污水、农村生活垃圾及化学肥料施用等。近年来，鄱阳湖区规模化畜禽养殖以每年 20% 左右的速率递增，湖区耕地畜禽粪便负荷量达 49.8 吨 / 公顷，超过耕地最大负荷量的近一倍，这些畜禽粪便有相当数量未经处理流入环境。根据《江西统计年鉴》（2009—2013）及原国家环保总局推荐的畜禽排泄系数和畜禽粪便中污染物含量，分析了 2008—2012 年江西省畜禽粪便排放及畜禽粪便污染物排放变化趋势。从图 7 可以看出，畜禽粪便排放量基本上是逐年增加，特别是猪粪和猪尿上升趋势比较明显，猪尿的排放量 2012 年基本上与排放量最高的牛粪相同，而羊粪的排放量基本呈持平状态，甚至有下降趋势。而在畜禽粪便污染物中（图 8），各污染物排放量逐年增高，尤其是 COD 排放量上升趋势极为明显，表明了畜禽粪便引起的污染物排放问题日益严重，这也是江西省地表水体质量恶化的主要原因之一。

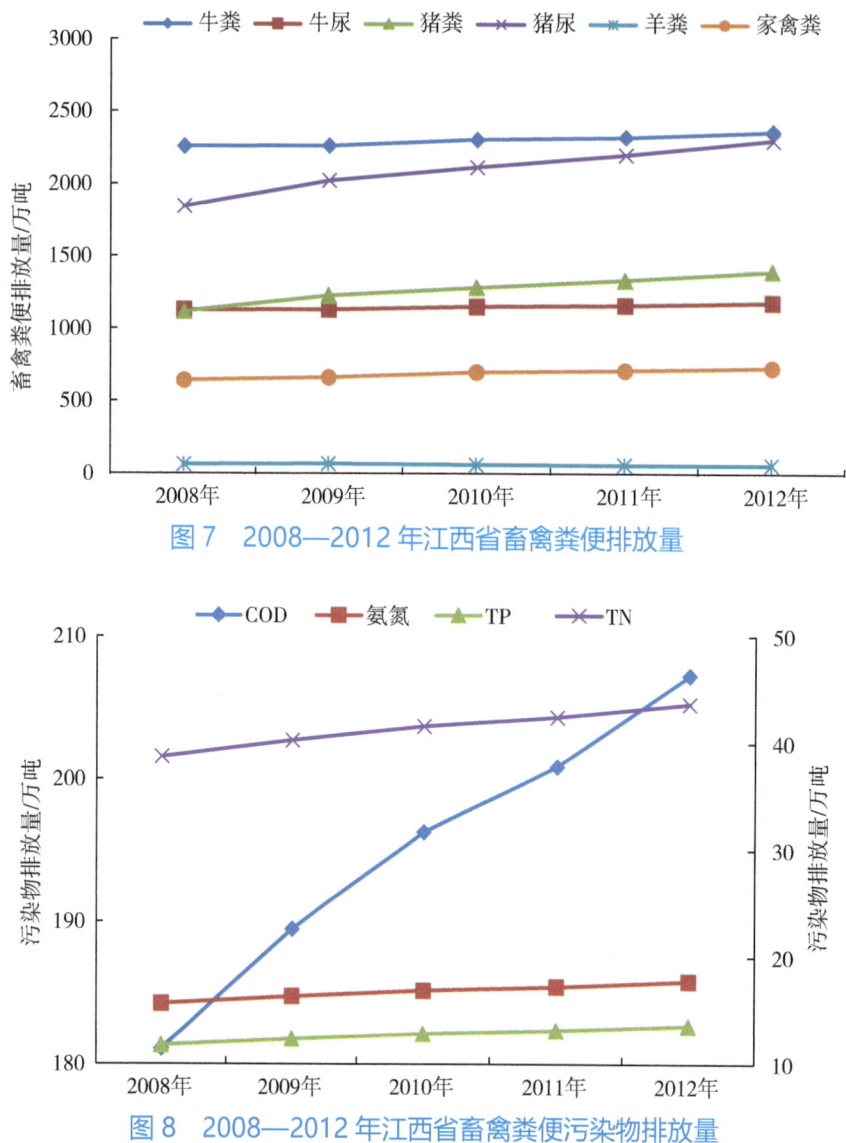

图 7　2008—2012 年江西省畜禽粪便排放量

图 8　2008—2012 年江西省畜禽粪便污染物排放量

同时，根据排放系数及进入水体流失率来计算农村生活污水排放量，其中 COD、氨氮、TN 和 TP 的人均排污系数按每人每年生产 5.840 千克、0.124 千克、0.584 千克和 0.146 千克计算，进入水体流失率按 85% 计算。而在农村生活垃圾污染中，根据农村人口总数、人均垃圾产生系数、垃圾渗滤液中污染物平均含量及乡村入湖系数计算农村生活垃圾污染物排放量，其中农村生活垃圾的产生量按人均 0.5 千克/天计，垃圾中 COD、氨氮、TN、TP 分别按 0.74%、0.067%、0.21% 和 0.001 19% 计，入湖系数按 7.5% 进行计算。从图 9 至图 12 中可以看出，农村生活污水和生活垃圾中 4 种污染物排放量逐年增加，这表明了农村生活污水和生活垃圾排放到水体中的污染物含量不容忽视。

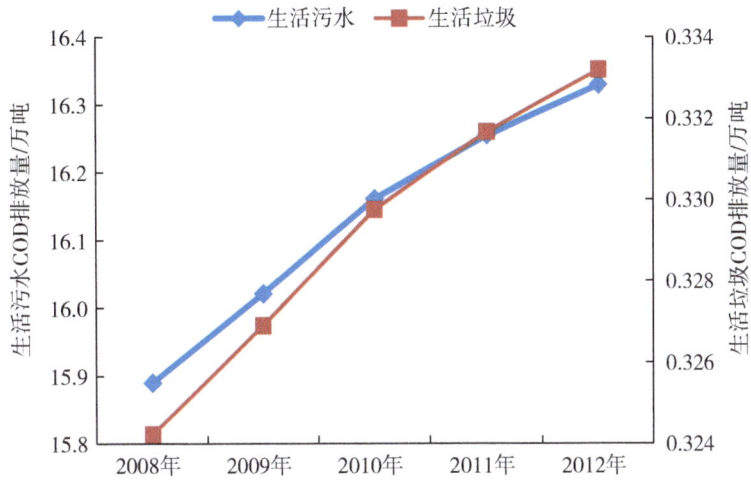

图 9　2008—2012 年江西省农村生活污水和生活垃圾 COD 排放量

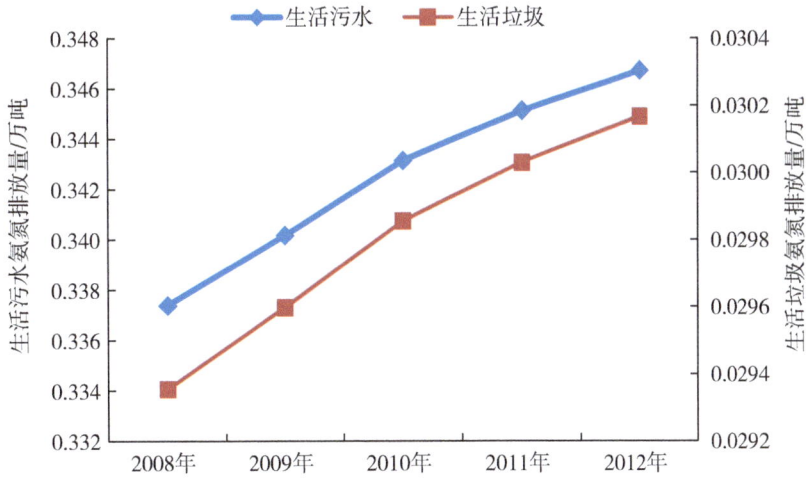

图 10　2008—2012 年江西省农村生活污水和生活垃圾氨氮排放量

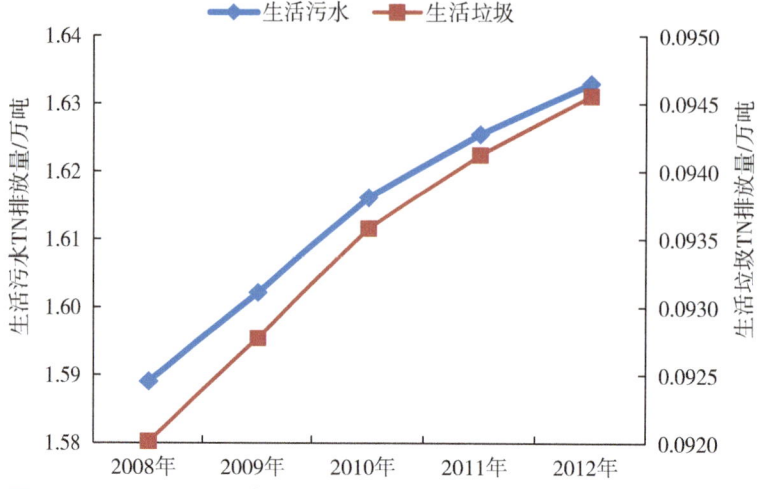

图 11　2008—2012 年江西省农村生活污水和生活垃圾 TN 排放量

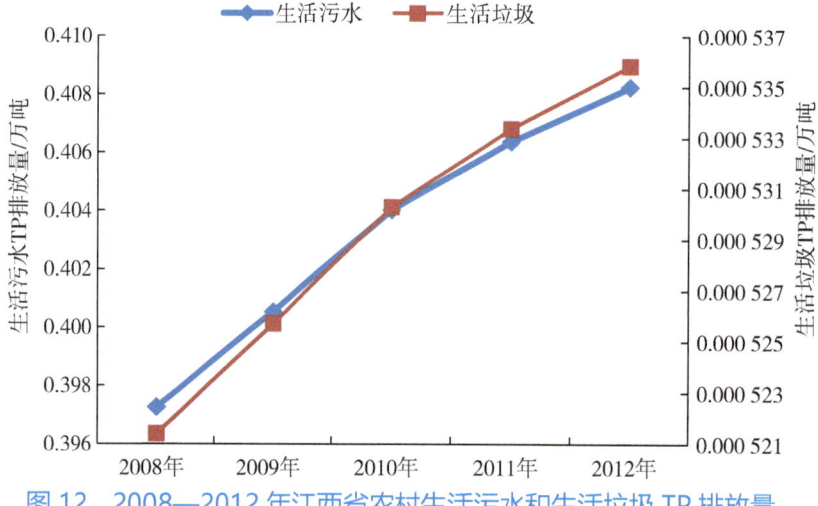

图 12　2008—2012 年江西省农村生活污水和生活垃圾 TP 排放量

化肥施用污染物排放量可根据化肥施用量、化肥中氮磷所占比例和氮磷进入水体流失率来计算，化肥施用量可以通过《中国统计年鉴》获取，其中氮肥含氮量、磷肥含磷量及复合肥含氮、磷量分别为 30%、18%、15% 和 50%，纯氮和纯磷的流失率分别为 30% 和 20%。2008 年鄱阳湖区耕地平均施用化肥纯量 478.7 千克/公顷，是世界平均施用量的 2.4 倍，与 1998 年比较，平均每年增长 2.5%。化肥施用量的 60%～70% 进入环境。另外，占江西省总量 60% 以上的鄱阳湖区水产养殖也有大量化肥用于肥水，养殖水体富营养化状况明显。图 13 显示了 2008—2012 年江西省农村化肥施用污染物排放量，可以看出，TP 排放量随着时间的变化呈现大幅度增长趋势，而 TN 排放量增长趋势较小，这表明 TP 是农村化肥施用的主要污染物。

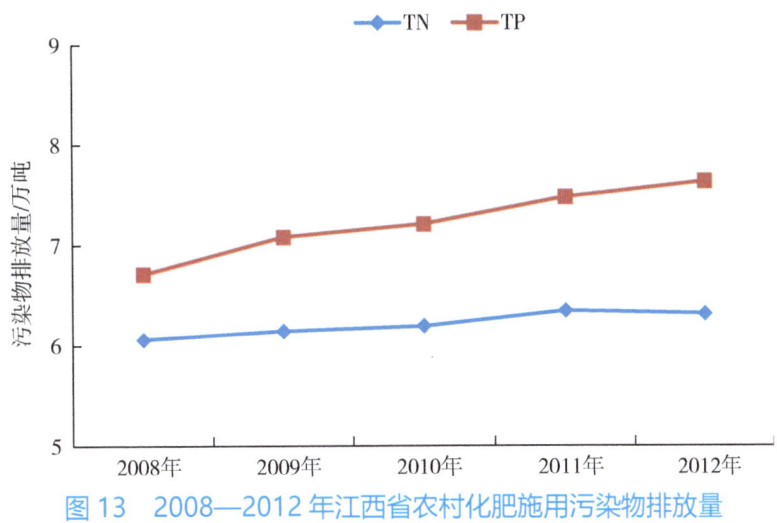

图 13　2008—2012 年江西省农村化肥施用污染物排放量

根据以上各种污染源的污染物排放情况，对各农业污染源等标污染负荷进行综合分析，并通过污染物实物排放量与其标准浓度之比来计算污染负荷量，其中标准浓度为《地表水环境质量标准》（GB 3838—2002）中Ⅲ类水质标准，即 COD 20 毫克/升、氨氮 1 毫克/升、TN 1 毫克/升和 TP 0.2 毫克/升。由表 4 可知，2012 年江西省 COD、氨氮、TN 和 TP 4 种污染物的等标污染负荷量分别为 $11.196\times10^{10}$ 立方米/年、$18.170\times10^{10}$ 立方米/年、$51.762\times10^{10}$ 立方米/年和 $108.202\times10^{10}$ 立方米/年，污染负荷率分别为 5.913%、9.597%、27.340% 和 57.150%，从图 14 可以看出 TP 累积负荷率大于 50%，是江西省农业面源污染的主要污染物。而从污染源上看（图 15），各污染源对江西省水体污染的贡献率大小为：畜禽粪便（73.857%）>农用化肥（23.511%）>生活污水（2.556%）>生活垃圾（0.076%）。因此，江西省农业面源污染中的畜禽粪便污染需要特别关注和治理。

表4　2012年江西省各农业污染源的等标污染负荷量

单位：$\times 10^{10}$ 立方米 / 年

| 污染物类型 | 畜禽粪便 | 生活污水 | 生活垃圾 | 农用化肥 | 合计 | 负荷率 |
|---|---|---|---|---|---|---|
| COD | 10.363 | 0.816 | 0.017 | — | 11.196 | 5.913% |
| 氨氮 | 17.793 | 0.347 | 0.030 | — | 18.170 | 9.597% |
| TN | 43.716 | 1.633 | 0.095 | 6.318 | 51.762 | 27.340% |
| TP | 67.962 | 2.041 | 0.003 | 38.196 | 108.202 | 57.150% |
| 合计 | 139.834 | 4.837 | 0.145 | 44.514 | 189.330 | 100.000% |
| 负荷率 | 73.857% | 2.556% | 0.076% | 23.511% | 100.000% | |

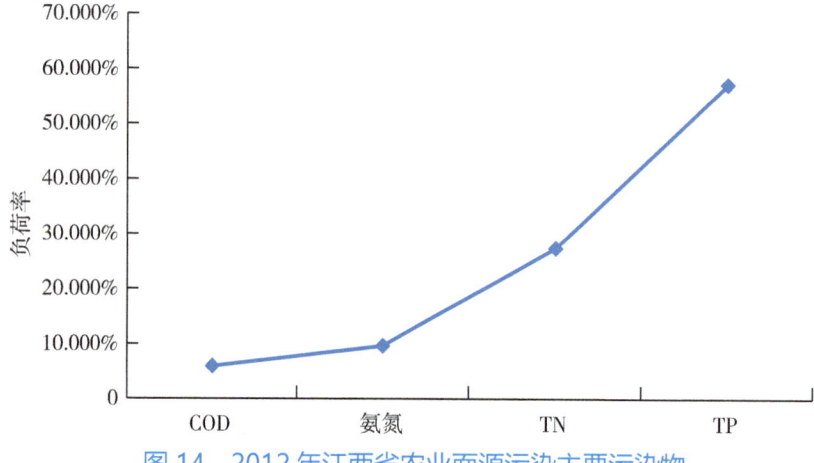

图14　2012年江西省农业面源污染主要污染物

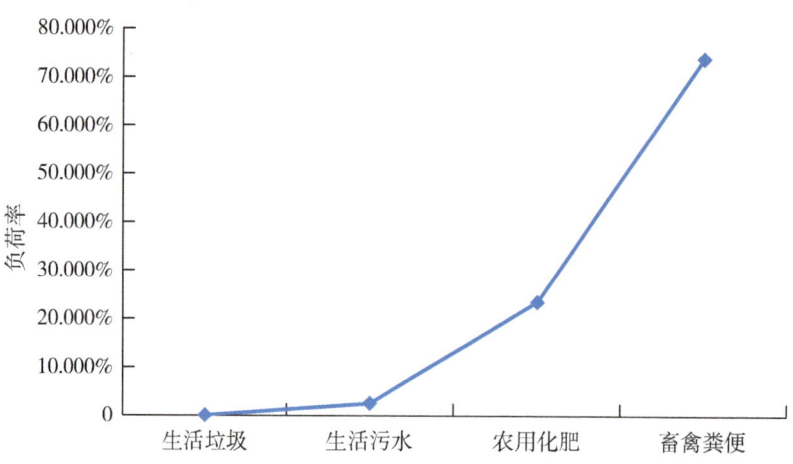

图15　2012年江西省农业面源污染主要污染源

农业面源污染一直是水污染治理中难以处理的成分,近年来江西省也采取了相应的措施来控制农业面源污染。通过上述分析可知,畜禽粪便是江西省农业面源污染的主要来源,而图16分析了2010—2012年江西省畜禽养殖污染物排放情况,从中可以看出,江西省畜禽养殖污染物排放主要分为养殖场排放和养殖专业户排放,养殖场排放明显高于养殖专业户排放,由于国家和江西省对规模化养殖场颁布了具体的畜禽养殖污染物排放管理政策,因此养殖场排放的COD、氨氮、TN和TP水平在2010—2012年逐年下降,但其排放量仍然很高。

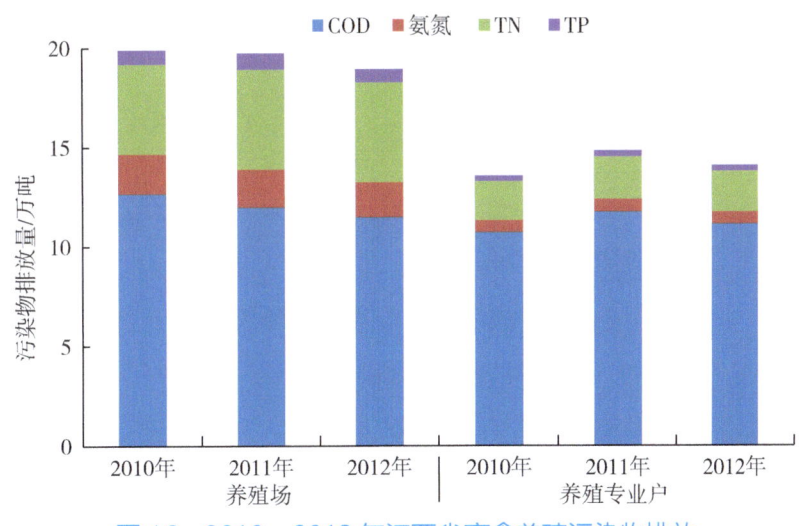

图16　2010—2012年江西省畜禽养殖污染物排放

综上所述,虽然目前农业面源污染中畜禽废水治理取得一定的成果,但仍未能实现全部达标排放,特别是畜禽规模化养殖业排放的废水需要推进相应的政策和技术来进行治理。

**4. 江西省水污染防治政策**

为了治理水污染,保障水环境质量,除了污水处理技术的研发应用,还需要制定相关污水处理政策来保障技术应用的顺利进行。近些年来,江西省制定的一些相关政策,在水污染治理上取得了较为可观的成效,也为"污水共治"行动的顺利开展奠定了坚实基础,主要包括以下几个方面。

（1）《江西省环境污染防治条例》

2001年的条例规定了生活饮用水地表水源保护区及建设生活污水集中处理设施等，而2008年修订版中增加了畜禽污水污染和鄱阳湖中小流域的水污染防治规划。

（2）《江西省五河源头和鄱阳湖生态环境保护条例》

2009年，江西省大力加强了"五河一湖"的生态环境保护，提出了"五河一湖"保护区新建、改建或扩建项目应严格执行环境影响评价制度。

（3）《江西省重点生态功能区生态环境质量监测方案》

2012年，江西省明确了地表水环境质量监测方案，并首次开展全省重点生态功能区26个县（市、区）的地表水监测。

（4）《2013年江西省环境监测方案》

2013年，江西省颁布了地表水质等常规监测方案，并针对城市集中式生活饮用水水源地、"十二五"江西省重点流域水污染和农村环境质量设定了专项监测。

（5）《江西省城市饮用水水源地环境保护实施方案》

2013年，为切实加强江西省城市饮用水水源地环境保护工作，规定建立监管长效机制、加强流域综合整治，持续改善水环境质量。

（6）《鄱阳湖生态经济区水污染物排放标准》

此标准发布于2015年7月21日，是为加强区域环境污染源的执法检查，完善相应的保障和制度体系，保护鄱阳湖良好的国际地位和生态功能，实现鄱阳湖水质稳定在Ⅲ类。

## （四）水污染态势分析及存在的主要问题

### 1. 水污染态势和驱动力分析

入湖污染负荷增加和湖区人类活动是最主要的原因。区域经济社会发展对水资源的需求和排水量明显增加导致入湖污染负荷增加。近年来，全省特别是鄱阳湖生态经济区用水总量增长较快，尤其是生活和工业用水，工业用水量从2001年的42.45亿立方米增长到2012年的58.72亿立方米。用水量的增加必然导致废水量及污染负荷的增加，2004—2012年五河入湖$COD_{Cr}$负荷由55.85万吨/年增至186.74万吨/年，年均增长率达到16%左右。

湖区农业面源污染是影响鄱阳湖水质的重要因素。农村和农业生产的畜禽养殖、种植、水产养殖、农村生活是农业污染负荷的4个重要方面。2008年鄱阳湖区耕地平均施用化肥纯量478.7千克/公顷，是世界平均施用量的2.4倍，与1998年比较，平均每年增长2.5%。化肥施用量的60%～70%进入环境。近年来，鄱阳湖区规模化畜禽养殖以每年20%左右的速率递增，湖区耕地畜禽粪便负荷量达49.8吨/公顷，超过耕地最大负荷量的近一倍，这些畜禽粪便有相当数量未经处理流入环境。鄱阳湖区水产养殖约占江西省总量的60%以上，但也有大量化肥用于肥水，养殖水体富营养化状况明显。

湖区人类活动的日益增加在输入污染负荷的同时，也加快了湖区湿地生态系统的退化。近年来，鄱阳湖水域面积的减少和生产工具的进步，导致湖区人类活动增加，草洲放牧、围垦、电排灌溉、养殖、斩秋湖捕鱼和采砂等愈演愈烈，这些活动除直接输入污染源之外，由于对湿地资源的无序开发、利用和破坏，还导致湿地生态系统严重退化，水质降解功能也逐步下降（资料来源：《鄱阳湖生态经济区水污染物排放标准》编制说明）。

农村生活污水虽然对农业面源污染的贡献较小，但存在着量小、分散等难以治理的特征，这使其成为目前亟须解决的关键问题之一。因此，为了分析农村生活污水对水污染的影响，我们对江西省未来农村生活污水污染物排放量进行了预测，2020年以后农村生活污水中COD、氨氮、TN、TP 4种污染物的排放量极速上升，说明了农村生活污水将成为江西省未来地表水污染的重要来源之一。

根据鄱阳湖生态经济区规划、"十二五"规划、昌九一体化发展规划等的目标要求，预计在未来一段时间内，仍将有较多的污染物产生和排放，对区域总量控制和水质保护造成一定压力。根据目前江西省"十二五"规划体系，"十二五"末期江西省将达到GDP从0.94万亿元增加至1.80万亿元，城镇化率提高至52.8%，增加510万人城镇人口的总体经济社会发展水平。与此同时，江西省用水量将接近300亿立方米，高于现状水平的239.75亿立方米，估算将增加城镇污水排放总量4.75亿立方米/年，新增污水处理设施集中处理规模10.12亿立方米/年，污水处理能力将提高92.0%。粮食播种面积增加9.10万公顷，其中南昌和九江等沿湖区域增加1.88万公顷，畜禽养殖生猪出栏从2900万头增加至3900万头，其中湖区南昌、九江等增量约为 150 万头。未来 5 年湖区用水量将有小幅上升，由于节水型社会建设和水资源重复利用水平提高等因素，预计除农田灌溉水量外，水资源利用总量可能增加 1 亿立方米左右（湖区现状总量约为 20 亿立方米），按照全部建成一级 B 类（COD 60 毫克/升、TN 20 毫克/升、TP 1.0 毫克/升）污水处理设施并实现达标排放的标准，扣除天然水体本底值（按Ⅲ类水体标准，COD 20 毫克/升、TN 1.0 毫克/升、TP 0.05 毫克/升），新增污染负荷为 COD 4000 吨/年、TN 2000 吨/年、TP 800 吨/年。为有效地保护良好的水环境和鄱阳湖"一湖清水"，对环保设施和环境治理技术提出了新的要求，要大力促进环境保护技术设施建设，严格排放标准，提高治理水平。

**2. 存在的主要问题**

随着昌九一体化的新型城镇化发展进程的加快，工业废水、生活污水及农业面源污染等都将对鄱阳湖流域水体质量造成严重威胁，鄱阳湖流域面临着日益严峻的水污染和湿地退化问题。人类活动导致鄱阳湖富营养化的进程加快，鄱阳湖昌九一体化发展对水安全协同建设和发展战略研究提出更高要求。目前，虽然江西省城镇污水处理的政策已日趋完善，但农村污水治理政策还存在着以下各种问题。

（1）"九龙治水"

"九龙治水"往往会造成各部门"有权力就争，有责任就推"，最终使得"交叉变成了真空"，其结果就是部门之间争抢水污染治理资金，但相互推诿应当落实的责任。为避免"九龙治水"现象，浙江省提出"五水共治"规划，为江西省"污水共治"行动起到了良好的典范作用。

（2）畜禽规模化养殖是农业面源污染的主要来源

近 20 年来，随着经济的发展和国民生活水平的提高，畜禽养殖污染物已远远超出工业和生活废水排放量的总和，成为影响江西省生态环境的主要污染源。畜牧业造成的生态环境污染问题日益突出，畜禽粪便含有的重金属、病原微生物和氮磷等会对水体造成严重污染，严重威胁水体生态环境，从而畜禽粪便污染成为受广泛关注的社会热点问题之一。

（3）鄱阳湖中小流域、湖泊污染日趋严重

二十世纪八九十年代，鄱阳湖水质以Ⅰ、Ⅱ类为主，平均占 70%～85%，水质状况呈缓慢下降趋势；进入21世纪，Ⅰ、Ⅱ类水仅占50%，下降趋势急剧。近年来，鄱阳湖主要污染物排放总量呈上升趋势，固体废物污染突出，水质已具备富营养化条件，局部水域还存在较为严重的蓝藻问题，生物多样性遭到破坏，鄱阳湖流域纳污能力逐步弱化，保护鄱阳湖"一湖清水"是当前摆在我们面前的紧要任务。

（4）农村生活污水将成为水污染的重要来源

2015年4月5日，国务院批复《长江中游城市群发展规划》。江西省政府在2014年工作要点中明确指出，将全力推进昌九一体化，努力构建九江沿江产业带、昌九工业走廊核心增长区，打造江西崛起"双核"。

农村生活污水排放处于无管理状态，直排、乱排现象普遍，这不仅制约了我国农村地区经济的可持续发展，阻碍了社会主义新农村建设的步伐，也对城镇化的发展构成了严重的威胁。

## 二、江西省亟须治理的污水类型

随着生态文明建设的提出，江西省大力加强对环境问题的监管，通过城乡统筹、以城带乡逐步扩大垃圾处理设施的覆盖范围和服务人口，实施绿色生态建设的"十大绿色生态工程"和"七项专项行动"，促进水源地生态涵养，江西省在生活污水和工业废水处理方面已取得较大进展。然而，县以下村镇生活污水排放及农业活动造成的非点源污染问题因缺乏完善的技术管理体制而日趋严重，引起了省政府的高度关注。

因此，江西省当前亟待治理这3种污水：一是规模化养殖畜禽粪便污水；二是县以下村镇生活污水；三是鄱阳湖中小流域污染。

### （一）规模化养殖畜禽粪便污水

畜牧业造成的生态环境污染问题日益突出，严重危害到人类的生存环境，目前已成为社会广泛关注的热点问题。江西省畜禽养殖业发展迅速，已成为农业和农村经济中相对独立的产业之一。2013年，江西省出栏生猪3150.3万头，家禽4.5亿羽，分别增长3.3%和3.5%，全省肉类总产量达321.9万吨，禽蛋46.1万吨，鲜奶12.2

万吨，畜牧业产值达 796.4 亿元，占全省农林牧渔业总产值的 30.9%。畜牧业快速发展的同时，饲养方式也在发生巨大的变革，规模化、集约化养殖正逐渐替代传统养殖，成为畜禽养殖生产的主导。以养猪业为例，据江西省养猪行业协会报道：2011 年出栏商品猪 3000 万头，形成"一片两线"（赣中片、京九片、浙赣线）优势养猪产区，该区域内 20 个生猪重点县占全省出栏比例达到 55%，国家生猪调出大县 17 个；年出栏 50 头以上占出栏规模的 87%，年出栏 500 头以上占 60%，年出栏 1 万头以上的猪场数达到 300 家。

畜禽养殖业的快速发展必然会引起畜禽粪便污染问题，其已成为全省生态环境保护面临的严峻挑战。以万头猪场算，场每年产干粪约 7300 吨，产尿液约 14 600 吨，产废水约 54 750 吨，根据《江西省环境状况公报》，2013 年江西省规模化畜禽养殖场排污达标率为 50.0% 左右，吉安畜禽养殖场排污达标率甚至仅为 0.0%。同时，通过分析江西省农业污染源可知，畜禽养殖业是水体 COD 和 TP 升高的主要原因，统计数据也表明畜禽污染贡献的 COD 排放量超过工业废水和生活污水的总和。江西省特别是鄱阳湖昌九地区作为畜牧业发达地区，随着规模化养殖业的迅猛发展，畜禽粪便排放量不断增加，威胁着鄱阳湖中小流域水质安全。畜牧养猪业造成的污染已经成为继工业污染后的又一重要污染源，其对鄱阳湖流域生态环境质量有着极大影响，亟待有效处理。

### （二）县以下村镇生活污水

城镇化和农业产业化进程的加快，促使了农业非点源污染及生活污水等的大量排放。相关研究表明，大城市和县城以上的污水处理厂拥有率已经趋向饱和，后期增长速度趋缓，而乡镇污水处理市场则潜力巨大。随着我国农村经济的发展及社会主义新农村建设的推进，农村生活污水处理开始引起广泛的关注。但同时村镇污水处理存在量小、浓度变化大、污水处理设施规模小且经营难等诸多难题，是当前水污染治理中需要解决的关键问题之一。江西省拥有 762 个镇、633 个乡，农村人口达到 320 多万人，村镇生活污水的排放是江西省水环境污染的重要原因之一。随着江西省鄱阳湖地区社会经济的快速发展，以及昌九一体化的快速推进，如何解决县以下村镇生活污水排放问题将成为水环境污染治理的关键。

### (三)鄱阳湖中小流域污染

《水十条》明确提出,要科学确定生态流量,加强江河湖库水量调度管理,维持河湖生态用水需求,重点保障枯水期生态基流。这是统筹保护水质、水量和水生态的重要举措,将有力推进水环境改善。

鄱阳湖是我国最大的淡水湖,也是长江流域仅存的两大通江湖泊之一,鄱阳湖的保护、治理和开发建设始终受到党中央、国务院和历届省委、省政府的高度重视,目前,正在实施鄱阳湖生态经济区规划。为保护鄱阳湖良好的国际地位和生态功能,保障鄱阳湖对区域经济社会发展的支撑能力,实现鄱阳湖水质稳定在Ⅲ类,2013年中央城镇化工作会议和2014年江西省政府确定的鄱阳湖生态经济区建设工作要点指出,鄱阳湖区域城镇化发展的过程中,在维护鄱阳湖"一湖清水",保障长江中下游水生态安全的同时,水污染防治和水环境保护问题将成为核心关键问题。

鄱阳湖位于长江中下游的江西省北部,它汇聚赣江、抚河、信江、修水和饶河五大水系,经湖盆调蓄后由湖口注入长江,形成完整的鄱阳湖水系。鄱阳湖区域包括沿湖的南昌、九江等12个地区,共有农业人口605.54万人,耕地面积约41.27万公顷。随着鄱阳湖区域社会经济的快速发展,大量污染物进入鄱阳湖,造成鄱阳湖水体质量严重下降,尤其是水体富营养化问题。从鄱阳湖富营养化趋势分析可看出,近10年来鄱阳湖正逐渐向富营养化发展,且程度不断加剧,其水质已具备富营养化条件,局部水域甚至存在较为严重的蓝藻问题,纳污能力也逐步弱化,保护和改善鄱阳湖的水环境是当前摆在我们面前的紧要任务。

农业非点源污染是鄱阳湖水质恶化的主要原因之一。通过调查分析可知,江西省农业污染源主要是畜禽养殖业,粪便污水经暴雨径流冲刷后进入鄱阳湖流域,引起水体污染。同时,农村垃圾和污水治理的缺位使流域内生活污染物基本处于随意堆放、无人管理的状态,甚至呈现出"围村、塞河、堵门"之势,尤其在鄱阳湖中小流域现象更为严重,极大地加剧了流域内地表水和地下水污染,从而严重威胁居民生活质量和饮水安全。

## 三、国内外水污染防治技术调研

### （一）畜禽规模化养殖废水处理

**1. 国外典型处理工艺**

自二十世纪七八十年代起，欧美发达国家对集约化畜禽粪便污染的防治和管理技术进行了研究和完善，并取得了一定的效果。从专利分析可以看出，近年来有关畜禽粪便的授权专利日趋减少，表明该领域技术已较为完善，而其管理政策也趋于健全，在法律、管理和经济层面上形成了一个完整体系。当前，畜禽规模化养殖废水的处理主要以组合工艺为主，分别是以物化处理为主体、以生化处理为主体及物化处理与生化处理相结合。Suzuki 等利用结晶、曝气、静沉组合工艺处理日本某猪场污水中的污染物，并进一步研究出通过曝气结晶和成型鸟粪石沉降来去除和回收猪场废水中的磷，这种以物化处理为主体的组合工艺不仅操作简单，而且针对畜禽废水高浊度、高悬浮物等特点，解决了污泥中存在大量悬浮性固体的难题。同时，利用完全混合式厌氧反应器（CSTR）、厌氧滤池（AF）、厌氧复合反应器（UBF）、内循环厌氧反应器（IC）、厌氧序批式反应器（ASBR）等厌氧生物处理直接处理高浓度畜禽废水，并与序批式活性污泥法（SBR）等好氧工艺联用以进一步降低出水中污染物浓度，这也是当前最为经济的方法。Pinto 等也利用厌氧折流板反应器（RAC）和上流式厌氧污泥床（UASB）作为猪场废水前处理，并与后处理池相结合，发现后处理池能够有效降低营养物、有机物和悬浮固体浓度，为废水的农业利用或排出提供了安全保障。而物化处理与生化处理相结合的组合工艺主要是用来去除水中高浓度氨氮。Cintoli 等利用沸石滤床作为预处理，并辅以 UASB 和 UASB-AF 整套系统来去除猪场废水中的氨氮，不仅设备构造简单、管理方便，而且同时具有综合治理污染废水及吸附材料无毒无害等优点。

另外，近年来利用人工湿地等生态工程方法来处理畜禽废水也逐渐引起重视，Hunt 等利用人工湿地中的悬浮污泥层来去除畜禽废水中的氮，发现芦苇和香蒲人工湿地具有较高的反硝化酶活性，能够较好地去除废水中的氮。而在基于废水的微藻生产系统的小试中，可以看出微藻生产系统能够有效地降低废水中营养物浓度，有利于畜禽废水的资源再利用。综上所述，国外畜禽废水处理工艺已趋于完善，目前对畜禽废水处理的研究主要集中于资源再利用,并且开发出了一些小试工艺,有待于进一步推广应用。

### 2.国内典型处理工艺

随着我国畜禽养殖业的迅速发展,出现了布局不合理、种养脱节等问题,畜禽粪污未得到科学处置利用,既浪费资源,又污染环境,并成为湖库富营养化等水质恶化的重要原因。我国畜禽养殖业环境污染问题自20世纪90年代开始受到政府和学者的关注,在很多地区开展了污染调查、评估和防治对策研究等工作。目前国内比较经典的畜禽污水处理工艺主要有以下几种。

(1)模式1

该模式主要以能源利用与综合利用为目的,适用于当地能源需求大,沼气能完全得到利用,同时有足够土地消纳沼液、沼渣的情形,原则上以生猪计每出栏10头不少于1亩土地,并有一倍以上的土地轮作面积,使整个养猪场的畜禽排泄物在区域范围内全部得到循环利用。该工艺首先通过格栅去除畜禽粪污中较大的悬浮物或漂浮物,然后通过厌氧反应池来去除污水中的有机物,其中沼渣可用于堆肥,沼气通过净化被收集于贮气罐中进行再利用,沼液通过沼液利用系统可用于施肥或其他用途,具体工艺流程如图17所示。然而,该模式中粪尿连同废水一同进入厌氧反应池,而且由于未采用干清粪工艺,需要严格控制冲洗水用量,提高废水浓度的同时减少废水总量。

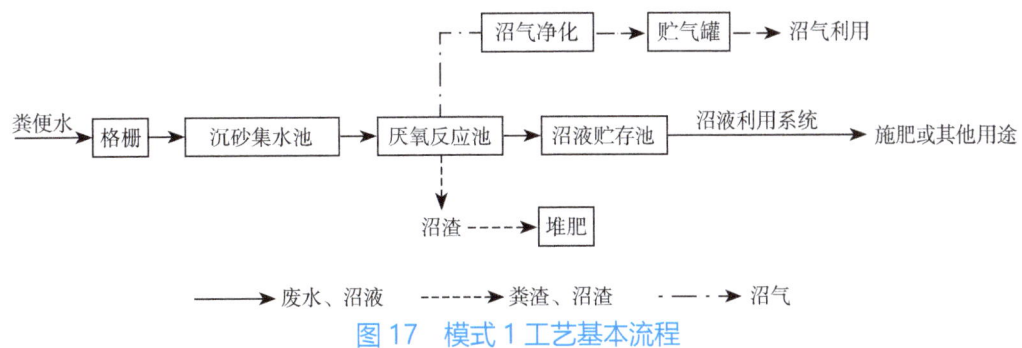

图17 模式1工艺基本流程

(2)模式2

该模式适用于能源需求不大的情形,主要以进行污染物无害化处理、降低有机物浓度、减少消纳沼液和沼渣所需配套的土地面积为目的，且养猪场周围有足够的土地消纳全部低浓度沼液，并有一定的土地轮作面积。该工艺主要是在模式一的基础上添加了固液分离设备，用以区分固体粪渣与废水，所得粪渣用于堆肥，而废水进入水解酸化池来改善废水的可生化性，进而进入厌氧反应池，具体工艺流程如图18所示。该模式主要是将固体粪渣和废水进行了分离，此时需要分别对它们进行处理，然后才能排放。

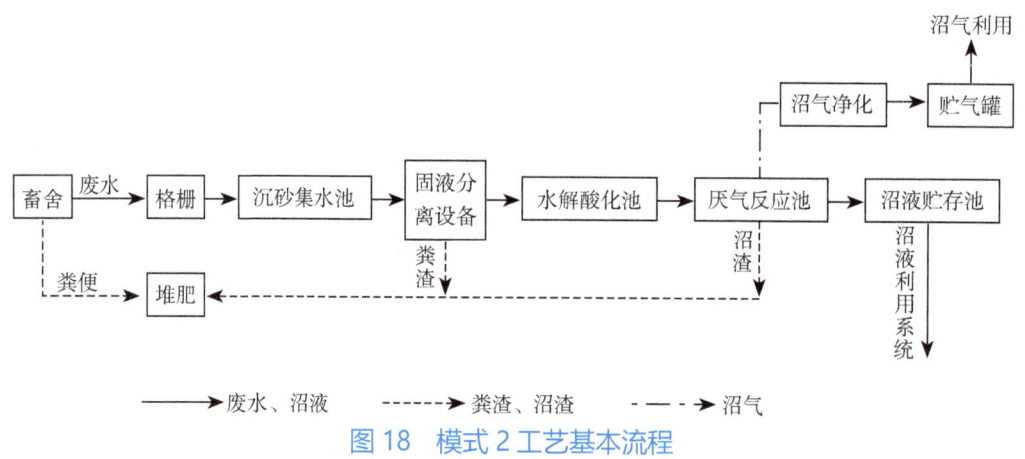

图18 模式2工艺基本流程

（3）模式3

该模式适用于能源需求不高且沼液和沼渣无法被土地消纳，废水必须经处理后达标排放或回收利用的情形。该工艺主要是在模式二的基础上进行了改进，废水进入水解酸化池后除了进入厌氧反应池外，一部分还进入配水池，然后被送入好氧处理系统和自然处理系统的组合工艺进行处理，经过消毒后废水能够达标排放或用于农田灌溉，具体工艺流程如图19所示。该工艺流程中需要注意建设合格的防雨防渗粪便发酵场或堆肥场，堆肥场体积也需达到规定要求。

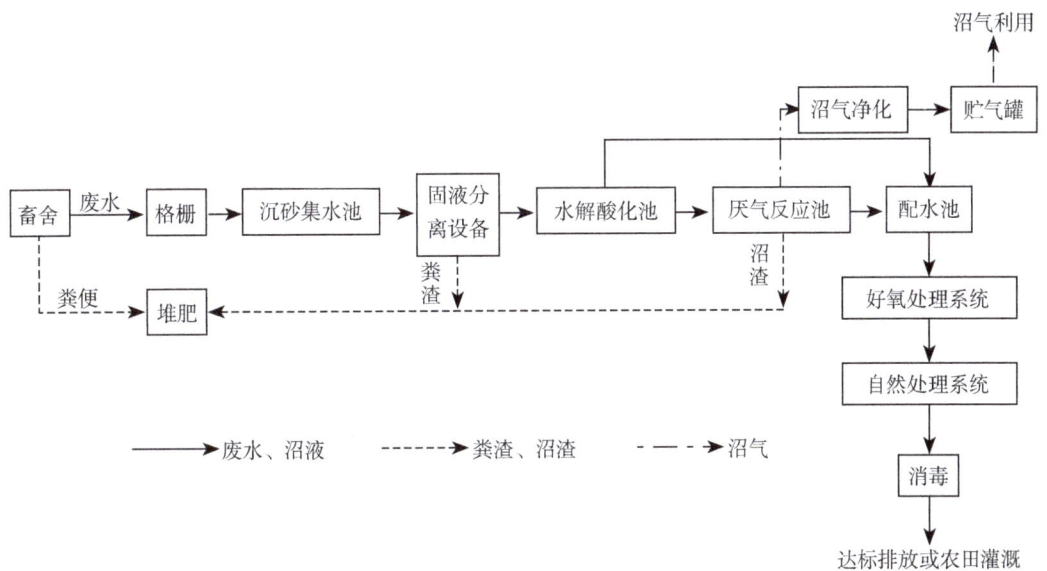

图 19　模式 3 工艺基本流程

（4）案例分析

宁夏灵武市灵武农场是宁夏最大的规模化生猪生长基地，存栏数 3000～3500 头，出栏数为 10 000 头，该工程主要用于处理猪场粪污，主要是通过厌氧生物处理去除可溶性有机物和传染性病菌，同时产生的沼气可用于养殖场的发电等，其年处理养殖粪污 1.2 万吨，日处理总固体（TS）含量为 6%，日产粪污约 39 立方米，日产沼气约 700 立方米，发酵后残渣作为有机肥还田利用。该示范工程对养殖场废水具有良好的处理效果，对 COD 去除起着重要的作用，减少了养殖废水对生态环境和周边水体的污染，但其对周围水体的 COD 消减率会随季节变化有所区别，冬春季为 27.1%，夏秋季为 45.3%。

从图 20 可以看出，该工程主要是将发酵原料（猪粪和尿）、冲洗水分开收集，猪尿及冲洗水进入集水池，猪粪直接进入进料斗，通过格栅后被送入匀浆池，经过充分搅匀后进入预热池，之后进入厌氧发酵罐。本工程采用混合式厌氧反应器，产生的沼气经脱水脱硫后可用于发电或作为养殖场燃料，沼液沼渣可用于农田灌溉。同时，为保证厌氧反应在冬季仍可正常进行，对系统还实施了增温和整体保温措施，增温的热源来自太阳能和气煤两用锅炉，其所用燃料可以是工程中所获取的沼气。由于宁夏属于中温带大陆性气候，冬季温度很低，且日照时间较短，所以额外加入了气煤两用锅炉来保证能量，而不同地带气候不同，工程设计也会有所不同。例如，江苏省属于亚热带季风气候，冬季天数较少，且冬夏干湿差别不大，其某地工程示范基地仅利用沼气发电余热就能保证冬季厌氧反应的正常进行。

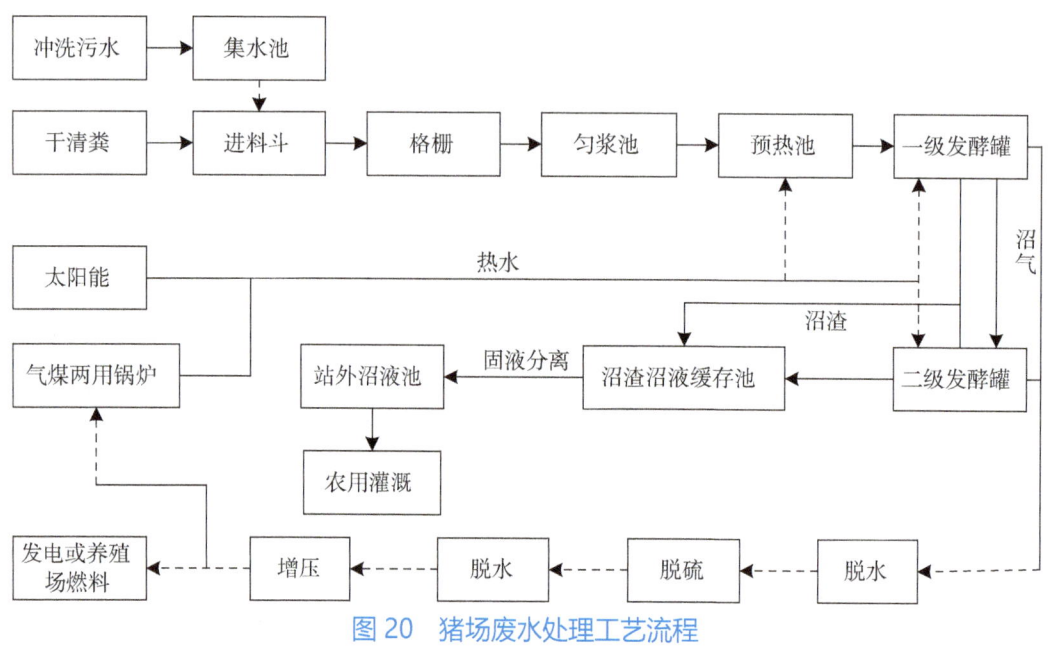

图 20　猪场废水处理工艺流程

## （二）农村生活污水处理

### 1. 国外典型处理工艺

农村生活污水处理一直是农村建设中的重点，发达国家在该方面进行积极探索，并取得了明显的成效，也形成了各自的农村污水处理成熟体系。美国自1972年颁布第一个完整的清洁水法后，逐渐完善污水处理的法律法规，并逐步采用分散污水处理系统来处理独户或相对集中的一小片住宅及商业区的少量生活污水。澳大利亚提出了一种"过滤、土地处理与暗管排水相结合的污水再利用系统"，称之为"非而脱"高效、持续性污水灌溉新技术，主要是利用污水进行作物灌溉，通过灌溉土地处理后，再用地下暗管将其汇集和排出。这种污水处理技术特别适用于土地资源丰富、可以轮作休耕的地区，或以种植牧草为主的地区，但受作物生长季节的限制，非生长季作物不灌溉，污水处理系统就不能工作。韩国农村居民分散居住，主要利用一种湿地污水处理系统，使污水中的污染物经湿地过滤后，或被土壤吸收，或被微生物转化成无害物。这种方法所需能源少，维护成本低，并且利用湿地处理后的污水灌溉水稻，可取得更好的净化效果，但其缺点是需要大量土地，要解决土壤和水中的充分供氧问题及受气温和植物生长季节的影响问题等。日本也十分看重污水处理工作，并且具有很好的污水处理能力，设计研究了15种不同型号适合农村城镇应用的污水处理设备，主要分生物膜法和浮游生物法两大类。同时，日本自1977年实行农村污水处理计划以来，成功地将这些污水处理设备应用于农村，处理后的污水水质稳定，可用于灌溉水稻或果园等。另外，荷兰的一体化氧化沟、法国的蚯蚓生态滤池等在农村污水处理中都占据了重要的作用。

国外除了上述已经较成熟的工艺外，仍有大量的研究致力于提出适合各地实际情况的处理技术或管理政策来更加完善农村生活污水的处理。伊朗地区农村生活污水处理技术最大的难题在于政府资金投入有限，为此，Farrokhi等提出了一种通过划分农村区域来提高农村废水管理上资金的利用效率的模式，从人口密度、水消费、废水产生和废水处置系统等方面规定了重要的标准。而在捷克共和国农村小流域的废水处理中发现，废水处理设施的部署并不能解决全部排污口的污染问题，其工厂设计过程中应需考虑当地的条件，如流域大小、污染的起始浓度及处理设施的工艺优化等。通过对约旦农村中分散式污水处理系统的成本和利益分析，同时将与环境、健康和农业灌溉相关的得益货币化，可知分散式污水处理系统在偏远地区是值得建立的系统。综上所述，国外农村生活污水处理工艺已然较为完善，部分发达国家已建立了适合自身国情或与地区条件相符的农村生活污水处理系统，并正逐步完善农村生活污水处理相关政策法规，从而使农村生活环境得到极大改善。

下面，以英国伦敦泰晤士河为例进行分析。

（1）水环境问题分析

泰晤士河全长402千米，流经伦敦市区，是英国的母亲河。19世纪以来，随着工业革命的兴起，河流两岸人口激增，大量的工业废水、生活污水未经处理直排入河，沿岸垃圾随意堆放。1858年，伦敦发生"大恶臭"事件，政府开始治理河流污染。

（2）治理思路及措施

一是通过立法严格控制污染物排放。20世纪60年代初，政府对入河排污做出了严格规定，企业废水必须达标排放，或纳入城市污水处理管网。企业必须申请排污许可，并定期进行审核，未经许可不得排污。定期检查，起诉、处罚违法违规排放等行为。

二是修建污水处理厂及配套管网。1859 年，伦敦启动污水管网建设，在南北两岸共修建 7 条支线管网并接入排污干渠，减轻了主城区河流污染，但并未进行处理，只是将污水转移到海洋。19 世纪末以来，伦敦建设了数百座小型污水处理厂，并最终将这些合并为几座大型污水处理厂。1955—1980 年，流域污染物排放总量减少约 90%，河水溶解氧浓度提升约 10%。

三是从分散管理到综合管理。自 1955 年起，逐步实施流域水资源水环境综合管理。1963 年颁布了《水资源法》，成立了河流管理局，实施取用水许可制度，统一水资源配置。1973 年《水资源法》修订后，全流域 200 多个涉水管理单位合并成泰晤士河水务管理局，统一管理水处理、水产养殖、灌溉、畜牧、航运、防洪等工作，形成流域综合管理模式。1989 年，随着公共事业民营化改革，水务管理局转变为泰晤士河水务公司，承担供水、排水职能，不再承担防洪、排涝和污染控制职能；政府建立了专业化的监管体系，负责财务、水质监管等，实现了经营者和监管者的分离。

四是加大新技术的研究与利用。早期的污水处理厂主要采用沉淀、消毒工艺，处理效果不明显。二十世纪五六十年代，研发了活性污泥法处理工艺，并对尾水进行深度处理，出水生化需氧量为 5～10 毫克/升，处理效果显著，成为水质改善的根本原因之一。泰晤士河水务公司近 20% 的员工从事研究工作，为治理技术研发、水环境容量确定等提供了技术支持。

五是充分利用市场机制。泰晤士河水务公司经济独立、自主权较大，其引入市场机制，向排污者收取排污费，并发展沿河旅游娱乐业，多渠道筹措资金。仅 1987—1988 年，总收入就高达 6 亿英镑，其中日常支出 4 亿英镑，上缴盈利 2 亿英镑，既解决了资金短缺难题，又促进了社会发展。

（3）治理效果

泰晤士河水质逐步得到改善。20 世纪 70 年代，重新出现鱼类，并逐年增加；20 世纪 80 年代后期，无脊椎动物达到 350 多种，鱼类达到 100 多种，包括鲑鱼、鳟鱼、三文鱼等名贵鱼种。目前，泰晤士河水质完全恢复到了工业化前的状态。

**2. 国内典型处理工艺**

我国农村生活污水处理研究起步较晚，自20世纪80年代起，我国在农村配置了诸多无动力或微动力的低能耗型一体化污水处理装置，不断提高其生物处理效率，实现污水资源化。到目前为止，农村典型污水处理工艺主要有以下几种。

（1）厌氧沼气池处理技术

该技术主要是在我国各类化粪池和沼气池的基础上，借鉴日本、德国及中国台湾的生活污水处理经验而开发出来的分散处理生活污水技术（图21）。污水中大部分有机物经厌氧发酵后产生沼气，发酵后的污水被去除了大部分有机物而达到净化目的，产生的沼气可以作为家用能源，处理后的污水可用作灌溉用水和观赏用水，该技术成为当前我国农村生活污水处理工艺中最通用节俭且能体现环境效益与社会效益相结合的生活污水处理方式。但目前还存在出水水质未达标、缺乏内部机制研究及沼气未完全得到利用等缺陷，需要进一步改善研究。

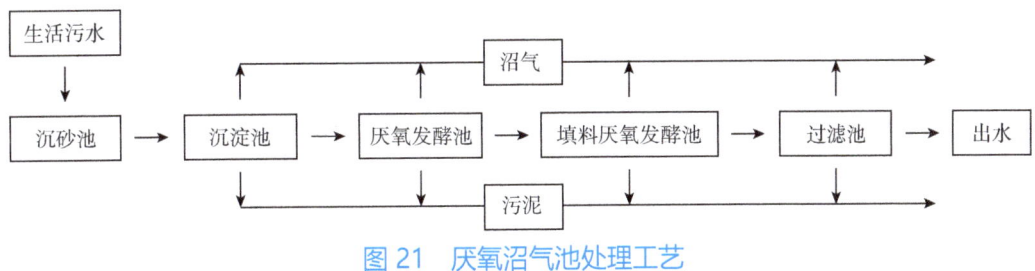

图21　厌氧沼气池处理工艺

（2）稳定塘处理技术

该技术在我国尤其是干旱地区是实施污水资源化利用的有效方法（图22），它主要是利用菌藻的共同作用处理废水中的有机污染物，具有基建投资和运转费用低、维护和维修简单、便于操作、能有效去除污水中的有机物和病原体等优点。近几年来，随着研究和实践的深入，提出了很多新型塘和组合塘工艺，如高效藻类塘工艺。组合塘工艺主要分为两大类：一是与传统生物法组合，如气浮、氧化沟、稳定塘组合工艺，混凝、生物膜曝气池、氧化塘组合工艺；二是各类塘型组合，如多级串联塘工艺、生态综合系统塘工艺。这些都为稳定塘处理技术的发展利用奠定了坚实的理论基础和技术支撑。

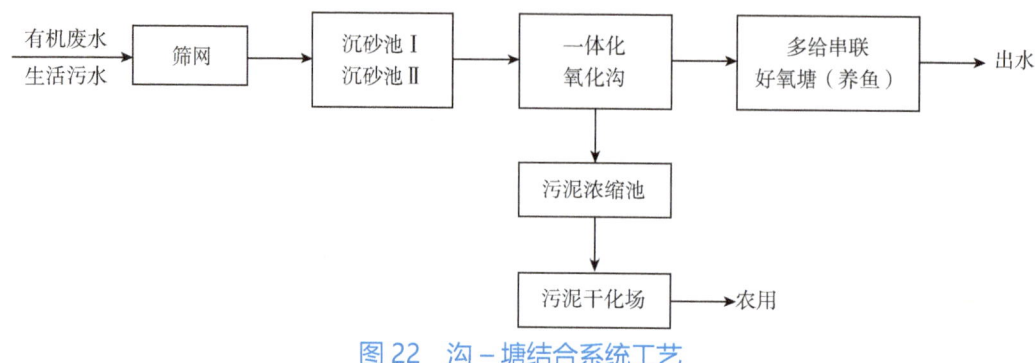

图 22　沟－塘结合系统工艺

（3）土壤渗滤技术

随着污水地下回灌研究的逐渐增多，土壤渗滤技术日益受到重视，主要是通过合理利用自然生态系统的功能，使污染物经过表土层及下包气带时产生一系列的物理、化学和生物作用来降低污水中污染物浓度。该技术不需要太多的日常操作和维护且处理费用低，革新了直接循环的管对管的污水处理方式，不需要地表储存设施，对水污染负荷变化有一定的承受能力，出水水质好，对有机物尤其是有机氯化物和氨氮有较好的处理效果。Qin 等的研究也表明地下渗滤系统（SWIS）能够有效去除农村污水中的有机污染物，并在中试中实现出水水质达到地表水标准Ⅲ类水平。

**3. 案例分析**

浙江省在农村生活污水处理上做了许多探索，积累了较为丰富的经验，因此以浙江省农村生活污水处理模式为导向，可为我国农村生活污水处理提供参考和地方经验。浙江省不同地区因乡村现状不同选择的污水处理工艺也有所不同，主要分为以下 4 种。

（1）单纯厌氧生物处理模式

浙江省富阳渔山乡某村约 1.02 平方千米，人口 710 人，排出污水中 COD、$BOD_5$、氨氮、TP 浓度分别为 652.00 毫克/升、352.00 毫克/升、113.00 毫克/升、8.99 毫克/升。由于该地能被城镇管网覆盖且地势平缓，可以利用厌氧生物处理中的厌氧菌作用，对较高浓度的生活污水进行厌氧酸化和发酵，将污水中大部分有机污染物降解成较小分子，且产生沼气。通过厌氧生物处理工艺处理后，各污染物浓度分别下降为 63.20 毫克/升、10.90 毫克/升、13.30 毫克/升、3.48 毫克/升,其中 $BOD_5$ 和氨氮均达到设计排放标准。该模式虽然在去除污水中的污染物上有一定的效果,但存在着占地面积大、污染物降解不彻底等缺陷,一般作为农村生活污水处理工程中的二级处理单元使用,后需接三级处理单元或出水接入城镇污水管网,也适用于半山区、山区农村,那里有足够的农田能安全消纳最终出水。

（2）人工湿地处理模式

浙江省衢州开化县某镇新区约 35 万平方米,涉及人口 4500 人,排出污水中 COD、$BOD_5$、氨氮、TP 浓度分别为 380.00 毫克/升、75.75 毫克/升、89.20 毫克/升、6.98 毫克/升。鉴于该地空闲土地较多、对水环境功能不敏感,利用厌氧池和人工湿地的组合工艺进行处理,污水经厌氧处理后进入长有沼生植物的人工湿地,利用植物、动物、微生物和土壤共同作用加以净化。通过处理后,污水中各污染物浓度分别为 50.00 毫克/升、3.30 毫克/升、5.88 毫克/升、3.48 毫克/升,其中 COD、$BOD_5$、氨氮均达标。该模式不仅能耗低、运行简单,且能去除有机物、氮磷和重金属,但需要定期进行湿地植物养护和监测,同时在对氮磷去除有一定要求的农村地区,建设地址需有地势差,适用于对水环境功能较敏感的半山区、山区及海岛农村。

（3）好氧生物处理模式

浙江省临安於潜镇某村涉及人口 500 人和一所中学近 2500 名师生,排出污水中 COD、$BOD_5$、氨氮、TP 浓度分别为 885.00 毫克/升、561.00 毫克/升、46.60 毫克/升、5.47 毫克/升。从该地实际情况看,该地经济实力较强、对水环境功能敏感、土地相对紧张、出水要求高,因而可以利用厌氧池和好氧曝气池组合工艺进行处理,主要是通过机械曝气,利用好氧菌将有机污染物分解为 $CO_2$ 和 $H_2O$。污水处理后各污染物浓度分别为 26.80 毫克/升、14.40 毫克/升、49.60 毫克/升、7.16 毫克/升,其中回流管道破损及运行管理不到位引起了氨氮和 TP 的异常升高。该模式处理负荷较高,水力停留时间短,设施体积小,出水水质好,但曝气系统投资较大,能耗高,有一定的运行费用,适合于对农村生活污水减排有要求的地区或对水环境功能敏感的地区。

### （4）稳定塘处理模式

浙江省临安乐平乡某村涉及人口 350 人，排出污水中 COD、$BOD_5$、氨氮、TP 浓度分别为 103.00 毫克/升、12.40 毫克/升、13.20 毫克/升、1.23 毫克/升。通过分析可以看出，该地区经济条件一般、对水环境功能不敏感、有废旧池塘或荒地可供利用，因而可以利用厌氧池和稳定塘组合工艺处理污水，主要是让污水在塘内长时间停留，使其有机物在不同细菌分解代谢作用下被生物降解。污水经处理后各污染物浓度分别为 76.60 毫克/升、＜2.00 毫克/升、2.69 毫克/升、1.16 毫克/升，均达到设计排放标准。该模式建设成本及运行费用相对低，但同时具有处理效果受气候条件影响大、占地面积较大、有机负荷低等缺陷。

## （三）中小流域污染治理

### 1. 国外典型处理工艺

水体黑臭伴随着工业化、城市化的快速发展而产生。韩国首尔清溪川、英国伦敦泰晤士河、法国巴黎塞纳河等都有类似经历，但是经过整治，水质得到了改善。世界各国对中小流域的研究因自然条件和社会经济发展状况的不同而有所差别，并且治理程度也存在较大差异。欧美发达国家经济发展较快，对中小流域污染治理有着比较丰富的经验。美国流域治理起源于水土保持运动，其特点在于把流域治理工作与土地利用、经营紧密结合，在小流域的治理方面，美国主要从土壤侵蚀进行系统研究，并且在该领域始终保持着世界领先地位。

（1）污染治理过程

① 控源：在对治理对象环境问题进行科学诊断与受损前背景分析的基础上，确定恢复目标与方案，最大限度降低人类的干扰程度，削减和控制污染源（包括外源和内源），降低湖内水体污染负荷。

② 生境：修复湖滨带浅水区基底和生物栖息环境，重建干扰前的物理环境，改善水体和土壤化学状况。

③ 优化：采用生物操纵措施，去除具有负面影响的生物组分，提高生态系统恢复力，引入并恢复已消亡的土著动植物物种，建立水生植物群落，增加生物多样性和系统稳定性。

（2）关键技术分析

Cooke 等（1993）针对藻类量控制和湖泊恢复，建议采用的技术有：污水深度处理（Advanced Wastewater Treatment，AWT）、污水分流与转移、引水稀释与冲污、湖下滞留层水体曝气与抽提（适用于深水分层湖）、沉积物氧化与磷钝化、沉积物疏浚、生物操纵、水位管理、微生物菌剂修复湖泊富营养化等。

1）沉积物氧化与磷钝化

在外源性污染得到有效削减下，污染底泥释放是阻碍湖泊恢复进程的不可忽视的重要因素。内源污染控制是指沉积物疏浚（包括堆场处置）、沉积物原位覆盖与营养物钝化。通常有石灰（$CaCO_3$）处理、$FeCl_3$ 处理、硫酸铝（明矾）或铝酸钠处理、$Ca(NO_3)_2$ 处理、底层人工曝气等。沉积物生物处置主要是通过恢复沉水植物来抑制营养盐释放，降低悬浮颗粒物含量。去除藻类也可以降低营养盐含量，但是，在操作方面存在一定难度。机械除藻技术目前正在大发展。

2）沉积物疏浚

瑞典 Trummen 湖通过疏浚工程降低了 90% 的 TP 负荷和 80% 的 TN 负荷。美国 Lilly 湖疏浚后 TP<0.02 毫克/升，TN<0.5 毫克/升，SD=2.2 米，Chl.a<15 微克/升（Cooke et al.，1993）。但是，疏浚后新生界面可能会出现污染物释放回复现象（范成新 等，2004）。沉水植物被证明可以用来稳定沉积物、降低沉积物营养释放（Barko et al.，1988，1991；Barko et al.，1998）、吸收水体营养盐（Jeppesen，1998）。因此，沉积物疏浚工程完成后，恢复沉水植物是较好的湖泊恢复方案。由于工程费用和其他因素的限制，一些湖泊通过原位处理技术来控制内源污染物释放。美国大湖区原位覆盖工程的监测结果显示，原位卵石和沙砾覆盖可有效防止沉积物中有机物和重金属向水体迁移。

3）化学试剂处理

湖泊原位处理技术还包括通过化学试剂，如硝酸钙、石灰（酸化湖）、硫酸铝（或铝酸钠，适用于软水湖泊）和氯化铁，达到控制沉积物释放的目的。美国 EPA 采用此方法对一些湖泊和水库进行处理，富营养化水体得到有效控制。在荷兰的 Braakman 水库和 Grote 水库，此技术使水体中 TP 和藻类生物量大幅度下降。研究同时指出，铁磷化合物有可能在还原环境中再次活化；而铝盐与磷结合则相对牢固，甚至在厌氧环境中也较稳定。Alte Donau 湖是奥地利维也纳一个城市湖泊，采用了 Riplox 化学处理法控制湖泊内源释放，投加 $FeCl_3$ 和缓冲剂石灰（$CaCO_3$）使水体中磷和颗粒物沉降至湖底，再用 $Ca(NO_3)_2$ 使沉积物表层氧化，有效地阻止了沉积物中的磷向水体释放（Donabaum et al.，1999）。Riplox 方法将 $Ca(NO_3)_2$ 注射至沉积物中来氧化表层 15～20 厘米的沉积物，通过提高 pH 和添加 $FeCl_3$ 促使与磷结合。此方法是由 Rilp（1976 年）发明的，因此也被称为 Riplox（Donabaum et al.，1999）。

4）人工曝气技术

通常被运用于温度分层湖泊，人工曝气可以有效限制湖底滞水层与沉积物表面磷活化和向上层水体扩散，从而抑制浮游藻类生产力。加拿大的 Amisk 湖（平均水深 14 米）在北部湖区安装了水体下层曝气系统，1988 年夏季，北部湖区 TP 仅是历史正常水平的 42.5%，而南部湖区没有曝气系统，其 TP 维持历史正常水平。瑞典 Sodra Horken 湖对湖下层的厌氧环境进行曝气处理，湖泊水体中 TP 负荷减少 91%。人工环流扰动技术和超微气泡处理技术在日本被运用得较多，对黑臭的河流水体也有较好的净化效果。

5）引水稀释与冲污

该技术在国内外水污染控制与湖泊恢复中得到广泛应用，取得一定效果。在 Moses 湖和 Green 湖治理过程中，引入无污染水以有效降低水体中氮、磷含量，Moses 湖春季换水率增加 10 倍，Green 湖增加 3 倍，营养盐负荷、藻类生物量和透明度等指标改善了近 50%。

6）微生物菌剂修复湖泊富营养化

美国 Alken-Murry 公司研究开发 Clear-Flo 系列菌剂产品，专门用于湖泊和池塘生物清淤（biodredging）、养殖水体净化、河流修复及污泥去除。1992 年，美国 MoulinVert 水渠使用 Clear-Flo 1200，3 个月后，$NH_4^+$ 从 0.02 毫克/升降为 0.00 毫克/升，COD 降低了 84%，BOD 降低了 74%，无毒性检出。1993 年，用 Clear-Flo 7018、Clear-Flo 1200 和 Clear-Flo 7000 净化中国昆明的一条河流，这条河悬浮有机废弃物负荷很高，臭气熏天，富营养化严重，治理后，$NH_4^+$ 和 $H_2S$ 降低，污泥被分解，溶解氧增高。1997 年，美国马里兰州 Gaithersburg 的一个湖用补充了添加剂的

Clear-Flo 1200，阻止了丝状蓝绿藻的滋生。

1998年，西班牙瓜达拉哈拉城郊俱乐部，用Clear-Flo 7000抑制了大部分池塘表面的藻类，但水体仍持续呈现绿色。之后，将少量聚合物加到少量Clear-Flo 1001里，池塘水立即变清（顾宗濂，2002）。瑞典的富营养化湖泊治理实践表明，在湖泊99%的外源营养盐得到控制后，来自沉积物的氮磷释放能够维持水生生态系统的初级生产力在富营养水平10年之久（Cooke et al., 1993）。

（3）案例分析

多瑙河全长2850千米，是欧洲第二长河，奥地利首都维也纳市地处其中游。维也纳多瑙河形成了一套现代化的河流综合治理和开发体系，即在传统治理理念基础上突出"生态治理"概念，并将其运用到防洪、治污、经济开发等各个领域。主要措施包括两个方面。

一是建设生态河堤。恢复河岸植物群落和储水带，是维也纳多瑙河治理和开发的主要任务之一。基于亲近自然河流概念和自然型护岸技术，在考虑安全性和耐久性的同时，充分考虑生态效果，把河堤由过去的混凝土人工建筑，改造成适合动植物生长的模拟自然状态护堤，建成无混凝土河堤或混凝土外覆盖植被的生态河堤。

二是优化水资源配置和使用。维也纳周边山地和森林水资源丰富，其城市用水99%为地下水和泉水，这维持了多瑙河的自然生态流量。维也纳严禁将工业废水和居民生活污水直接排入多瑙河，废污水由紧邻多瑙河的两座大型水处理中心负责处理，出水水质达标后，大部分排入多瑙河，少部分直接渗入地下，补充地下水。此外，严格控制沿岸工业企业数量，并严格监管。

### 2. 国内典型处理工艺

我国中小流域治理自20世纪80年代以来取得了一些重要成果，并在综合措施方面也形成了一套完整的体系，不仅运用高科技手段进行小流域治理规划，而且建立了综合防治体系。中小流域是一类生态系统，治湖必须有系统观点，开展源头控制、入湖河流治理、湖体生态修复、增支节收。控源是削减湖泊污染、改善水质的前提和根本手段，同时要做好过程控制，加强生态河流建设与流域生态修复。底泥疏浚等内源污染削减要结合湖滨湿地基底修复，将污染底泥就地处置与改良，防止污染转移或产生新污染。修复前置库与湖滨湿地是湖泊恢复与水质提升的关键技术，要加强大湖面敞水区生物水质调控技术研发，全面修复湖泊生态系统，抑制蓝藻水华。保留与修复近岸水域浅水生境，促进沉水植物恢复。发展净水渔业，改善湖泊生物结构，促进物质与能量良性循环。科学调控与管理水位，促进水生植物扩张，提升湖泊自净能力。

（1）关键技术分析

1）抗风浪型组合浮床技术

研发了低成本、高净化力、抗风浪、易移动、易组装、植物可自行繁衍、冬季可以生长的组合生态浮床；同时开发了净化效率高、使用期限长、富集微生物能力强的移动床生物膜反应器。

2）生物控藻技术

主要有经典生物操纵技术（包括上行与下行效应和营养链级作用）和非经典生物操纵技术（鱼类控藻），是针对湖泊敞水区或整个湖泊藻类水华削减的。

3）陆生植物浮床、漂浮植物浮床技术

陆生植物浮床技术是将驯化的陆生植物，栽培于浮体之上，借助植物根系吸收水体营养盐和根际微生物的生态作用，达到稳定水体、净化水质及提高水体透明度的目的。此技术工程量较大，且需要每年反复实施，因而工程成本较高，对于污染严重、透明度低的水体初期治理有运用价值。水生漂浮植物，如水花生、水浮莲和凤眼莲，生长速度快，净化水质能力强，被大量研究证实是有较高应用价值的水生植物。

4）贝类控藻技术

利用双壳类（大型底栖动物——贝类）滤食藻类和碎屑，从而提高水体透明度。此项技术还停留在试验室的模拟系统阶段，湖泊现场研究及工程规模化运用很少，需要湖泊现场规模化试验研究，以获得更多数据来校验与发展此项技术。

（2）案例分析

1）太湖五里湖生物操纵实例

总体目标：重建湖泊水生植物群落，恢复湖泊生物多样性，建立以沉水植物为优势的、生物多样性较高的"清水态水体"。

主要技术措施：①2003年12月在五里湖南岸建立了一个150亩的大型围隔；

②在风浪冲刷岸段营造缓坡，对碎石岸段进行基底复土，在陡峭、水深岸段构建湖滨浅滩；③依据环境状况、景观配置需要栽种各种生活型植物；④在工程区内放置"生物浮岛"（430平方米）；⑤清除原有的鱼类，放养肉食性鱼类；⑥在挺水植物外缘种植浮叶植物，并配种适宜浅水生长的沉水植物；⑦设置2道约700米长的"生物网膜"；⑧在敞水区种植沉水植物；⑨放养大型底栖动物；⑩对植物、鱼类进行不间断管理。

试验结果显示：①水体透明度大幅度提高，从 0.30 米增加到 2.45 米（见底）；② TN、TP、$COD_{Mn}$ 显著下降；③水体 Chl.a 从 80.0 微克/升下降至 1.3 微克/升。

2）巢湖水质生物调控示范工程

规模：1.69 公顷。

建设期：2009 年 6—9 月。

维护与观测期：2009 年 9 月—2011 年 11 月。

工程内容：抗风浪网箱建设、鱼类控藻、生态浮床、鱼类粪便控制与收集。

示范工程效果：①工程区内叶绿素 a 是区外的 36.33% ～ 82.14%；②工程区内 TN 比区外下降 10% ～ 43%；③工程区内浮游植物生物量比区外下降 15% ～ 75%；④工程区内湖水透明度比区外湖水提高 3.00 ～ 11.25 厘米。

## 四、江西省水污染防治技术

### （一）江西省水污染治理技术

对于江西省猪场粪污的处理，从采用的工艺技术来看，有厌氧处理、好氧处理、厌氧好氧组合处理及氧化塘、人工湿地等自然处理。尽管有这些处理工艺，但养殖场废水处理率仍然很低。处理率低的主要原因有两个：一是畜禽养殖业属微利行业，受到自然和市场的双重风险，企业经济效益差，没有资金投入废水处理；二是环境意识淡薄，执法不严。同时，还有一个重要原因是：对畜禽养殖废水处理认识模糊，处理模式单一，许多人始终存在一个思维上的定式，即环保的"达标排放"思路。实际上，各个养殖场的自然、经济条件千差万别，养殖场的规模大小不一，环境容量有大有小，废水排放要求也不尽相同，粪污处理模式也应该多种多样。因此，有必要对江西省规模化猪场养殖废弃物的不同处理工艺进行调查研究和技术经济评价，总结出适合不同地区、不同规模猪场的粪污处理模式。

在调查研究归纳总结的基础上，现根据猪场母猪存栏量将猪场划分为3种规模，即小型养猪场（存栏量<500头）、中型养猪场（500≤存栏量≤2000头）和大型养猪场（存栏量>2000头）。下面就值得借鉴的3种规模化养猪场的粪污处理模式进行简介（图23至图25）。

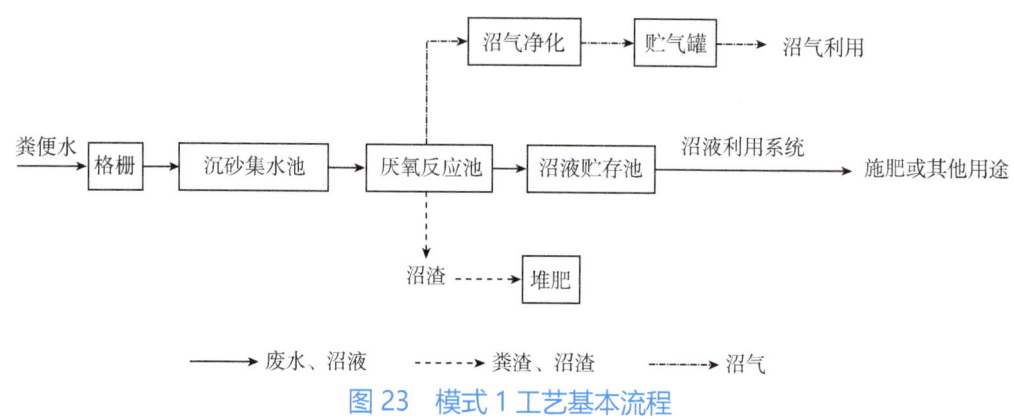

图23　模式1工艺基本流程

模式1：粪尿连同废水一同进入厌氧反应池，未采用干清粪工艺，应严格控制冲洗用水，提高废水浓度，减少废水总量。

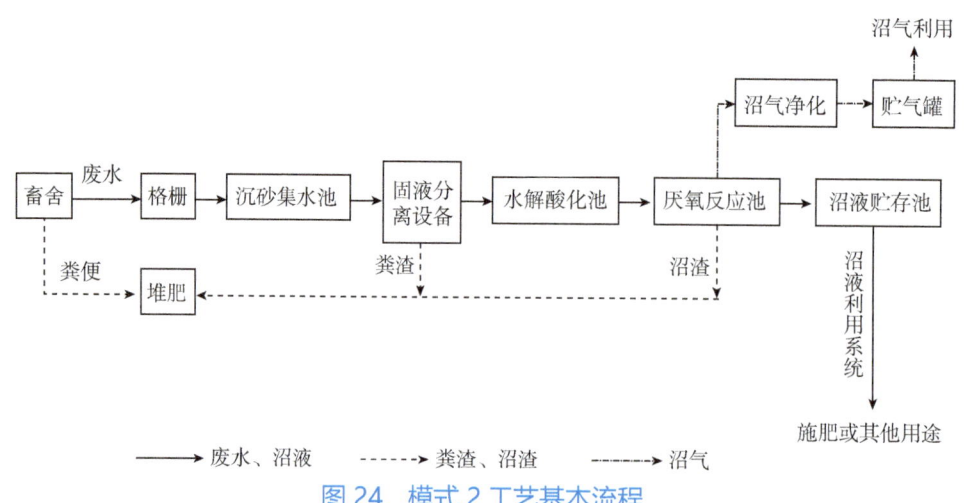

图24　模式2工艺基本流程

模式2：废水进入厌氧反应池之前应进行固液（干湿）分离，然后再对固体粪渣和废水进行分别处理。

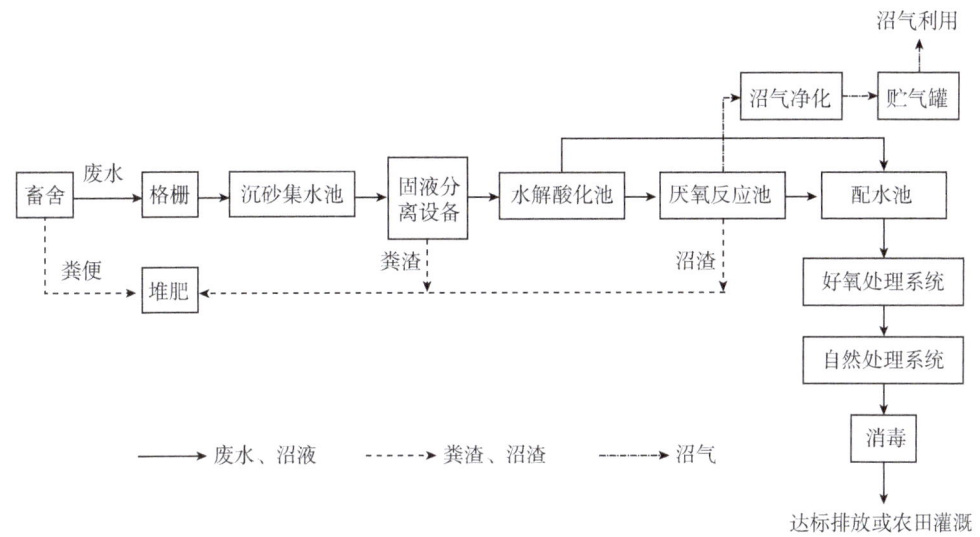

图25　模式3工艺基本流程

模式3：废水进入厌氧反应池之前应进行固液（干湿）分离，减轻后续处理负担，然后再对固体粪渣和废水分别处理。

### 1. 自然生态处理模式

该种模式充分结合各地资源条件，根据畜禽粪污排放量和作物生长需要，将畜禽养殖场产生的废水和粪便无害化处理后施于农田、果园、菜园、苗木地、花卉田及牧草地等。这种模式因其简单易行，在江西省中小规模养殖场（年出栏量一般少于2000头）被广泛应用。"猪—沼—果（菜、棉、粮、鱼）"等生态养殖模式主要发展于20世纪90年代末，江西省初步形成了赣南、赣东以牧沼果为主，赣中以牧沼菜、牧沼粮为主，赣北以牧沼鱼、牧猪共养为主的格局。其主要优点有：①将污染物变废为宝，最大限度实现资源化；②可以减少化肥施用，增加土壤肥力；③耗能低，无须专人管理，运转费用低。而主要缺点则有以下几点：①需要配备足够的土地来承载固粪、沼渣、沼液，因此受条件限制，适应性不强；②雨季及非用肥季节需要考虑沼渣、沼液的出路，存在着传播畜禽疾病和人畜共患病的风险；③施用方式不当或连续过量施用会导致硝酸盐、磷及重金属的沉积，对地表水和地下水造成污染；④随着 Cu、Zn 等重金属在饲料添加剂中的广泛应用，这种有害不易降解污染物会进入动植物体内，进而转移至人体内，会极大影响人们的身体健康。

### 2. 预处理 + 厌氧处理 + 好氧处理模式

由于单独的好氧处理基建投资及运行费都太高，而单独的厌氧处理又无法达到出水水质标准，废水治理者不得不另辟蹊径开发出厌氧处理 + 好氧处理组合处理模式（图 26）。

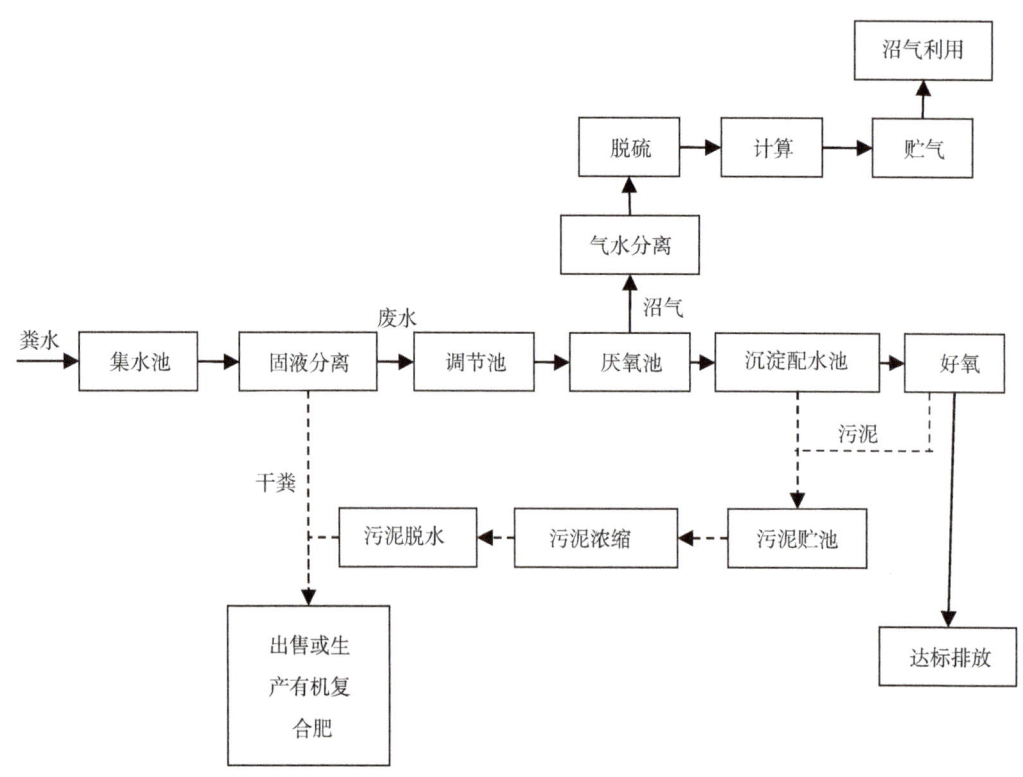

图 26　厌氧处理 + 好氧处理组合处理猪场废水工艺流程

厌氧处理具有容积负荷高、可直接处理高浓度废水等特点，可以大幅度减小反应池容积，同时产生的甲烷是一种潜在能源，可以加以利用，减少运行费，但是也存在厌氧反应无法去除氨氮、TP 等缺点，这使得厌氧出水碳氮比失调，直接进入好氧反应池会使得去除效果逐渐变差，所以不得不向好氧反应池中加入碳源，而这也直接导致运行费增高，严重制约了该组合处理工艺的发展。

井冈山华富畜牧有限责任公司建设改进的红泥塑料厌氧池和升流式滤池如图 27

所示，日处理污水量 120 吨，粪污水经固液分离、厌氧发酵、好氧曝气、仿生态氧化、升流式快渗等工艺处理后，COD、BOD、氨氮等主要指标，达到国家排放标准。

图 27　井冈山华富畜牧有限责任公司建设改进的红泥塑料厌氧池和升流式滤池

### 3. 预处理 + 厌氧处理 + 膜处理模式

4S-MBR 是金达莱公司自主研发的一种以膜生物反应器为基础、反应器内活性污泥浓度大、运行能耗低、可实现基本不排放有机剩余污泥的污水处理新工艺。其特点 "4S" 主要体现在污水污泥同步（Sewage and Sludge Treating Synchronization）、处理回用同步（Treating and Recycling Synchronization）、节能高效同步（Saving and Efficiency Synchronization）、脱氮除磷同步（Denitrifying and Dephosphorizing Synchronization）4 个方面。污水经提升泵提升后进入兼氧/好氧区（主要目的是控制前端硝化反应、优化后端氨氮及硝酸盐比例），随后污水进入膜生物反应区，由于膜的截留作用，反应区内形成高浓度的活性污泥，主要污染物（有机负荷及氨氮）在此区得到强化降解。江西农达畜牧有限公司年出栏量 3000～4000 头，猪场采用干清粪工艺，日废水排放量约 30 吨。废水处理工程是对猪场干清粪后排出的废水利用 4S-MBR 反应器进行处理，处理后出水水质优于《畜禽养殖业污染物排放标准》（GB 18596—2001），并可回收利用。污水处理工艺流程和 MBR 膜生物反应器如图 28 至图 29 所示。

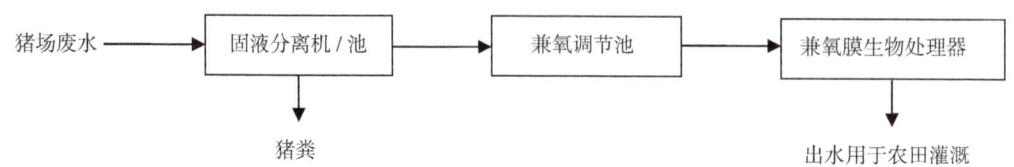

图 28　江西农达畜牧有限公司污水处理工艺流程

图 29　江西金达莱环保研发中心有限公司 MBR 膜生物反应器

项目运行较为稳定，但处理规模较小，也存在此类高浓度有机废水引起严重膜污染的问题。

## （二）江西省科学院水污染防治成果

江西省科学院多年来聚焦于江西省水污染防治面临的关键科学与技术问题，瞄准水污染防治的科学前沿，致力于保护江西省水环境质量安全，并在自主研发及与中科院共同研发基础上取得了多项研究成果。为配合即将颁布的《水污染防治行动计划》，江西省科学院基于自身的科研优势，以现有的水污染防治成果为研究基础，努力促进中科院科技成果在江西省进一步转移转化，大力推进江西省水污染防治研究，控制水资源破坏和环境污染的蔓延，促进江西省生态文明先行示范区的建设。

## 1. 规模化养猪场水污染防治关键技术

农业面源中的畜禽粪便污染是需要重点治理的对象之一。推进废弃物资源化利用，秉持"谁污染、谁负责、第三方治理"原则。种植业：减少化肥、农药、除草剂的施用量，减少薄膜使用，发展生态有机农业；养殖业：因地制宜合理布局中小型养殖场，推广猪沼果畜禽粪便循环利用模式，严格控制大型规模化养殖企业；水产业：改变养殖方式，减少人工饵料的投加，进行合理的轮养、套养。

为实现江西省规模化养猪场废水的达标排放，保护水环境质量安全，江西省科学院调研了国内外猪场废水处理技术的最新动态，依托国家农业科技成果转化资金项目"IC-SBBR工艺处理畜禽养殖废水中试"（2006GB2C500156），开发了一种厌氧内外循环（Internal and Outer Circulation，IOC）反应器、序批式生物膜反应器（Sequencing Biofilm Batch Reactor，SBBR）和人工湿地组合的新型猪场废水处理技术，并进行了工程化应用示范研究。该技术不仅在工艺上突破了固有的厌氧—好氧处理思维，并在原有的厌氧内循环反应器和序批式反应器基础上创新性地研发了IOC和SBBR，保证了出水的效果和稳定性。同时，该技术在工程化运用中也解决了目前处理猪场废水时厌氧消化液碳氮比失调问题，补充了反硝化所需碳源，且强化了其脱氮除磷功能，并研发了IOC-SBBR工艺同步产甲烷反硝化厌氧氨氧化新技术，为高浓度含氮猪场废水的处理开辟了新途径。获多项专利：发明专利"一种分散式生活污水处理方法"（200910186381.6）；实用新型专利"IOC-SBBR组合反应器"（200920241890.x）等。

结合猪场废水水质、排放标准、猪场实际情况及周边土地状况等，该技术采用IOC+SBBR+CW组合处理工艺，具体工艺流程如图30所示。

在万年县益友农业开发有限公司已有USR（升流式固体厌氧反应器）和沼液池的厌氧处理基础上，采用BCO+SBBR+BAF+CW组合处理工艺，形成一套处理规模150立方米/天的猪场粪污处理系统（图31）。

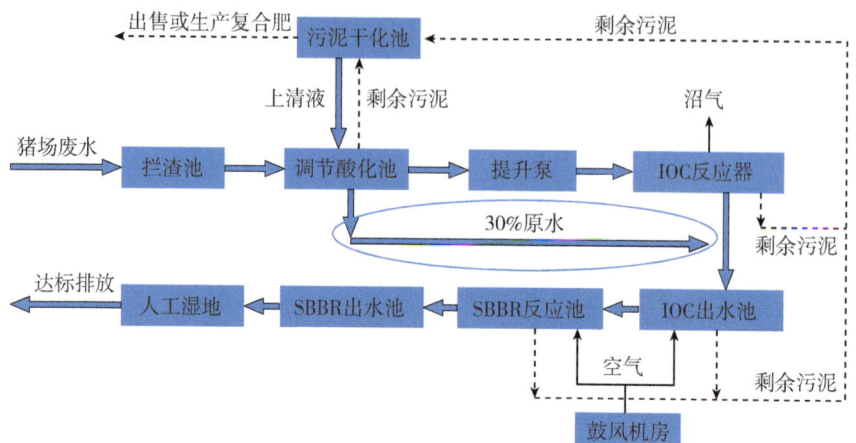

图 30 IOC+SBBR+CW 组合处理工艺流程

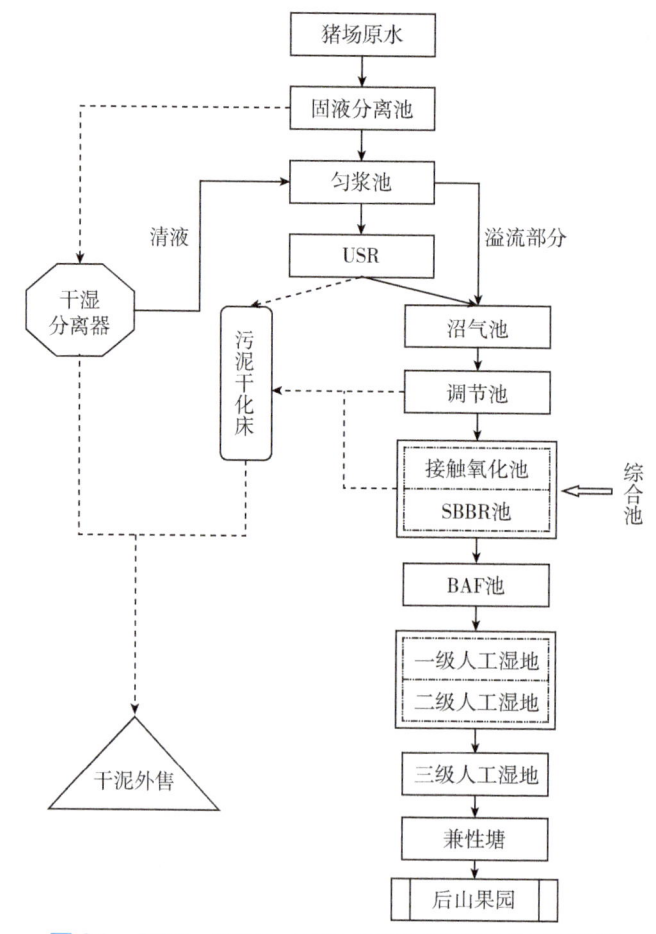

图 31 BCO+SBBR+BAF+CW 组合处理工艺流程

该技术通过优化SBBR运行方式和猪场原水补充碳源解决厌氧消化液碳氮比失调问题，能够实现出水水质稳定，并达到《畜禽养殖业污染物排放标准》（GB 18596—2001）要求，解决了单一厌氧或好氧处理无法实现猪场废水达标排放的难题，具有创新性，在技术的集成和应用示范上达到了国际先进水平，研究成果具有明显的环境效益和社会效益。同时，该项技术还获得2011年江西省科学技术进步奖三等奖，独有的技术优势将带动江西省规模化猪场水污染达标治理与资源利用，为实现江西省水环境质量持续改善及功能提升提供技术支撑。

### 2. 生态节能型农村生活污水处理技术

为解决农村生活污水现存的难以集中处理及成本等问题，江西省科学院自主研发的"太阳能辅助动力/厌氧/射流充氧生物氧化/人工湿地"新技术（专利号：ZL200910186381.6、ZL200920188958.2）可以通过管网收集污水、自行运转来保证农村生活污水的达标排放。该项技术不仅成功采用射流喷射器对厌氧出水预充氧，开发出了射流充氧与脉冲布水生物滴滤合为一体的好氧生物处理新设备，而且应用了太阳能辅助动力系统，降低了污水处理费用。同时，在太阳能辅助动力的作用下，通过厌氧/射流充氧生物氧化与人工湿地相结合的处理工艺来集中处理农村分散式生活污水，在处理示范工程应用中其出水水质均达到GB 18918—2002中的一级B标准，而且系统运行稳定可靠，具有高效、低耗、无恶臭、易管理等优势，出水水质稳定达标（图32）。

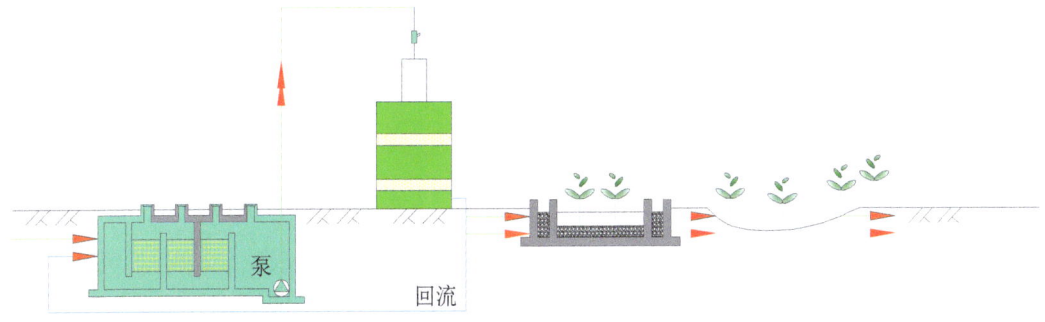

图32 生态节能型农村生活污水处理技术工艺流程

该技术适用于广大农村地区村镇分散式生活污水的处理及企事业单位、住宅小区生活污水的处理，具有良好的社会效益和生态效益。同时，该项技术还获得一件国家发明专利和一件实用新型专利，公布了一种分散式生活污水处理方法及一种新型污水处理设备射流充氧脉冲布水器，为江西省农村生活污水处理提供了技术支持。

### 3. 中小流域水污染综合治理与水质提升集成技术

从鄱阳湖中小流域趋势分析也可看出，近10年来鄱阳湖正逐渐向富营养化发展，要重点控制赣江主支、赣江中支、赣江南支、赣江北支、信江西支和饶河6条河道的入湖污染物。重点加强"五河"流域生活、工业污染源和农村面源污染控制。村镇生活污水、农业肥料和农药施用等人类活动导致鄱阳湖富营养化的进程加快。鄱阳湖周边分布着大量城镇和工业企业，城镇生活污水和工业废水相当大一部分未经处理就直接排入鄱阳湖，从而造成鄱阳湖污染。虽然生活、工业污染源直排排放量与污染物河道入湖量相比很少，但仍不可忽视。重点要对65家（2013年数据）工业污染源严格监管，杜绝偷排。鄱阳湖污染物降解能力和纳污能力主要还是取决于鄱阳湖的水位和水量：科学建设主要入湖河流的水利工程，合理调配入湖河流水量，以保证鄱阳湖在一定的水位和水量上；加强对鄱阳湖尤其是不同水位条件下，水生动植物多样性的保护和培育。

针对我国地表水体尤其是中小流域水体的非点源污染程度加剧，中科院亚热带农业生态研究所及相关研究团队，依托国家科研项目，将科技成果应用在长沙开慧河生态清洁型小流域示范建设中，以构建区域水环境保护3道防线（生态修复区、生态治理区和生态保护区）为主要建设目标，将开慧河沿岸村庄设为生态治理区，开展水土保持、污水收集和处理、农业非点源污染四级处理等综合防污减污工作，同时美化村容村貌，对村庄垃圾进行分类收集、集中处理，整修、硬化村庄土路，开展村民环保知识教育，构建立体生态治理体系。该项技术不仅建立了一套实用高效的生态高质量农业模式，实施了重点流域水污染综合防治战略，促进了流域经济社会的可持续发展，还成功被推广到浙江省的"五水共治"项目中，并在嘉兴明月河的科技治水试验示范工程中，攻克了绿狐尾藻生态湿地、河床底泥活化改造、生态滤床拦截、沉水植物恢复等关键技术，逐步解决了河水黑臭问题，水质指标有所提升，河流的生态自净功能基本恢复。

通过试验，粉绿狐尾藻对青山湖水体和玉带河水体的 $NH_3-N$ 和 TP 去除率，分别达 63.68%、43.06% 和 51.20%、83.10%。

江西省科学院将以省政府与中科院共建江西省科学院为契机，努力促进中科院科技成果在江西省进一步转移转化，结合江西省受污染严重的一些中小流域，特别是部分城市的中小黑河、臭河、垃圾河等的生态治理工作，因地制宜地研发江西省流域水污染控制技术和生态修复技术，引进中科院团队研究成果，将其转化成适合江西省水环境与水生态的系统治理技术与管理方法，加强流域生态环境保护技术支撑体系建设，提高流域生态环境保护与管理水平。

## 五、对策建议

通过上述分析，可以看出江西省工业源和城市生活源污水的治理体系目前已较完善，但已建污水处理厂的运行效果有待进一步提高；乡镇要进一步建设小型污水处理设施，采取 PPP 模式；农村重点要对生活垃圾进行收集、分类并集中处理。江西省通过加速推进城镇污水处理厂配套管网建设，大力推进工业园区污水处理厂、减排重点项目工程建设，推进农业源减排，狠抓机动车排气污染专项整治和重金属污染防治等有力措施，全省环境保护工作取得了新进展，地表水水质总体质量较好。但近年来，随着新型城镇化进程的加快，工业废水、生活污水及农业面源污染等都对鄱阳湖流域水体质量造成严重威胁。为贯彻党的十八大提出的"大力推进生态文明建设"的思想精神，进一步保障江西省水生态、水环境安全，针对江西省生态文明先行示范区建设中存在的突出环境问题及关键科技问题，提出以下几点对策建议供参考。

### （一）明确责任

地方政府对当地水环境质量负总责，明确政府、企业、公众各方的责任，制定水污染防治专项工作方案。建议由省生态文明建设领导小组统筹全省各个方面的资源和力量，下设"生态文明－污水共治"行动办公室，制定治水的作战图、明细表，明确各级政府、企业团体及个人在污染防治过程中的职责、权限、义务，设立奖惩制度。抽查并公布排污单位达标排放情况，充分调动社会力量监督环境违法，强化公众参与和社会监督。

### （二）建立协调联动机制

"九龙治水"是为了同一片"天"，只有建立协调联动机制，统筹兼顾各部门职责、各类水体保护要求，搭建平台、凝聚共识，充分调动并发挥环保、发改、科技、工业、财政、国土、交通、住建、水利、农业、卫生、海洋等部门力量，才能开创"九龙"合力、系统治理的新气象。"生态文明-污水共治"行动办公室同时制定联动规划及具体方案，统筹协调，打好治污"组合拳"。积极推行省级督查、市级巡查、县级检查，坚持联合执法、区域执法、交叉执法，加大暗查暗访力度，研究建立常规监察、突击抽查、公众监督新机制，只有这样才能达到持续有效推进水环境质量改善的目的。

### （三）成立技术创新团队

江西省科学院联合中国科学院南京分院、中国科学院地理科学与资源研究所、中国科学院南京地理与湖泊研究所、中国科学院南京土壤研究所和江西省山江湖开发治理委员会办公室等单位，联合省内外相关科研院所和高校的科研力量，引进省内外污水治理的优势企业共同组建"污水共治"行动技术创新团队，推进污水处理新技术的研究、集成与推广应用。

### （四）构建综合治理技术体系

由江西省科学院牵头的创新团队联合各主管部门推进"污水共治"行动，调动全省相关力量，借鉴国内外污水治理的成功经验，共同构建符合江西省省情的水污染综合治理技术体系和模式。制定江西省畜禽规模化养殖废水处理技术标准和行动方案；制定江西省生态节能型农村生活污水处理技术标准和行动方案；制定江西省中小流域的治理技术标准和行动方案，完善水污染防治技术评价体系。

江西省科学院在污水处理方面取得了较大的进展。针对江西省省情，江西省科学院与中科院、南昌大学合作，对中小流域开展综合治理，研发畜禽废水和生活污水处理技术，并且已在江西省建立了多个示范区。一方面，推广应用江西省科学院自有技术成果："规模化养猪场水污染防治关键技术""生态节能型农村生活污水处理技术"。另一方面，促进中科院科技成果"中小流域水污染综合治理与水质提升集成技术"在江西省进一步转移转化，推进污水处理新技术的应用研究和示范工程，推进江西省生态文明先行示范区建设，保障长江中下游水生态安全。

## （五）建立商业运作模式，加大政府采购力度

由政府主导，转向以市场和法律手段为主导的商业运作模式，积极推进水环境治理产业化、市场化，引导和鼓励社会资本参与水环境治理。政府在环保产业领域进一步退出，现有的政府直接治理环境的方式将转变为向社会购买公共服务的方式，推行环境污染第三方治理、生态补偿等市场机制。除政府补贴外，还需加大政府对环保关键技术、产业产品和服务的采购力度。政府采购关键技术服务的商业运作模式是，在省政府的统筹安排下，注重技术研发、引进与成果转化，进一步推广应用符合江西省省情的科研成果。例如，江西省科学院一直专注于江西省畜禽废水、农村生活污水和中小流域污染治理，具有丰富的污水处理经验，并且获得多项科研成果和奖励，如果将这些独有的技术成果推广应用到全省的300家年出栏达万头的猪场中，能较好地解决单一厌氧或好氧技术无法实现猪场废水达标排放的难题，带动江西省规模化猪场水污染达标治理与资源利用。

## 参考文献

[1] CHO J K, KIM B S, PARK S C, et al. Effect of stepwise seeding on the performance of four anaerobic biofilters treating a synthetic stillage waste [J]. Biomass and bioenergy, 1996, 10（1）: 25-35.

[2] CINTOLI R, DI SABATINO B, GALEOTTI L, et al.Ammonium uptake by zeolite and treatment in UASB reactor of piggery wastewater [J]. Water science and technology, 1995, 32（12）: 73-81.

[3] FARROKHI M, HAJRASOLIHA M, MEEMARI G, et al. The creation of management systems for funding priorities in wastewater project in rural communities in the Islamic Republic of Iran [J]. Water science & technology, 2014, 58（6）: 1181-1186.

[4] HAN C J, HUANG G H, ZHANG H, et al. Bayesian uncertainty analysis in hydrological modeling associated with watershed subdivision level: a case study of SLURP model applied to the Xiangxi River watershed, China [J]. Stochastic environment research and risk assessment, 2014, 28(4): 973-989.

[5] HARIKISHAN S, SUNG S.Cattle waste treatment and Class A biosolid production using temperature-phased anaerobic digester[J]. Advances in environmental reaserch, 2003, 7(3): 701-706.

[6] HUNT P G, STONE K C, MATHENY T A, et al.Denitrification of nitrified and non-nitrified swine lagoon wastewater in the suspended sludge layer of treatment wetlands [J]. Ecological engineering, 2009, 35(10): 1514-1522.

[7] JUTEAU P, TREMBLAY D, OULD-MOULAYE C B, et al.Swine waste treatment by self-heating aerobic thermophilic bioreactors [J]. Water research, 2004, 38(3): 539-546.

[8] KERACHIAN R, KARAMOUZ M. Waste-load allocation model for seasonal river water quality management: Application of sequential dynamic genetic algorithms [J]. Scientia iranica, 2005, 12(2): 117-130.

[9] LANGHAMMER J, RODLOVA S. Changes in water quality in agricultural catchments after deployment of wastewater treatment plant [J]. Environmental monitoring and assessment, 2013, 185(12): 10377-10393.

[10] LIENHOOP N, AL-KARABLIEH E K, SALMAN A Z, et al. Environmental cost-benefit analysis of decentralised wastewater treatment and re-use: a case study of rural Jordan [J]. Water policy, 2014, 16(2): 323-339.

[11] LIU X L, CHEN Q W, ZENG Z X. Study on nitrogen load reduction efficiency of agricultural conservation management in a small agricultural watershed [J].Water science & technology, 2014, 69(8): 1689-1696.

[12] MIN M, HU B, MOHR M J, et al. Swine manure-based pilot-scale algal biomass production system for fuel production and wastewater treatment: a case study [J].Applied biochemistry and biotechnology, 2014, 172(3): 1390-1406.

[13] PINTO A C A, RODRIGUES L S, OLIVEIRA P R, et al. Efficiency of a polishing pond for the post-treatment of the effluent from UASB reactor treating swine wastewater [J]. Arquivo brasileiro de medicina veterinaria zootecnia, 2014, 66(2): 360-366.

[14] QIN W, DOU J F, DING A Z, et al.A study of subsurface wastewater infiltration systems for distributed rural sewage treatment [J]. Environmental technology, 2014, 35 (16): 2115-2121.

[15] SHAN N, RUAN X H, XU J, et al.Estimating the optimal width of buffer strip for nonpoint source pollution control in the Three Gorges Reservoir Area, China [J]. Ecological modelling, 2014, 276: 51-63.

[16] SUZUKI K, TANAKA Y, OSADA T, et al.Removal of phosphate, magnesium and calcium from swine wastewater through crystallization enhanced by aeration [J]. Water Research, 2002, 36 (12): 2991-2998.

[17] SUZUKI K, TANAKA Y, KURODA K, et al. Recovery of phosphorous from swine wastewater through crystallization [J]. Bioresource technology, 2005, 96 (14): 1544-1550.

[18] 冯倩, 许小华, 刘聚涛, 等.鄱阳湖生态经济区畜禽养殖污染负荷分析[J].生态与农村环境学报, 2014, 30 (2): 162-166.

[19] 高祥照, 李贵宝, 李新慧.化肥手册[M].北京: 中国农业出版社, 2000.

[20] 黄峰岩.江西加快推进畜牧业发展升级[J].江西农业, 2014 (1): 15-16.

[21] 蒋桂炳.浙江省农业生态环境现状评价及防治对策[J].农业环境与发展, 2001 (3): 42-44.

[22] 蒋克彬, 彭松, 张小海, 等.农村生活污水分散式处理技术及应用[M].北京: 中国建筑工业出版社, 2009.

[23] 江西省生态环境厅.2010年江西省环境统计年报[R/OL].[2015-05-21]. http://sthjt.jiangxi.gov.cn/art/2011/1/9/art_42072_2797989.html.

[24] 江西省生态环境厅.2011年江西省环境统计年报[R/OL].[2015-05-21]. http://sthjt.jiangxi.gov.cn/art/2012/12/18/art_42072_2797990.html.

[25] 江西省生态环境厅.2012年江西省环境统计年报[R/OL].[2015-05-21]. http://sthjt.jiangxi.gov.cn/art/2013/10/14/art_42072_2797991.html.

[26] 江西省生态环境厅.2009年江西省环境状况公报[R/OL].[2015-05-21]. http://sthjt.jiangxi.gov.cn/art/2010/12/6/art_42073_2798010.html.

[27] 江西省生态环境厅.2010年江西省环境状况公报[R/OL].[2015-05-21]. http://sthjt.jiangxi.gov.cn/art/2011/6/8/art_42073_2798011.html.

［28］江西省生态环境厅.2011年江西省环境状况公报［R/OL］.［2015-05-21］.http://sthjt.jiangxi.gov.cn/art/2012/6/6/art_42073_2798012.html.

［29］江西省生态环境厅.2012年江西省环境状况公报［R/OL］.［2015-05-21］.http://sthjt.jiangxi.gov.cn/art/2013/6/5/art_42073_2798013.html.

［30］江西省生态环境厅.2013年江西省环境状况公报［R/OL］.［2015-05-21］.http://sthjt.jiangxi.gov.cn/art/2014/6/5/art_42073_2798014.html.

［31］江西省水利厅.2010年江西省水资源公报［R/OL］.［2015-05-21］.http://slt.jiangxi.gov.cn/art/2017/5/2/art_64563_3770656.html.

［32］江西省水利厅.2011年江西省水资源公报［R/OL］.［2015-05-21］.http://slt.jiangxi.gov.cn/art/2017/5/2/art_27420_879839.html.

［33］江西省水利厅.2012年江西省水资源公报［R/OL］.［2015-05-21］.http://slt.jiangxi.gov.cn/art/2017/5/2/art_27420_879841.html.

［34］江西省水利厅.2013年江西省水资源公报［R/OL］.［2015-05-21］.http://slt.jiangxi.gov.cn/art/2017/5/2/art_64563_3770660.html.

［35］江西省统计局.2009年江西统计年鉴［R/OL］.［2015-05-21］.http://tjj.jiangxi.gov.cn/resource/nj/2009cd/indexch.htm.

［36］江西省统计局.2010年江西统计年鉴［R/OL］.［2015-05-21］.http://tjj.jiangxi.gov.cn/resource/nj/2010cd/indexch.htm.

［37］江西省统计局.2011年江西统计年鉴［R/OL］.［2015-05-21］.http://tjj.jiangxi.gov.cn/resource/nj/2011cd/indexch.htm.

［38］江西省统计局.2012年江西统计年鉴［R/OL］.［2015-05-21］.http://tjj.jiangxi.gov.cn/resource/nj/2012cd/indexch.htm.

［39］江西省统计局.2013年江西统计年鉴［R/OL］.［2015-05-21］.http://tjj.jiangxi.gov.cn/resource/nj/2013cd/indexch.htm.

［40］万美英,刘宝玲,蒋志伟.兴凯湖地区农业面源污染负荷分析［J］.科技创新与应用,2013（20）：5-6.

［41］向速林,王全金,徐刘凯.鄱阳湖区域农业面源污染来源分析与控制探讨［J］.河南理工大学学报（自然科学版）,2011,30（3）：357-360.

［42］叶红玉,曹杰,王浙明,等.浙江省农村生活污水处理技术模式导向研究［J］.环境科学与管理,2012,37（3）：95-99.

［43］中华人民共和国国家统计局.2009中国统计年鉴［R/OL］.［2015-05-21］. http://www.stats.gov.cn/tjsj/ndsj/2009/indexch.htm.

［44］中华人民共和国国家统计局.2010中国统计年鉴［R/OL］.［2015-05-21］. http://www.stats.gov.cn/tjsj/ndsj/2010/indexch.htm.

［45］中华人民共和国国家统计局.2011中国统计年鉴［R/OL］.［2015-05-21］. http://www.stats.gov.cn/tjsj/ndsj/2011/indexch.htm.

［46］中华人民共和国国家统计局.2012中国统计年鉴［R/OL］.［2015-05-21］. http://www.stats.gov.cn/tjsj/ndsj/2012/indexch.htm.

［47］中华人民共和国国家统计局.2013中国统计年鉴［R/OL］.［2015-05-21］. http://www.stats.gov.cn/tjsj/ndsj/2013/indexch.htm.

**课题组成员：**

王小红　江西省科学院科技战略研究所副所长、研究员

王晓鸿　江西省科学院原院长、研究员

邹　慧　江西省科学院科技战略研究所所长、研究员

朱盛文　江西省科学院办公室主任、副研究员

丁腾达　江西省科学院科技战略研究所助理研究员